U0193411

CAD/CAM/CAE 工程应用丛书·Pro/E 系列

Pro/ENGINEER Wildfire 5.0
从入门到精通
第 2 版

博创设计坊 组 编

钟日铭 等编著

机械工业出版社

Pro/ENGINEER 是一款在业界享有极高声誉的全方位产品设计软件。它广泛应用于汽车、航天航空、电子、模具、玩具、工业设计和机械制造等行业。本书以 Pro/ENGINEER Wildfire 5.0 为应用蓝本，全面而系统地介绍其基础知识与应用，并力求通过范例来提高读者的综合设计能力。

全书共分 12 章，内容包括：Pro/ENGINEER 基础概述，草绘，基准特征，基础特征，编辑特征，工程特征，构造特征，高级及扭曲特征，用户定义特征、组与修改零件，装配设计，工程图设计，综合设计范例。本书侧重入门基础与实战提升，结合典型操作实例进行介绍，是一本很好的从入门到精通类的 Pro/ENGINEER 图书。

本书适合应用 Pro/ENGINEER 进行相关设计的读者使用，也可作为 Pro/ENGINEER 培训班、大中专院校相关专业的教材。

图书在版编目（CIP）数据

Pro / ENGINEER Wildfire 5.0 从入门到精通 / 钟日铭等编著. —2 版. —北京：机械工业出版社，2010.5（2023.7 重印）

（CAD/CAM/CAE 工程应用丛书·Pro/E 系列）

ISBN 978-7-111-30576-7

Ⅰ. ①P… Ⅱ. ①钟… Ⅲ. ①机械设计：计算机辅助设计—应用软件，Pro/ENGINEER Wildfire 5.0 Ⅳ. ①TH122

中国版本图书馆 CIP 数据核字（2010）第 082837 号

机械工业出版社（北京市百万庄大街 22 号 邮政编码 100037）
策划编辑：吴鸣飞
责任编辑：吴鸣飞
责任印制：单爱军
北京虎彩文化传播有限公司印刷
2023 年 7 月第 2 版·第 28 次印刷
184mm×260mm·30 印张·739 千字
标准书号：ISBN 978-7-111-30576-7
　　　　　ISBN 978-7-89451-525-4（光盘）
定价：79.00 元（含 1CD）

电话服务	网络服务
客服电话：010-88361066	机 工 官 网：www.cmpbook.com
010-88379833	机 工 官 博：weibo.com/cmp1952
010-68326294	金 书 网：www.golden-book.com
封底无防伪标均为盗版	机工教育服务网：www.cmpedu.com

出 版 说 明

随着信息技术在各领域的迅速渗透，CAD/CAM/CAE 技术已经得到了广泛的应用，从根本上改变了传统的设计、生产、组织模式，对推动现有企业的技术改造、带动整个产业结构的变革、发展新兴技术、促进经济增长都具有十分重要的意义。

CAD 在机械制造行业的应用最早，使用也最为广泛。目前其最主要的应用涉及机械、电子、建筑等工程领域。世界各大航空、航天及汽车等制造业巨头不但广泛采用 CAD/CAM/CAE 技术进行产品设计，而且投入大量的人力、物力及资金进行 CAD/CAM/CAE 软件的开发，以保持自己技术上的领先地位和国际市场上的优势。CAD 在工程中的应用，不但可以提高设计质量，缩短工程周期，还可以节省大量建设投资。

各行各业的工程技术人员也逐步认识到 CAD/CAM/CAE 技术在现代工程中的重要性，掌握其中的一种或几种软件的使用方法和技巧，已成为他们在竞争日益激烈的市场经济形势下生存和发展的必备技能之一。然而，仅仅知道简单的软件操作方法是远远不够的，只有将计算机技术和工程实际结合起来，才能真正达到通过现代的技术手段提高工程效益的目的。

基于这一考虑，机械工业出版社特别推出了这套主要面向相关行业工程技术人员的"CAD/CAM/CAE 工程应用丛书"。本丛书涉及 AutoCAD、Pro/ENGINEER、UG、SolidWorks、Mastercam、ANSYS 等软件在机械设计、性能分析、制造技术方面的应用，以及 AutoCAD 和天正建筑 CAD 软件在建筑和室内配景图、建筑施工图、室内装潢图、水暖、空调布线图、电路布线图以及建筑总图等方面的应用。

本套丛书立足于基本概念和操作，配以大量具有代表性的实例，并融入了作者丰富的实践经验，使得本丛书内容具有专业性强、操作性强、指导性强的特点，是一套真正具有实用价值的书籍。

机械工业出版社

前　言

Pro/ENGINEER 是一款在业界享有极高声誉的全方位产品设计软件。它广泛应用于汽车、航天航空、电子、模具、玩具、工业设计和机械制造等行业。本书是在《Pro/ENGINEER Wildfire 4.0 从入门到精通》一书的基础上进行升级改版而成的，以 Pro/ENGINEER Wildfire 5.0 为应用蓝本，全面而系统地介绍其基础知识，并使读者通过范例来提高综合设计能力。

本书内容全面，针对性强，具有很强的应用和参考价值。本书适合 Pro/ENGINEER Wildfire 5.0 初、中级用户使用，也可供专业设计人员参考使用，还可作为相关培训班及大中专院校相关专业的 Pro/ENGINEER 教材。

■ **本书内容概述**

本书共分 12 章，各章的主要内容如下。

第 1 章介绍 Pro/ENGINEER 应用特点、Pro/ENGINEER 启动与退出、Pro/ENGINEER 用户界面、文件基本操作、模型显示的基本操作、使用模型树、使用层树和配置选项应用基础等。

第 2 章首先介绍草绘模式、草绘环境及相关设置，接着介绍绘制图元、编辑图形对象、标注、几何约束、使用草绘器调色板、解决草绘冲突和使用草绘器诊断工具等，最后介绍两个草绘综合范例。通过本章的学习，将为后面掌握三维建模等知识打下扎实的基础。

第 3 章介绍基准平面、基准轴、基准点、基准曲线、基准坐标系以及基准参照的相关知识。

第 4 章以图文并茂的形式，结合典型实例重点介绍拉伸特征、旋转特征、可变截面扫描特征和混合特征等常见的基础特征。

第 5 章重点介绍复制和粘贴、镜像、移动、合并、修剪、阵列、投影、延伸、相交、填充、偏移、加厚、实体化、移除和包络等编辑操作，结合基础理论和典型实例引导读者通过编辑现有特征而获得新的特征几何。

第 6 章结合典型操作实例介绍工程特征（孔特征、壳特征、筋特征、拔模特征、倒圆角特征、自动倒圆角特征和倒角特征）的实用知识。

第 7 章介绍 Pro/ENGINEER 构造特征，包括轴、退刀槽、法兰、草绘修饰特征、修饰螺纹特征、凹槽特征和管道特征等。主要介绍这些构造特征的实用知识，要求读者掌握它们的创建方法、步骤及技巧等。

第 8 章重点介绍一些高级特征（包括扫描、螺旋扫描、边界混合和扫描混合等）和扭曲特征（包括唇、耳、半径圆顶、局部推拉、剖面圆顶、环形折弯和骨架折弯等）。

第 9 章介绍用户定义特征，创建局部组，操作组，编辑基础与重定义特征，插入与重新排序特征，隐含、删除与恢复特征，重定特征参照，挠性零件，解决特征失败。

第 10 章介绍组件模式概述、将元件添加到组件（关于元件放置操控板、约束放置、使用预定义约束集、封装元件、未放置元件）、操作元件（以放置为目的的移动元件、拖动已放置的元件、检测元件冲突）、处理与修改组件元件（复制元件、镜像元件、替换元件和重复元件）和管理组件视图。

第 11 章介绍工程图（绘图）模式、设置绘图环境，并深入浅出地介绍插入绘图视图、处理绘图视图、工程图标注、使用层控制绘图详图、从绘图生成报告等内容，最后介绍一个工程图综合实例。

第 12 章介绍 3 个综合设计范例：旋钮零件设计、小型塑料面板零件设计和桌面音箱外形（产品造型）设计。通过学习这些综合设计范例，读者的 Pro/ENGINEER 设计实战水平将得到一定程度的提升。

■ 本书特色

本书深入、详细地剖析 Pro/ENGINEER 入门基础与进阶应用，紧扣实战环节，因而是一本很好的 Pro/ENGINEER 从入门到精通的经典教程和自学宝典。本书图文并茂，结构鲜明，重点突出，实例丰富，在编排上尽量做到有条不紊地介绍重要的专业知识点，并且尽量以操作步骤的形式体现出来。

本书配有一张光盘，内含与书配套的原始文件、相关操作的模型参考文件、若干操作视频文件（AVI 视频格式）。

■ 本书阅读注意事项

书中实例使用的单位制以采用的绘图模板为基准。

在阅读本书时，配合书中实例进行上机操作，学习效果更佳。

本书配附光盘里的模型文件（如*.PRT、*.ASM），适合用 Pro/ENGINEER Wildfire 5.0 版本或以后推出的更高版本的 Pro/ENGINEER 兼容软件来打开。

■ 光盘使用说明

与书配套的原始文件、相关操作的模型参考文件均存储在光盘根目录下的 CH#文件夹（#代表各章号）中。

提供的操作视频文件位于光盘根目录下的"操作视频"文件夹中。操作视频文件采用 AVI 格式，可以在大多数的播放器中播放，如可以在 Windows Media Player、暴风影音等较新版本的播放器中播放。在播放时，可以调整显示器的分辨率以获得较佳的效果。

建议用户事先将光盘中的内容复制粘贴到电脑硬盘中，以方便练习操作。

随书光盘仅供学习之用，请勿擅自将其用于其他商业活动。

■ 技术支持及答疑等

如果您在阅读本书时遇到什么问题，可以通过 E-mail 方式与作者联系，电子邮箱为 sunsheep79@163.com；也可以通过用于技术支持的 QQ（617126205）与作者联系，对于读者提出的问题，作者会尽快答复并进行技术交流。欢迎读者通过电子邮箱等联系方式，提出技术咨询或者批评。

为了更好地与读者沟通，分享行业资讯，展示精品图书与推介新书，本书作者特意建立了免费的互动博客——博创设计坊（http://broaddesign.blog.sohu.com）。

参与本书编写的人员有钟日铭、钟观龙、庞祖英、钟日梅、钟春雄、刘晓云、陈忠钰、沈婷、钟周寿、陈引、赵玉华、黄后标、劳国红、黄忠清、黄观秀、肖志勇、邹思文、肖宝玉、肖世鹏、肖秋连、肖秋引、黄瑞珍。

书中如有疏漏之处，请广大读者和同行不吝赐教。

天道酬勤，熟能生巧，以此与读者共勉。

钟日铭

目　　录

第1章　Pro/ENGINEER 基础概述

本章内容导读：

> Pro/ENGINEER 是一款著名的 CAD/CAM/CAE 软件，其模块众多，功能强大，在通用机械、模具、家电、汽车、航天航空、军工和工业设计等领域广泛应用。Pro/ENGINEER Wildfire 5.0 是目前最新的应用版本，它为用户提供了一套从设计到制造的完整解决方案。
>
> 本章介绍 Pro/ENGINEER 应用特点、Pro/ENGINEER 启动与退出、Pro/ENGINEER 用户界面、文件基本操作、模型显示的基本操作、使用模型树、使用层树和配置选项应用基础等。

1.1　Pro/ENGINEER 应用概述

Pro/ENGINEER 自 20 世纪由美国参数科技公司（PTC）成功开发以来，业已发展成为一个全方位的三维产品开发软件，涉及二维草绘、零件设计、组件设计、绘图（工程图）设计、模具设计、图表设计、布局设计和格式设计等。由于 Pro/ENGINEER 功能强大，模块众多，因而在机械、航空航天、工业设计、模具、家电、汽车和军工等行业应用广泛，享有很高的声誉。

Pro/ENGINEER Wildfire 5.0 是 Pro/ENGINEER 野火系列产品的最新版本，与以前的版本相比，它提供了更为丰富的 CAD 解决方案和更强、更全面的实用功能，可以帮助用户更快更好地完成设计工作。

1.1.1　基本设计概念

在学习使用 Pro/ENGINEER 设计多种类型的模型之前，首先需要了解几个基本设计概念，包括设计意图、基于特征建模、参数化设计和相关性。

（1）设计意图

设计意图是指根据产品规范或需求来定义成品的用途和功能。在设计模型的整个过程中，始终有效捕捉设计意图有助于为产品带来实实在在的价值和持久性。设计意图这一关键概念 被称为"Pro/ENGINEER 基于特征建模过程的核心"。通常，在设计模型之前，需要明确设计意图。

（2）基于特征建模

在 Pro/ENGINEER 中，零件建模遵循着一定的规律，即零件建模从逐个创建单独的几何特征开始，在设计过程中参照其他特征时，这些特征将和所参照的特征相互关联。通过按照一定顺序创建特征便可以构造一个较为复杂的零件。

（3）参数化设计

参数化设计是 Pro/ENGINEER 的一大特色。该功能可以保持零件的完整性和设计意图。Pro/ENGINEER 创建的特征之间具有相关性，这使得模型成为参数化模型。如果修改模型中的某个特征，那么此修改又将会直接影响到其他相关（从属）特征，即 Pro/ENGINEER 会动态修改那些相关特征。

（4）相关性

Pro/ENGINEER 具有众多的设计模块，如零件模块、组件模块、绘图（工程图）模块和草绘器等，各模块之间具有相关性。通过相关性，Pro/ENGINEER 能在零件模型外保持设计意图。如果在任意一级模块中修改设计，那么项目在所有的级中都将动态反映该修改，从而有效保持设计意图。相关性使得模型修改工作变得轻松和不容易出错。

1.1.2 模型的基本结构属性

在 Pro/ENGINEER 中，构建的模型可包含的基本结构属性有特征、零件和组件。它们的含义说明如下。

（1）特征

特征是指每次创建的一个单独几何。特征包括基准、拉伸、旋转、壳、孔、倒圆角、倒角、曲面特征、切口、阵列、扫描和混合等。零件可以由单个特征构成，也可以由多个特征组合而成。

（2）零件

零件是一系列几何图元的几何特征的集合。在组件中，零件又可被称为元件。一个组件中可以包含若干零件。

（3）组件

组件是指装配在一起以创建模型的元件集合。根据组件和子组件与其他组件和主组件之间的关系，在一个层次结构中可以包含多个组件和子组件。

1.1.3 父子关系

在设计某模型的过程中，可能某些特征需要从属于先前设计的特征，即其尺寸和几何参照需要依赖于之前的相关特征，这便形成了特征之间的父子关系。父子关系是 Pro/ENGINEER 和参数化建模的最强大的功能之一。如果在零件中修改了某父项特征，那么其所有的子项也会被自动修改，以反映父项特征的变化。如果在设计中对父项特征进行隐含或删除操作，则 Pro/ENGINEER 将提示对其相关子项进行操作。

需要注意的是，父项特征可以没有子项特征而存在；但如果没有父项，则子项特征也将不能存在。这些父子关系的应用特点，需要用户牢牢记住。

1.2 Pro/ENGINEER 启动与退出

1. 启动 Pro/ENGINEER

用户通常可以采用如下两种方式之一来启动 Pro/ENGINEER Wildfire 5.0 软件。

方式1：双击桌面快捷方式。按照安装说明安装好 Pro/ENGINEER Wildfire 5.0 软件后，若在 Windows 操作系统桌面上出现 Pro/ENGINEER 快捷方式图标，那么双击该快捷方式图标（如图 1-1 所示），即可启动 Pro/ENGINEER Wildfire 5.0 软件。

方式2：使用"开始"菜单方式。以 Windows XP 为例，在 Windows XP 操作系统左下角单击"开始"按钮，打开"开始"菜单，接着从"程序"级联菜单中选择"PTC"→"Pro ENGINEER"程序组（如图 1-2 所示），然后从中选择"Pro ENGINEER"启动命令，即可打开 Pro/ENGINEER 软件程序。

双击该图标

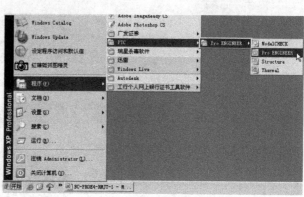

图1-1 双击 Pro/E 快捷方式图标 　　　　　　　图1-2 使用"开始"菜单

此外，还可以通过打开 Pro/ENGINEER 有效格式的文件（如 PRT 格式的模型文件）来启动 Pro/ENGINEER 软件。

2. 退出 Pro/ENGINEER

退出 Pro/ENGINEER，可以采用以下两种方式之一。

方式1：在菜单栏的"文件"菜单中选择"退出"命令。

方式2：单击 Pro/ENGINEER 窗口界面右上角的⊠（关闭）按钮。

1.3　Pro/ENGINEER 用户界面

启动 Pro/ENGINEER 软件后，系统经过如图 1-3 所示的短暂的启动画面后进入 Pro/ENGINEER 初始工作界面。

图1-3　Pro/ENGINEER 启动画面

Pro/ENGINEER 初始工作界面如图 1-4 所示，它主要由标题栏、菜单栏、工具箱、导航区、浏览器和信息区（包括消息区和状态栏）等组成。当新建或打开一个零件模型文件时，浏览器窗口可由显示模型的图形窗口替代。当然，用户可以根据需要来设置浏览器窗口和图形窗口同时显示在当前工作界面中。

图 1-4　Pro/ENGINEER 初始工作界面

1.3.1　界面主要组成

下面介绍 Pro/ENGINEER 界面的主要组成部分。

1. 标题栏

标题栏位于 Pro/ENGINEER 界面的顶部，其上显示了当前软件的名称和相应的图标。在标题栏的右端，还提供了■按钮、■/■按钮和■按钮。这些按钮分别用于最小化、最大化/向下还原和关闭 Pro/ENGINEER 软件。

当新建或打开模型文件时，在标题栏中还显示该文件的名称。如果该文件处于当前活动状态，则在该文件名后面显示有"活动的"字样。

2. 菜单栏

菜单栏位于标题栏的下方。菜单栏包含的各主菜单选项集中了大量的命令选项，用于 Pro/ENGINEER 操作的各个方面。初始工作界面的菜单栏由"文件"、"编辑"、"视图"、"插入"、"分析"、"信息"、"应用程序"、"工具"、"窗口"和"帮助"主菜单组成。在不同的设计模式下，菜单栏中提供的主菜单选项可能会有所不同。

在菜单栏中选择某个主菜单选项，将打开该主菜单选项的下拉菜单。如果下拉菜单中的某个命令右侧带有"▶"符号，则表示该命令具有一个次级子菜单（级联菜单）。例如，在菜单栏的"视图"菜单中，单击具有"▸"符号的"显示设置"命令，可以打开其级联菜单（如图 1-5 所示），并可从中选择所需要的命令。

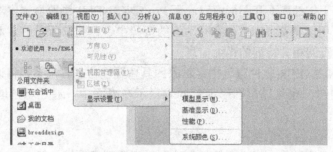

图1-5　展开"显示设置"级联菜单

在菜单栏的相关菜单中，不适用于活动窗口的命令将不可用或不可见。

3．工具箱

狭义的工具箱是相关工具栏等的集合，其中集中了 Pro/ENGINEER 软件常用的命令按钮。用户可以根据设计情况，从工具箱的相关工具栏中选择所需的工具按钮，从而快速地执行相应的操作。

4．导航区

导航区包括"模型树/层树"、"文件夹浏览器"和"收藏夹"3 个选项卡，如图 1-6 所示。

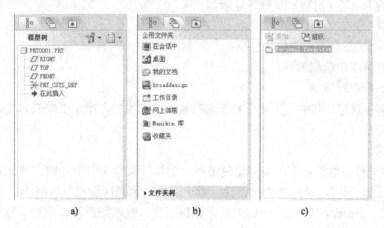

图1-6　导航区的 3 个选项卡

a)"模型树/层树"选项卡　b)"文件夹浏览器"选项卡　c)"收藏夹"选项卡

这 3 个选项卡的功能含义见表 1-1。

表1-1　导航区的 3 个选项卡

序号	选 项 卡	功能用途	说 明
1	（模型树/层树）	模型树以树结构形式显示模型的层次关系；当选中"层"命令时，该选项卡可显示层树结构	利用该选项卡来管理模型特征很直观和便捷
2	（文件夹浏览器）	该选项卡类似于 Windows 资源管理器，可以浏览文件系统以及计算机上可供访问的其他位置	访问某个文件夹时，该文件夹的内容显示在 Pro/E 浏览器中
3	（收藏夹）	可以添加收藏夹和管理收藏夹，主要用于有效组织和管理个人资料	

5. 图形窗口和浏览器

图形窗口用于显示和处理二维图形和三维模型等重要工作，它是设计的焦点区域。零件建模、装配设计等工作都离不开图形窗口。而 Pro/ENGINEER 浏览器提供对内部和外部网站的访问功能，它可用于浏览 PTC 官方网站上的资源中心，获取所需的技术支持等信息，用户也可通过浏览器查阅相关特征的详细信息。

当通过 Pro/ENGINEER 软件查询指定对象的具体属性信息时，系统将调出浏览器。浏览器可以覆盖图形窗口，也可以与图形窗口同时显示在界面中（通过巧妙地拖动相关边界条来实现）。

6. 信息区

信息区包括消息区、状态栏、操控板和选取过滤器列表框等。每个 Pro/ENGINEER 窗口都有一个消息区和一个状态栏。此外，当鼠标通过菜单名、菜单命令、工具栏按钮及某些对话框项目上时，会出现屏幕提示。

（1）消息区

处理模型时，Pro/ENGINEER 通过消息区中的文本消息来确认用户的操作并指定用户完成建模操作，这里所述的"文本消息"描述系统功能和建模操作这两种情形。消息区包含当前建模进程的所有消息。用户可以通过滚动消息列表或拖动框格来展开消息区，以查看先前的信息。值得注意的是，每个消息前有一个指示消息类别的图标，如💠（提示）、●（信息）、⚠（警告）、▨（出错）和✖（危险）。

（2）状态栏

在可用时，状态栏显示的信息包括：

1）在当前模型中选取的项目数。

2）可用的选取过滤器。

3）模型再生状态。其中，⬕用于指示必须再生当前模型；✖用于指示当前过程已暂停。

4）屏幕提示等。

（3）操控板

操控板用于直观地指导用户整个建模过程。当执行某些工具命令时，该工具命令的操控板出现在消息区。通常，操控板由对话栏、滑出面板、消息区和控制区组成。

● 对话栏：Pro/ENGINEER 中的大部分建模工作，是在图形窗口和对话栏中完成的。激活工具命令时，出现的对话栏显示常用选项和收集器。

● 滑出面板：使用操控板的滑出面板可执行高级建模操作或检索综合特征信息。在对话栏中单击其中一个选项卡标签，即可打开其相应的滑出面板，若再次单击其选项卡标签，则面板将滑回操控板。在不同的建模环境中（如使用不同的建模工具时），操控板会显示不同的选项卡和面板元素。

● 控制区：操控板的控制区包含的元素如下。

> ▮▮：暂停当前工具，临时返回其中可进行选取的默认系统状态。在原来工具暂停期间创建的任何特征会在其完成后与原来的特征一起放置在模型树内的一个"组"中。

> ▶：恢复暂停的工具。

> ☑☑：激活图形窗口中显示特征的"校验"模式。要停止"校验"模式，再次单

击 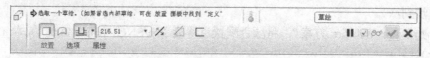 按钮或单击 ▶ 按钮。选中复选框时，系统会激活动态预览，使用此功能可以在更改模型时查看模型的变化。

> ✔：完成使用当前设置的工具。
> ✖：取消当前工具。

图 1-7 所示是执行"拉伸"工具时的操控板。

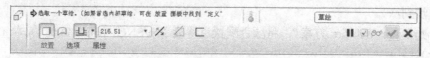

图 1-7　"拉伸"工具操控板

（4）选择过滤器列表框

选择过滤器列表框位于状态栏中，在该列表框中提供了用于辅助选择项目的各种过滤器选项。每个过滤器选项均会缩小可选项目类型的范围，以轻松地定位项目。值得注意的是，环境不同，提供的可用过滤器选项也可能有所不同，只有那些符合几何环境或满足特征工具需求的过滤器才可用。在 Pro/ENGINEER 中，系统会根据环境自动指定一个最合适的过滤器选项，用户可根据实际情况选择其他可用的过滤器选项。

1.3.2　使用系统颜色

利用 Pro/ENGINEER 提供的默认的系统颜色，可以轻松地标识模型几何、基准和其他重要的显示元素。

在"视图"菜单中选择"显示设置"→"系统颜色"命令，弹出如图 1-8 所示的"系统颜色"对话框。利用该对话框，用户可以保存颜色配置以便再次使用，打开以前使用的颜色配置，定制用户界面中使用的颜色，将全部颜色配置改为预定义的颜色配置（如白底黑色），改变顶部或底部背景颜色，重定义模型所用的基本颜色，指定几何或基准图元所使用的颜色。其中，通过"系统颜色"对话框的"文件"菜单，可以打开现有的颜色配置或保存当前配置；通过如图 1-9 所示的"系统颜色"对话框中的"布置"菜单，可以更改颜色配置，这些颜色配置包括"初始"、"缺省"、"白底黑色"、"黑底白色"、"绿底白色"和"使用 Pre-Wildfire 方案"等。下面介绍其中一些颜色配置选项的功能与含义。

图 1-8　"系统颜色"对话框

图 1-9　"系统颜色"对话框的"布置"菜单

- "白底黑色"：在白色背景上显示黑色图元。
- "黑底白色"：在黑色背景上显示白色图元。
- "绿底白色"：在深绿色背景上显示白色图元。
- "初始"：将颜色配置重置为配置文件设置所定义的颜色。
- "缺省"：将颜色配置重置为默认 Pro/ENGINEER Wildfire 颜色配置（背景的灰度级由浅到深）。
- "使用 Pre-Wildfire 方案"：将颜色配置重置为 Pro/ENGINEER 2001 版本（蓝黑色背景）。

重定义系统颜色的一个典型操作实例如下。

1）在"视图"菜单中选择"显示设置"→"系统颜色"命令，弹出"系统颜色"对话框。

2）切换到"图形"选项卡，清除"混合背景"复选框，接着单击位于"背景"复选框正左侧的 ![按钮] 按钮，打开"颜色编辑器"对话框。

3）在"颜色编辑器"对话框中，使用"颜色轮盘"、"混合调色板"或"RGB/HSV 滑块"来修改背景颜色。例如使用"RGB/HSV 滑块"，将 R、G 和 B 的值均设置为 255.0，如图 1-10 所示。然后单击"关闭"按钮，关闭"颜色编辑器"对话框。

4）在"系统颜色"对话框的"图形"选项卡中分别设置其他图形元素的显示颜色，参考配置如图 1-11 所示。

5）在"系统颜色"对话框中单击"确定"按钮。

图 1-10 "颜色编辑器"对话框

图 1-11 设置图形元素的显示颜色

1.3.3 定制屏幕

用户可以根据个人、组织或公司需要来定制合适的 Pro/ENGINEER 屏幕（用户界面），例如定制工具栏、工具栏按钮和导航区域等。

在如图 1-12 所示的"工具"菜单中选择"定制屏幕"命令，打开如图 1-13 所示的"定制"对话框。利用该对话框可以定制用户屏幕界面，注意选中对话框中的"自动保存到"复选框，以便每次进行更改设置时，允许将设置自动保存到选取的 config.win（或定制命名的 config.win）文件中，并可在以后启动 Pro/ENGINEER 时自动读取。下面介绍该对话框中的"文件"菜单、"视图"菜单和 5 个选项卡（"工具栏"选项卡、"命令"选项卡、"导航选项卡"选项卡、"浏览器"选项卡和"选项"选项卡）。

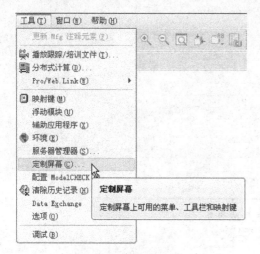

图 1-12　"工具"菜单

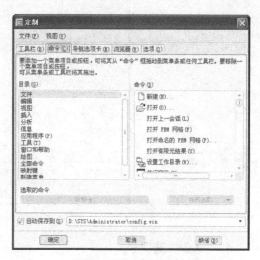

图 1-13　"定制"对话框

1."文件"菜单

在"定制"对话框中单击"文件"选项，打开如图 1-14 所示的下拉菜单，从中可以选择"打开设置"命令或"保存设置"命令。如果选择"打开设置"命令，则弹出"打开"对话框，以从中装载不同的 config.win 文件（*.win 为窗口定制的格式文件）；如果选择"保存设置"命令，则打开"保存窗口配置设置"对话框，使用该对话框可以用新的文件名将当前窗口配置设置保存为新的、定制配置文件。

2."视图"菜单

在"定制"对话框中单击"视图"选项，打开如图 1-15 所示的下拉菜单。当"仅显示模式命令"选项处于被选中状态时，显示仅与当前活动模式相关的命令。

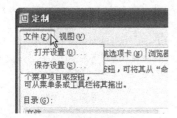

图 1-14　"定义"对话框的"文件"菜单

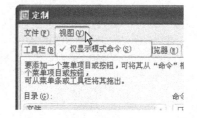

图 1-15　"定制"对话框的"视图"菜单

3."工具栏"选项卡

利用如图 1-16 所示的"工具栏"选项卡，可以定制相关工具栏是否显示，以及显示在屏幕中的哪些位置。如果清除某工具栏名称前的复选框，则该工具栏将不在屏幕中显示。在每个工具栏名称的右侧具有一个下拉列表框，里面提供了相关选项用来定制工具栏位于图形窗口的顶部、左侧或右侧。

图1-16 "工具栏"选项卡

4. "命令"选项卡

利用"命令"选项卡，可以根据需要将新的菜单和定制命令（包括映射键）添加到用户界面，或者从相关菜单条或工具栏中移除某菜单项目或工具按钮。如果要添加一个菜单项目或按钮，可以将其从"命令"框中拖动到菜单条或任何工具栏；如果要移除一个菜单项目或按钮，则可以从菜单条或工具栏将其拖出。

例如，要在"文件"工具栏中添加 （设置工作目录）按钮和 （拭除当前）按钮（添加按钮后的"文件"工具栏如图 1-17 所示），需要在打开的"定制"对话框中，切换到"命令"选项卡，在"目录"列表框中选择"文件"选项，接着在"命令"框中选择"设置工作目录"命令，如图 1-18 所示，按住鼠标左键将其拖动到"文件"工具栏中的指定位置处，然后释放鼠标左键即可。用同样的方法，将 （拭除当前）按钮从"命令"框中拖到"文件"工具栏中放置。

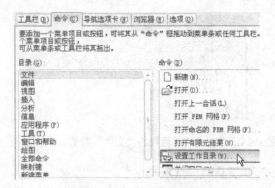

图1-17 定制工具按钮 　　　　　　图1-18 选择"设置工作目录"

7. "选项"选项卡

切换到"选项"选项卡，如图 1-21 所示。该选项卡主要用于定制次级窗口的尺寸和定制菜单显示。例如，次窗口可以默认尺寸打开，也可以采用最大化的方式打开。而在菜单中，可以设置命令图标（如果有）也显示出来。

图 1-21 "定制"对话框的"选项"选项卡

1.4 文件基本操作

在 Pro/ENGINEER 中，文件基本操作包括新建文件、打开文件、保存文件、拭除文件、设置工作目录、使用系统窗口、删除文件、关闭文件与退出系统等。

1.4.1 新建文件

在上工具箱中单击 ▯（创建新对象）按钮，或者从"文件"菜单中选择"新建"命令，弹出如图 1-22 所示的"新建"对话框，从中可以选择"草绘"、"零件"、"组件"、"制造"、"绘图"、"格式"、"报告"、"图表"、"布局"、"标记"类型选项，以创建指定格式的新文件。在创建新对象文件时，可以采用默认模板，也可以根据实际情况选择所需的另一个模板。

创建新文件时可以接受系统提供的默认名称，也可以指定有效的文件名。文件名限制在 31 个字符以内；文件名中不能包含括号，（如()，[ ]或{ }）、空格以及标点符号（.、?、!、;）；文件名可包含连字符和下画线，但文件名的第一个字符不能是连字符；在文件名中只能使用字母和数字字符（连字符和下画线例外）。

图 1-22 "新建"对话框

下面以创建一个新实体零件文件为例，介绍新建文件的典型步骤。

1）在上工具箱中单击 □（创建新对象）按钮，或者从"文件"菜单中选择"新建"命令，弹出"新建"对话框。

2）在"新建"对话框中，从"类型"选项组中选择"零件"单选按钮，在"子类型"选项组中选择"实体"单选按钮，在"名称"文本框中输入"BC_A1"，清除"使用缺省模板"复选框，如图1-23所示。

3）单击"新建"对话框中的"确定"按钮，弹出"新文件选项"对话框，从"模板"选项组中选择mmns_part_solid，如图1-24所示。

图1-23 在"新建"对话框中进行操作　　　　图1-24 "新文件选项"对话框

4）在"新文件选项"对话框中单击"确定"按钮，完成新零件文件的创建，并进入零件设计模式。

1.4.2 打开文件

在上工具箱中单击 □（打开）按钮，或者从"文件"菜单中选择"打开"命令，弹出"文件打开"对话框。在"文件打开"对话框中选择欲打开的文件，此时单击对话框中的"预览"按钮可以预览欲打开的模型（如图1-25所示），然后单击"打开"按钮。

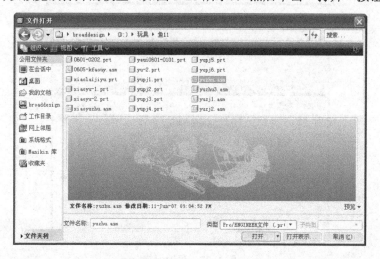

图1-25 "文件打开"对话框

在使用 Pro/ENGINEER 进行设计工作时，需要了解当前创建的或打开的模型文件，它们都会存在于系统进程内存（会话）中，除非执行相关命令将其从进程内存中拭除。要打开来自当前进程（在内存中）的模型文件，可以在"文件打开"对话框中单击■ 在会话中 按钮，使所有在当前会话中的模型文件显示在对话框的文件列表框中，从中选择欲打开的模型文件，然后单击"打开"按钮即可。

1.4.3 保存文件

通常，可以使用"文件"菜单中的"保存"命令或"保存副本"命令来保存 Pro/ENGINEER 文件。下面介绍"保存"命令与"保存副本"命令的应用特点与用途。

1."保存"命令

该命令用于保存活动对象，以进程中的指定文件名进行保存。对于新创建的模型文件，第一次执行"文件"→"保存"命令（其对应的工具按钮为 ），系统弹出如图 1-26 所示的"保存对象"对话框，此时可以使用该对话框设置文件存放的位置，然后单击"确定"按钮。若以后对该文件再执行"文件"→"保存"命令，则在打开的"保存对象"对话框中不可更改存放地址，如图 1-27 所示。

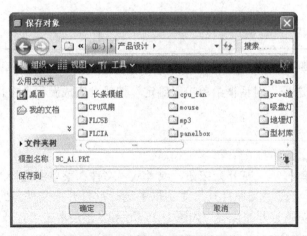

图 1-26 "保存对象"对话框

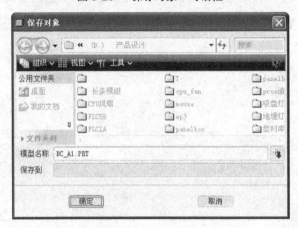

图 1-27 再次保存

需要注意的是，每执行一次"保存"命令，保存的文件并没有覆盖先前的文件，即保存生成的该同名文件会在其扩展名的后面自动添加一个版本编号。例如，第一次保存文件名为BC_A1.PRT.1，则第二次保存该文件的结果为BC_A1.PRT.2，以此类推。

2．"保存副本"命令

该命令用于保存活动对象的副本。在进行保存副本的过程中，可以设置将Pro/ENGINEER文件输出为不同格式，以及将文件另存为图像。

在"文件"菜单中选择"保存副本"命令，打开如图1-28所示的"保存副本"对话框，利用该对话框指定保存目录，设置新建名称，并可以从"类型"列表框中选择所需的文件类型，然后单击"确定"按钮。

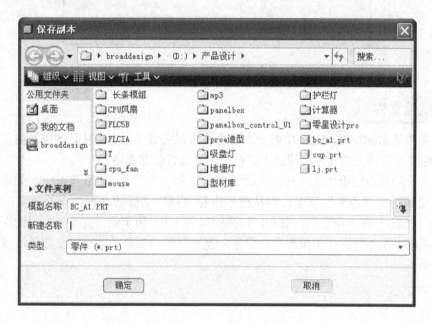

图1-28 "保存副本"对话框

1.4.4 备份文件

对于一些重要的设计文件，可以将其备份到指定的目录下。注意：在备份目录中会重新设置备份对象的版本。如果备份组件、绘图或制造对象，Pro/ENGINEER 在指定目录中保存所有从属文件；如果组件有相关的交换组，备份该组件时那些组不保存在备份目录中；如果备份模型后对其进行更改，然后再保存此模型，则更改将被始终保存在备份目录中。

备份文件的操作步骤很简单，即在菜单栏中选择"文件"→"备份"命令，打开如图 1-29 所示的"备份"对话框；在该对话框中选择要备份到的目录，在"模型名称"文本框中显示当前活动模型的名称，用户可以单击 按钮来选取其他模型；然后单击"确定"按钮。

图 1-29 "备份"对话框

1.4.5 拭除文件

拭除文件是 Pro/ENGINEER 中的一个特色操作，它是指将文件从系统进程内存中清除，但不删除保存在磁盘上的文件，即位于磁盘上的源文件仍然保留。

拭除文件的命令位于如图 1-30 所示的"文件"→"拭除"级联菜单中。如果选择"文件"→"拭除"→"当前"命令，则从进程内存中拭除当前活动窗口中的对象；如果选择"文件"→"拭除"→"不显示"命令，则弹出如图 1-31 所示的"拭除未显示的"对话框，使用该对话框可从当前进程中拭除所有对象，但不拭除当前显示的对象及其显示对象所参照的全部对象。

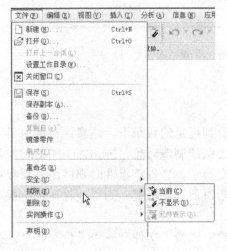

图 1-30 拭除文件的菜单命令

图 1-31 "拭除未显示的"对话框

1.4.6 设置工作目录

工作目录是指分配存储 Pro/ENGINEER 文件的区域。通常，默认工作目录是其中启动

Pro/ENGINEER 的目录。设置工作目录有利于管理设计文件，以简化文件的保存、查找等细节工作。一般将同属于某设计项目的模型文件集中放置在同一个工作目录下。

设置工作目录的常用方法主要有如下 3 种。

（1）使用 Pro/ENGINEER 的"设置工作目录"命令

1）启动 Pro/ENGINEER 软件后，从菜单栏的"文件"菜单中选择"设置工作目录"命令，打开如图 1-32 所示的"选取工作目录"对话框。

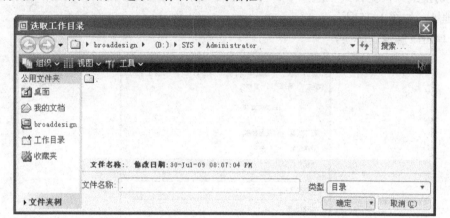

图 1-32 "选取工作目录"对话框

2）浏览至要设置为新工作目录的目录。显示一个后跟句点（📁·）的文件夹，指示工作目录的位置。也可以在"选取工作目录"对话框中指定位置后，单击"组织"按钮，从出现的如图 1-33 所示的下拉菜单中选择"新建文件夹"命令，弹出如图 1-34 所示的"新建文件夹"对话框，输入新建目录名，单击"确定"按钮，从而在当前目录下新建一个文件夹作为工作目录。

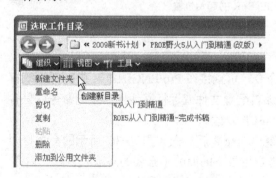

图 1-33 新建文件夹

图 1-34 "新建文件夹"对话框

3）在"选取工作目录"对话框中单击"确定"按钮。

通过此方法设置工作目录后，若退出 Pro/ENGINEER 时，不会保存新工作目录的设置。如果从用户工作目录以外的目录中检索文件，然后保存文件，则文件会保存到从中检索该文件的目录中。如果保存副本并重命名文件，副本会保存到当前的工作目录中。

（2）从文件夹导航器选取工作目录

1）在导航区单击📁（文件夹浏览器）按钮，切换到"文件夹浏览器"。

2）选取要设置为工作目录的目录，然后右键单击，打开一个快捷菜单。

3）从该快捷菜单中选择"设置工作目录"命令，系统将出现一条消息，确认工作目录已更改。

（3）通过 Pro/ENGINEER 属性设置来指定默认的起始工作目录

1）在 Windows 桌面中右击 Pro/ENGINEER 图标，弹出其属性对话框。

2）切换到"快捷方式"选项卡，在"起始位置"文本框中输入默认工作目录的有效起始位置地址，如图 1-35 所示。

3）单击"确定"按钮。

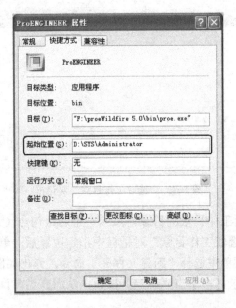

图 1-35　设置 Pro/ENGINEER 的起始位置

1.4.7　使用系统窗口

在"窗口"菜单中选择"打开系统窗口"命令，可直接在 Pro/ENGINEER 中打开系统窗口（在 Windows 中称为命令提示窗口），从中编辑配置文件或运行其他操作系统命令，只有退出系统窗口，才能继续使用其他的 Pro/ENGINEER 功能。

例如，在"窗口"菜单中选择"打开系统窗口"命令后，在如图 1-36 所示的命令行中输入"PURGE"，按〈Enter〉键，则移除位于指定目录下的旧的不必要的对象版本。

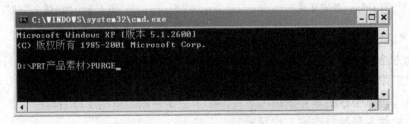

图 1-36　使用系统窗口

1.4.8 删除文件

删除文件与拭除文件是不同的，删除文件是指将相应文件从磁盘中永久地删除。用户可以根据需要删除文件的旧版本，或删除文件的所有版本。

1. 删除文件的旧版本

前面已经介绍过，在 Pro/ENGINEER 中每次保存对象时会在内存中创建该对象的新版本，并将上一版本写入磁盘中。Pro/ENGINEER 为对象存储文件的每一个版本进行连续编号（如 bc.sec.1，bc.sec.2，bc.sec.3，…）。如果要删除除最新版本（具有最高版本号的版本）外对象的所有版本，可以按照以下步骤进行操作。

1）在菜单栏的"文件"菜单中选择"删除"→"旧版本"命令。

2）在系统提示下输入其旧版本要被删除的对象，如图 1-37 所示，然后单击 ☑ （接受）按钮。

图 1-37 输入其旧版本要被删除的对象

2. 删除文件的所有版本

如果要删除当前对象的所有版本，则可以按照以下步骤进行。

1）在菜单栏的"文件"菜单中选择"删除"→"所有版本"命令，则系统弹出如图 1-38 所示的"删除所有确认"对话框。

图 1-38 "删除所有确认"对话框

2）在"删除所有确认"对话框中单击"是"按钮，删除当前对象的所有版本。

值得注意的是，在当前工作进程中，除非删除组件或绘图，才可删除组件或绘图中使用的零件或子组件。

1.4.9 关闭文件与退出系统

如果要关闭当前窗口中的活动文件但不退出 Pro/ENGINEER，可以选择"文件"→"关闭窗口"命令，或者选择"窗口"→"关闭"命令。以这种方式关闭文件后，该文件对象依然保留在系统进程内存（会话）中。

如果要退出 Pro/ENGINEER 系统，可以选择"文件"→"退出"命令，或者单击标题栏右侧的 ⊠ （关闭）按钮。

1.5 模型显示的基本操作

在"视图"菜单中提供了相关的命令（如图 1-39 所示），主要用于调整模型视图、定向视图、隐藏和显示图元、创建和使用高级视图以及设置多种模型显示选项。在零件设计模式下，"视图"工具栏提供的常用模型视图工具按钮如图 1-40 所示。

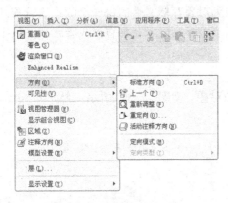

图 1-39 "视图"菜单　　　　　　　　　　　图 1-40 "视图"工具栏

在本节中，介绍模型显示的一些基本操作，包括使用已保存的命名视角、重定向、使用鼠标调整视角、设置模型显示和基准显示等。

1.5.1 使用已保存的命名视角

通常，可以使用已保存的命名视角为模型指定经典的视角方位，其典型方法如下。

1）在"视图"工具栏中选中 （已保存的视图列表）按钮，展开如图 1-41 所示的视图列表。在该视图列表框中包含了预定义的常用视图视角，如标准方向、缺省方向、BACK、BOTTOM、FRONT、LEFT、RIGHT 和 TOP。

2）在该视图列表框中选择所需要的视图名称（或称视图指令），便可以即时以该命名视角来观察模型。例如，图 1-42 所示是其中两种命名视角的显示效果。

图 1-41 展开视图列表

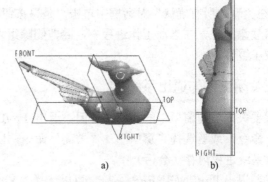

图 1-42 使用保存的视图列表示例

a) 标准方向　b) RIGHT

1.5.2　重定向

　　用户可以根据设计情况重定向模型视图。在菜单栏中选择"视图"→"方向"→"重定向"命令，或者在"视图"工具栏中单击 (重定向) 按钮，打开如图 1-43 所示的"方向"对话框。从"类型"列表框中可以选择"按参照定向"选项、"动态定向"选项和"首选项"选项来进行重定向操作。

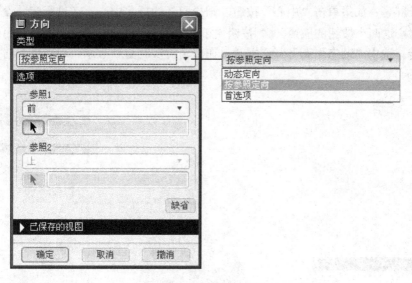

图 1-43　"方向"对话框

1. 按参照定向

　　在"方向"对话框的"类型"列表框中选择"按参照定向"选项作为定向类型，接着在"选项"选项组中分别定义参照 1 和参照 2 即可定向模型，示例如图 1-44 所示。

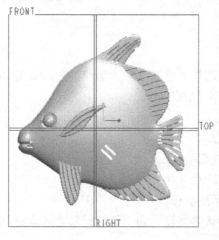

图 1-44　按参照定向

如果需要，可以保存通过重定向而得到的该视图。方法是在"方向"对话框中打开"已保存的视图"工具盒，接着在"名称"文本框中输入新视图名称，如图 1-45 所示，然后单击"保存"按钮，则新视图名称出现在"已保存的视图"列表框中。

2．动态定向

在"方向"对话框的"类型"列表框中选择"动态定向"选项，接着在"选项"区域中通过拖动滑块或指定参数值来进行平移、缩放和旋转操作。如果单击"重新调整"按钮，则使模型适合屏幕；如果单击"中心"按钮，则拾取新的屏幕中心。在进行旋转设置时，需要注意和这两个按钮的应用。按钮用于使用旋转中心轴旋转；按钮用于使用屏幕中心轴旋转。选中"动态更新"复选框时，在旋转时实时更新显示。动态更新的操作示例如图 1-46 所示。

图 1-45　保存重定向的视图

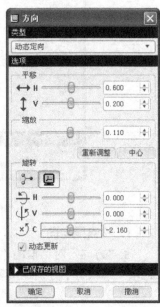

图 1-46　动态定向

3．按首选项定向

在"方向"对话框的"类型"列表框中选择"首选项"为定向类型，如图 1-47 所示，接着在"旋转中心"选项组中，选取下列旋转方法之一。

● "模型中心"：旋转中心位于模型中心。
● "屏幕中心"：旋转中心位于屏幕中心。
● "点或顶点"：旋转中心位于选取的点或顶点。
● "边或轴"：旋转中心位于选取的边或轴。
● "坐标系"：旋转中心位于选取的坐标系中心。

在"缺省方向"选项组中，可将视图默认方向设置为"等轴测"、"斜轴测"或"用户定义"方向，如图 1-48 所示。

图 1-47 按"首选项"定向

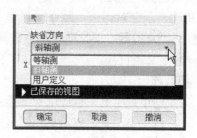

图 1-48 设置"缺省方向"

1.5.3 使用鼠标调整视角

在 Pro/ENGINEER Wildfire 5.0 中，用户除了可以使用已保存的视图列表名来设置特定模型视角之外，还可以使用三键鼠标来随意地实时调整模型视角，如表 1-2 所示。

表 1-2 使用鼠标调整视角

序号	调整视角的方式	操作方法说明
1	旋转模型	将光标置于图形窗口中，按住鼠标中键，然后拖动鼠标，可以随意旋转模型
2	缩放模型	将光标置于图形窗口中，然后直接滚动鼠标中键，可以对模型进行缩放操作
		也可以同时按下〈Ctrl〉键+鼠标中键，并向前后移动鼠标来缩放模型
3	平移模型	将光标置于图形窗口中，按住〈Shift〉键+鼠标中键，然后移动鼠标，可以实现模型的平移

1.5.4 模型显示和基准显示

初学者需要了解模型显示与基准显示的基本知识。在上工具箱中集中了常用的模型显示和基准显示的工具按钮，如图 1-49 所示。

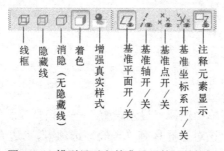

图 1-49 模型显示和基准显示的工具按钮

1. 基准显示

- ⊿: 使用该复选按钮，设置是否在图形窗口中显示基准平面。
- ⁄: 使用该复选按钮，设置是否在图形窗口中显示基准轴。
- ××: 使用该复选按钮，设置是否在图形窗口中显示基准点。
- ⋟: 使用该复选按钮，设置是否在图形窗口中显示基准坐标系。
- ▱: 使用该复选按钮，打开或关闭 3D 注释及注释元素。

在菜单栏的"视图"菜单中选择"显示设置"→"基准显示"命令，弹出如图 1-50 所示的"基准显示"对话框，从中可以进行相关的基准显示设置。当选中"点符号"复选框时，可以从"点符号"下拉列表框中选择"十字型"、"点"、"圆"、"三角形"和"正方形"选项之一来定义点符号。

2. 模型显示

- ▱: 选中该工具，以线框形式显示模型。
- ▱: 选中该工具，表示启用隐藏线显示模式，隐藏线以灰色显示。
- ▱: 选中该工具，表示启用消隐（无隐藏线）显示模式，即不显示模型中被遮挡的线条。
- ▱: 选中该工具，表示启用着色显示模式，即以着色方式来显示模型，其隐藏线不显示。
- ●: 选中该工具，以设定的增强真实样式显示模型，典型示例的效果如图 1-51 所示。

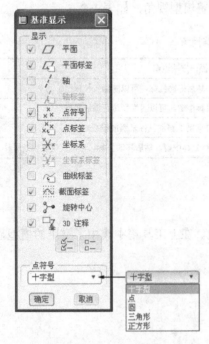

图 1-50　基准显示设置

图 1-51　使用增强真实样式

在菜单栏的"视图"菜单中选择"显示设置"→"模型显示"命令，弹出如图 1-52 所示的"模型显示"对话框。该对话框具有"一般"选项卡、"边/线"选项卡和"着色"选项卡。其中，利用"一般"选项卡可以设置显示造型方式（着色、线框、隐藏线和消隐）、显示选项、重定向时显示的内容、重定向时的动画方式等；利用"边/线"选项卡，则可以更改边和线的质量和细节，可以使用"电缆显示"选项组将电缆的显示样式设置为"粗细"或"中心线"等；利用"着色"选选卡，则可以更改着色区的质量和细节，可以使用"启用"选项组设置"纹理"、"透明"（点刻或混合）和"实时渲染"（包括设置"环境映射"、"反射"和"阴影"等）。

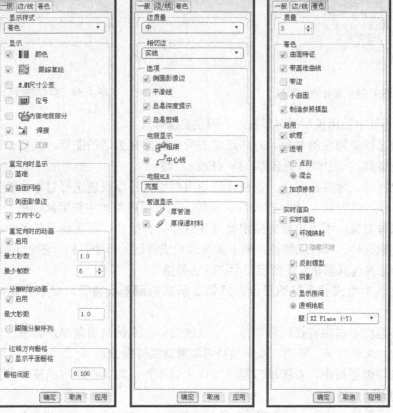

图 1-52 "模型显示"对话框

1.6 使用模型树

　　模型树以"树"形式显示模型结构，其根对象（当前组件或零件）位于树的顶部，附属对象（零件或特征）位于下部。默认情况下，模型树显示在主窗口导航区的 （模型树/层树）选项卡中。在零件文件中，模型树显示零件文件名称并在名称下显示零件中的每个特征，如图 1-53 所示；在组件文件中，模型树显示组件文件名称并在名称下显示所包括的零件文件等，如图 1-54 所示。需要注意的是，模型树只列出当前文件中的相关特征和零件级的对象，而不列出构成特征的图元（如边、曲面、曲线等）。使用模型树可以帮助用户更好地把握模型结构及各要素之间的次序和父子关系。

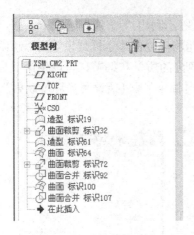

图 1-53　零件的模型树

图 1-54　组件的模型树

在实际设计中使用模型树可以执行下列主要操作。

● 重命名模型树中的对象。方法是单击所选对象名旁边的图标，或双击该对象名，出现类型框，从中键入新名称，按〈Enter〉键。

● 选取特征、零件或组件。在设计中使用模型树可以快速选择对象。模型树中的对象选择流程是面向"对象-操作"流程的。通过在模型树中使用鼠标单击对象的方式即可选择对象，而无需首先指定要对其进行何种操作。需要注意的是，在模型树中可以选取元件、零件或特征，但不能选取构成特征的单个几何（图元），这些图元可以结合选择过滤器来在图形窗口中进行选择操作。

● 按项目类型或状态过滤显示，例如显示或隐藏基准特征，或者显示或隐藏隐含特征。

● 在模型树中右击特征或者零件，可以通过弹出来的快捷菜单对其进行隐藏、隐含、删除、编辑定义、阵列、编辑参照或取消隐藏等操作。

● 在组件模型树中，右键单击组件文件中的零件，将其在单独的窗口中打开来进行相关的设计操作。

● 可以设置显示特征、零件或组件的显示或再生状态（如隐含或未再生）。

● 在模型树中，单击加号或减号可分别展开或收缩模型树。

在导航区模型树的上方，单击 ▤▾（显示）按钮，系统弹出如图 1-55 所示的下拉菜单。从该下拉菜单中可以设置模型树中对象的显示方式，也可以切换到层树状态。下面简单地介绍该下拉菜单中主要命令选项的功能与含义。

● "层树"：该命令用于设置层、层项目及显示状态。

● "全部展开"：展开模型树的全部分支。

● "全部收缩"：收缩模型树的全部分支。

● "预选加亮"：加亮预选模型树项目的几何体。

● "加亮几何"：加亮所选模型树项目的几何体。

在导航区模型树的上方，单击 📰▾（设置）按钮，系统弹出如图 1-56 所示的下拉菜单。在该下拉菜单中，可以设置"树过滤器"、"树列"和"样式树"，可以"打开设置文件"和"保存设置文件"等。下面简单地介绍该下拉菜单中各命令选项的功能与含义。

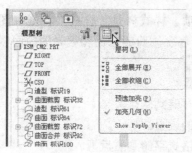

图 1-55 "显示"操作 　　　　　　　　　图 1-56 "设置"操作

- "树过滤器"：按类型和状态控制模型树项目的显示。选择"树过滤器"命令，打开如图 1-57 所示的"模型树项目"对话框，从中设置相关的显示项目，被选中（打钩）的项目将在模型树中显示。

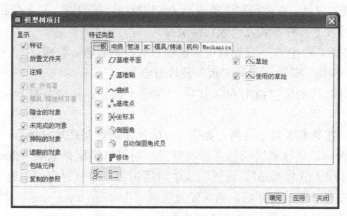

图 1-57 "模型树项目"对话框

- "树列"：该命令用于设置"模型树列"的显示选项。选择该命令，弹出如图 1-58 所示的"模型树列"对话框。在"不显示"选项组中按照在指定类型下选择某个将要显示的列项目。例如，选择"信息"类型下的"特征#"，单击 >> （添加列）按钮，从而将该列项目移到"显示"选项组的列表框中，可以指定列项目的宽度，然后单击"应用"按钮，则应用了添加指定的列项目，该列项目显示在模型树的右侧区域，如图 1-59 所示。

图 1-58 "模型树列"对话框 　　　　　　　图 1-59 添加"特征#"列

- "样式树"：提供用于设置样式树的相关选项。样式树是"样式"特征中图元的列表。样式树中列出当前样式特征内的曲线，包含修剪的曲面和编辑的曲面以及基准平面。注意，在样式树中不会列出跟踪草绘。
- "打开设置文件"：从文件加载以前存储的设置。
- "保存设置文件"：将当前设置（信息栏等）存储到磁盘。
- "应用来自窗口的设置"：用于应用其他窗口的设置。
- "保存模型树"：将显示的模型树信息以文本格式存储到磁盘下。

1.7　使用层树

在 Pro/ENGINEER 中，通常使用层树来管理某些图形元素。例如，将属于同一类的图形元素指定为特定层的项目，以方便对该类图形元素进行统一的隐藏、隐含和显示等相关操作。

用户可以通过以下几种方式之一来访问层树。

方式 1：单击工具栏中的 $\mathcal{B}$（设置层、层项目和显示状态）按钮。

方式 2：在"视图"菜单中选择"层"复选命令。

方式 3：在导航区的模型树上方单击 $\boxed{\cdot}$（显示）按钮，接着从打开的下拉菜单中选择"层树"命令。

默认情况下，在导航区显示层树，如图 1-60 所示。在某些设计场合，如果想要在单独的窗口中显示层树，而在导航区仍然显示模型树，则可以将配置选项"floating_layer_tree"设置为"yes"（其默认值为"no"，设置默认值时层树将在导航器窗口中显示），有关配置选项的设置方法将在下一小节中介绍。当将配置选项"floating_layer_tree"设置为"yes"后，访问层树时将打开如图 1-61 所示的"层"对话框。

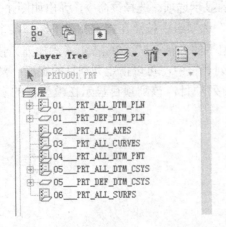

图 1-60　在导航区显示层树

图 1-61　"层"对话框

用户应该了解用于指示与项目有关的层类型的以下符号。

- （隐藏项目）：该符号为浅色显示，表示在模型树中临时隐藏的项目。
- （简单层）：将项目手动添加到层中。
- （缺省层）：使用 def_layer 配置选项创建的层。

- （规则层）：主要由规则定义的层。
- （嵌套层）：主要包含其他层的层。
- （同名层）：含有组件中所有元件的全部同名层。

另外，用户要熟悉层树的 3 个实用按钮，即 （显示）按钮、 （层）按钮和 （设置）按钮，它们的功能含义如下。

- （显示）按钮：使用该按钮的下拉菜单，可以切换显示返回到模型树，可以展开或收缩层树的全部节点，可以查找层树中的对象等。
- （层）按钮：单击该按钮，可以根据需要从中选择"隐藏"、"取消隐藏"、"孤立（隔离）"、"激活"、"取消激活"、"保存状态"、"设置层状态"、"新建层"、"重命名"、"层属性"、"延伸规则"、"删除层"、"移除项目"、"移除全部项目"、"剪切"、"复制"、"粘贴"和"层信息"命令。
- （设置）按钮：主要用于向当前定义的层或子模型层中添加非本地项目。

下面通过一个典型的操作实例介绍如何新建层并将该层设置为隐藏状态。

1）在层树上方单击 （层）按钮，接着从如图 1-62 所示的下拉菜单中选择"新建层"命令，打开"层属性"对话框，如图 1-63 所示。

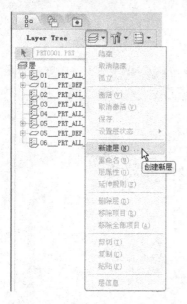

图 1-62 选择"新建层"命令

图 1-63 "层属性"对话框

2）在"层属性"对话框的"名称"文本框中指定新层的名称，"层 Id"可以不填。

说明：层是用名称来识别的。层名称可以用数字或字母加数字的形式表示，最多不能超过31个字符。

3）选择所需的特征作为该层的项目，包含在层中的项目以"+"符号表示，如图 1-64 所示。

4）在"层属性"对话框中单击"确定"按钮，创建的新层按数字、字母顺序出现在层树的适当位置处，如图 1-65 所示。值得注意的是，在树中显示层时，首先是数字名称层排序，然后是字母加数字名称层排序；字母加数字名称的层按字母排序。

图 1-64 "层属性"对话框

图 1-65 层树

5）在层树中右击新建的层名，如图 1-66 所示，弹出一个快捷菜单，从该快捷菜单中选择"隐藏"命令。

隐藏的新层在层树中的显示如图 1-67 所示。

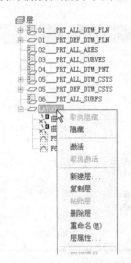

图 1-66 右击要隐藏的层

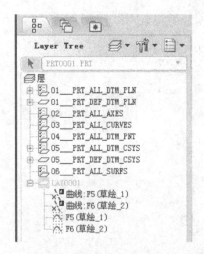

图 1-67 隐藏新层的层树效果

1.8 配置选项应用基础

在 Pro/ENGINEER 中，config.pro 是最主要的系统配置文件，它具有大量的配置选项，主要用来设置软件系统的运行环境，如系统颜色、单位、尺寸显示方式、界面语言、库的设置、工程图配置、零部件搜索路径等。

config.pro 的每一选项包含的基本信息有配置选项名称、缺省和可用的变量或值（带有"*"号的为默认值）、描述配置选项的简单说明和注释。

在"工具"菜单中选择"选项"命令,打开如图 1-68 所示的"选项"对话框。通过该对话框输入 config.pro 配置文件选项及其值,可以定制配置 Pro/ENGINEER 的方法。若从"显示"下拉列表框中选择"当前会话",并清除"仅显示从文件加载的选项"复选框后,"当前会话"下的列表框中按字母顺序排列显示所有配置选项,用户也可以从"排序"下拉列表框中选择"按类别"选项来排序所有配置选项。

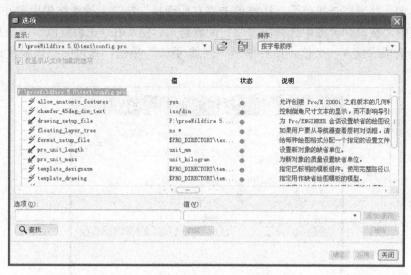

图 1-68 "选项"对话框

由于 config.pro 配置文件选项众多,本书不对各选项进行介绍,读者可在今后的设计练习或工作中多加留意和积累。下面以将配置选项"floating_layer_tree"的值设置为"yes"为例,说明如何设置 Pro/ENGINEER 基本配置选项。

1)在"工具"菜单中选择"选项"命令,打开"选项"对话框。

2)在"选项"对话框中,从"显示"列表框中选择"当前会话",并选中"仅显示从文件载入的选项"复选框,以查看当前已载入的配置选项,或者清除此复选框以查看所有的配置选项。

3)从列表中选取配置选项"floating_layer_tree",或在"选项"文本框中键入配置选项名称为"floating_layer_tree"。

4)在"值"下拉列表框中选取"yes",如图 1-69 所示。对于某些配置选项,则需要在"值"文本框中输入一个值。

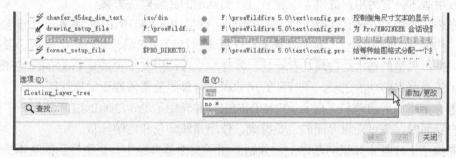

图 1-69 设置配置选项的值

5）单击"添加/更改"按钮。在列表中会出现配置选项及该选项的新值。绿色的状态图标用于对所做的改变进行确认。

6）配置完后，单击"应用"按钮或"确定"按钮。

如果在设置过程中，一时找不到所需的配置选项，那么可以在"选项"对话框中单击"查找"按钮，弹出如图 1-70 所示的"查找选项"对话框。在"1.输入关键字"文本框中输入部分关键字，并设置查找范围，接着单击"立即查找"按钮，搜索结果出现在"2.选择选项"列表框中，在该列表框中选择所需要的配置选项，然后在"3.设置值"下拉列表框中选择所需要的选项或键入一个值，最后单击"添加/更改"按钮，即可完成该配置选项的修改设置。

图 1-70 "查找选项"对话框

1.9 本章小结

Pro/ENGINEER 是一款主流的高端 CAD/CAM/CAE 设计软件，在通用机械、模具、家电、汽车、航天航空、军工和工业设计等领域广泛应用。Pro/ENGINEER Wildfire 5.0 是目前最新的应用版本，它为用户提供了一套从设计到制造的完整解决方案。

本章内容首先是 Pro/ENGINEER 应用概述，包括 Pro/ENGINEER 基本设计概念、模型的基本结构属性和父子关系。其中，基本设计概念包括设计意图、基于特征建模、参数化设计和相关性；模型的基本结构属性有特征、零件和组件；而父子关系是 Pro/ENGINEER 和参数化建模的最强大的功能之一，子特征的尺寸和几何参照需要依赖于父项特征。

接着介绍了如何启动和退出 Pro/ENGINEER，并介绍了 Pro/ENGINEER 的用户界面。在介绍用户界面时，侧重介绍界面的主要组成、使用系统颜色和定制屏幕。

在掌握了上述基本知识的基础上，分别介绍了文件基本操作、模型显示的基本操作、使用模型树和使用层树的知识。文件基本操作主要包括新建文件、打开文件、保存文件、备份文件、拭除文件、设置工作目录、使用系统窗口、删除文件、关闭文件与退出系统。模型显示的基本操作包括使用已保存的命名视角、重定向、使用鼠标调整视角、模型显示和基准显示等。使用模型树和使用层树在实际设计中很常见，需要重点掌握其基础知识。

config.pro 是 Pro/ENGINEER 最主要的系统配置文件，它具有大量的配置选项，主要用来设置软件系统的运行环境，如系统颜色、单位、尺寸显示方式、界面语言、库的设置、工程图配置、零部件搜索路径等。本章的最后一个知识点便是配置选项应用基础。读者应该掌握设置 Pro/ENGINEER 基本配置选项的一般方法或典型方法。

1.10　思考与练习

1）通过本章知识的学习，你理解"设计意图"、"基于特征建模"、"参数化设计"和"相关性"这些基本设计概念了吗？

2）在 Pro/ENGINEER 中，构建的模型可包含的基本结构属性有特征、零件和组件。请简述这些基本结构属性的含义。

3）什么是 Pro/ENGINEER 特征之间的父子关系？

4）如何启动和退出 Pro/ENGINEER？

5）Pro/ENGINEER 用户界面的主要组成包括哪些部分？

6）上机练习：定制如图 1-71 所示的"文件"工具栏。

图 1-71　定制"文件"工具栏

7）拭除文件与删除文件有哪些区别？

8）重定向视图视角的类型有哪几种？

9）如何使用鼠标进行平移模型、缩放模型和旋转模型显示？

10）使用模型树可以进行哪些典型的操作？

11）如何新建一个层？

12）简述设置 Pro/ENGINEER 基本配置选项的一般方法或典型方法。

第2章 草 绘

本章内容导读：

Pro/ENGINEER 提供了一个专门的草绘模块。该模块通常也被称为"草绘器"。在本章中，首先介绍草绘模式、草绘环境及相关设置，接着介绍绘制图元、编辑图元、标注、几何约束、使用草绘器调色板、解决草绘冲突和使用草绘器诊断工具等，最后介绍两个草绘综合范例。

通过本章的学习，将为后面掌握三维建模等知识打下扎实的基础。

2.1 草绘模式简介

零件建模离不开绘制截面几何。在 Pro/ENGINEER 中，软件系统提供了一个专门用来绘制截面几何的"草绘器"（即草绘模式）。用户可以通过创建一个草绘文件来绘制二维图形，也可以在零件建模过程中进入草绘器绘制所需的特征截面。

1. 创建一个草绘文件的典型方法及步骤

1）在菜单栏的"文件"菜单中选择"新建"命令，或者在"文件"工具栏中单击 □ （新建）按钮，打开"新建"对话框。

2）在"新建"对话框的"类型"选项组中选择"草绘"单选按钮，在"名称"文本框中输入新草绘文件的名称或接受默认名称，如图 2-1 所示。

3）在"新建"对话框中单击"确定"按钮，进入草绘模式的界面，如图 2-2 所示。草绘模式界面由标题栏、菜单栏、绘图区域、状态栏和各种工具栏等几部分组成。

图2-1 "新建"对话框

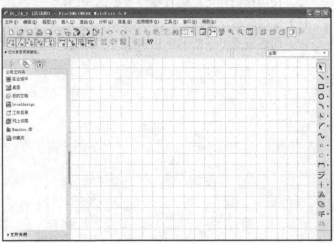

图2-2 进入草绘模式

为了更好地学习在草绘模式中绘制截面几何，需要了解和掌握以下常用术语（基本摘自Pro/ENGINEER 帮助文件）。

- 图元：截面几何的任何元素，如直线、矩形、圆弧、圆、样条、圆锥、点或坐标系。
- 参照图元：当参照截面外的几何时，在 3D 草绘器中创建的截面图元，即可以将参照图元理解为是创建特征截面或轨迹等对象时所参照的图元。参照的几何（如零件边）对草绘器为"已知"。例如，对零件边创建一个尺寸时，也就在截面中创建了一个参照图元。该截面是这条零件边在草绘平面上的投影。
- 尺寸：图元或图元之间关系的测量。
- 约束：定义图元几何或图元间关系的条件，约束符号出现在应用约束的图元旁边。例如，可以约束两条直线相互垂直，这时会出现一个垂直约束符号来表示。
- 参数：草绘器中的一个辅助数值。
- 关系：关联尺寸和/或参数的等式。
- 弱尺寸或弱约束：在没有用户确认的情况下，草绘器可以移除的尺寸或约束就被称为弱尺寸或弱约束。由草绘器自动创建的尺寸是弱尺寸。添加尺寸时，草绘器可以在没有任何确认的情况下移除多余的弱尺寸或弱约束。弱尺寸和弱约束以灰色出现。
- 强尺寸或强约束：草绘器不能自动删除的尺寸或约束被称为强尺寸或强约束。由用户创建的尺寸和约束总是强尺寸和强约束。如果几个强尺寸或强约束发生冲突，则草绘器要求移除其中一个。初始默认时，强尺寸和强约束以黄色出现。
- 冲突：两个或多个强尺寸或强约束的矛盾或多余条件。出现这种情况时，必须通过移除一个不需要的约束或尺寸来立即解决。

2. 在 2D 草绘器中创建截面的典型流程

1）进入草绘模式，草绘截面几何。创建截面时，系统自动添加尺寸和约束。

2）根据需要，重定义标注形式。用户可以根据需要添加自己的尺寸和约束，从而修改由草绘器自动创建的标注形式。由用户自己添加尺寸和约束时，系统自动删除不再需要的系统弱尺寸和弱约束。

3）如果需要，可以添加截面关系，以控制截面状态。

4）退出之前保存该截面。

要在退出草绘器之前保存绘制的截面，可以从菜单栏的"文件"菜单中选择"保存"命令，或者在"文件"工具栏中单击 （保存）按钮，系统将创建一个扩展名为.sec 的文件。

2.2　草绘环境及相关设置

在实际设计中，用户可以根据设计需要对草绘环境等进行设置，例如设置草绘器首选项和设置拾取过滤等。

2.2.1　设置草绘器首选项

在草绘模式下，从如图 2-3 所示的"草绘"菜单中选择"选项"命令，打开"草绘器首选项"对话框。该对话框具有"其他"选项卡、"约束"选项卡和"参数"选项卡。利用该对话框,可以设置显示/隐藏屏幕栅格、顶点、约束、尺寸和弱尺寸,可以设置草绘器约束优先选项,可以改变栅格参数以及改变草绘器精度和尺寸的小数点位数。

1. "杂项"选项卡

"草绘器首选项"对话框中的"其他"选项卡(也称"杂项"选项卡)如图 2-4 所示。利用该选项卡,可以设置草绘器中的相关杂项的复选框,如"栅格"、"顶点"、"约束"、"尺寸"、"弱尺寸"、"帮助文本上的图元 ID"、"捕捉到栅格"、"锁定已修改的尺寸"、"锁定用户定义的尺寸"、"始于草绘视图"和"导入线造型和颜色"复选框。这些杂项的功能含义如下。

图 2-3 "草绘"菜单

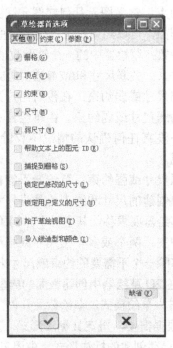

图 2-4 "其他"选项卡

- "栅格"复选框:选中该复选框,显示屏幕栅格。
- "顶点"复选框:选中该复选框,显示顶点。
- "约束"复选框:选中该复选框,则显示约束。
- "尺寸"复选框:选中该复选框,则显示所有截面尺寸。
- "弱尺寸"复选框:选中该复选框,则显示弱尺寸。
- "帮助文本上的图元 ID"复选框:选中该复选框,则显示帮助文本中的图元 ID。该帮助文本与图元 ID 同时显示在"所选项目"对话框中。
- "捕捉栅格"复选框:选中该复选框,则光标捕捉到草绘器栅格。
- "锁定已修改的尺寸"复选框:选中该复选框,则锁定已修改的尺寸,以便移动。
- "锁定用户定义的尺寸"复选框:选中该复选框,则锁定用户定义的强尺寸,以便移动。
- "始于草绘视图"复选框:选中该复选框,则进入草绘器时定向模型,使草绘平面平行于屏幕。

● "导入线造型和颜色"复选框：选中该复选框，则剪切、复制和粘贴时，以及从文件系统或草绘器调色板中导入.sec 文件时，保留源草绘器几何的线型和颜色。

如果在"其他"选项卡中单击"缺省"按钮，则重新使用默认设置。设置好相关的杂项后，单击 ✓（应用改变并关闭对话框）按钮。

2. "约束"选项卡

"草绘器首选项"对话框中的"约束"选项卡如图 2-5 所示。该选项卡中提供了"水平排列"、"垂直排列"、"平行"、"垂直"、"等长"、"相等半径"、"共线"、"对称"、"中点"和"相切"复选框。通过单击所需的复选框可以放置或清除一个选中标记，从而控制草绘器自动假定的约束。

3. "参数"选项卡

"草绘器首选项"对话框中的"参数"选项卡如图 2-6 所示。在该选项卡的"栅格"选项组中，可以修改栅格"原点"、"角度"和"类型"。在"栅格间距"选项组中可以更改笛卡儿和极坐标栅格的间距，从下拉列表框中可以选择"自动"选项或"手动"选项，当选择"自动"选项时，依据缩放因子调整栅格比例；当选择"手动"选项时，X 和 Y 保持恒定的指定值。在"精度"选项组中，可以修改系统显示尺寸的小数位数，还可以改变草绘器求解的相对精度。

图 2-5 "约束"选项卡

图 2-6 "参数"选项卡

2.2.2 设置拾取过滤

在绘图设计中可以根据实际情况设置拾取过滤条件，以方便绘图，这便需要用到位于草绘器窗口状态栏中的草绘器选取过滤器，如图 2-7 所示。在草绘器选取过滤器列表框中，可供选择的选项有"全部"、"几何"、"尺寸"和"约束"。这些选项的功能含义如下。

图 2-7　草绘器选取过滤器

- "全部"：选取包括尺寸、参照、约束和几何图元在内的所有草绘器对象。
- "几何"：仅选取在当前草绘环境中存在的那些草绘器几何图元。
- "尺寸"：选取弱（强）尺寸或参照尺寸。
- "约束"：选取在当前草绘环境中存在的约束。

当选取过滤器选项后，只选择或加亮该过滤器类型的对象。可以通过将草绘包围在选取框中同时选取该过滤器类型的所有对象，或者通过鼠标逐一单击该过滤器类型的图元依次选取它们。

2.2.3　使用"草绘器"工具栏进行显示切换

在草绘器的上工具箱中提供了如图 2-8 所示的一个"草绘器"工具栏。该工具栏中提供了 4 个实用的工具按钮，它们的功能含义如下。

图 2-8　"草绘器"工具栏

- ：切换尺寸显示的开或关。
- ：切换约束显示的开或关。
- ：切换栅格的开或关。
- ：切换剖面顶点显示的开或关。

当选中按钮时，也就是使按钮处于下凹状态时，表示打开相应的显示状态，否则表示关闭相应的显示状态。

2.3　绘制草绘器图元

草绘器图元包括线、矩形、圆、圆弧、椭圆、点、坐标系、样条、圆角与椭圆角、圆锥和文本等。在草绘器中进行设计工作时，需要注意鼠标键的一些应用技巧，例如用鼠标左键在屏幕上选择点，用鼠标中键中止当前操作，单击鼠标右键可显示带有最常用草绘命令的快捷菜单（当不处于橡皮筋模式的时候）等。

在草绘器的右工具箱中提供了一个实用的"草绘器工具"工具栏，其中集中了草绘基本图元的相关工具按钮，如图 2-9 所示。这些工具按钮对应的命令基本上位于"编辑"菜单和"草绘"菜单中。

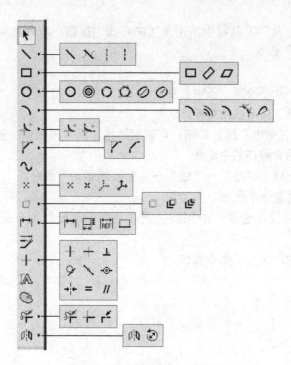

图 2-9 "草绘器工具"工具栏

2.3.1 绘制线

绘制线包括如下几种情况。

1. 通过两点绘制一条直线段

1）在"草绘器工具"工具栏中单击 ＼（创建 2 点线）按钮，或者在菜单栏中选择"草绘"→"线"→"线"命令。

2）在绘图区域指定直线的第 1 点。

3）在绘图区域指定直线的第 2 点。

4）可以继续通过指定点来绘制其他直线。注意，上一点为后续直线的第 1 点。此步骤为可选步骤。

5）单击鼠标中键，结束该命令操作。

2. 创建与两个图元相切的直线

1）在"草绘器工具"工具栏中单击 ＼（直线相切）按钮，或者在菜单栏中选择"草绘"→"线"→"直线相切"命令。

2）在绘图区域选取要相切的第一个图元，该图元可为圆或圆弧。

3）移动鼠标至另一个图元（如圆或圆弧）预定区域，系统通常会捕捉到相切点，此时单击鼠标左键，完成绘制一条与所选两个图元相切的直线，如图 2-10 所示。

4）单击鼠标中键，结束该命令操作。

3. 通过两点创建中心线

中心线可以无限长，它通常用来定义一个旋转特征的旋转轴，用来定义在某剖面内的一条对称直线，或用来创建构造直线。

1）在"草绘器工具"工具栏中单击 ┋ (中心线）按钮，或者在菜单栏中选择"草绘"
→"线"→"中心线"命令。

2）选取第 1 点。

3）选取第 2 点，从而绘制一条中心线。

4）单击鼠标中键，结束该命令操作。

另外，单击 ┋ (几何中心线）按钮，可以通过指定两点来创建一条几何中心线。

4. 创建与两个图元相切的中心线

1）在菜单栏中选择"草绘"→"线"→"中心线相切"命令。

2）在弧或圆上选取一个位置。

3）在另一个弧或圆上选取一个相切位置，从而绘制出与两个图元相切的中心线，如
图 2-11 所示。

4）单击鼠标中键，结束该命令操作。

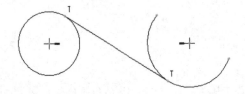

图 2-10　绘制相切直线

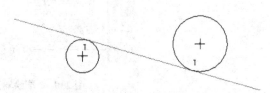

图 2-11　绘制与两图元相切的中心线

2.3.2　绘制矩形

在 Pro/ENGINEER Wildfire 5.0 中，绘制的矩形分为 3 种，即常规矩形、斜矩形和平行
四边形。

1. 绘制常规矩形

绘制常规矩形的方法及操作步骤如下。

1）在"草绘器工具"工具栏中单击□（创建矩形）按钮，或者从"草绘"菜单中选择
"矩形"→"矩形"命令。

2）在绘图区域用鼠标左键指定放置矩形的一个顶点，然后指定另一个顶点以指示矩形
的对角线，从而完成矩形绘制，如图 2-12 所示。

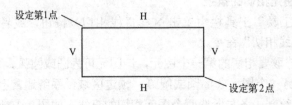

图 2-12　绘制矩形

3）单击鼠标中键，退出该命令。

对于绘制的矩形，其 4 条线是相互独立的。用户可以单独地处理它们，如进行修剪、对

齐等编辑处理。

2. 绘制斜矩形

绘制斜矩形的方法及步骤如下。

1）在"草绘器工具"工具栏中单击◇（创建斜矩形）按钮，或者从"草绘"菜单中选择"矩形"→"斜矩形"命令。

2）在绘图区域依次指定第 1 点和第 2 点，这两点便定义了斜矩形的一条边。

3）移动鼠标至合适位置处单击以确定斜矩形的另一边长，如图 2-13 所示。最后单击鼠标中键退出该命令。

3. 绘制平行四边形

绘制平行四边形的方法及步骤如下。

1）在"草绘器工具"工具栏中单击▱（创建平行四边形）按钮，或者从"草绘"菜单中选择"矩形"→"平行四边形"命令。

2）在绘图区域依次指定第 1 点和第 2 点。

3）移动鼠标指定第 3 点，从而确定一个平行四边形，示例如图 2-14 所示。最后单击鼠标中键退出该命令。

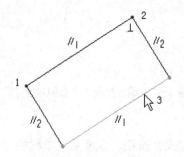

图 2-13　绘制斜矩形

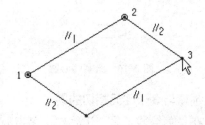

图 2-14　绘制平行四边形

2.3.3　绘制圆

绘制圆主要有如下几种方式。

1. 通过拾取圆心和圆上一点创建圆

1）在"草绘器工具"工具栏中单击○（圆心和点）按钮，或者从菜单栏的"草绘"菜单中选择"圆"→"圆心和点"命令。

2）使用鼠标光标在绘图区域单击一点作为圆心，然后移动鼠标光标单击另外一点作为圆周上的一点，如图 2-15 所示，从而完成绘制一个圆。

3）单击鼠标中键，退出该命令。

2. 创建同心圆

创建同心圆的操作思路是选取一个参照圆或一条

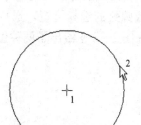

图 2-15　通过指定圆心和点的方式绘制圆

圆弧来定义中心点，移动光标时，圆拉成橡皮条状直到按下鼠标左键完成。下面列出创建同心圆的具体操作步骤。

1）在"草绘器工具"工具栏中单击 ◎（创建同心圆）按钮，或者从菜单栏的"草绘"菜单中选择"圆"→"同心"命令。

2）在绘图区域中单击一个已有的参照圆或圆弧来定义中心点（也可直接单击圆心），然后移动鼠标在适当位置处单击便可确定一个同心圆，如图2-16所示。

3）可以移动鼠标光标指定其他点来连续绘制所需的同心圆，

4）单击鼠标中键，退出该命令操作。

3．通过拾取3个点创建圆

1）在"草绘器工具"工具栏中单击 ○（3点方式）按钮，或者从菜单栏的"草绘"菜单中选择"圆"→"3点"命令。

2）指定圆上第1点，指定圆上第2点，接着指定圆上第3点，如图2-17所示，从而绘制一个圆。

3）单击鼠标中键，退出该命令操作。

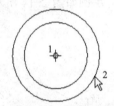

图2-16　绘制同心圆

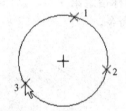

图2-17　通过拾取3个点创建圆

4．创建与3个图元相切的圆

1）在"草绘器工具"工具栏中单击 ○（3相切方式）按钮，或者从菜单栏的"草绘"菜单中选择"圆"→"3相切"命令。

2）在一个图元（弧、圆或直线）上选取一个位置。

3）在第2个图元（弧、圆或直线）上的预定位置处单击。

4）移动鼠标至第3个图元的预定区域处单击，从而绘制与3个图元相切的圆。

5）单击鼠标中键，退出该命令操作。

值得注意的是，在创建与3个图元（图元可以是直线、圆或圆弧）相切的圆时，需要考虑圆或圆弧的选择位置，选择位置可决定创建的圆是内相切形式的还是外相切形式的。例如，在图2-18中给出了两种生成情况，即选择圆的位置不同，所创建的相切圆也会不同。

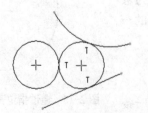

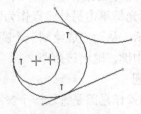

图2-18　创建与3个图元相切的圆

2.3.4 绘制圆弧与圆锥曲线

创建圆弧与圆锥曲线主要有以下几种方式。

1. 通过 3 点创建圆弧或通过在弧的端点与图元相切创建圆弧

（1）通过 3 点创建圆弧

单击 ⌒（3 点/相切端弧）按钮，或者在"草绘"菜单中选择"弧"→"3 点/相切端"命令，可以通过拾取弧的两个端点和弧上的一个附加点来创建一个 3 点弧，其中拾取的前两个点分别定义弧的起始点和终止点，而第 3 个点则为弧上的其他点，如图 2-19 所示。

（2）通过在弧的端点与图元相切创建圆弧

单击 ⌒（3 点/相切端弧）按钮，或者在"草绘"菜单中选择"弧"→"3 点/相切端"命令，也可以通过在其端点与图元相切来创建圆弧，具体方法及步骤说明如下。

1）单击 ⌒（3 点/相切端弧）按钮，或者在"草绘"菜单中选择"弧"→"3 点/相切端"命令。

2）选择现有图元的一个端点作为起点，该点确定了切点，然后移动鼠标光标单击一点来作为相切弧的另一个端点，如图 2-20 所示。

3）单击鼠标中键，退出该命令。

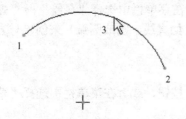

图 2-19 通过 3 点创建圆弧

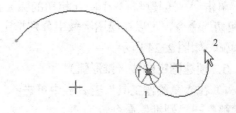

图 2-20 创建相切端弧

2. 同心弧

1）在工具栏中单击 ◎（同心弧）按钮，或者从菜单栏的"草绘"菜单中选择"弧"→"同心"命令。

2）使用鼠标光标选择已有的圆弧或圆来定义圆心（也可直接单击圆心），移动光标可以看到系统产生一个以虚线显示的动态同心圆，如图 2-21 所示。

3）拾取圆弧的起点，然后绕圆心顺时针或者逆时针方向来指定圆弧的终点，如图 2-22 所示。

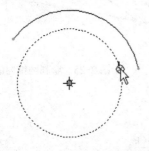

图 2-21 产生一个动态同心圆

图 2-22 创建同心弧

4）可以继续创建同心圆弧。单击鼠标中键，退出该命令。

3．通过选择弧圆心与两个端点创建圆弧

1）单击 （圆心与端点弧）按钮，或者从菜单栏的"草绘"菜单中选择"弧"→"圆心和端点"命令。

2）在绘图区域中选择一点作为圆弧中心，拖动光标则系统产生一个以虚线显示的动态圆，然后分别拾取两点定义圆弧的两个端点，从而绘制一个圆弧，如图 2-23 所示。

3）单击鼠标中键结束该命令。

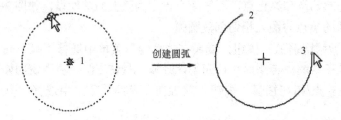

图 2-23　通过选择弧圆心与端点创建圆弧

4．创建相切弧

单击 （创建与 3 个图元相切的弧）按钮，或者在菜单栏中选择"草绘"→"弧"→"3 相切"命令，可以在绘图区域中分别指定 3 个图元（如直线、圆或圆弧）来创建与之相切的圆弧，如图 2-24 所示。

5．创建圆锥曲线（锥形弧）

1）在"草绘器工具"工具栏中单击 （圆锥弧）按钮，或者在菜单栏中选择"草绘"→"弧"→"圆锥"命令。

2）使用鼠标左键选取圆锥的第 1 个端点。

3）使用鼠标左键拾取圆锥的第 2 个端点。

4）使用鼠标左键拾取轴肩位置，完成锥形弧的创建，结果如图 2-25 所示。

5）单击鼠标中键终止该命令。

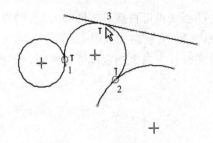

图 2-24　创建相切弧

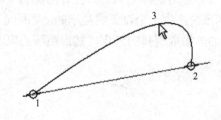

图 2-25　绘制圆锥曲线

2.3.5　绘制椭圆

在绘制椭圆之前，首先需要了解椭圆的以下主要特性。

● 椭圆的中心点可以作为尺寸和约束的参照。

- 椭圆可以由长轴半径和短轴半径定义。
- 在 Pro/ENGINEER Wildfire 5.0 系统中，可以绘制倾斜放置的椭圆。

绘制椭圆的方式有两种，一种是根据椭圆的长轴端点创建椭圆；另一种则是根据椭圆的中心和长轴端点创建椭圆。

1. 根据椭圆的长轴端点创建椭圆

根据椭圆的长轴端点创建椭圆的方法及步骤如下。

1）在"草绘器工具"工具栏中单击 ⊘（轴端点椭圆）按钮，或者从菜单栏的"草绘"菜单中选择"圆"→"轴端点椭圆"命令。

2）在绘图区域内依次选择两点作为椭圆的长轴端点，接着移动鼠标光标来指定椭圆的形状，如图 2-26 所示。

3）单击鼠标中键，退出该命令。

2. 根据椭圆的中心和长轴端点创建椭圆

根据椭圆的中心和长轴端点创建椭圆的方法及步骤如下。

1）在"草绘器工具"工具栏中单击 ⊘（中心和轴椭圆）按钮，或者从菜单栏的"草绘"菜单中选择"圆"→"中心和轴椭圆"命令。

2）在绘图区域内指定一点作为椭圆的中心，接着指定长轴的一个端点，然后移动鼠标光标并单击第 3 点确定椭圆的形状，如图 2-27 所示。

3）单击鼠标中键，退出该命令。

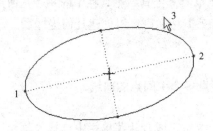

图 2-26 轴端点椭圆

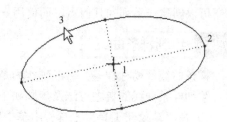

图 2-27 中心和轴椭圆

2.3.6 绘制点与坐标系

在草绘器中绘制点与绘制坐标系的方法类似。

1. 绘制点

在草绘器中绘制点的典型方法及步骤如下。

1）在"草绘器工具"工具栏中单击 ▦（点）按钮，或者从菜单栏中选择"草绘"→"点"命令。

2）在绘图区域的预定位置处单击，即可在该位置创建一个草绘点。可以继续移动鼠标光标在其他位置单击以创建其他草绘点。

3）单击鼠标中键，结束草绘点的绘制命令。

在绘图区域绘制多个草绘点时，系统在默认情况下为这些点自动标注尺寸，如图 2-28 所示。

2. 绘制坐标系

在草绘器中绘制坐标系的方法及步骤如下。

1）在"草绘器工具"工具栏中单击 （坐标系）按钮，或者从菜单栏中选择"草绘"→"坐标系"命令。

2）单击某一位置即可定位该坐标系，还可继续创建坐标系。

3）单击鼠标中键，结束该命令操作。

图 2-29 是在草绘器中创建一个坐标系的示例。

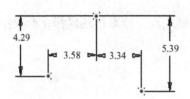

图 2-28 绘制多个草绘点   图 2-29 绘制一个坐标系

在实际应用中，通常将坐标系添加到随样条等对象一起使用的截面中。其中，将坐标系与样条一起使用时，可以相对于坐标系标注样条，以方便通过相对于坐标系指定 X、Y 和 Z 轴坐标值来修改样条点。另外，在一些特征的截面中需要添加坐标系来定向等。例如，在某些混合特征截面中添加坐标系来为每个混合截面建立相对原点。

另外，在 Pro/ENGINEER Wildfire 5.0 中，使用"草绘器工具"工具栏中的 （几何点）按钮可以创建一系列的几何点，而使用 （几何坐标系）按钮则可以创建几何坐标系。

2.3.7 绘制样条曲线

样条曲线（简称样条）可以理解为是平滑通过任意多个中间点的曲线。

绘制样条曲线的典型方法及步骤如下。

1）在"草绘器工具"工具栏中单击 （样条）按钮，或者从菜单栏中选择"草绘"→"样条"命令。

2）在草绘器的绘图区域中单击，向该样条添加点。此时移动鼠标光标，一条"橡皮筋"样条附着在光标上出现。

3）在绘图区域依次添加其他的样条点，如图 2-30 所示。

4）单击鼠标中键结束样条曲线创建。

图 2-30 绘制样条曲线

2.3.8 绘制圆角与椭圆角

1. 创建圆角

圆角圆弧是指在任意两个图元之间创建的一个圆角过渡弧。圆角的大小和位置取决于拾取图元的位置。

1）在"草绘器工具"工具栏中单击 （在两图元间创建一个圆角，简称圆角）按钮，或者从菜单栏的"草绘"菜单中选择"圆角"→"圆形"命令。

2）在绘图区域分别单击两个有效图元，Pro/ENGINEER 从所选取的离两直线交点最近的点创建一个圆角，并将两直线修剪到交点，得到的圆角弧效果如图 2-31 所示。

3）单击鼠标中键终止该命令。

图 2-31　创建圆角

2．创建椭圆角

1）在"草绘器工具"工具栏中单击 （在两图元间创建一个椭圆形圆角，简称倒椭圆角）按钮，或者从菜单栏的"草绘"菜单中选择"圆角"→"椭圆形"命令。

2）在绘图区域分别单击要在其间创建椭圆圆角的图元，便可在选定的图元间创建一个椭圆形圆角，如图 2-32 所示。

3）单击鼠标中键终止该命令。

图 2-32　在两图元间创建椭圆角

2.3.9　绘制二维倒角

在两个图元之间创建二维倒角的方法和步骤如下。

1）在"草绘器工具"工具栏中单击 （带修剪的倒角）按钮。

2）选取两个图元，则在这两个图元之间创建一个倒角，示例如图 2-33 所示。

3）单击鼠标中键结束该命令。

如果要在两个图元之间创建倒角并创建构造线延伸，那么在"草绘器工具"工具栏中单击 （倒角）按钮，接着选取两个有效图元即可，此类倒角效果如图 2-34 所示。

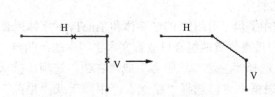

图 2-33　在两个图元之间创建倒角

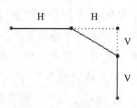

图 2-34　带有构造线的倒角

2.3.10 创建文本

文本也可以被看做草绘器的一个基本图元。可以在草绘器中创建如图 2-35 所示的剖面文本。

图 2-35　创建剖面文本

在草绘器中创建文本的一般步骤如下。

1）在"草绘器工具"工具栏中单击 🅰（文本）按钮，或者从菜单栏的"草绘"菜单中选择"文本"命令。

2）在绘图区域中选择行的起点和第 2 点，确定文本高度和方向，系统弹出如图 2-36 所示的"文本"对话框。

3）在"文本"对话框的"文本行"文本框中输入要创建的文本，如果要输入一些特殊的文本符号，可以在"文本行"选项组中单击"文本符号"按钮，弹出如图 2-37 所示的"文本符号"对话框，从中选择所需要的符号，然后单击"关闭"按钮。

图 2-36　"文本"对话框　　　　　图 2-37　"文本符号"对话框

4）在"字体"选项组中，从"字体"下拉列表框中选择所需要的一种字体，然后分别设置字体的水平和垂直放置位置、长宽比和斜角。

- "字体"下拉列表框：该下拉列表框中提供了可用的 PTC 字体和 TrueType 字体列表。
- "位置"选项区域：用于选取水平和垂直位置的组合以放置文本字符串的起始点。其中，从"水平"下拉列表框中可以选择"左边"、"中心"或"右边"选项，默认设置为"左边"；从"垂直"下拉列表框中可以选择"底部"、"中间"或"顶部"选项，默认设置为"底部"。

- "长宽比":使用滑动条增加或减少文本的长宽比,也可以直接在相应的文本框中输入有效比值。
- "斜角":使用滑动条增加或减少文本的斜角,也可以直接在相应的文本框中输入斜角参数。

5)如果要根据某曲线放置文本,那么在"文本"对话框中选中"沿曲线放置"复选框,并选择要在其上放置文本的曲线。可重新选取水平和垂直位置的组合以沿着所选曲线放置文本字符串的起始点,水平位置定义曲线的起始点。

如果需要,单击 ⑤（反向）按钮,从而更改希望文本随动的方向,即将文本反向到曲线的另一侧。

6)必要时,选中"字符间距处理"复选框,以启用文本字符串的字符间距处理功能,这样可以控制某些字符对之间的空格,改善文本字符串的外观。字符间距处理属于特定字体的特征。

7)单击"文本"对话框中的"确定"按钮,完成文本创建。

2.4 编辑图形对象

编辑图形对象的基本操作包括修剪图元、删除图元、镜像图元、缩放与旋转图元、复制与粘贴图元、切换构造和编辑文本等。

2.4.1 修剪图元

修剪是较为常用的图形编辑操作,它主要包括 3 种方式,即删除段、拐角和分割。其相关的菜单命令及工具按钮如图 2-38 所示。

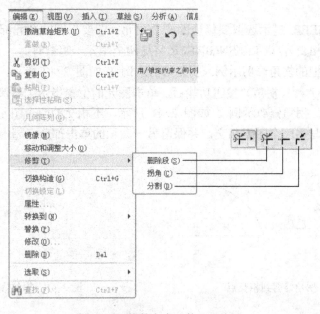

图 2-38 修剪命令及其工具按钮

1. 删除段

删除段也称动态修剪剖面图元。

删除段的一般操作步骤如下。

1）在工具栏中单击 （删除段）按钮，或者从菜单栏的"编辑"菜单中选择"修剪"→"删除段"命令。

2）单击要删除的段，所单击的段即被删除。

删除段的图解示例如图 2-39 所示。

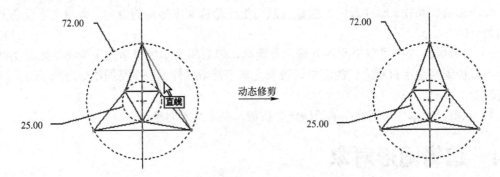

图 2-39 删除段示例

2. 拐角

拐角又常被称为"相互修剪图元"。实际上，拐角修剪操作就将图元修剪（剪切或延伸）到其他图元或几何体。

进行拐角修剪操作的典型步骤如下。

1）在工具栏中单击 （拐角）按钮，或者从菜单栏的"编辑"菜单中选择"修剪"→"拐角"命令。

2）Pro/ENGINEER 提示选取要修剪的两个图元。在要保留的图元部分上，单击任意两个图元（它们不必相交），则 Pro/ENGINEER 将这两个图元一起修剪。

下面举两个典型的拐角修剪示例。拐角修剪示例 1 如图 2-40 所示，要修剪的两个图元具有相交点，在执行 （拐角）按钮功能后，单击图元的位置指示了要保留的部分，交点外的另一部分被修剪。拐角修剪示例 2 如图 2-41 所示，不相交的两个图元被拐角修剪后，其中一个图元延伸至与另一个图元相交，并保留另一图元的单击部分，超出其延伸相交点的部分则被裁减掉。

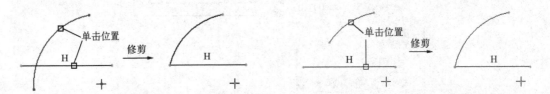

图 2-40 拐角修剪到相交点   图 2-41 拐角修剪到延伸点

3. 分割

可以将一个截面图元分割成两个或多个新图元。分割示例如图 2-42 所示。

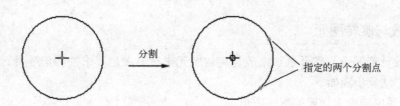

图 2-42 分割示例

分割图元的一般操作步骤如下。

1）在工具栏中单击 ┏ （分割）按钮，或者从菜单栏的"编辑"菜单中选择"修剪"→"分割"命令。

2）在要分割的位置单击图元，Pro/ENGINEER 则在指定的位置分割该图元。

2.4.2 删除图元

删除图元的典型方法如下。

1）选择要删除的图元。

2）从菜单栏的"编辑"菜单中选择"删除"命令，或者直接按键盘上的〈Delete〉键，又或者在绘图区域内单击鼠标右键，从出现的右键快捷菜单中选择"删除"命令。

2.4.3 镜像图元

使用菜单栏中的"编辑"→"镜像"命令（其对应的按钮图标为 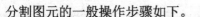），可以相对一条草绘中心线来镜像草绘器几何体。例如，可以创建半个截面，然后以镜像的方法完成整个截面。需要注意的是，只能镜像几何图元（含文本），而无法镜像尺寸、中心线和参照图元。

要镜像图元，首先要确保草绘中包括一条中心线，如果没有中心线，则需要创建一条所需的中心线。有了所需的中心线后，可以按照如下的方法及步骤镜像图元。

1）在草绘模式下选取要镜像的一个或多个图元。

2）在工具栏中单击 （镜像）按钮，或者在菜单栏的"编辑"菜单中选择"镜像"命令。

3）系统提示选取一条中心线。在绘图区域中单击一条中心线，系统对于所选取的中心线镜像所有选取的几何形状。

镜像图元的示例如图 2-43 所示。

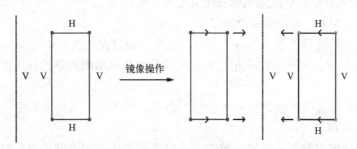

图 2-43 镜像图元的示例

2.4.4 缩放与旋转图元

在某些设计情况下，需要通过缩放与旋转图元来获得满足要求的图形效果。缩放与旋转图元的典型方法及步骤如下。

1）在绘图区域中选择要编辑的图形。

2）在工具栏中单击 ⊕（移动和调整大小）按钮，或者在菜单栏中选择"编辑"→"移动和调整大小"命令。

3）弹出"移动和调整大小"对话框，并且在图形中出现操作符号，如图 2-44 所示。用户可以选取 ⊗（平移句柄）符号来平移图形，选取 ⟲（旋转句柄）符号来旋转图形，选取 ⬉（缩放句柄）符号来缩放图形。如果要精确设置缩放比例和旋转角度，则在"移动和调整大小"对话框中分别设定缩放比例和旋转角度等。

4）在"移动和调整大小"对话框中单击 ✔（接受更改并关闭对话框）按钮。

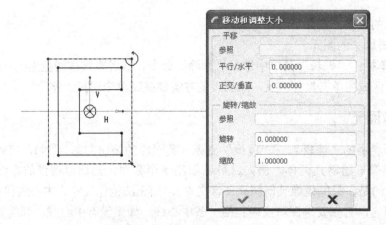

图 2-44　移动和调整图形大小

2.4.5 剪切、复制和粘贴图元

在草绘器中可以分别通过剪切和复制操作来移除或复制部分剖面或整个剖面，剪切或复制的草绘图元将被置于剪贴板中，然后通过粘贴操作将剪切或复制的图元放到活动剖面中的所需位置，并且可以平移、旋转或缩放所粘贴的草绘几何图元。

下面以复制和粘贴几何图元为例介绍其操作方法。

1）选择要复制的一个或多个草绘器几何图元。

2）在菜单栏中选择"编辑"→"复制"命令，或者在工具栏中单击 🗐（复制）按钮，或者按〈Ctrl+C〉键。与选定图元相关的强尺寸和约束也将随同草绘几何图元一起被复制到剪贴板上。

3）在菜单栏中选择"编辑"→"粘贴"命令，或者在工具栏中单击 🗐（粘贴）按钮，或者按〈Ctrl+V〉键。

4）在绘图区域中的预定位置处单击，此时弹出"移动和调整大小"对话框，并且粘贴图元将以默认尺寸出现在所选位置，该图形上显示有 ⊗（平移句柄）、⟲（旋转句柄）和 ⬉

（缩放句柄）符号，如图 2-45 所示。

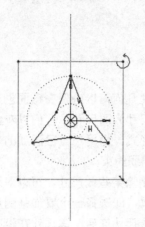

图 2-45 "移动和调整大小"对话框

5）使用句柄或通过"移动和调整大小"对话框设置图形比例和旋转角度。

6）在"移动和调整大小"对话框中单击 ☑（接受更改并关闭对话框）按钮，完成复制与粘贴操作。

2.4.6 切换构造

在 Pro/ENGINEER 中，可以将实线转换为构造线，也可以将构造线转换为实线。构造线以非实线形式显示，主要用做制图的辅助线等。在如图 2-46 所示的图形中，具有一个圆形的构造线。

1. 将实线转换为构造线

将实线转换为构造线的典型方法及步骤如下。

1）在图形窗口中选择要转换为构造线的实线。

2）在菜单栏的"编辑"菜单中选择"切换构造"命令。

2. 将构造线转换为实线

如果要将构造线重新转换为实线，可以按照如下的典型方法及步骤进行。

1）选择要处理的构造线。

2）在菜单栏的"编辑"菜单中选择"切换构造"命令。

图 2-46 构造线示例

2.4.7 修改文本

可以按照如下的典型方法编辑修改文本。

1）在工具栏中单击 ⌐（修改工具）按钮。

2）选择要修改的文本，系统弹出"文本"对话框。

3）利用"文本"对话框对文本进行相关修改操作。

用户也可以在选择状态下，即 ➤（选取项目）处于被选中状态时，在绘图窗口双击要修改的文本，系统弹出"文本"对话框，利用"文本"对话框进行相关修改操作即可。

2.5 标注

2.5.1 标注基础

在草绘器中绘制截面图形时，系统会自动标注几何，以确保在截面创建的任何阶段都已充分约束和标注该截面。由系统自动创建的这些尺寸为弱尺寸，它们以灰色显示。用户可以根据设计要求添加自己的尺寸来创建所需的标注形式。由用户自己添加的尺寸是强尺寸，在添加强尺寸时，系统可自动删除不必要的弱尺寸和弱约束。

通常，为了确保系统在没有输入的情况下不删除某些弱尺寸，可以对这些所需要的弱尺寸进行加强。有选择地加强弱尺寸的方法比较简单，即选择一个要加强的尺寸，接着从"编辑"菜单中选择"转换到"→"强"命令，确定该尺寸值后，该尺寸在没有被选中的情况下由原先的灰色显示变为黄色显示（默认情况下）。需要注意的是，在整个 Pro/ENGINEER 中，每当修改一个弱尺寸值或在一个关系中使用它时，该尺寸就变为加强尺寸。

在菜单栏的"草绘"→"尺寸"级联菜单中，提供了用于标注尺寸的几个实用命令（注意相应的工具按钮），如"法向"、"周长"、"参照"、"基线"和"解释"，如图 2-47 所示。

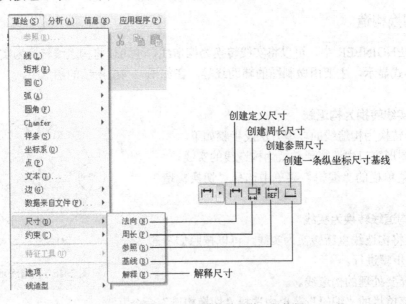

图 2-47 "尺寸"级联菜单及其工具按钮

通常，使用"草绘器工具"工具栏中的 ⊢⊣（创建定义尺寸）按钮创建基本尺寸。其一般步骤是执行尺寸创建命令后，选取要标注的图元，然后使用鼠标中键将该尺寸放置在所需位置，并可修改其尺寸值（在出现的尺寸文本框中修改尺寸值，按〈Enter〉键确定）。可以继续创建此类尺寸。

2.5.2 创建线性尺寸

线性尺寸主要分如下几种情况。

1．标注线段长度

1）单击 ⟷（创建定义尺寸）按钮。

2）单击要标注尺寸的线段。

3）在合适位置单击鼠标中键以放置文本，并利用出现的
尺寸框修改及确定尺寸值。

标注线段长度的示例如图 2-48 所示。

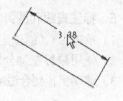

图 2-48 标注线段长度

注意：因为中心线是无限长的，所以不能标注其长度。

2．标注两点之间的距离

1）单击 ⟷（创建定义尺寸）按钮。

2）分别单击这两个点。

3）移动鼠标光标到定义尺寸放置的位置单击鼠标中键。由于鼠标光标所处的位置不
同，单击鼠标中键时会得到以下 3 种标注结果。

- 标注两点之间的垂直距离尺寸，如图 2-49a 所示。
- 标注两点之间的倾斜距离尺寸，如图 2-49b 所示。
- 标注两点之间的水平距离尺寸，如图 2-49c 所示。

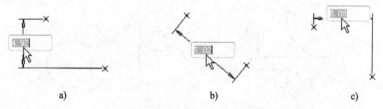

图 2-49 两点间的 3 种标注结果

a) 垂直距离尺寸 b) 倾斜距离尺寸 c) 水平距离尺寸

3．标注两条平行线之间的距离

1）单击 ⟷（创建定义尺寸）按钮。

2）使用鼠标左键分别单击平行的两条直线。

3）在欲放置尺寸的位置单击鼠标中键，并确定距离尺寸值。

标注两条平行线之间的距离尺寸的示例如图 2-50 所示。

4．标注一点和一条直线之间的距离

1）单击 ⟷（创建定义尺寸）按钮。

2）使用鼠标左键分别单击直线和点。

3）在欲指定尺寸文本放置的位置单击鼠标中键，并确定尺寸值。标注示例如图 2-51
所示。

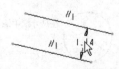

图 2-50 标注两条平行线之间的距离尺寸 　　　 图 2-51 标注点和直线之间的距离尺寸

5. 标注直线和圆弧之间的距离

1) 单击 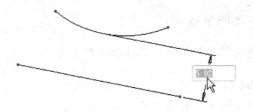 （创建定义尺寸）按钮。

2) 使用鼠标左键分别单击直线和圆弧。

3) 移动鼠标到合适位置单击鼠标中键，以指定尺寸文本的放置位置，如图 2-52 所示。

图 2-52 标注直线和圆弧之间的距离尺寸

6. 标注两圆弧（或圆）之间的距离

在工具栏中单击 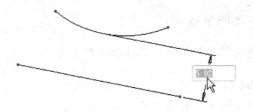 （创建定义尺寸）按钮，接着使用鼠标左键分别单击两个圆（或圆弧），然后在合适的位置单击鼠标中键来创建一个切点距离尺寸。完成的该类尺寸示例如图 2-53 所示。

图 2-53 切点距离尺寸示例

2.5.3 创建直径尺寸

创建直径尺寸包括两种情况，一种情况是对弧或圆创建直径尺寸，另一种情况是对旋转截面创建直径尺寸。

1. 对弧或圆创建直径尺寸

对弧或圆创建直径尺寸的典型方法及步骤如下。

1) 单击 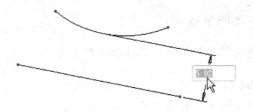 （创建定义尺寸）按钮。

2) 在要标注直径尺寸的弧或圆上双击。

3) 单击鼠标中键放置该直径尺寸，并可在尺寸框中更改该直径尺寸。

图 2-54 所示为一个进行直径尺寸标注的操作示例。

图 2-54 标注直径尺寸的示例

2. 对旋转截面创建直径尺寸

对旋转截面创建直径尺寸的示例如图 2-55 所示，图中创建有两个直径尺寸。其典型创建方法及步骤如下。

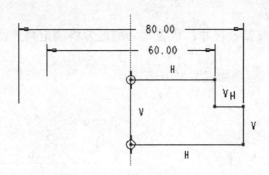

图 2-55 对旋转截面创建直径尺寸

1）单击 |↔| （创建定义尺寸）按钮。

2）单击要标注的图元。

3）单击要作为旋转轴的中心线。

4）再次单击图元。

5）单击鼠标中键放置该尺寸，然后确定其尺寸值。

2.5.4 创建半径尺寸

半径尺寸测量圆或弧的半径。通常，圆还是采用直径尺寸标注最为规范。

为圆弧或圆创建半径尺寸的方法及步骤如下。

1）单击 |↔| （创建定义尺寸）按钮。

2）单击要标注半径尺寸的弧或圆。

3）单击鼠标中键放置该尺寸，然后确定其尺寸值。

创建半径尺寸的示例如图 2-56 所示。

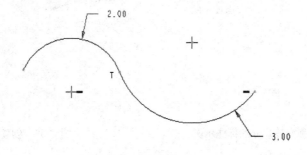

图 2-56 创建半径尺寸

2.5.5 创建角度尺寸

角度尺寸用来度量两条直线间的夹角或两个端点之间弧的角度。

1. 创建线之间夹角的角度尺寸

1）单击 (创建定义尺寸) 按钮。

2）单击第 1 条直线。

3）单击第 2 条直线。

4）单击鼠标中键放置该尺寸。放置尺寸的地方将确定角度的测量方式（锐角或钝角）。

此类角度尺寸的标注示例如图 2-57 所示。

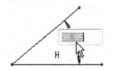
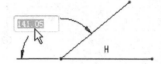

图 2-57　标注两条线之间的夹角角度尺寸

2. 创建圆弧的角度尺寸

1）单击 (创建定义尺寸) 按钮。

2）使用鼠标左键先单击圆弧的一个端点，接着单击圆弧的中心点，然后再单击圆弧的另一个端点。

3）单击鼠标中键放置该尺寸。

创建圆弧角度尺寸的标注示例如图 2-58 所示。

2.5.6　**创建弧长尺寸**

标注弧长时，系统将会默认在尺寸数字的上方加弧长符号"⌒"，如图 2-59 所示。

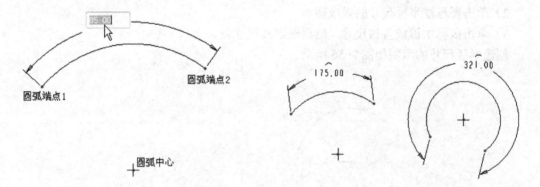

图 2-58　创建圆弧角度尺寸的标注示例　　　图 2-59　创建弧长尺寸

要标注圆弧的弧长尺寸，可以按照如下步骤来进行。

1）在工具栏中单击 (创建定义尺寸) 按钮。

2）单击圆弧的两个端点，接着在圆弧上的其他位置处单击。

3）单击鼠标中键放置该弧长尺寸，可即时修改默认的弧长尺寸值。

2.5.7 创建椭圆或椭圆弧的半轴尺寸

对于椭圆或椭圆弧（椭圆圆角），通常标注其长轴半径和短轴半径。创建椭圆或椭圆弧半轴尺寸的方法及步骤如下。

1）单击 |↔| （创建定义尺寸）按钮。

2）单击椭圆或椭圆弧（不拾取端点）。

3）单击鼠标中键，此时系统弹出如图 2-60 所示的"椭圆半径"对话框。

4）在"椭圆半径"对话框中选择"长轴"单选按钮或"短轴"单选按钮，然后单击"接受"按钮，从而完成一个半轴长度尺寸的标注。例如，在如图 2-61 所示的示例中，标注了椭圆的长轴（X 轴）半径尺寸。

图 2-60 "椭圆半径"对话框

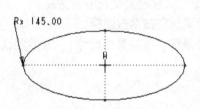

图 2-61 标注椭圆的长轴半径

2.5.8 标注样条

样条曲线的标注比较特别。用户可以使用样条的端点或插值点来添加样条曲线的尺寸。其中样条端点的尺寸是最基本的尺寸。如果要标注的样条曲线依附于其他几何，并且已经确定其端点的尺寸，一般情况下可以不必为样条添加尺寸。

在 Pro/ENGINEER 中，可以使用线性尺寸、相切（角度）尺寸和曲率半径尺寸来确定样条曲线端点的尺寸，如图 2-62 所示。必要时，可以为插值点创建相应的线性尺寸、相切（角度）尺寸等。

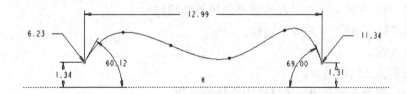

图 2-62 添加样条曲线端点的尺寸

在图 2-62 所示的图样中，其端点处的相切角度尺寸可以采用如下的步骤进行添加。

1）单击 |↔| （创建定义尺寸）按钮。

2）使用鼠标左键分别单击样条曲线、参照线和端点。注意，单击样条曲线、参照线和端点可以不分顺序。

3）单击鼠标中键指定尺寸的放置位置，然后修改该尺寸值。

在标注样条端点处的曲率半径尺寸时要注意：必须先定义样条的切点，才能使用曲率半径。标注其曲率半径尺寸的方法及步骤如下。

1）单击 (创建定义尺寸) 按钮。

2）单击样条端点。

3）单击鼠标中键放置尺寸。

2.5.9 标注圆锥

确定圆锥尺寸的一种常用方法是使用一个 rho 值来定义圆锥的形状，并在其端点处创建相切尺寸以及线性尺寸。另外，可以在所选位置增加一个不同的草绘器点以固定圆锥。

1. 标注圆锥尺寸

使用 rho 标注圆锥尺寸的方法如下。

1）单击 (创建定义尺寸) 按钮。

2）使用鼠标左键单击圆锥。

3）单击鼠标中键放置该尺寸。rho 的默认值为 0.5，如图 2-63 所示。

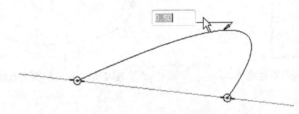

图 2-63　使用 rho 标注圆锥尺寸

可以将 rho 修改为下列值之一。

● 对于椭圆：0.05 <rho 参数< 0.5。

● 当从 4 个圆锥段创建封闭椭圆截面时，生成真正椭圆的唯一 rho 值为 (sqrt (2)–1)。

● 对于抛物线：rho 参数= 0.5。

● 对于双曲线：0.5 <rho 参数<0.95。

2. 创建圆锥相切尺寸

需要时，可以按照以下方法和步骤来创建圆锥相切尺寸。

1）单击 (创建定义尺寸) 按钮。

2）单击圆锥。

3）单击定义相切的端点。

4）单击所需的参照几何图形（如中心线或直边）。

5）单击鼠标中键放置该尺寸。

例如，在图 2-64 中便创建有圆锥相切尺寸（共两处）。

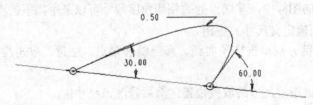

图 2-64　创建圆锥相切尺寸

2.5.10　创建其他尺寸类型

在本小节中，介绍创建其他的一些尺寸类型，包括周长尺寸、参照尺寸、纵坐标尺寸和已知尺寸。

1. 周长尺寸

在一些设计场合下，可以应用周长尺寸。所述的周长尺寸用于标注图元链或图元环的总长度。在创建周长尺寸时，必须选择一个尺寸作为可变化的尺寸（简称变化尺寸），系统可以通过调整变化尺寸来获得所需周长。当修改周长尺寸时，系统会相应地修改此变化尺寸。需要注意的是，用户无法修改变化尺寸，因为变化尺寸是被驱动尺寸。如果删除变化尺寸，那么系统会删除周长尺寸。

下面结合实例介绍创建周长尺寸的典型步骤。

1）选择要应用周长尺寸的图形。

2）在菜单栏的"草绘"菜单中选择"尺寸"→"周长"命令，或者在工具栏中单击 📐（周长）按钮。

3）系统提示选取由周长尺寸驱动的尺寸。例如，在如图 2-65 所示的图形中选择尺寸值为 5 的尺寸作为可变尺寸。此时系统显示周长尺寸和可变尺寸。

假设在图 2-65 所示的示例中，将周长尺寸修改为 30，则可变尺寸被驱动，结果如图 2-66 所示。

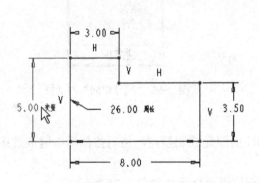

图 2-65　选取由周长尺寸驱动的尺寸

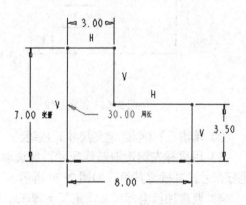

图 2-66　修改周长尺寸

2. 参照尺寸

使用菜单栏中的"编辑"→"转换为"→"参照"命令，可以在草绘器中将选定尺寸转换为参照尺寸，参照尺寸的符号名形式为 rsd# REF（rsd#参数）。在草绘器中还可包括 sd#形式的参照尺寸。

用户亦可以单击 📐（参照尺寸）按钮，接着在图形中选择所需的图元，然后单击鼠标中键创建一个参照尺寸。在如图 2-67 所示的示例中便创建有一个参照尺寸。不允许修改参照尺寸。

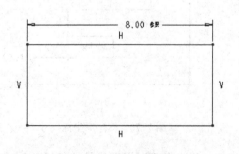

图 2-67　创建参照尺寸

3. 纵坐标尺寸

在实际设计中，有时需要应用到纵坐标尺寸，以方便读取各测量点（各测量对象）相对于基线的尺寸数值。纵坐标尺寸又称基线尺寸。创建纵坐标尺寸包括两个基本步骤，一是指定基线，二是相对于基线标注几何尺寸。用户可以根据实际情况在线、圆弧和圆心及几何端点（线、弧、圆锥和样条）处创建基线尺寸，也可以选取要确定尺寸的模型几何作为基线。

下面通过实例介绍纵坐标尺寸的应用方法及步骤。

1）单击▭（基线）按钮，在菜单栏中选择"草绘"→"尺寸"→"基线"命令，在需要定义基准的参照线上单击，然后在欲定义基线文本放置位置的区域单击鼠标中键（即按鼠标中键定位尺寸文本），如图2-68所示。

说明： 选取要作为基线标注的几何时，若选择的是直线，那么直接按鼠标中键即可定位尺寸文本。若选择的几何对象为弧和圆的中心及几何端点，那么单击鼠标中键会弹出如图2-69所示的"尺寸定向"对话框，从中选择"竖直"单选按钮对基线进行竖直定向，或者选择"水平"单选按钮对基线进行水平定向。

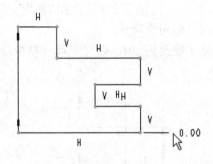

图 2-68　指定基线

图 2-69　"尺寸定向"对话框

2）单击↔（创建定义尺寸）按钮。

3）用鼠标左键选取基线尺寸，并选取要标注的图元或测量点，然后按鼠标中键放置纵坐标尺寸，并确定其值，如图2-70所示。

4）要添加纵坐标尺寸，重复步骤3）。继续标注纵坐标尺寸如图2-71所示。

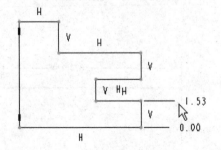

图 2-70　标注纵坐标尺寸

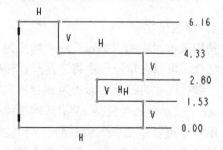

图 2-71　继续标注纵坐标尺寸

用户也可以指定另外的基线并创建相应的坐标尺寸，完成的结果如图2-72所示。

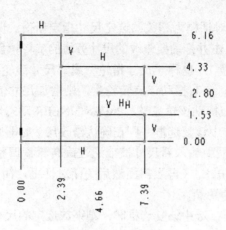

图 2-72 基线标注应用

4. 已知尺寸

在 Pro/ENGINEER 中，已知尺寸是单个参照图元或两个参照图元之间的尺寸。已知尺寸由尺寸符号前缀 **kd#**表示。在草绘器模式下，可以使用参照和已知尺寸来创建关系。

2.6 修改尺寸

为图形初步标注好尺寸后，有时候在后期阶段需要修改这些尺寸，以获得精确的图形设计效果。修改尺寸通常有以下两种方法。

1. 快捷修改单个尺寸

在选择状态下，即选中 ▶ （选择工具）按钮（此时该按钮处于下凹状态）时，在草绘区域双击要修改的尺寸值，接着在出现的尺寸文本框中输入新的尺寸值，如图 2-73 所示，然后按〈Enter〉键，图形按新值更新。

2. 使用"修改尺寸"对话框来修改选定的尺寸

1）在工具栏中单击 ╱ （修改工具）按钮。

2）选择要修改的尺寸，可以选择若干要修改的尺寸。此时，系统弹出如图 2-74 所示的"修改尺寸"对话框。

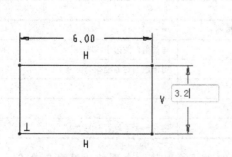

图 2-73 快捷修改单个尺寸

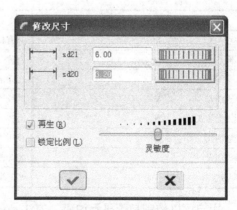

图 2-74 "修改尺寸"对话框

3）利用"修改尺寸"对话框为相关的选定尺寸指定新值。例如，可在相关的尺寸文本框中输入一个新值，也可单击并拖动要修改的尺寸旁边的旋转轮盘来获得新的尺寸值。

- ▮▮▮▮▮▮▮▮▮（旋转轮盘）：也称"尺寸指轮"或"尺寸滚轮"，可以通过滚动此工具来获得所需要的尺寸。向右拖动该旋转轮盘，则增加尺寸值；向左拖动该旋转轮盘，则减少该尺寸值。在拖动该轮盘时，Pro/ENGINEER 动态地更新用户几何。
- "再生"复选框：选中该复选框，则在确认修改尺寸时即时再生剖面。若清除该复选框，当在尺寸文本框中输入新尺寸值或通过旋转轮盘调整尺寸值时，剖面都不会即时反映，只有当单击☑（再生剖面然后关闭对话框，简称为"完成"）按钮后，剖面才会随着尺寸新值更新。
- "锁定比例"复选框：选中该复选框时，则缩放选定的尺寸使其与某一尺寸修改成正比。
- "灵敏度"：更改当前尺寸的旋转轮盘的灵敏度。

4）单击☑（完成）按钮。

2.7 几何约束

在系统默认状态下，草绘几何图形时，系统会使用某些假设约束来帮助定位几何。由系统自动添加的以灰色显示的约束为弱约束，而弱约束同样可以由系统自动移除。用户也可以使用"草绘"菜单中的"约束"命令来为图形设置所需要的几何约束，如平行、水平、垂直、相等、共线、正交和对称等。

2.7.1 约束的图形显示

在初始默认情况下，系统以红色显示当前选定约束；以灰色显示弱约束；以黄色显示强约束；以封闭在圆中的形式表示锁定约束；以约束符号上画有一条线表示禁用约束。

为了更好地学习几何约束，需要对带有相应图形符号的约束有所了解和掌握。表 2-1 列出了带有相应图形符号的约束。

表 2-1　带有相应图形符号的约束

约　束	带有的相应图形符号	约　束	带有的相应图形符号
中点	M	具有相等长度的线段	带有一个下标索引的"L"（如 L1）
相同点	⊖	对称	→←←
水平图元	H	图元水平或竖直排列	▬ ▬ ▮
竖直图元	V	共线	与线重合的短粗线段
图元上的点	⊖	对齐	用于适当对齐类型的符号
相切图元	T	使用"边/偏移边"	~
垂直图元	⊥	相等曲率	C
平行线	//₁	相等半径	带有一个下标索引的"R"

用户可以控制是否显示约束，方法是在草绘器的"草绘"菜单中选择"选项"命令，打开"草绘器首选项"对话框，切换到"其他"选项卡，若从中清除"约束"复选框（如图 2-75

所示），则草绘中便不会显示约束。用户也可以使用工具栏中的 ▲▲（约束显示开/关）图标按钮来切换草绘中约束的显示与否，如图 2-76 所示。

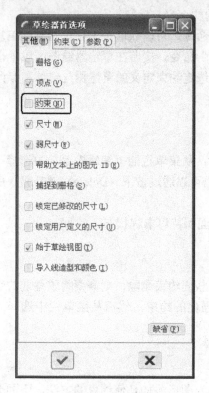

图 2-75 清除"约束"复选框

图 2-76 使用"显示约束"快捷图标按钮

2.7.2 创建约束

创建几何约束的一般方法及步骤如下。

1）在右工具箱中单击约束图标旁的 ▸（展开）按钮，以展开如图 2-77 所示的约束工具面板，接着在该约束面板中单击其中一个约束图标按钮。也可以在菜单栏的"草绘"→"约束"级联菜单中选择所需的相应约束命令。

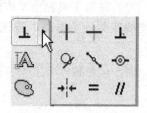

图 2-77 约束面板

该约束面板提供 9 种约束类型的图标按钮，它们的功能含义如下。

- ┼：使线或两顶点垂直。
- ┬：使线或两顶点水平。
- ⊥：使两图元正交。
- ♀：使两图元相切。
- ＼：在直线或弧的中间放置一点。
- ◎：创建相同点、图元上的点或共线约束。
- →∤←：使两点或顶点关于中心线对称。
- ＝：创建等长、等半径或相同曲率的约束。

- **//**：使各条线平行。

2）按照系统提示，选取图元。

3）需要时，重复步骤1）和步骤2），创建其他的约束。

利用"草绘"→"约束"级联菜单中的"解释"命令，可以获取关于指定约束的信息。例如，在"草绘"→"约束"级联菜单中选择"解释"命令，接着在草绘器绘图区域单击一个约束符号，则该约束的说明出现在消息区，并且由选定约束定义的草绘器几何体和参照以不同的颜色出现。

2.7.3 删除约束

删除约束的方法很简单，即先选择要删除的约束，从菜单栏的"编辑"菜单中选择"删除"命令，则 Pro/ENGINEER 删除所选取的约束。也可以通过按下〈Delete〉键来删除所选取的约束。

删除约束时，系统通常自动添加一个尺寸以使截面保持可求解状态。

2.7.4 加强约束

为了避免在以后的设计工作后系统可能自动将某些弱约束删除，则需要将这些弱约束转变成强约束。通常加强约束的一般方法是先单击要强化的约束，然后从菜单栏中选择"编辑"→"转换到"→"加强"命令，弱约束即被强化。

2.7.5 几何约束范例

为了让读者加深对几何约束的理解和更好地掌握为图形添加几何约束的方法，下面介绍一个几何约束的简单设计范例。

1）单击 （打开）按钮，弹出"文件打开"对话框，选择位于随书光盘 CH2 文件夹中提供的 BC_2_YS.SEC 文件，单击对话框中的"打开"按钮。该文件中存在着如图 2-78 所示的原始草图。

2）在右工具箱中单击约束图标旁的 ▶（展开）按钮，接着在展开的约束面板中单击 ┴（使线或两顶点垂直）按钮，或者直接从"草绘"→"约束"级联菜单中选择"垂直"命令。

3）在系统提示下单击如图 2-79 所示的直线段。

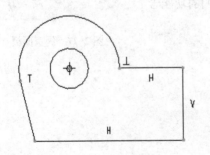

图 2-78　原始草图

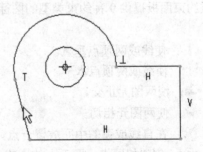

图 2-79　选择要垂直约束的直线

此时，约束效果如图2-80所示。

4）展开约束面板，单击 ＝（创建等长、等半径或相同曲率的约束）按钮，接着分别单击如图2-81中的线段1和线段2。

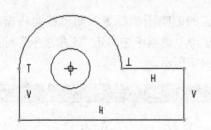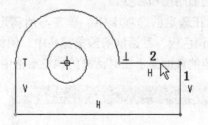

图2-80　应用垂直约束　　　　　　　图2-81　选择要等长的两线段

为所选两条直线段设置相等约束的效果如图2-82所示。

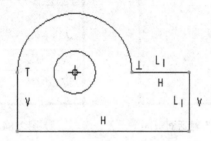

图2-82　设置相等约束的效果

2.8　使用草绘器调色板

在 Pro/ENGINEER Wildfire 5.0 草绘器中，提供了一个预定义形状的定制库，绘图时可以很方便地将其中所需的预定义图形调用到活动草绘中，并可对输入的图形执行调整大小、平移和旋转操作。这些预定义形状位于"草绘器调色板"中，如图2-83所示。"草绘器调色板"具有表示截面类别的选项卡，每个选项卡都具有唯一的名称，且至少包含某个类别的一种截面。初始状态下，"草绘器调色板"提供了 4 种含有预定义形状的预定义选项卡，即"多边形"选项卡、"轮廓"选项卡、"形状"选项卡和"星形"选项卡。其中，"多边形"选项卡包含常规多边形；"轮廓"选项卡包含常见的轮廓；"星形"选项卡包含常规的星形图例；"形状"选项卡包含其他常见形状的图例。用户可以根据设计工作需要，将特定选项卡添加到"草绘器调色板"中，并可以将任意数量的形状放入每个经过定义的选项卡中。当然，用户也可以添加或从预定义的选项卡中移除形状。

将截面添加到"草绘器调色板"中的方法很简单，即在创建一个新截面或检索现有截面后，将该截面保存到与草绘器形状目录中的"草绘器调色板"相对应的子目录中。截面的文件名作为形状的名称显示在"草绘器调色板"中，同时还会显示形状的缩略图。

从"草绘器调色板"往绘图区域输入形状的典型方法及步骤如下。

1）在工具栏中单击 （调色板）按钮，或者从菜单栏中选择"绘图"→"数据来自文件"→"调色板"命令，打开"草绘器调色板"对话框。

2）在"草绘器调色板"对话框中选取所需的选项卡。在选定的选项卡中显示着与形状相对应的缩略图和标签。

3）在选定的选项卡中，单击与所需形状相对应的缩略图或标签，则该截面将出现在"草绘器调色板"对话框的预览窗格中。例如，在"星形"选项卡中单击"5角星形"标签，则其对应的截面显示在对话框的预览窗格中，如图2-84所示。

图2-83 "草绘器调色板"对话框   图2-84 选定所需的图形标签

4）再次双击同一缩略图或标签，移动鼠标至绘图区域，鼠标指针将带有一个加号"+"。

5）在图形窗口中单击任一位置，选取放置形状的位置，此时弹出"移动和调整大小"对话框，并在输入的形状图上创建"缩放"、"旋转"和"移动（平移）"控制句柄，如图2-85所示。

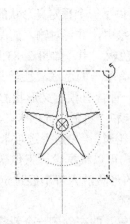

图2-85 输入形状

6）调整放置位置，以及在"移动和调整大小"对话框中设置旋转角度和缩放比例值等，然后单击 （接受更改并关闭对话框）按钮。

7）在"草绘器调色板"对话框中单击"关闭"按钮。

2.9　解决草绘冲突

在草绘器中进行图形绘制的过程中，当新添加的尺寸或约束对现有强尺寸或强约束相互冲突或多余时，草绘器会加亮冲突尺寸或约束，并弹出"解决草绘"对话框，如图 2-86 所示。在"解决草绘"对话框中列出了当前相互冲突的尺寸和约束，并提醒用户移除加亮的尺寸或约束之一等。同时，"解决草绘"对话框提供了几个用于解决冲突的实用按钮，这些按钮的功能如下。

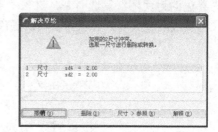

- 撤销 (U) ：取消上次操作，即撤销使截面进入刚好导致冲突操作之前的状态的改变。
- 删除 (D) ：删除从列表中选取的约束或尺寸。
- 尺寸 > 参照 (R) ：选取一个尺寸，将其转换为一个参照。该按钮命令仅在存在冲突尺寸时才有效。

图 2-86　"解决草绘"对话框

- 解释 (E) ：选取要显示的参照项目（如约束），获取简要的说明信息，草绘器将加亮与该参照项目有关的图元。

2.10　草绘器诊断工具

在 Pro/ENGINEER Wildfire 5.0 中提供了实用的草绘器诊断工具（命令），如图 2-87 所示。使用草绘器诊断工具（命令）可提供与创建基于草绘的特征和再生失败相关的信息。

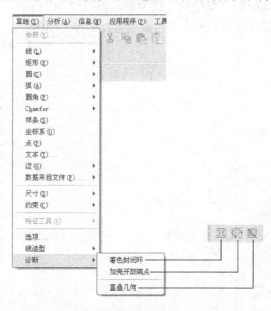

图 2-87　草绘器诊断工具（命令）

下面介绍活动草绘中可用的基于特征的 3 个诊断工具："着色的封闭环"、"加亮开放端点"和"重叠几何"。

2.10.1 着色的封闭环

"着色的封闭环"诊断工具主要用来检测由活动草绘器几何的图元形成的封闭环，即对草绘图元的封闭链内部着色。

在工具栏中选中 ▦ (着色的封闭环) 按钮，或者在菜单栏中选中"草绘"→"诊断"→"着色的封闭环"复选命令，进入"着色的封闭环"诊断模式中，则绘图区域的所有封闭环（由实线围起来的）显示为以默认颜色着色，如图 2-88 所示。

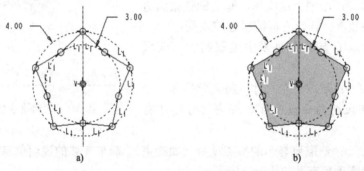

图 2-88 着色封闭环前后

a) 未进入"着色的封闭环"诊断模式 b) 进入"着色的封闭环"诊断模式

如果草绘有几个彼此包含的封闭环，则最外面的环被着色，而内部的环的着色被替换，如图 2-89 所示。

用户可以通过在菜单栏中选择"视图"→"显示设置"→"系统颜色"命令，打开"系统颜色"对话框，接着切换到"草绘器"选项卡，如图 2-90 所示，单击"着色封闭环"复选框前的颜色按钮，从而通过选取所需颜色来设置封闭环的颜色。

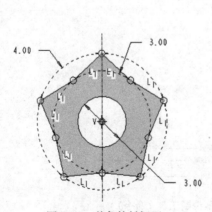

图 2-89 着色的封闭环

图 2-90 "系统颜色"对话框

2.10.2 加亮开放端点

"加亮开放端点"诊断工具主要用来检测并加亮与其他图元的端点重合的图元端点。

在工具栏中选中 （加亮开放端点）按钮，或者在菜单栏中选中"草绘"→"诊断"→"加亮开放端点"复选命令，进入"加亮开放端点"诊断模式中，则草绘器图形中所有现有的开放端均加亮显示，开放端由属于单个图元的顶点或顶部的红色圆点进行加亮，如图 2-91 所示。如果用开放端创建新图元，则开放端自动着色显示。

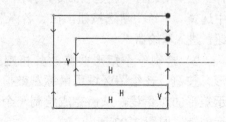

图 2-91　加亮开放端点

说明：可以将属于 2D 和 3D 草绘器几何的图元的开放端加亮。对于 3D 草绘几何，有效图元的开放端只加亮显示。

2.10.3 重叠几何

"重叠几何"诊断工具主要用来检测并加亮活动草绘或活动草绘组内与任何其他几何重叠的几何。

在工具栏中选中 （重叠几何）按钮，或者在菜单栏中选中"草绘"→"诊断"→"重叠几何"命令，进入"重叠几何"诊断模式中。此时重叠的几何以为"加亮-边"设置的颜色进行显示。值得注意的是，加亮重叠几何工具不保持活动状态。

2.11 草绘综合范例 1

绘制较为复杂的二维图形时，通常可以先绘制大概的图形，或者将整个图形拆分成几个部分绘制，必要时设置所需的几何约束，标注所需的强尺寸以及修改尺寸等。

本综合范例要完成的二维图形如图 2-92 所示。

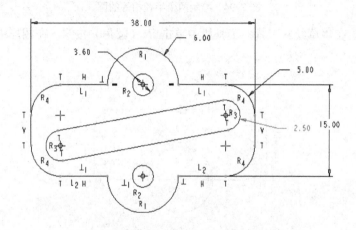

图 2-92　草绘综合范例 1

本综合范例的具体操作步骤如下。

1）新建草绘文件。在上工具箱中单击 □（创建新对象）按钮，或者在菜单栏的"文件"菜单中选择"新建"命令，弹出"新建"对话框。在"新建"对话框的"类型"选项组中选择"草绘"单选按钮，在"名称"文本框中输入文件名为 bc_2_hf1。单击"确定"按钮，进入草绘器。

2）绘制一个矩形并修改其相应的尺寸。在"草绘器工具"工具栏中单击 □（矩形）按钮，在绘图区域用鼠标左键指定放置矩形的一个顶点，然后指定另一个顶点以指示矩形的对角线，从而完成绘制一个矩形。接着，修改该矩形的长和宽尺寸。修改尺寸后的矩形如图 2-93 所示。

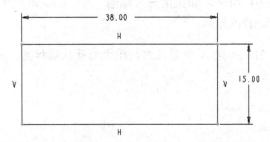

图 2-93　完成一个矩形

3）绘制两个圆。在"草绘器工具"工具栏中单击 ○（圆心和点）按钮，分别在矩形的两条长边上各绘制一个圆，注意两圆的半径相等，如图 2-94 所示。

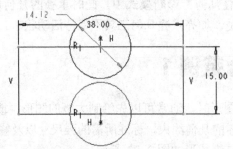

图 2-94　绘制两个半径相等的圆

4）倒圆角。在"草绘器工具"工具栏中单击 ⌐（圆角）按钮，在图形中创建如图 2-95 所示的 4 个圆角。

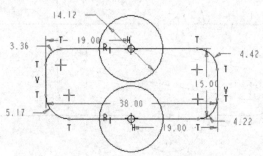

图 2-95　绘制 4 个圆角

5）给圆角添加相等约束条件。在工具栏中打开约束工具面板，从中选择 ═（创建等长、等半径或相同曲率的约束）图标按钮，单击其中一处圆角，接着再单击另一处圆角，从而为该两处圆角设置半径相等约束。使用同样的方法，将所有圆角均设置为半径相等约束。

给圆角添加完半径相等约束条件的图形如图 2-96 所示。

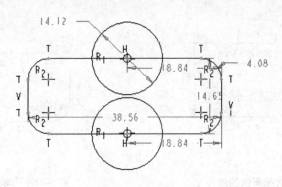

图 2-96　给圆角添加完半径相等约束条件

6）修剪图形。在工具栏中单击 （删除段）按钮，或者从菜单栏的"编辑"菜单中选择"修剪"→"删除段"命令，将图形修剪成如图 2-97 所示。

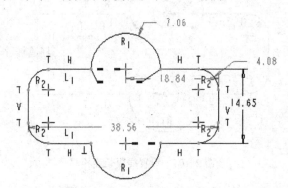

图 2-97　修剪图形

7）绘制两个小圆。在"草绘器工具"工具栏中单击 〇（圆心和点）按钮，绘制两个半径相等的小圆，如图 2-98 所示。

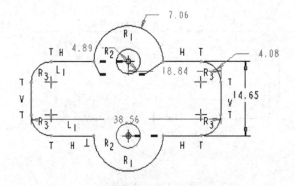

图 2-98　绘制两个半径相等的小圆

8）为相关线段设置相等约束。在工具栏中打开约束工具面板，接着从约束工具面板中选择 ═（创建等长、等半径或相同曲率的约束）图标按钮，单击如图 2-99 所示的线段 1，接着单击如图 2-100 所示的线段 2，从而使该两条线段长度相等，如图 2-101 所示。

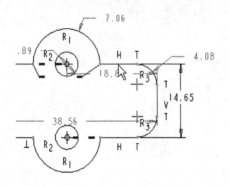

图 2-99　选择所需的线段 1

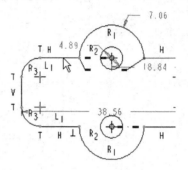

图 2-100　选择所需的线段 2

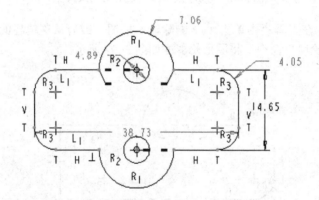

图 2-101　设置线段长度相等

9）绘制两个小圆。在"草绘器工具"工具栏中单击 ○（圆心和点）按钮，在相应圆角中心处绘制小圆，一共绘制两个小圆，如图 2-102 所示。

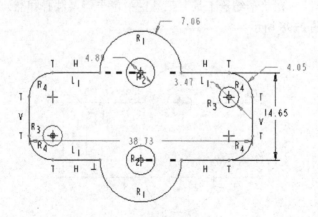

图 2-102　绘制小圆

10）绘制相切直线。在"草绘器工具"工具栏中单击 （直线相切）按钮，或者在菜单栏中选择"草绘"→"线"→"直线相切"命令，分别绘制两条相切的直线，如图 2-103所示。

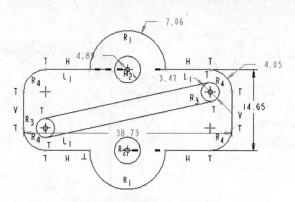

图 2-103　绘制两条相切的直线

11）修剪图形。在工具栏中单击 （删除段）按钮，或者从菜单栏的"编辑"菜单中选择"修剪"→"删除段"命令，将图形修剪成如图 2-104 所示。

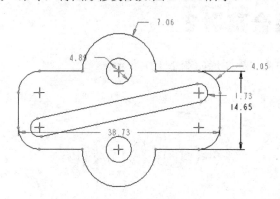

图 2-104　修剪图形结果

12）标注所需的尺寸。单击 （创建定义尺寸）按钮，标注所需要的尺寸。标注结果如图 2-105 所示。

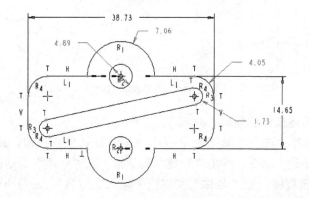

图 2-105　标注结果

13) 修改相关尺寸。选中 ▶ (选择项目) 按钮 (此时该按钮处于下凹状态)，使用鼠标框选所有尺寸，单击 ⊋ (修改工具) 按钮，弹出"修改尺寸"对话框。通过"修改尺寸"对话框进行尺寸修改，如图 2-106 所示，然后单击 ☑ (完成) 按钮。

14) 保存文件。

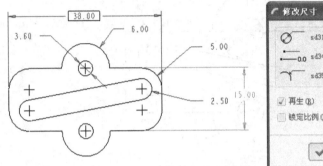
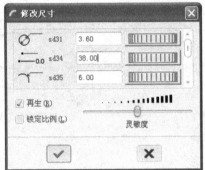

图 2-106　修改尺寸

2.12　草绘综合范例 2

本综合范例要完成的二维图形如图 2-107 所示。

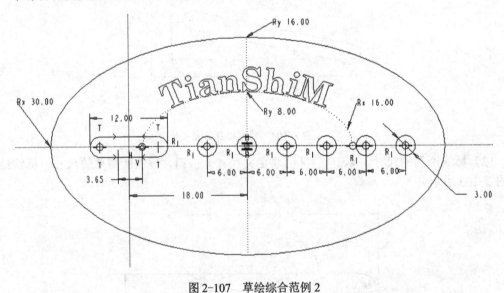

图 2-107　草绘综合范例 2

本综合范例的具体操作步骤如下。

1) 新建草绘文件。在上工具箱中单击 ▯ (创建新对象) 按钮，或者在菜单栏的"文件"菜单中选择"新建"命令，弹出"新建"对话框。在"新建"对话框的"类型"选项组中选择"草绘"单选按钮，在"名称"文本框中输入文件名为 bc_2_hf2。单击"确定"按钮，进入草绘器。

2）绘制椭圆，并创建及修改其形状尺寸。在"草绘器工具"工具栏中单击 ⌀（轴端点椭圆）按钮，或者从菜单栏的"草绘"菜单中选择"圆"→"轴端点椭圆"命令，在绘图区域绘制一个椭圆。接着，单击 ⊢⊣（创建定义尺寸）按钮来分别创建椭圆的两个半轴半径尺寸，最后将这两个半轴半径尺寸修改为如图 2-108 所示。

3）绘制中心线。在"草绘器工具"工具栏中单击 ⋮（中心线）按钮，或者在菜单栏中选择"草绘"→"线"→"中心线"命令，绘制如图 2-109 所示的一条水平中心线。

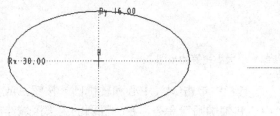

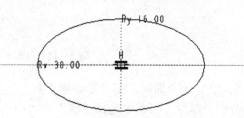

图 2-108　修改尺寸后的椭圆　　　　　　　　　图 2-109　绘制一条水平中心线

4）使用"草绘器调色板"插入"跑道形"图形。

在工具栏中单击 ◉（调色板）按钮，或者从菜单栏中选择"绘图"→"数据来自文件"→"调色板"命令，打开"草绘器调色板"对话框。切换到"形状"选项卡，单击"跑道形"缩略图或标签，如图 2-110 所示。再次双击"跑道形"缩略图，在绘图区域的预定位置处单击，可以拖动出 ⊗（平移句柄）符号，将插入图形的中心放置在水平中心线处，然后在"移动和调整大小"对话框中设置缩放比例为 3，旋转角度为 0，如图 2-111 所示，然后单击 ✓（接受更改并关闭对话框）按钮，并单击"草绘器调色板"对话框中的"关闭"按钮。

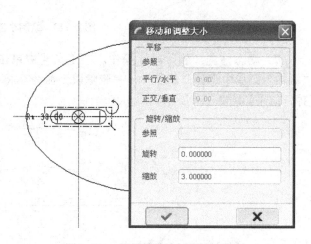

图 2-110　选择"跑道形"缩略图或标签　　　　　图 2-111　设置缩放比例和旋转角度

5）绘制 6 个大小相等的圆。在"草绘器工具"工具栏中单击 ○（圆心和点）按钮，或者从菜单栏的"草绘"菜单中选择"圆"→"圆心和点"命令，依次在水平中心线上绘制 6 个大小相等的小圆，其中从左算起的第 2 个小圆的中心位于椭圆的中心处，如

图 2-112 所示。

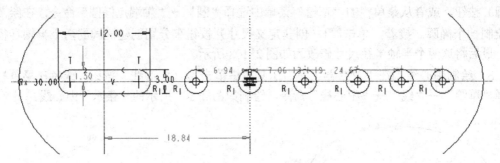

图 2-112　绘制 6 个大小相等的小圆

6）绘制一个椭圆。在"草绘器工具"工具栏中单击 ⊘（中心和轴椭圆）按钮，或者从菜单栏的"草绘"菜单中选择"圆"→"中心和轴椭圆"命令，在大椭圆的内部区域绘制一个小椭圆，如图 2-113 所示。注意设置长轴和短轴半径尺寸。

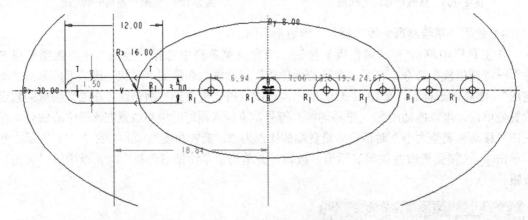

图 2-113　绘制小椭圆

7）动态修剪（删除段）操作。在工具栏中单击 [↑]（删除段）按钮，或者从菜单栏的"编辑"菜单中选择"修剪"→"删除段"命令，将小椭圆位于水平中心线下方的部分修剪掉，结果如图 2-114 所示。

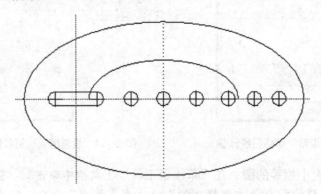

图 2-114　动态修剪（删除段）操作

8）将小椭圆剩下的部分转换为构造线。选择小椭圆剩下的部分，在菜单栏的"编辑"菜单中选择"切换构造"命令，从而将所选实线转换为构造线，结果如图2-115所示。

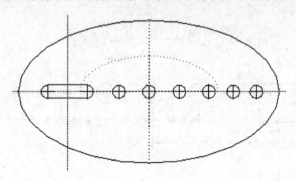

图2-115　切换构造

9）创建文本，并将文本沿着构造线上方放置。

在"草绘器工具"工具栏中单击 🄰（文本）按钮，或者从菜单栏的"草绘"菜单中选择"文本"命令，在绘图窗口的适当位置处分别指定两点，弹出"文本"对话框，在"文本行"文本框中输入"⊔⊔⊔⊔TianShiM"文本（在这里，每个"⊔"表示一个空格），然后在"字体"选项组的"字体"下拉列表框中选择" 🅃CG Century Schbk Bold "，长宽比设置为1，斜角为0，如图2-116所示。

在"文本"对话框中选中"沿曲线放置"复选框，然后在绘图区域中单击半椭圆构造线，然后单击"文本"对话框中的"确定"按钮。创建的文本如图2-117所示。

图2-116　设置文本操作

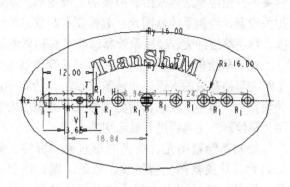

图2-117　创建文本

10）规划相关约束，并标注所需的尺寸。检查相关约束，确保使图形约束合理（可适当添加合理约束，此操作较为灵活，其过程省略）。然后单击┌→（创建定义尺寸）按钮，标注所需要的尺寸。标注的结果如图2-118所示。

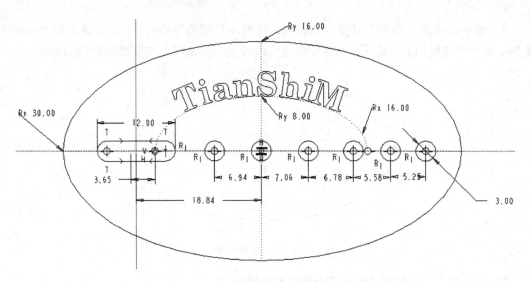

图 2-118 规划约束以及标注后的结果

11）修改相关尺寸。选中 按钮（此时该按钮处于下凹状态），使用鼠标框选所有尺寸，单击 按钮，弹出"修改尺寸"对话框。通过"修改尺寸"对话框进行尺寸修改，修改所有尺寸直到满意后单击"修改尺寸"对话框中的 按钮。

最后完成的该二维参考图形如图 2-107 所示。

12）保存文件。

2.13 本章小结

Pro/ENGINEER 提供了一个专门的草绘模块。该模块通常也被称为"草绘器"。零件建模离不开使用草绘器来绘制所需的二维图形。本章介绍的内容有草绘模式简介、草绘环境及相关设置、绘制草绘器图元、编辑图形对象、标注、修改尺寸、几何约束、使用草绘器调色板、解决草绘冲突、使用草绘器诊断工具和草绘综合范例等。

在"草绘模式简介"一节中，要求读者基本掌握创建一个草绘文件的典型方法及步骤，了解与草绘有关的术语，并熟悉在 2D 草绘器中创建截面的典型流程。而在"草绘环境及相关设置"一节中，要求读者熟悉这几个方面的内容：设置草绘器首选项、设置拾取过滤、使用"草绘器"工具栏进行显示切换。

绘制草绘器图元、编辑图形对象、标注、修改尺寸和设置几何约束等是本章的重点的内容。草绘器图元包括线、矩形、圆、圆弧、椭圆、点、坐标系、样条、圆角与椭圆角、圆锥、倒角和文本等，读者应认真掌握这些草绘器图元的创建方法及技巧。绘制好所需的草绘器图元后，可以对这些图元或图元组合进行编辑处理，如修剪图元、删除图元、镜像图元、缩放与旋转图元等。其中要注意修剪图元的 3 种方式，即删除段、拐角和分割，注意它们的应用场合。在"标注"一节中，首先介绍标注基础，然后分别介绍如何创建线性尺寸、直径尺寸、半径尺寸、角度尺寸、弧长尺寸、椭圆或椭圆弧的半轴尺寸，并介绍如何标注样条、圆锥以及其他尺寸类型的知识。初步标注好相关尺寸，通常还需要对尺寸进行修改，修改尺寸的方式主要有两种，一是通过双击的方式快捷修改单个尺寸；二是使用"修改尺寸"对话框来修改选定的相关尺寸。在绘图中，几何约束也是一项很关键的工作。读者应该掌握约束的图形显示、创建约束、删除约束和加强约束等相关知识点。

在某些设计场合，可以考虑使用"草绘器调色板"来调用预定义好的图形，这样设计效率很高。另外，在草绘器中进行图形绘制的过程中，当新添加的尺寸或约束对现有强尺寸或强约束相互冲突或多余时，草绘器会加亮冲突尺寸或约束，并弹出"解决草绘"对话框，利用该对话框可以很直观地及时解决草绘冲突，保证设计质量。本章还介绍了草绘器诊断工具的一些实用知识，包括"着色的封闭环"、"加亮开放端点"和"重叠几何"诊断工具。

在本章中，还介绍了两个草绘综合范例，旨在引导读者学以致用，举一反三。通过本章的学习，将为后面掌握三维建模等知识打下扎实的基础。

2.14　思考与练习

1）如何创建一个草绘文件？草绘文件的格式（或扩展名）是什么？

2）请简单解释草绘器中的相关术语（图元、参照图元、约束、尺寸、参数、关系、强尺寸或强约束、弱尺寸或弱约束、冲突）。

3）使用草绘器的目的管理器有什么好处？

4）绘制圆或圆弧主要有哪些方式？

5）如何绘制一个椭圆？在 Pro/ENGINEER 中绘制的椭圆具有什么样的主要特性？

6）修剪图元主要分哪几种方式？各应用在什么场合？

7）如何对图元进行构造切换？

8）简述周长尺寸和纵坐标尺寸（基线尺寸）的应用方法及典型步骤。可以举例说明。

9）简述使用"草绘器调色板"的好处。

10）能简单说一说"着色的封闭环"、"加亮开放端点"和"重叠几何"这 3 个草绘器诊断工具的功能吗？

11）上机练习：绘制如图 2-119 所示的图形，并进行相关标注。

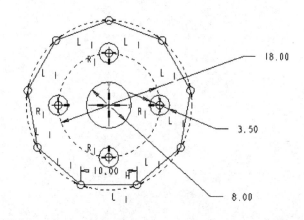

图 2-119　上机练习

12）上机练习：绘制如图 2-120 所示的图形，并进行相关标注。

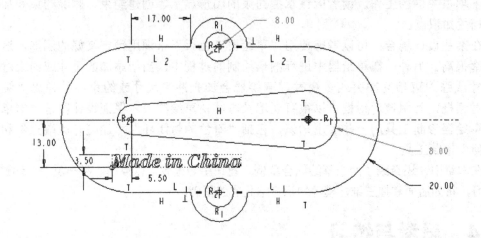

图 2-120　上机练习

第3章　基准特征

本章内容导读：

> Pro/ENGINEER 基准特征主要包括基准平面、基准轴、基准点、基准坐标系和基准曲线等。基准特征通常用来为其他特征提供定位参照，或者为零部件装配提供必要的约束参照。
>
> 在本章中，重点介绍基准平面、基准轴、基准点、基准曲线、基准坐标系以及基准参照的相关知识。

3.1　基准平面

基准平面好比一张白纸，用户可以在该白纸上绘制截面图形。这是基准平面最重要的一个应用方面。此外，还可以将基准平面应用在其他方面。例如，可以将基准平面作为参照用在尚未有基准平面的零件中以放置新特征，也可以将基准平面作为其他图元的标注参照，还可以使用基准平面来辅助进行零部件装配等。

基准平面是无限的，但是在 Pro/ENGINEER 系统中可以根据需要调整基准平面的显示轮廓大小，使之与零件、特征、曲面、边或轴相吻合，或者为基准平面指定显示轮廓的高度和宽度值。值得注意的是，为基准平面指定的显示轮廓高度和宽度值不是 Pro/ENGINEER 尺寸值，系统不会显示这些值。

在新建一个使用 mmns_part_solid 模板的 Pro/ENGINEER 零件文件时，系统提供了已经预定义好的 3 个相互正交的基准平面，即 TOP 基准平面、FRONT 基准平面和 RIGHT 基准平面，如图 3-1 所示。在零件设计过程中，用户可以根据实际情况创建所需要的基准平面，系统将用依次顺序（DTM1，DTM2，…）分配基准名称。当然，用户可以修改这些新基准平面的名称。

1. 修改基准平面的名称

修改基准平面的名称可以有如下几种典型方法。

● 在模型树中右击相应基准平面特征，如图 3-2 所示，接着从出现的快捷菜单中选择"重命名"命令。

● 在模型树中巧妙地双击相应基准平面的名称。

● 在创建新基准平面的过程中，使用"基准平面"对话框的"属性"选项卡为基准平面设置一个初始名称。

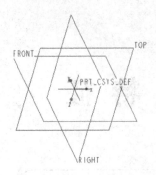

图 3-1　零件文件中预定义好的基准平面　　　　图 3-2　在模型树中右击基准平面特征

在实际设计中，经常要进行基准平面的选取操作。要选取一个基准平面，通常可以在图形窗口中拾取它的名称，选取它的一条边界，或者在模型树中单击它的树节点来选取。在一些设计场合，如果担心基准平面的可视边界可能妨碍模型曲面或边的选取，则可以将配置选项"select_on_dtm_edges"的值设置为"sketcher_only"，以便只有在标注草绘截面时，基准的可视边才可选取。

关于配置选项"select_on_dtm_edges"的实用知识：

配置选项"select_on_dtm_edges"用于指定选取基准平面的方法。它提供了两个值选项，即"all_modes"和"sketcher_only"，前者允许通过单击基准平面的可视边界来进行选择，后者则允许在草绘器以外的模式下，单击基准平面的标签。

2．"基准平面"对话框

在介绍具体的基准平面创建方法之前，首先要熟悉一下"基准平面"对话框。单击□（基准平面工具）按钮，或者从菜单栏的"插入"菜单中选择"模型基准"→"平面"命令，打开如图 3-3 所示的"基准平面"对话框。该对话框有 3 个选项卡，即"放置"选项卡、"显示"选项卡和"属性"选项卡。下面介绍这 3 个选项卡的功能。

（1）"放置"选项卡

"放置"选项卡主要包含一个"参照"收集器，允许通过参照现有平面、曲面、边、点、坐标系、轴、顶点、基于草绘的特征、平面小平面、边小平面、顶点小平面、曲线、草绘基准曲线和导槽来放置新基准平面。用户也可以选取目的对象、基准坐标系或非圆柱曲面作为创建基准平面的放置参照。此外，还可以为每个选定参照设置一个约束。例如，当选择TOP 基准平面为参照时，可以为该参照设置如图 3-4 所示的其中一个约束。

图 3-3　"基准平面"对话框　　　　图 3-4　为选定参照设置一个约束

在"参照"收集器中出现的"约束类型"下拉列表框中包含如下可用约束类型。

- "穿过"：通过选定参照放置新基准平面。当选取基准坐标系作为放置参照且约束类型设置为"穿过"时，在"基准平面"对话框中将显示一个"平面"下拉列表框，从中可以选择"XY"、"YZ"和"ZX"选项，如图3-5所示。
  - ➢ "XY"：通过XY平面放置基准平面。
  - ➢ "YZ"：通过YZ平面放置基准平面，此为默认选项。
  - ➢ "ZX"：通过ZX平面放置基准平面。
- "偏移"：按自选定参照的偏移放置新基准平面。它是以选取基准坐标系作为放置参照时的默认约束类型，如图3-6所示。可以依据所选取的参照及设定的约束类型，输入新基准平面的平移偏移值或旋转偏移值。

图3-5 "穿过"约束类型示例　　　　图3-6 "偏移"约束类型示例

- "平行"：平行于选定参照放置新基准平面。
- "法向"：垂直于选定参照放置新基准平面。
- "相切"：系统会根据用户所选参照提供该选项，相切于选定参照放置新基准平面。当基准平面与非圆柱曲面相切并通过选定为参照的基准点、顶点或边的端点时，系统会将"相切"约束添加到新创建的基准平面。

（2）"显示"选项卡

"显示"选项卡如图3-7所示。

- "反向"按钮：单击此按钮，则反转基准平面的法向。
- "调整轮廓"复选框：选中此复选框，则允许调整基准平面轮廓的大小，此时可以使用"轮廓类型选项"下拉列表框的"大小"选项和"参照"选项，如图3-8所示。当选择"参照"选项时，允许根据选定参照（如零件、特征、边、轴或曲面）调整基准平面的大小；当选择"大小"选项时，允许调整基准平面的大小，或将其轮廓显示尺寸调整到指定宽度和高度值大小。"锁定长宽比"复选框仅在选中"调整轮廓"复选框以及"大小"选项时可用。该复选框用于设置保持基准平面轮廓显示的高度和宽度比例。

图 3-7 "基准平面"对话框的"显示"选项卡　　　　图 3-8 使用轮廓类型选项

（3）"属性"选项卡

切换到"属性"选项卡，如图 3-9 所示。在该选项卡中，可以重命名基准特征，可以单击**ⓘ**（显示此特征的信息）按钮，在 Pro/ENGINEER 浏览器中查看关于当前基准平面特征的信息，如图 3-10 所示。

图 3-9 "基本平面"对话框的"属性"选项卡　　　　图 3-10 Pro/ENGINEER 浏览器

3. 创建基准平面

下面介绍创建基准平面的典型方法及步骤。

1）单击▱（基准平面工具）按钮，或者从菜单栏的"插入"菜单中选择"模型基准"→"平面"命令，打开"基准平面"对话框。

2）为新基准平面选择放置参照。所选的有效参照被收集在"基准平面"对话框的"放置"选项卡的"参照"收集器中，同时系统自动提供一个默认的放置约束类型。用户可以根据设计要求从"约束类型"下拉列表框中选择所需的一个放置约束类型选项，并设置相关的参数。如果需要，按〈Ctrl〉键选择其他对象来添加放置参照，并可以设置其相应的放置约束类型等，以使新基准平面完全被约束。

例如，可以通过选取现有的一个基准平面或平曲面来创建新基准平面，如图 3-11 所示，选择 TOP 基准平面作为放置参照，约束类型为"偏移"，在"偏移"下的"平移"框中输入 100，此时在图形窗口中可以预览到新基准平面。

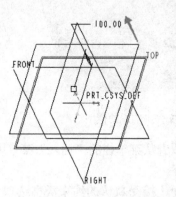

图 3-11　创建偏移基准平面

3）需要时，可以切换到"显示"选项卡，调整新基准平面的显示大小和法向方向等。

4）需要时，可以切换到"属性"选项卡，在"名称"文本框中更改该基准平面的名称，若单击 🛈（显示此特征的信息）按钮，则可在 Pro/ENGINEER 浏览器中查看关于当前基准平面特征的详细信息。

5）单击"基准平面"对话框中的"确定"按钮，完成该新基准平面的创建。

需要注意的是，Pro/ENGINEER 允许用户先在图形窗口中选择有效参照组合（见表 3-1），然后单击 ⟋（基准平面工具）按钮，即可快速定义基准平面而不使用"基准平面"对话框。例如，结合〈Ctrl〉键在图形窗口中选择 3 个基准点或顶点（不能共线），接着单击 ⟋（基准平面工具）按钮，便通过每个基准点或顶点加以约束来快速地创建一个基准平面。

表 3-1　使用预选基准参照来快速创建基准平面

序号	有效参照组合	快速创建基准平面说明
1	三个基准点或顶点（不能共线）	通过每个基准点/顶点加以约束来创建基准平面
2	两个共面边或两个轴（必须共面但不共线）	通过这些参照加以约束来创建基准平面
3	一个基准平面或平曲面及两个基准点或顶点（点或顶点不能与平面的法线共线）	通过选定点创建垂直于平面的基准平面
4	一个基准点和一个轴或直边/曲线（点不能与轴或边共线）	通过基准点和轴/边加以约束来创建基准平面

4．创建基准平面的操作实例

下面介绍一个涉及创建多个基准平面的典型操作实例，目的是让读者通过操作实例更快地掌握创建基准平面的典型方法及技巧。在该操作实例中主要介绍创建偏移基准平面、创建具有角度偏移的基准平面和创建与曲面相切的基准平面。

（1）创建偏移基准平面

1）单击 📂（打开现有对象）按钮，弹出"文件打开"对话框，选择位于配套光盘 CH3

文件夹中的 BC_3_JZPM_1.PRT 文件，单击对话框中的"打开"按钮。该文件中存在的模型如图 3-12 所示。

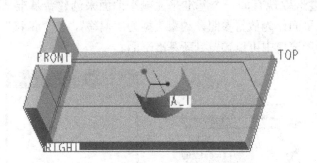

图 3-12　文件中的原始模型

2）单击 ▱（基准平面工具）按钮，或者从菜单栏的"插入"菜单中选择"模型基准"→"平面"命令，打开"基准平面"对话框。

3）在模型树中选择 RIGHT 基准平面，接受默认的约束类型选项为"偏移"，接着在"偏移"下的"平移"框中输入"120"，如图 3-13 所示。

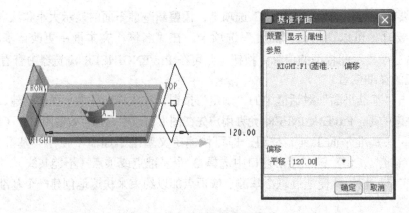

图 3-13　创建偏移基准平面

4）单击"基准平面"对话框中的"确定"按钮。完成创建一个新基准平面，该基准平面的名称为DTM1，如图 3-14 所示。

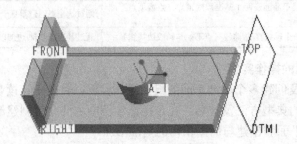

图 3-14　完成基准平面 DTM1

（2）创建具有角度偏移的基准平面

1）单击 （基准平面工具）按钮，或者从菜单栏的"插入"菜单中选择"模型基准"→"平面"命令，打开"基准平面"对话框。

2）在模型中选择圆柱体的特征轴 A_1，其约束类型为"穿过"，接着按住<Ctrl>键选择 DTM1 基准平面，并在"偏移"下的"旋转"角度框中输入"45"，如图 3-15 所示。

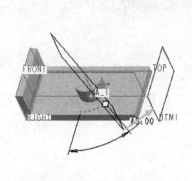

图 3-15　创建具有角度偏移的基准平面

3）在"基准平面"对话框中单击"确定"按钮。完成基准平面 DTM2 的创建，其效果如图 3-16 所示。

（3）创建与曲面相切的基准平面

1）单击 （基准平面工具）按钮，或者从菜单栏的"插入"菜单中选择"模型基准"→"平面"命令，打开"基准平面"对话框。

2）选择如图 3-17 所示的圆柱曲面，所选的该参照出现在"参照"收集器中，将其约束类型选项设置为"相切"选项。

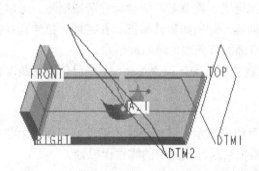
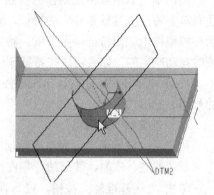

图 3-16　完成偏移角度基准平面的创建　　　　图 3-17　选择圆柱曲面

3）按住〈Ctrl〉键的同时单击如图 3-18 所示的顶点，该点参照的约束类型选项自动为"穿过"选项。

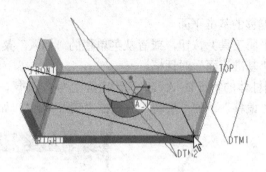

图 3-18　增加一个顶点参照

4）在"基准平面"对话框中单击"确定"按钮。创建的与选定曲面相切的并且通过指定点的基准平面 DTM3 如图 3-19 所示。

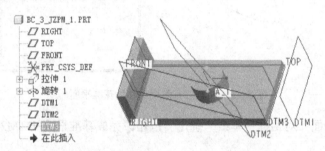

图 3-19　完成基准平面 DTM3 的创建

3.2　基准轴

基准轴可以用做特征创建的参照，多用来辅助创建基准平面、定义同轴放置项目和创建径向阵列等。基准轴是独立的特征，它可以被重定义、重命名、隐含、遮蔽或删除，可以显示在模型树中。而特征轴则不同，特征轴是在创建一些例如旋转特征、孔特征、拉伸圆柱特征时自动产生的，如果将这些特征删除，则其内部的特征轴也随之被删除。

Pro/ENGINEER 会默认向在零件模式下创建的新基准轴以"A_#"（#是已创建的基准轴的号码）的形式命名。

1."基准轴"对话框

用户可以根据需要，为基准轴指定一个长度值来显示，或调整轴长度使其在视觉上与选定为参照的边、曲面、基准轴、零件模式中的特征或组件模式中的零件相拟合。

单击　（基准轴）按钮，或者在菜单栏的"插入"菜单中选择"模型基准"→"轴"命令，打开如图 3-20 所示的"基准轴"对话框。该对话框有 3 个选项卡，即"放置"选项卡、"显示"选项卡和"属性"选项卡。

（1）"放置"选项卡

"放置"选项卡包含"参照"收集器和"偏移参照"收集器。其中，使用"参照"收集器选择要在其上放置新基准轴的参照，并指定参照约束类型。需要时，可以按住〈Ctrl〉键选择其他参照。参照约束类型可以有"穿过"、"法向（垂直）"、"相切"和"中心"。如果在"参照"收集器中为所选参照选择"法向（垂直）"作为参照约束类型，则可激活"偏移参照"收集器，接着选择所需的偏移参照，并设置相应的偏移距离，示例如图 3-21 所示。

图 3-20 "基准轴"对话框　　　　　　图 3-21 定义放置参照和偏移参照

（2）"显示"选项卡

切换到"显示"选项卡，若选中"调整轮廓"复选框，可以调整基准轴轮廓的显示长度，从而使基准轴轮廓与指定尺寸或选定参照相拟合，如图 3-22 所示，可以从下拉列表框中选择"大小"选项或"参照"选项。

（3）"属性"选项卡

切换到如图 3-23 所示的"属性"选项卡，可以更改该基准轴的名称，如果需要可以单击 ![i] （显示此特征的信息）按钮，在 Pro/ENGINEER 浏览器中查看关于当前基准轴特征的详细信息

图 3-22 "基准轴"对话框的"显示"选项卡　　　图 3-23 "基准轴"对话框的"属性"选项卡

2．创建基准轴

通常，先单击 ／ （基准轴）按钮或选择其相应的菜单命令，然后指定放置参照等来创建新基准轴。下面通过图例的方式介绍常见的两种创建基准轴的典型情形。

（1）使用两个偏移参照创建垂直于曲面的基准轴

例如，单击 ／ （基准轴）按钮后，在实体平整面上单击以指定放置参照，其参照约束类型为"法向"，此时可以在模型中分别拖动偏移参照控制滑块来选取两个偏移参照，或者在"基准轴"对话框的"放置"选项卡中，单击"偏移参照"收集器将其激活，然后结合

〈Ctrl〉键选择两个偏移参照，并设置其相应的偏移尺寸，如图 3-24 所示。

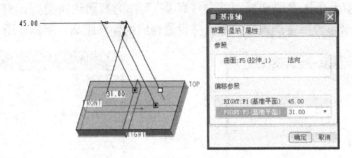

图 3-24　使用两个偏移参照创建垂直于曲面的基准轴

（2）选取圆曲线或边来创建基准轴

单击 ╱ （基准轴）按钮，打开"基准轴"对话框。选取圆边或曲线、基准曲线，或是共面圆柱曲面的边作为基准轴的放置参照，选定参照在"基准轴"对话框的"放置"选项卡内的"参照"收集器中显示，选定参照的默认约束类型为"中心"。图 3-25 所示为此情形下创建基准轴的示例。

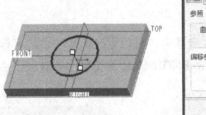

图 3-25　选取圆曲线创建基准轴（中心）

在该典型情形中，如果将选定参照的约束类型选项更改为"相切"，则需要再另外选择一个参照（如顶点或基准点），并指定该参照的约束类型为"穿过"，则会约束所创建的基准轴和曲线或边相切，同时穿过顶点或基准点，典型示例如图 3-26 所示。

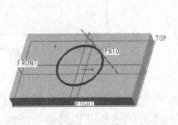

图 3-26　选取圆曲线创建基准轴（相切）

在 Pro/ENGINEER 中，同样允许使用预选基准轴参照的方式快捷定义基准轴，而不必使用"基准轴"对话框，这种操作方式可在一定程度上节省操作时间。表 3-2 给出了这种快捷方式的操作关系。

表 3-2 使用预选基准轴参照来快速创建基准轴

序号	有效参照组合	快速创建基准轴说明
1	一个直边或轴	通过选定边创建基准轴
2	两个基准点或顶点	通过每个基准点或顶点加以约束来创建基准轴
3	基准点或顶点和基准平面或平面曲面	创建通过基准点或顶点并与基准平面或平面曲面垂直的基准轴，在基准轴和基准平面或平面曲面的交点处显示一个控制滑块
4	两个非平行的基准平面或平面曲面	如果平面相交，则通过相交线创建基准轴
5	曲线或边以及其中一个端点或基准点	创建限制为过端点或基准点并与曲线或边相切的基准轴
6	平面圆边或曲线（含基准曲线）或圆柱曲面的边	通过平面圆边或曲线（含基准曲线）的中心创建的，且垂直于选定曲线或边所在的平面的基准轴；对于圆柱曲面的边，将沿着圆柱曲面的中心线创建基准轴
7	基准点和曲面	如果基准点在选定曲面上，则通过该点并垂直于该曲面创建基准轴；如果基准点不在选定曲面上，则会打开"基准轴"对话框

3. 创建基准轴的操作实例

下面介绍一个涉及创建多个基准轴的典型操作实例。

（1）使用两个偏移参照创建垂直于曲面的基准轴

1）单击 （打开现有对象）按钮，弹出"文件打开"对话框，选择位于配套光盘 CH3 文件夹中的 BC_3_JZZ.PRT 文件，单击对话框中的"打开"按钮。该文件中存在的模型如图 3-27 所示。

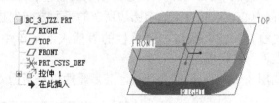

图 3-27 文件中的原始模型

2）单击 （基准轴）按钮，或者在菜单栏的"插入"菜单中选择"模型基准"→"轴"命令，打开"基准轴"对话框。

3）在如图 3-28 所示的模型顶面（与 TOP 基准平面平行的实体面）区域单击，此时所选参照出现在"参照"收集器中，同时在模型中显示新基准轴的两个偏移参照控制滑块。

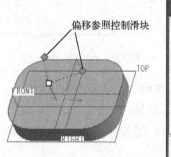

图 3-28 指定放置参照

4）使用鼠标拖动其中一个偏移参照控制滑块来选择 FRONT 基准平面作为其中一个偏移参照，接着拖动另一个偏移参照控制滑块来选择 RIGHT 基准平面作为另一个偏移参照，然后在对话框的"偏移参照"收集器中分别设置相应的偏移距离，如图 3-29 所示。

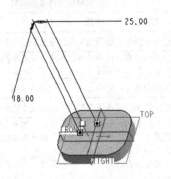

图 3-29　定义偏移参照

操作技巧：也可以不采用拖动"偏移参照"控制滑块的方式来指定"偏移参照"，即可以在"基准轴"对话框的"放置"选项卡中，单击"偏移参照"收集器的框，将其激活，然后结合〈Ctrl〉键选择 FRONT 基准平面和 RIGHT 基准平面，并修改其相应的偏移距离即可。

5）单击"基准轴"对话框中的"确定"按钮，创建的该基准轴被命名为 A_1。

（2）穿过选定圆边的中心，以垂直于选定圆边所在的平面方向创建基准轴

1）单击 （基准轴）按钮，或者在菜单栏的"插入"菜单中选择"模型基准"→"轴"命令，打开"基准轴"对话框。

2）在模型中单击如图 3-30 所示的圆角边线，其参照约束类型为"中心"。

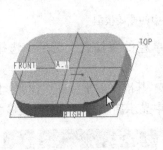

图 3-30　选择圆边

3）单击"基准轴"对话框中的"确定"按钮，完成基准轴 A_2。

（3）使用预选的两个基准平面快速创建基准轴

1）在模型窗口中或模型树中选择 RIGHT 基准平面，接着按住〈Ctrl〉键的同时选择 FRONT 基准平面。

2）单击 （基准轴）按钮，或者在菜单栏的"插入"菜单中选择"模型基准"→

"轴"命令，从而快速创建基准轴 A_3，如图 3-31 所示。

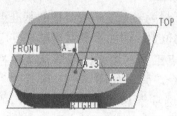

图 3-31　完成基准轴创建

3.3　基准点

基准点在实际设计中也经常会用到。通常用创建的基准点来作为构造元素，为其他特征的创建提供定位参照，同时基准点也可用做计算和模型分析的已知点。

在 Pro/ENGINEER Wildfire 5.0 中，可以创建 3 种类型的基准点，即一般基准点（在图元上、图元相交处或自某一图元偏移处所创建的基准点）、自坐标系偏移的基准点（通过自选定坐标系偏移所创建的基准点）和域基准点（在"行为建模"中用于分析的点，一个域点标识一个几何域），其中前两种类型用在常规建模中。

创建这些基准点的菜单命令及其相应的工具按钮如图 3-32 所示。

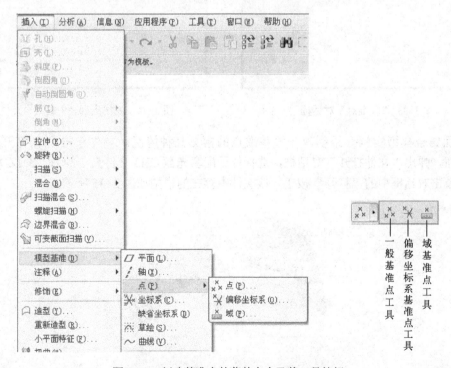

图 3-32　创建基准点的菜单命令及其工具按钮

3.3.1 一般基准点

这类基准点属于最为常见的一般类型的基准点。可以依据现有几何和设计意图，使用不同方法指定此类点的位置，例如将点创建在模型几何上。

单击××（基准点工具）按钮，或者从菜单栏的"插入"菜单中选择"模型基准"→"点"→"点"命令，弹出如图 3-33 所示的"基准点"对话框。该对话框具有两个选项卡，即"放置"选项卡和"属性"选项卡。"放置"选项卡用于定义点的位置，"属性"选项卡用于编辑该基准点特征名称，并可在 Pro/ENGINEER 浏览器中访问特征信息。

添加新点时，新点会出现在"基准点"对话框的"放置"选项卡的点列表中。在"基准点"对话框中单击点列表中的"新点"，此时符号"➡"指向"新点"，表示当前处于创建新点的状态下。如果在点列表中右击某个点标签，则弹出如图 3-34 所示的快捷菜单，从中可以执行"删除"、"重命名"和"重复（复制）"命令操作。其中，"重复（复制）"命令用于使用相同的放置方法创建一个新点。

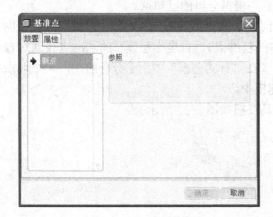
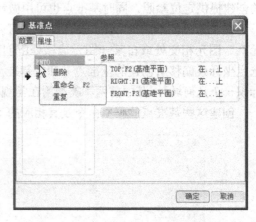

图 3-33　"基准点"对话框　　　　图 3-34　右击点列表中的某个点

下面结合典型实例介绍创建一般基准点的常见几种情况。首先单击（打开现有对象）按钮，弹出"文件打开"对话框，选择位于配套光盘 CH3 文件夹中的 BC_3_JZD_1.PRT 文件，单击对话框中的"打开"按钮。该文件中存在的模型如图 3-35 所示。

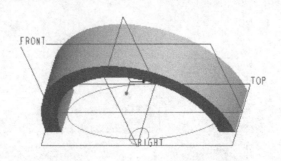

图 3-35　文件中的原始模型

（1）在3个基准平面的相交处创建基准点

1）单击 ×× （基准点工具）按钮，或者从菜单栏的"插入"菜单中选择"模型基准"→"点"→"点"命令，弹出"基准点"对话框。

2）选择 FRONT 基准平面，按住〈Ctrl〉键的同时并依次选择 RIGHT 基准平面和 TOP 基准平面，如图3-36所示，在选定的3个基准平面的相交处创建了一个新点 PNT0。

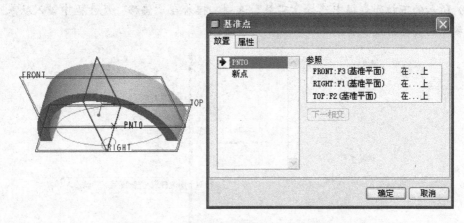

图3-36 在3个基准平面的相交处创建基准点

3）在"基准点"对话框中单击"确定"按钮。

（2）在指定边上创建基准点

1）单击 ×× （基准点工具）按钮，或者从菜单栏的"插入"菜单中选择"模型基准"→"点"→"点"命令，弹出"基准点"对话框。

2）在如图3-37所示的边线上单击。

3）在"基准点"对话框的"放置"选项卡中，修改点相对于指定曲线末端的偏移比率为0.68，如图3-38所示。

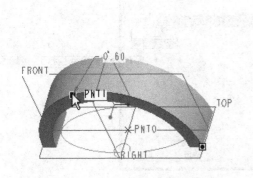

图3-37 在指定边上创建基准点

图3-38 修改点相对于指定曲线末端的偏移比率

实用知识：当使用"放置"选项卡定位新基准点时，系统提供了"曲线末端"单选按钮和"参照"单选按钮。若选择"曲线末端"单选按钮，则从曲线或边的所选端点开始测量距离，要使用另一个端点，则可以单击"下一端点"按钮；若选择"参照"单选按钮，则从选定图元开始测量距离，需选择所需的参照图元，例如一个实体曲面。

另外，系统提供了两种指定偏移距离的方式，即通过指定偏移比率的方式和通过指定实际长度的方式。前者是在"偏移"尺寸框中键入偏移比率，偏移比率是一个分数，由基准点到选定端点之间的距离比上曲线或边的总长度而得，它是 0~1 之间的一个值；后者需从如图 3-39 所示的下拉列表框中选择"实数"选项，接着在"偏移"尺寸框中键入从基准点到端点或参照的实际曲线长度。

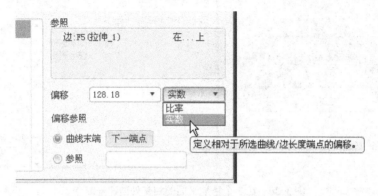

图 3-39　从下拉列表框中选择"实数"选项

4）在"基准点"对话框中单击"确定"按钮。

（3）在中心处创建基准点

1）单击 ✖ ✖（基准点工具）按钮，或者从菜单栏的"插入"菜单中选择"模型基准"→"点"→"点"命令，弹出"基准点"对话框。

2）在模型窗口中单击草绘圆，然后在对话框的"参照"收集器中，将选定参照的约束类型选项设置为"居中"，如图 3-40 所示。

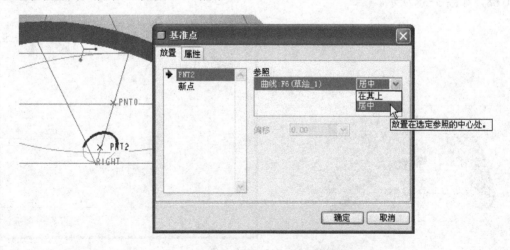

图 3-40　在选定图元中心处创建基准点

（4）在曲线相交处创建基准点

1）在"基准点"对话框中单击点列表中的"新点"，此时符号"➡"指向"新点"，表示当前处于创建新点的状态。

2）在草绘圆所需的一侧单击，接着按住〈Ctrl〉键单击与之相交的椭圆，单击位置如图 3-41 所示。该所选两曲线具有两个相交点，如果预览的默认基准点不是所需要的，那么可以单击"下一相交"来切换。

创建的基准点被命名为 PNT3。

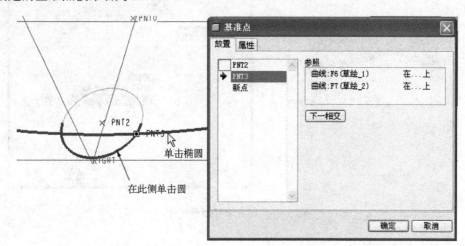

图 3-41　在曲线相交处创建基准点

（5）在曲面上创建基准点

说明：可以向曲面或面组添加点。要在曲面或面组上创建基准点，必须标注该点到两个偏移参照的尺寸（即偏移参照尺寸）。放置在曲面或面组上的每个新点都在拾取位置显示一个放置控制滑块，以及要用于标注该点到模型几何的尺寸的两个"偏移参照"控制滑块。起初，"偏移参照"控制滑块未被连接到任何参照，需要由用户指定相应的"偏移参照"。

1）在"基准点"对话框中单击点列表中的"新点"，此时符号"➡"指向"新点"，表示当前处于创建新点的状态。

2）在如图 3-42 所示的曲面上单击，在拾取位置显示一个放置控制滑块，以及显示出两个"偏移参照"控制滑块。使用鼠标拖动其中一个"偏移参照"控制滑块捕捉并选择 RIGHT 基准平面，接着使用鼠标拖动另一个"偏移参照"控制滑块捕捉并选择 FRONT 基准平面，如图 3-43 所示。

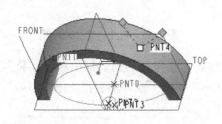

图 3-42　在曲面上单击

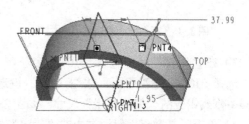

图 3-43　指定两个"偏移参照"

3）在"基准点"对话框的"偏移参照"收集器中，分别设置两个"偏移参照"尺寸，如图 3-44 所示。

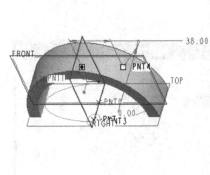

图 3-44　设置偏移参照尺寸

（6）自曲面偏移创建基准点

说明：若要创建自曲面的偏移点，则从在曲面上创建点开始，然后通过将位置约束由"在…上"更改为"偏移"，自该曲面偏移该点。

1）在"基准点"对话框中单击点列表中的"新点"，此时符号"➡"指向"新点"，表示当前处于创建新点的状态。

2）在如图 3-45 所示的曲面上单击，然后在"基准点"的"参照"收集器中间默认的位置约束选项更改为"偏移"，如图 3-46 所示。

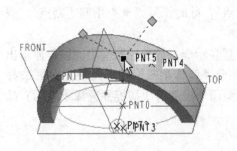
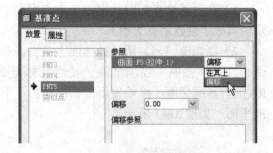

图 3-45　在曲面上单击　　　　　　　图 3-46　更改位置约束选项

3）在"偏移"框中输入"10"，接着在"偏移参照"收集器的列表框中单击，将其激活，选择 RIGHT 基准平面，按住〈Ctrl〉键选择 FRONT 基准平面，然后在"偏移参照"收集器中修改相应的"偏移参照"尺寸，如图 3-47 所示。

4）单击"基准点"对话框中的"确定"按钮。

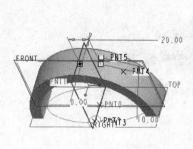
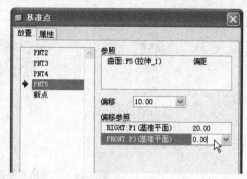

图 3-47 定义偏移参照及其偏移参照尺寸

（7）创建自另一点偏移的基准点

1）单击 ×× （基准点工具）按钮，或者从菜单栏的"插入"菜单中选择"模型基准"→"点"→"点"命令，弹出"基准点"对话框。

2）在模型窗口中选择 PNT4 基准点，按住〈Ctrl〉键选择 PRT_CSYS_DEF 坐标系，注意参照的位置约束类型。只有选取坐标系作为方向参照或第二参照时，三维偏移才可用，此时可以从"偏移类型"列表框中选择"笛卡儿"、"圆柱"或"球面形"。在本例中，选择"笛卡儿"，然后分别设置 X 值为 10，Y 值为 5，Z 值为 20，如图 3-48 所示。

注意：如果选取坐标系的轴作为方向参照或第二参照，则只能沿选定的轴偏移点。

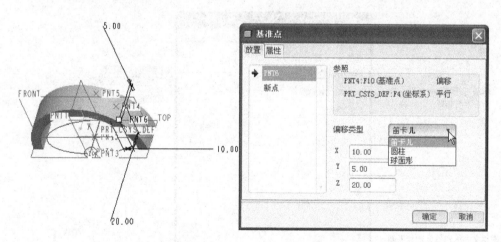

图 3-48 创建自另一点偏移的基准点

3）单击"基准点"对话框中的"确定"按钮。

至此，完成了本例所有基准点的创建，如图 3-49 所示。通过本例的操作，读者还应该要深刻了解到基准点特征可包含同一操作过程中创建的多个基准点。属于同一特征下的点，相当于组合成一个组（集合），若删除该特征，则会删除该特征中的所有点。如果要删除该基准点特征中的个别点，则必须编辑该点的定义，利用"基准点"对话框的点列表进行指定点的删除操作。在模型树中，属于同一特征的所有基准点均显示在一个特征节点下。

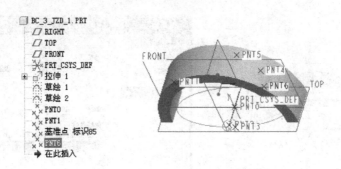

图 3-49　完成所有基准点的创建

3.3.2　从坐标系偏移的基准点

这类基准点是通过自选定坐标系偏移所创建的基准点，选定的坐标系可以是笛卡儿坐标系、球坐标系或柱坐标系。在创建此类基准点的过程中，用户可以通过相对于选定坐标系定位点方法将点手动添加到模型中，也可通过输入一个或多个文件创建点阵列的方法将点手动添加到模型中，或同时使用这两种方法将点手动添加到模型中。

单击 ✕ （偏移坐标系基准点工具）按钮，或者在菜单栏中选择"插入"→"模型基准"→"点"→"偏移坐标系"命令，弹出如图 3-50 所示的"偏移坐标系基准点"对话框。利用其中的"放置"选项卡定义所需的点位置。

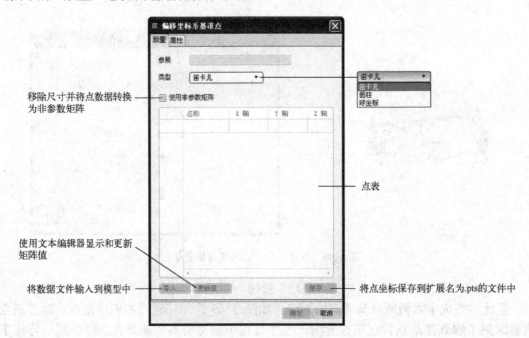

图 3-50　"偏移坐标系基准点"对话框

此时，在图形窗口中选取用于放置点的坐标系，在对话框的"类型"下拉列表框中选择"笛卡儿"、"圆柱"和"球坐标"坐标系类型中的一种，接着单击点表中的单元格，为每个所需轴的点输入坐标。假设从"类型"下拉列表框中选择"笛卡儿"坐标系类型，单击点表中的单元格后，必须指定 X、Y 和 Z 方向上的距离，如图 3-51 所示。指定点的坐标后，新点即出现在图形窗口中，并带有一个以白色矩形标识的拖动控制滑块。

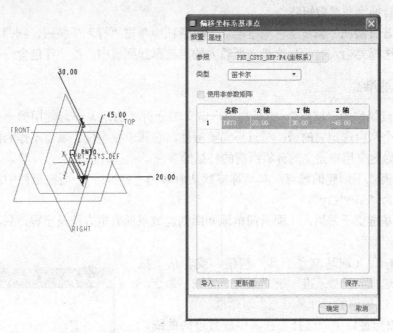

图 3-51　创建偏移坐标系基准点示例

要添加其他点，可以在点表中单击下一行，然后键入该点的坐标。或者，单击"更新值"按钮，在弹出的文本编辑器中输入值（各个值之间以空格进行分隔），如图 3-52 所示。按照要求输入值后，在文件编辑器的"文件"菜单中选择"保存"命令，接着再次从"文件"菜单中选择"退出"命令。

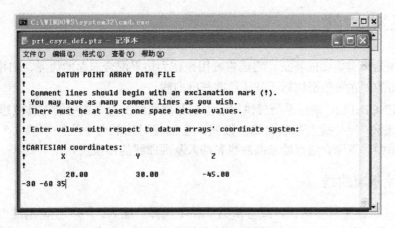

图 3-52　使用文本编辑器输入值

注意：要使用文本编辑器添加点，点表中必须至少有一个值。

完成点的创建后，可以单击"偏移坐标系基准点"对话框中的"确定"按钮，接受这些点并退出。如果在"偏移坐标系基准点"对话框中单击"保存"按钮，则将这些点保存到一个指定文件名及位置的单独文件中。如果选中"转换为非参数矩阵"复选框，则通过去除尺寸将这些点转换为非参数矩阵。

另外，若直接在"偏移坐标系基准点"对话框中单击"导入"按钮，则弹出"打开"对话框，从中选择要输入的*.pts 文件，所输入的点被添加到表中，每一行包含一个点。

3.3.3 域基准点

域基准点简称为"域点"，它是与用户定义的分析（UDA）一起使用的一类基准点。域点定义了一个从中选定它的域，域点不需要标注，它属于整个域。域点不作为规则建模的参照，而常用做定义用户定义的分析所需的特征的参照。

在零件模式下创建的域点，其名称被默认命名为"FPNT#"，而在组件中的域点名称则被默认命名为"AFPNT#"。

由于域基准点不常用，下面只简单地介绍创建域点的典型方法及步骤，只要求读者有个概念上的认识即可。

1）单击 （域基准点工具）按钮，或者从"插入"菜单中选择"模型基准"→"点"→"域"命令，弹出如图 3-53 所示的"域基准点"对话框。

2）在图形窗口中，选择要在其中放置点的曲线、边、实体曲面或面组。一个点被添加到选定参照中。

3）如果要更改此域点的名称，可以切换到"域基准点"对话框中的"属性"选项卡，在"名称"文本框中输入新的名称。

图 3-53 "域基准点"对话框

4）单击"域基准点"对话框中的"确定"按钮。

3.4 基准曲线

基准曲线是一类重要的特征，它通常被用来作为边界混合曲面的边界、扫描特征的轨迹等。优美曲面的创建很多都依赖于高质量的基准曲线。

在 Pro/ENGINEER 中，系统提供用于创建基准曲线的两个实用的工具按钮，即 （草绘工具）按钮和 （插入基准曲线）按钮，它们相对应的命令位于"插入"→"模型基准"级联菜单中。下面介绍草绘基准曲线和插入基准曲线的知识点。

3.4.1 草绘基准曲线

单击 （草绘工具）按钮，或者从菜单栏中选择"插入"→"模型基准"→"草绘"命令，可以使用与草绘其他特征相同的方法草绘基准曲线。此类曲线可以由一个或多个草绘段以及一个或多个开放或封闭的环组成。

下面通过典型的实例操作来介绍如何使用草绘工具绘制基准曲线。

1）单击 （新建）按钮，弹出"新建"对话框。在"类型"选项组中选择"零件"单选按钮，在"子类型"选项组中选择"实体"单选按钮，在"名称"文本框中输入

"bc_jzqx_1"，清除"使用缺省模板"复选框，单击"确定"按钮。接着在打开的"新文件选项"对话框中，选择mmns_part_solid模板，单击"确定"按钮，进入零件设计模式。

2）在工具栏中单击 （草绘工具）按钮，或者从菜单栏中选择"插入"→"模型基准"→"草绘"命令，弹出"草绘"对话框。

3）选择 FRONT 基准平面作为草绘平面，以 RIGHT 基准平面为"右"方向参照，如图 3-54 所示，单击"草绘"对话框中的"草绘"按钮，进入草绘模式。

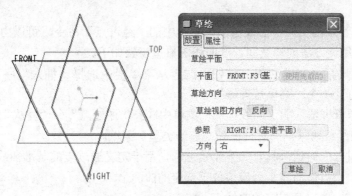

图 3-54　指定草绘平面及草绘方向

4）执行草绘器中的相关绘图工具按钮，绘制如图 3-55 所示的图形。

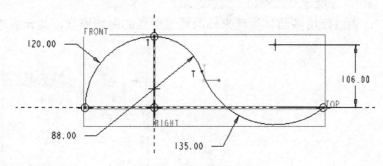

图 3-55　草绘基准曲线

5）单击 ✔（完成）按钮，完成绘制曲线并退出草绘模式。完成的基准曲线如图 3-56 所示。

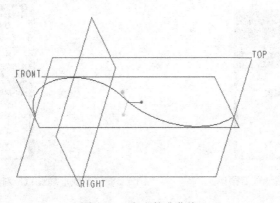

图 3-56　完成基准曲线

3.4.2 插入基准曲线

单击 ∼（插入基准曲线）按钮，或者从菜单栏中选择"插入"→"模型基准"→"曲线"命令，打开一个"菜单管理器"。该"菜单管理器"包含"曲线选项"菜单，如图 3-57 所示。在"曲线选项"菜单中提供了 4 种创建空间基准曲线的典型方法，即"经过点"、"自文件"、"使用剖截面"和"从方程"。

1. 经过点

使用"菜单管理器"的"曲线选项"菜单中的"经过点"命令，可以由指定的若干点创建基准曲线。使用该方法创建空间基准曲线的典型步骤如下。

1）单击 ∼（插入基准曲线）按钮，或者从菜单栏中选择"插入"→"模型基准"→"曲线"命令，打开一个"菜单管理器"。

2）在"菜单管理器"的"曲线选项"菜单中选择"通过点"→"完成"命令，打开如图 3-58 所示的"曲线：通过点"对话框和"连结类型"菜单。

"曲线：通过点"对话框具有如下元素选项，用于定义通过点的基准曲线。

● "属性"：指出该曲线是否应该位于选定的曲面上。

● "曲线点"：选取要连接的曲线点。

● "相切"：设置曲线的相切条件，此元素选项为可选选项。当曲线至少有一条终止线段是样条时，才能定义"相切"元素选项。

● "扭曲"：通过使用多面体处理来修改通过两点的曲线形状，此元素选项为可选选项。

图 3-57 "曲线选项"菜单

图 3-58 "曲线：通过点"对话框和"连结类型"菜单

3）使用"连结类型"菜单选项来选取并连接点。"连结类型"菜单中这些选项的功能含义如下。

- "样条"：使用通过选定基准点和顶点的三维样条构建曲线。
- "单个半径"：使用贯穿所有折弯的同一半径来构建曲线。
- "多重半径"：通过指定每个折弯的半径来构建曲线。
- "单个点"：选取单独的基准点和顶点。可以单独创建或作为基准点阵列创建这些点。
- "整个阵列"：可以选取整个基准点特征，即以连续顺序，选取"基准点/偏移坐标系"特征中的所有点。
- "添加点"：在曲线上添加点，即向曲线定义添加一个该曲线将通过的现存点、顶点或曲线端点。
- "删除点"：从曲线定义中删除一个该曲线当前通过的已存点、点或曲线端点。
- "插入点"：在已选定的点、顶点和曲线端点之间插入一个点。使用该选项可以修改曲线定义要通过的插入点。

4）连接点后，从"连结类型"菜单中选择"完成"命令来创建曲线，或者选择"退出"中止处理。

5）如果要定义基准曲线的相切条件，那么可以在"曲线：通过点"对话框中选择"相切"元素选项，然后单击"定义"按钮。此时"菜单管理器"中出现"定义相切"菜单，如图 3-59 所示。使用"定义相切"菜单中的选项，在曲线端点（开始点或终止点）处定义相切关系。需要时，可以通过从出现的"方向"菜单中选择"反向"选项或"正向（确定）"选项，在相切位置指定曲线的方向，而系统在曲线的端点处显示一个箭头。

"定义相切"菜单中各主要选项的功能含义如下（源自 Pro/ENGINEER 帮助文件）。

- "起始"：在曲线的起点处应用相切条件。系统在曲线的起点处显示一个带有十字叉丝的红点或圆。
- "终止"：在曲线的终点处应用相切条件。系统在曲线的终点处显示一个红色的带十字叉丝的圆。
- "曲线/边/轴"：根据提示，选取一条边、曲线或轴来指定起点或终点处的切向或法向。
- "创建轴"：使用"基准轴"菜单创建一个轴来指定起点或终点处的切向或法向。
- "曲面"：选取一个曲面或平面来指定切向或法向。
- "曲面法向边"：选取一个要在曲线起点或终点处和曲线相切的曲面。选取要在曲线起点或终点处和曲线正交的曲面的一条边。值得注意的是，曲线的起点或终点必须位于用于法向参照的曲面边上。
- "清除"：移除选定端点处的当前相切约束。要使每一个端点处都没有相切约束，应对两个端点同时选择"清除"选项。
- "相切"：使曲线在该端点处与参照相切。
- "法向"：使曲线在该端点处与参照垂直。
- "曲率"：为指定相切条件的曲线端点设置连续曲率。在该选项之前放置选中标记可激活该选项。这使得曲线端点处的曲率等于相切图元连接端点处的曲率。

6）如果创建通过两个点的基准曲线，则可以根据设计需要三维空间中"扭曲"该曲线并动态更新其形状。这需要在"曲线：通过点"对话框中选择"扭曲"元素选项，然后单击"定义"按钮，弹出如图 3-60 所示的"修改曲线"对话框。结合该对话框和曲线出现的控制点来修改曲线即可。

图 3-59 "定义相切"菜单

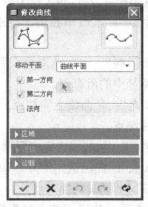

图 3-60 "修改曲线"对话框

7）在"曲线：通过点"对话框中单击"确定"按钮。

下面介绍一个使用"经过点"方式创建基准曲线的操作实例。在该操作实例中，主要知识点包括：

① 通过若干连接点创建空间基准曲线并定义其端点处的相切条件。

② 创建通过曲面上的点的基准曲线。

③ 创建通过两个点的基准曲线，并对其进行扭曲处理。

（1）通过若干连接点创建空间基准曲线并定义其端点处的相切条件

1）单击 （打开现有对象）按钮，弹出"文件打开"对话框，选择位于配套光盘 CH3 文件夹中的 bc_jzqx_2.prt 文件，单击对话框中的"打开"按钮。该文件中存在的模型如图 3-61 所示。

2）单击 （插入基准曲线）按钮，或者从菜单栏中选择"插入"→"模型基准"→"曲线"命令，打开一个"菜单管理器"。

3）在"菜单管理器"的"曲线选项"菜单中选择"通过点"→"完成"命令。

4）在出现的"连结类型"菜单中选择"样条"→"整个阵列"→"添加点"选项，接着在图形窗口中依次单击 PNT3、PNT4 和 PNT5 这 3 个基准点，如图 3-62 所示。

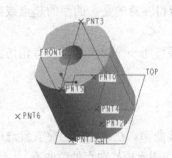

图 3-61 文件中的原始模型

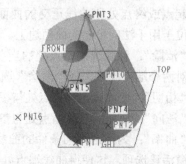

图 3-62 选择 3 个基准点来创建曲线

5）在"连结类型"菜单中选择"完成"命令。

6）在"曲线：通过点"对话框中选择"相切"元素选项，如图 3-63 所示，然后单击"定义"按钮。

7）"菜单管理器"中出现"定义相切"菜单，从中选择"起始"→"曲面"选项，并选中"法向"复选框，如图 3-64 所示。

图 3-63 选择"相切"元素选项

图 3-64 "定义相切"菜单

8）选取如图 3-65 所示的一个平整面（模型上端面），曲线在起始点处要与之垂直。

9）"菜单管理器"出现如图 3-66 所示的"方向"菜单，从中选择"反向"命令，使箭头方向反向，接着选择"确定"命令。

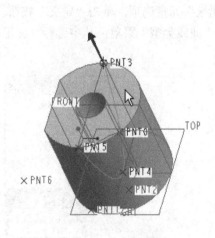

图 3-65 选取一个平整面

图 3-66 出现"方向"菜单

10）在"定义相切"菜单中选择"终止"→"曲面"命令，并选中"法向"复选框。

11）在模型窗口中单击实体模型的上端面，然后在"菜单管理器"中出现"方向"菜单，从中选择"确定"选项，如图 3-67 所示。

12）在"定义相切"菜单中选择"完成/返回"命令，接着在"曲线：通过点"对话框中单击"确定"按钮。创建的第一条基准曲线如图 3-68 所示。

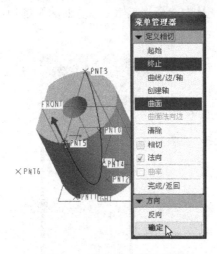

图 3-67　定义终止点处的相切

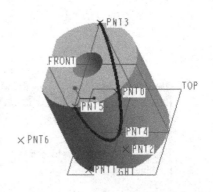

图 3-68　创建的第一条基准曲线

（2）创建通过曲面上的点的基准曲线

1）单击～（插入基准曲线）按钮，或者从菜单栏中选择"插入"→"模型基准"→"曲线"命令，打开一个"菜单管理器"。

2）在"菜单管理器"的"曲线选项"菜单中选择"通过点"→"完成"命令。

3）在出现的"连结类型"菜单中选择"样条"→"整个阵列"→"添加点"选项，接着在模型窗口中依次单击 PNT0、PNT2 和 PNT1，如图 3-69 所示。

4）在"连结类型"菜单中选择"完成"选项。

5）在"曲线：通过点"对话框中选择"属性"元素选项，单击"定义"按钮。

6）"菜单管理器"出现如图 3-70 所示的"曲线类型"菜单，从中选择"面组/曲面"→"完成"选项。

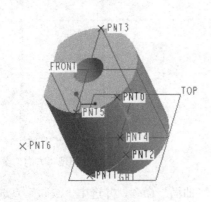

图 3-69　依次单击位于曲面上的 3 个点

图 3-70　定义曲线属性类型

7）选取曲面并在其上创建曲线。选择如图 3-71 所示的圆柱外曲面。

8）在"曲线：通过点"对话框中单击"确定"按钮，完成创建通过曲面上的点的基准曲线，该基准曲线位于指定曲面上，如图 3-72 所示。

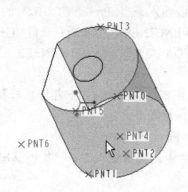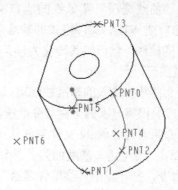

图 3-71　选取曲面并在其上创建曲线　　　　图 3-72　创建通过曲面上的点的基准曲线

（3）创建通过两个点的基准曲线，并对其进行扭曲处理

1）单击 ～ （插入基准曲线）按钮，或者从菜单栏中选择"插入"→"模型基准"→"曲线"命令，打开一个"菜单管理器"。

2）在"菜单管理器"的"曲线选项"菜单中选择"通过点"→"完成"命令。

3）在出现的"连结类型"菜单中选择"样条"→"整个阵列"→"添加点"选项，接着在模型窗口中依次单击 PNT3 和 PNT6，如图 3-73 所示。

4）在"连结类型"菜单中选择"完成"命令。

5）在"曲线：通过点"对话框中选择"扭曲"元素选项，单击"定义"按钮。

6）弹出"修改曲线"对话框，选中 （控制多面体）按钮，分别使用鼠标拖动曲线出现的两个中间控制点，以调整曲线的形状，如图 3-74 所示。

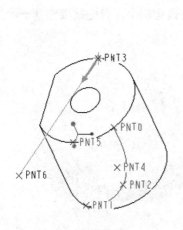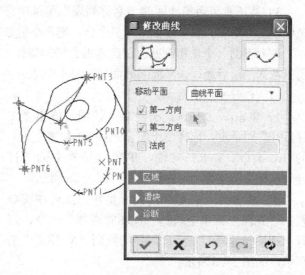

图 3-73　单击两点　　　　　　　　　　　图 3-74　修改曲线

7) 在"修改曲线"对话框中单击 ☑ （应用所做的更改并退出对话框）按钮。

8) 在"曲线：通过点"对话框中单击"确定"按钮，完成本实例操作。

2. 自文件

使用"曲线选项"菜单中的"自文件"选项，可以输入来自 Pro/ENGINEER 的.ibl、IGES、SET 或 VDA 文件格式的基准曲线。注意，Pro/ENGINEER 读取所有来自 IGES 或 SET 文件的曲线，然后将其转化为样条曲线；当输入 VDA 文件时，Pro/ENGINEER 只读取 VDA 样条图元。

通过文件数据输入的基准曲线可以由一个或多个段组成，且多个段不必相连。若要连接曲线段，应确保第一点的坐标与先前段的最后一点的坐标相同。

下面介绍通过导入.ibl 文件来创建基准曲线的典型步骤。

1) 单击 ～（插入基准曲线）按钮，或者从菜单栏中选择"插入"→"模型基准"→"曲线"命令，打开一个"菜单管理器"。

2) 在"菜单管理器"的"曲线选项"菜单中选择"自文件"→"完成"命令。

3) 在"菜单管理器"中出现"得到坐标系"菜单，在图形窗口或模型树中选取一个坐标系。此时，弹出"打开"对话框。

4) 通过"打开"对话框浏览并选择.ibl 文件，然后单击"打开"按钮，则 Pro/ENGINEER 以.ibl 文件中提供的指令来创建基准曲线。

3. 使用剖截面

使用"曲线选项"菜单中的"使用剖截面"选项，可以从平面横截面边界（即平面横截面与零件轮廓的相交处）创建基准曲线。注意不能使用偏距横截面中的边界创建基准曲线。

下面介绍使用横截面创建基准曲线的典型步骤。

1) 单击 ～（插入基准曲线）按钮，或者从菜单栏中选择"插入"→"模型基准"→"曲线"命令，打开一个"菜单管理器"。

2) 在"菜单管理器"的"曲线选项"菜单中选择"使用剖截面"→"完成"命令。

3) 从所有可用横截面的"名称列表"菜单中选取一个平面横截面，则横截面边界可用来创建基准曲线。如果横截面有多个链，则每个链都有一个复合曲线。

请看下面一个使用剖截面创建基准曲线的操作实例。在该实例中，首先需要创建一个平面剖截面，然后通过该平面剖截面创建基准曲线。

（1）创建平面剖截面

1) 单击 ☞（打开现有对象）按钮，弹出"文件打开"对话框，选择位于配套光盘 CH3 文件夹中的 BC_JZQX_3.PRT 文件，单击对话框中的"打开"按钮。该文件中存在的模型如图 3-75 所示。

2) 单击 ▦（视图管理器）按钮，或者在菜单栏的"视图"菜单中选择"视图管理器"命令，打开"视图管理器"对话框，并切换到"X 截面"选项卡，如图 3-76 所示。

3) 在"X 截面"选项卡中单击"新建"按钮，接着在出现的文本框中输入截面的名称为

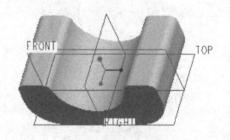

图 3-75 文件中的原始模型

"BC_FRONT_Xs",如图 3-77 所示,按〈Enter〉键。

图 3-76 "视图管理器"对话框

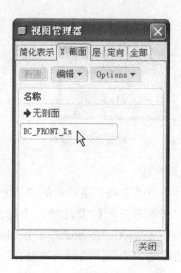

图 3-77 输入新 X 截面名称

4)系统出现"菜单管理器",如图 3-78 所示,从"菜单管理器"的"剖截面创建"菜单中选择"平面"→"单一"→"完成"命令。

5)系统提示选取平面或基准平面。在模型窗口中选择 FRONT 基准平面,创建的平面剖截面如图 3-79 所示。

图 3-78 "剖截面创建"菜单

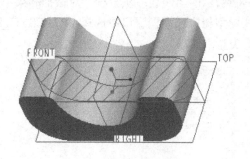

图 3-79 创建平面剖截面

6)在"视图管理器"对话框中单击"关闭"按钮。

(2)使用平面剖截面创建基准曲线

1)单击 ⁀ (插入基准曲线)按钮,或者从菜单栏中选择"插入"→"模型基准"→"曲线"命令,打开一个"菜单管理器"。

2)在"菜单管理器"的"曲线选项"菜单中选择"使用剖截面"→"完成"命令。

3)在"菜单管理器"中出现如图 3-80 所示的"截面名称"菜单,从中选择"BC_FRONT_XS"选项。完成创建的基准曲线如图 3-81 所示。

图 3-80 "截面名称"菜单

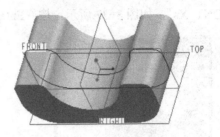

图 3-81 使用剖截面创建的基准曲线

4. 从方程

使用"曲线选项"菜单中的"从方程"选项,可以通过方程创建基准曲线,但要求曲线不自交。在编辑方程时要注意,不能在定义基准曲线的方程中使用这些语句:abs、ceil、floor、else、extract、if、endif、itos 和 search。

下面通过一个操作实例来辅助介绍使用"从方程"方法来创建基准曲线的典型方法及其步骤。

1)单击 □(新建)按钮,弹出"新建"对话框。在"类型"选项组中选择"零件"单选按钮,在"子类型"选项组中选择"实体"单选按钮,在"名称"文本框中输入"bc_jzqx_4",清除"使用缺省模板"复选框,单击"确定"按钮。接着在打开的"新文件选项"对话框中选择 mmns_part_solid 模板,单击"确定"按钮,进入零件设计模式。

2)单击 ~(插入基准曲线)按钮,或者从菜单栏中选择"插入"→"模型基准"→"曲线"命令,打开一个"菜单管理器"。

3)在"菜单管理器"的"曲线选项"菜单中选择"从方程"→"完成"命令,系统弹出如图 3-82 所示的"曲线:从方程"对话框和菜单管理器。

4)在模型树中或模型窗口中选择 PRT_CSYC_DEF 坐标系。此时出现如图 3-83 所示的"设置坐标类型"菜单。

图 3-82 "曲线:从方程"对话框和菜单管理器

图 3-83 "设置坐标类型"菜单

5)在"菜单管理器"的"设置坐标类型"菜单中选择"笛卡儿"命令。

6)系统弹出记事本编辑器,从中输入如图 3-84 所示的函数方程。

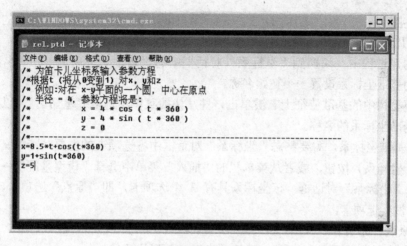

图 3-84 在记事本编辑器中输入函数方程

7）从记事本编辑器的"文件"菜单中选择"保存"命令，接着再次从该"文件"菜单中选择"退出"命令。

8）在"曲线：从方程"对话框中单击"确定"按钮。创建的基准曲线如图 3-85 所示。

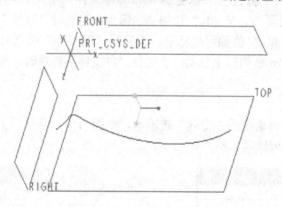

图 3-85 从方程创建基准曲线

3.5 基准坐标系

基准坐标系是可以添加到零件和组件中的参照特征。使用基准坐标系可以辅助计算质量属性、组装元件、为其他特征提供定位参照、为"有限元分析（FEA）"放置约束、为刀具轨迹提供制造操作参照等。

在工程设计领域，常见的基准坐标系有笛卡儿坐标系、柱坐标系和球坐标系。

● 笛卡儿坐标系：系统用 X、Y 和 Z 表示坐标值。
● 柱坐标系：系统用半径、theta (q) 和 Z 表示坐标值。
● 球坐标系：系统用半径、theta (q) 和 phi (f) 表示坐标值。

其中，最为常用的坐标系是笛卡儿坐标系。

在零件模式下创建基准坐标系，Pro/ENGINEER 将基准坐标系默认命名为 CS#（#是已创建的基准坐标系的号码，如 0，1，2，…）。用户可以更改默认的基准坐标系的名称，方法主要有如下几种。

● 在创建过程中，切换到"坐标系"对话框中的"属性"选项卡，在"名称"文本框中为基准坐标系设置一个初始名称。

● 在模型树中的基准特征上右键单击，并从快捷菜单中选取"重命名"，以改变该现有的基准坐标系的名称。

要创建基准坐标系，需要熟悉"坐标系"对话框中各选项卡的主要功能含义。在工具栏中单击 ✶（坐标系）按钮，或者从菜单栏的"插入"菜单中选择"模型基准"→"坐标系"命令，打开"坐标系"对话框。该坐标系具有 3 个选项卡，即"原点"选项卡、"方向"选项卡和"属性"选项卡。

（1）"原点"选项卡

"原点"选项卡如图 3-86 所示，该选项卡包含下列几部分。

● "参照"收集器：可以随时在该收集器内单击，将其激活，以选取或重定义坐标系的放置参照。

● "偏移类型"列表框：若选取坐标系的放置参照时，则会出现此列表框。此列表框提供了"笛卡儿"、"圆柱"、"球坐标"和"自文件"选项。当选择"笛卡儿"选项时，允许通过设置 X、Y 和 Z 值偏移坐标系；当选者"圆柱"选项时，允许通过设置半径、Theta 和 Z 值偏移坐标系；当选择"球坐标"选项时，允许通过设置"半径"、Theta 和 Phi 值偏移坐标系；当选择"自文件"选项时，允许从转换文件输入坐标系的位置。

（2）"方向"选项卡

切换到"坐标系"对话框的"方向"选项卡，如图 3-87 所示，主要用来设置坐标系轴的位置。该选项包含下列选项。

图 3-86 "原点"选项卡

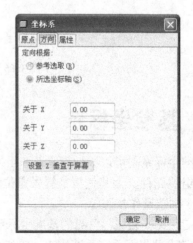

图 3-87 "方向"选项卡

● "参照选取"单选按钮：选择该单选按钮，允许通过选取坐标系轴中任意两根轴的方向参照定向坐标系。需要为每个方向收集器选取一个参照，并从相应的下拉列表框中选取一个方向名称。值得注意的是，在默认情况下，系统假设坐标系的第一方向将平行于第一原点参照。如果该参照为一直边、曲线或轴，那么坐标系轴将被定向为平行于此参照；如果已选定某一平面，那么坐标系的第一方向将被定向为垂直于该平面。系统计算第二方向的方法是投影将与第一方向正交的第二参照。

- "所选坐标轴"单选按钮：选择该单选按钮，允许绕着作为放置参照使用的坐标系的轴旋转该坐标系。
- "设置 Z 轴垂直于屏幕"按钮：单击此按钮，则快速地将 Z 轴定向为垂直于屏幕。

（3）"属性"选项卡

切换到"坐标系"对话框的"属性"选项卡，可以对基准坐标系特征进行重命名，可以在 Pro/ENGINEER 嵌入浏览器中查看关于当前基准特征的信息。

3.6 基准参照

在本节中，主要介绍基准参照的基础知识，只要求读者初步了解什么是基准参照，以及熟悉创建基准参照时所使用的"基准参照"对话框。

基准参照特征是用户定义的曲面集、边链、基准平面、基准轴、基准点或基准坐标系，它可用于创建目的对象以及放置用户定义的特征。单击 ⬚（参照）按钮，将打开如图 3-88 所示的"基准参照"对话框。该对话框中各组成部分的功能含义如下。

- "类型"下拉列表框：用来指定目的基准的类型，这些类型选项包括"目的链"、"目的曲面"、"目的基准点"、"目的基准平面"、"目的基准轴"和"目的基准坐标系"。
- "目的名称"复选框：选中此复选框，则可设置目的对象的名称。用户定义的目的名称可根据该对象的设计目的与实例来设置。
- "单一项目"复选框：选中此复选框，则只允许将一个目的链或目的曲面参照输入到参照收集器中。
- "放置"选项卡：用于收集参照，以定义基准参照和目的对象。
- "属性"选项卡：切换到此选项卡，可重命名基准参照特征，以及可以查询此特征的详细信息。

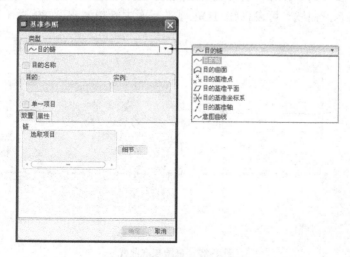

图 3-88 "基准参照"对话框

3.7　本章小结

在 Pro/ENGINEER 中，创建合适的基准特征是很重要的，巧用基准特征可以使创建其他特征变得灵活而具有很高的设计效率。基准特征主要包括基准平面、基准轴、基准点、基准曲线和基准坐标系等。在实际应用中，创建的基准特征通常用来为其他特征提供定位参照，或者为零部件装配提供必要的约束参照等。

本章重点介绍常用的基准平面、基准轴、基准点、基准曲线、基准坐标系和基准参照这些内容。在学习这些基准特征的知识时，需要总结基准特征的某些应用共性。例如，在需要时如何选择它们，系统如何对新基准特征进行命名，创建各基准特征的相应操作步骤有什么异同之处等。另外，读者需要掌握基准点的分类，即基准点可以分为一般基准点、草绘基准点、从坐标系偏移的基准点和域基准点。注意这些基准点的创建方法及其应用场合。而基准曲线的创建，可以使用 ▨（草绘工具）按钮和 ～（插入基准曲线）按钮，前者用于在指定平面内创建基准曲线，而后者则主要用于创建空间基准曲线。采用后者方法时，将弹出一个"菜单管理器"，在该"菜单管理器"的"曲线选项"菜单中提供了 4 种创建空间基准曲线的典型方式，即"经过点"、"自文件"、"使用剖截面"和"从方程"。

在新建一个使用 mmns_part_solid 模板的 Pro/ENGINEER 零件文件时，系统提供了已经预定义好的 3 个相互正交的基准平面（即 TOP 基准平面、FRONT 基准平面和 RIGHT 基准平面）和一个基准坐标系。用户可以根据建模需要，创建所需的基准特征，以便于或辅助零件建模。

3.8　思考与练习

1）Pro/ENGINEER 基准特征主要包括哪些特征？

2）如何选择基准平面？如何选择基准轴？

3）基准点主要分为哪几类？这几类基准点的典型特点各是什么？

4）如何草绘基准曲线？可以以在 TOP 基准平面中绘制如图 3-89 所示的曲线为例进行介绍。

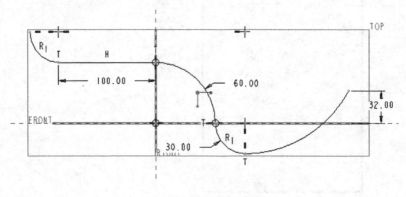

图 3-89　草绘基准曲线

5）常见基准坐标系包括哪些？这些基准坐标系使用的参数各是什么？

6）如何创建通过曲面上的点的基准曲线，且该基准曲线位于指定曲面上。

7）如何使用"从方程"方法来创建基准曲线？可以以某三角函数曲线为例进行说明。

8）上机练习：要求在空间中创建若干基准点，接着通过这些基准点创建空间基准曲线，最后通过基准曲线首尾两个端点创建一根基准轴。具体设计尺寸由读者把握，这里给出参考效果，如图 3-90 所示。

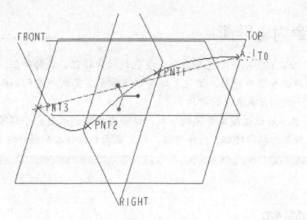

图 3-90　上机练习的参考效果

第4章 基础特征

本章内容导读:

Pro/ENGINEER 基础特征主要包括拉伸特征、旋转特征、可变截面扫描特征和混合特征。这类基础特征通常需要定义所需的剖面,由剖面经过一定的方式来进行建构。

本章将通过图文并茂的形式,结合典型实例来重点介绍常见的这些基础特征:拉伸特征、旋转特征、可变截面扫描特征和混合特征。

4.1 拉伸特征

拉伸特征是定义三维几何的一种基本方法,它是通过将二维截面在垂直于草绘平面的某方向上以设定的距离来拉伸而生成的。拉伸特征的典型示例如图4-1所示。

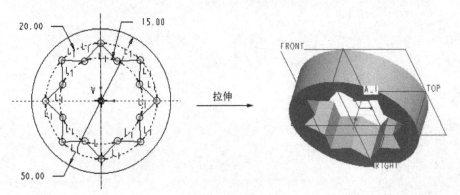

图4-1 拉伸特征示例

在右工具箱中单击 ⬚ (拉伸工具)按钮,或者从菜单栏的"插入"菜单中选择"拉伸"命令,系统出现如图 4-2 所示的"拉伸"工具操控板。从该操控板可以看出,通过拉伸操作,可以创建实体伸出项、切口、拉伸曲面以及曲面修剪。

图4-2 "拉伸"工具操控板

下面介绍"拉伸"工具操控板中各主要工具按钮及选项等组成元素的功能含义。

- □：创建实体。
- ◠：创建曲面。
- "深度选项"列表框：约束特征的深度。深度选项包括 ⊥（盲孔）、⊟（对称）、⊥（穿至）、≡（下一个）、⊩（穿透）和 ⊥（到选定项）。通过选取这些深度选项之一可以指定拉伸特征的深度，具体说明见表 4-1。

表 4-1 使用深度选项约束拉伸特征的深度

序号	深度选项	功能说明	注意事项
1	⊥（盲孔）	自草绘平面以指定深度值拉伸截面	指定一个负的深度值会反转深度方向
2	⊟（对称）	在草绘平面每一侧上以指定深度值的一半拉伸截面	
3	⊥（穿至）	将截面拉伸，使其与选定曲面或平面相交	对于终止曲面，可选取下列各项：不要求零件曲面是平面面；不要求基准平面平行于草绘平面；由一个或几个曲面所组成的面组；在一个组件中，可选取另一元件的几何
4	≡（下一个）	拉伸截面至下一曲面，即在特征到达第一个曲面时将其终止	基准平面不能被用做终止曲面
5	⊩（穿透）	拉伸截面，使之与所有曲面相交	
6	⊥（到选定项）	将截面拉伸至一个选定点、曲线、平面或曲面	

- "深度"框或"参照"收集器："深度"框用于指定由深度尺寸所控制的拉伸的深度值；如果需要深度参照，文本框将起到"参照"收集器的作用，并列出参照摘要。
- ◿：使用拉伸体积块创建切口，或使用投影截面修剪曲面。
- ⊏：通过为截面轮廓指定厚度创建特征
- "放置"面板：该面板如图 4-3 所示，使用该面板创建或重定义特征截面。要创建拉伸截面，则单击"定义"按钮。
- "选项"面板：该面板如图 4-4 所示，使用该面板可以定义草绘平面每一侧的特征深度。对于曲面特征，可以通过选取"封闭端"复选框来用封闭端创建曲面特征。

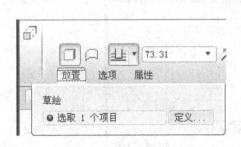

图 4-3 "放置"面板

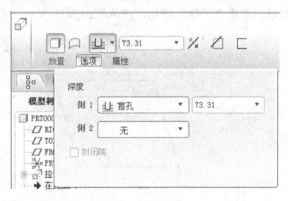

图 4-4 "选项"面板

- "属性"面板：该面板如图 4-5 所示。在该上滑面板的"名称"文本框中可以更改拉伸特征名，需要时可以单击 ❶（显示此特征的信息）按钮，从而在 Pro/ENGINEER

浏览器中查看此特征的详细信息。

图 4-5　"属性"面板

下面通过两个典型操作实例介绍创建拉伸实体和拉伸曲面的方法及技巧等。

1. 拉伸实例 1

实例目的：掌握创建实体伸出项、创建加厚拉伸和创建切口。

（1）新建零件文件

1）单击□（新建）按钮，弹出"新建"对话框。

2）在"类型"选项组中选择"零件"单选按钮，在"子类型"选项组中选择"实体"单选按钮，在"名称"文本框中输入"bc_4_ls_1"，清除"使用缺省模板"复选框，单击"确定"按钮。

3）系统弹出"新文件选项"对话框，选择 mmns_part_solid 模板，然后单击"确定"按钮，进入零件设计模式。

（2）创建拉伸实体特征

1）在右工具箱中单击□（拉伸工具）按钮，或者从菜单栏的"插入"菜单中选择"拉伸"命令，系统出现"拉伸"工具操控板。

2）默认时，"拉伸"工具操控板中的□（创建实体）按钮处于被选中的状态。选择"放置"选项，打开"放置"面板。

3）在"放置"面板中单击"定义"按钮，弹出"草绘"对话框。

4）选择 TOP 基准平面作为草绘平面，以 RIGHT 基准平面为"右"方向参照，如图 4-6 所示。单击"草绘"按钮，进入草绘模式。

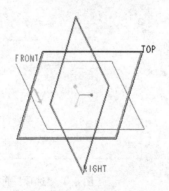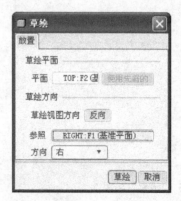

图 4-6　定义草绘平面及草绘方向

5）绘制如图 4-7 所示的剖面，单击✔（完成）按钮。

6）在拉伸工具操控板中输入拉伸的深度为3，如图4-8所示。

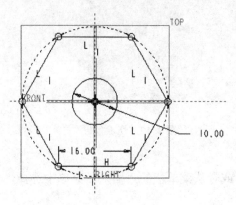

图4-7 绘制剖面   图4-8 输入拉伸的深度为3

7）在拉伸工具操控板中单击 ✅（完成）按钮。创建的拉伸实体特征如图 4-9 所示，图中的模型以默认的标准方向视角显示（可按〈Ctrl+D〉组合键）。

（3）以拉伸的方式切除材料

1）在右工具箱中单击 🔲（拉伸工具）按钮，或者从菜单栏的"插入"菜单中选择"拉伸"命令，系统出现拉伸工具操控板。

2）默认时，"拉伸"工具操控板中的 🔲（创建实体）按钮处于被选中的状态。在"拉伸"工具操控板中单击 🔷（去除材料）按钮。

3）选择"放置"选项，打开"放置"面板，接着单击"定义"按钮，弹出"草绘"对话框。

4）在"草绘"对话框中单击"使用先前的"按钮，进入草绘模式。

5）绘制如图4-10所示的剖面，单击 ✔（完成）按钮。

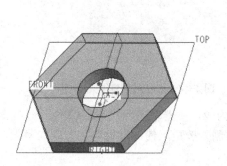

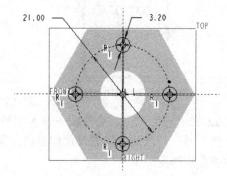

图4-9 创建的拉伸实体特征   图4-10 绘制剖面

6）单击 💠（将拉伸的深度方向更改为草绘的另一侧，简称深度方向）按钮，并从"深度"选项列表框中选择 ≣≣（穿透），此时按〈Ctrl+D〉组合键以默认的标准方向视角显示模型，效果如图4-11所示。

7）单击"拉伸"工具操控板中的 ✅（完成）按钮。以拉伸方式切除出的模型效果如图4-12所示。

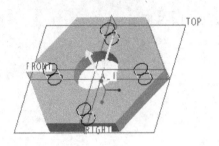

图 4-11 模型显示

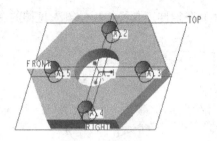

图 4-12 切除效果

（4）创建拉伸加厚特征

1）在右工具箱中单击 ⬛（拉伸工具）按钮，或者从菜单栏的"插入"菜单中选择"拉伸"命令，系统出现"拉伸"工具操控板。

2）默认时，"拉伸"工具操控板中的 □（创建实体）按钮处于被选中的状态。在"拉伸"工具操控板中单击 □（加厚草绘）按钮。

3）在"拉伸"工具操控板中选择"放置"选项，打开"放置"面板，接着单击"定义"按钮，弹出"草绘"对话框。

4）在"草绘"对话框中单击"使用先前的"按钮，进入草绘模式。

5）单击 □（通过边创建图元）按钮，打开如图 4-13 所示的"类型"对话框。在"选择使用边"选项组中选择"单一"单选按钮，接着在图形窗口中分别单击中心圆孔的两段截面半圆，如图 4-14 所示。然后，在"类型"对话框中单击"关闭"按钮。

单击 ✔（完成）按钮，完成草绘并退出草绘模式。

图 4-13 "类型"对话框

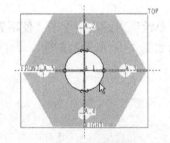

图 4-14 通过边创建图元

6）在"拉伸"工具操控板中输入加厚的厚度为 2，接着单击两次最右侧的 ⤢（在草绘的一侧、另一侧或两侧间更改拉伸方向，简称材料侧）按钮，使加厚材料侧方向向两侧，即向两侧添加厚度。

图 4-15 设置加厚厚度和加厚材料侧方向

7）输入拉伸的深度值为 12。此时，模型动态几何预览效果如图 4-16 所示。

8）在"拉伸"工具操控板中单击 ☑（完成）按钮。完成的模型效果如图 4-17 所示。

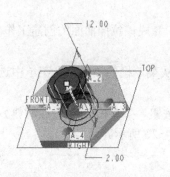
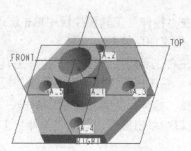

图 4-16　模型动态几何预览　　　　　图 4-17　完成的模型效果

2. 拉伸实例 2

实例目的：重点掌握创建拉伸曲面、曲面修剪以及重编辑定义拉伸特征等。

（1）新建零件文件

1）单击 □（新建）按钮，弹出"新建"对话框。

2）在"类型"选项组中选择"零件"单选按钮，在"子类型"选项组中选择"实体"单选按钮，在"名称"文本框中输入"bc_4_ls_2"，清除"使用缺省模板"复选框，单击"确定"按钮。

3）系统弹出"新文件选项"对话框，选择 mmns_part_solid 模板，然后单击"确定"按钮，进入零件设计模式。

（2）创建拉伸曲面

1）在右工具箱中单击 （拉伸工具）按钮，或者从菜单栏的"插入"菜单中选择"拉伸"命令，系统出现"拉伸"工具操控板。

2）在"拉伸"工具操控板中单击 （生成曲面）按钮。

3）选择"放置"以打开"放置"面板，接着单击"定义"按钮，弹出"草绘"对话框。

4）选择 FRONT 基准平面为草绘平面参照，以 RIGHT 基准平面为"右"方向参照，单击"草绘"按钮，进入草绘模式。

5）绘制如图 4-18 所示的开放剖面，单击 ✔（完成）按钮，完成草绘并退出草绘模式。

6）从深度选项列表框中选择 （对称），在侧 1 深度框中输入深度值为 10。

7）在"拉伸"工具操控板中单击 （特征预览）按钮，可以校验并预览将要生成的拉伸曲面，如图 4-19 所示。接着单击在操控板中出现的 ▶（退出暂停模式，继续使用此工具）按钮。

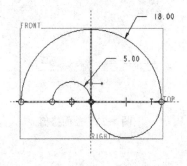
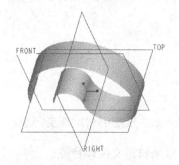

图 4-18　绘制开放的剖面　　　　　图 4-19　拉伸曲面

8）在"拉伸"工具操控板中单击 ✓（完成）按钮，完成该拉伸曲面的创建工作。

（3）创建曲面修剪

1）在右工具箱中单击 ⬚（拉伸工具）按钮，或者从菜单栏的"插入"菜单中选择"拉伸"命令，系统出现"拉伸"工具操控板。

2）在"拉伸"工具操控板中单击 ⌂（生成曲面）按钮，并单击 ⬚（去除材料）按钮，在模型窗口中单击曲面，此时"拉伸"工具操控板如图4-20所示。

图4-20 拉伸工具操控板

3）选择"放置"选项，打开"放置"面板。接着单击位于"放置"面板中的"定义"按钮，弹出"草绘"对话框。

4）选择 TOP 基准平面为草绘平面，以 RIGHT 基准平面为"右"方向参照，单击"草绘"按钮，进入草绘模式。

5）绘制如图4-21所示的剖面，单击 ✓（完成）按钮，完成草绘并退出草绘模式。

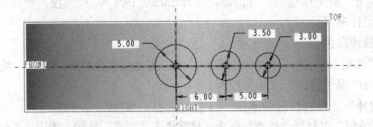

图4-21 绘制剖面

6）在"拉伸"工具操控板中单击"选项"标签，打开"选项"面板，分别从"侧1"和"侧2"的"深度"选项列表框中选择 ⇥（穿透），如图4-22所示。

7）在"拉伸"工具操控板中单击 ✓（完成）按钮，完成曲面修剪的效果如图4-23所示。

图4-22 设置两侧的"深度"选项

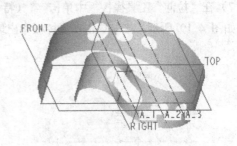

图4-23 曲面修剪

（4）重编辑定义拉伸特征

1）在模型树中右键单击"拉伸1"特征树节点，如图4-24所示，然后从出现的快捷菜单中选择"编辑定义"命令。

　　说明：在该右键快捷菜单中提供了以下 3 个用于修改特征的实用命令。

● "编辑定义"：重定义特征。

● "编辑参照"：通过用新参照替换现有参照来将其改变。

● "编辑"：修改特征尺寸。

　　2）出现"拉伸"工具操控板。选择"放置"选项，如图 4-25 所示，打开"放置"面板，接着单击该面板中的"编辑"按钮。

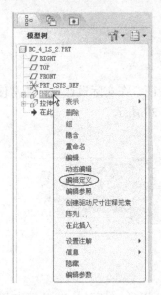

图 4-24　在模型树中右击要编辑定义的特征　　　　图 4-25　在拉伸工具操控板中操作

　　3）单击 ⌐（3 点/相切端弧）按钮，在原来开放图形的两端点处绘制一个圆弧，以形成闭合的图形，如图 4-26 所示。单击 ✔（完成）按钮，完成草绘并退出草绘模式。

　　4）在"拉伸"工具操控板中选择"选项"标签，打开"选项"面板。接着在该面板中选中"封闭端"复选框，如图 4-27 所示。

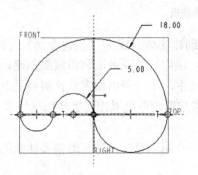

图 4-26　修改剖面　　　　　　　　　　图 4-27　选中"封闭端"复选框

　　5）在"拉伸"工具操控板中单击 ☑（完成）按钮，修改后的曲面模型效果如图 4-28 所示。

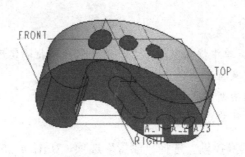

图 4-28　具有封闭端的曲面模型效果

4.2　旋转特征

旋转特征是通过绕中心线旋转草绘截面来创建的一类特征。在实际设计中，通常使用旋转工具来创建一些具有回转体形状特点的模型，示例如图 4-29 所示。

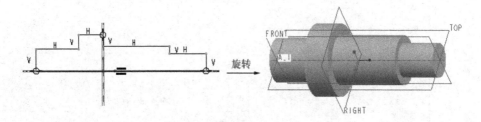

图 4-29　创建旋转特征的示例

在右工具箱中单击⬦（旋转工具）按钮，或者在菜单栏的"插入"菜单中选择"旋转"命令，系统打开"旋转"工具操控板，如图 4-30 所示。

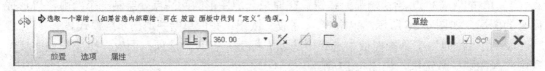

图 4-30　"旋转"工具操控板

在"旋转"工具操控板中指定特征类型，如□（创建实体）或□（创建曲面），接着选择或创建草绘，注意在草绘的旋转截面中需要旋转轴，该旋转轴既可以利用截面创建，也可以通过选取模型几何进行定义。在创建旋转特征的过程中，用户可以根据设计需要更改旋转角度，在实体或曲面、伸出项或切口间进行切换，或指定草绘厚度以创建旋转加厚特征。

1. 定义旋转截面、旋转轴和旋转角度

在介绍创建旋转特征的典型操作实例之前，先重点介绍创建旋转特征时需要注意的以下3个方面。

（1）关于旋转截面

绘制旋转截面时需要考虑定义旋转截面的两个基本规则：一个是可使用开放或闭合截面创建旋转曲面；另一个是必须只在旋转轴的一侧草绘几何。

（2）关于旋转轴

定义旋转特征的旋转轴主要有两种方法：一种是通过外部参照，即使用现有的有效类型的零件几何（可选择基准轴、直边、直曲线或坐标系的轴定义旋转轴）；另一种是使用内部中心线，即在草绘模式中创建所需要的中心线。

定义旋转轴的基本规则包括：必须只在旋转轴的一侧草绘几何；旋转轴（几何参照或中心线）必须位于截面的草绘平面中。

当使用草绘器中心线作为旋转轴时，需要注意：如果截面包含一条几何中心线，则该几何中心线将被用做旋转轴；如果截面包含一条以上的几何中心线，则系统会将第一条几何中心线用做旋转轴。用户可以将任一条中心线指定为旋转轴，其方法是在草绘器中先选择要作为旋转轴的中心线，然后在菜单栏的"草绘"菜单中选择"特征工具"→"旋转轴"命令，如图4-31所示。也可以利用右键快捷菜单中的"旋转轴"命令，如图4-32所示。

图4-31 指定旋转轴的命令

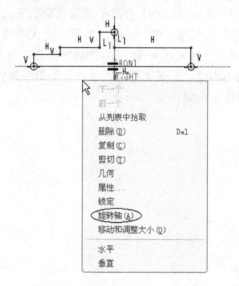

图4-32 快捷菜单中的"旋转轴"命令

（3）关于旋转角度

将截面绕一个旋转轴旋转至指定角度便可以旋转特征。用户可通过选取下列角度选项之一来定义旋转角度。

- 山（可变）：自草绘平面以指定角度值旋转截面。在相应的角度文本框中输入角度值，或选取一个预定义的角度（如90°、180°、270°、360°）。
- 日（对称）：在草绘平面的每个侧上以指定角度值的一半旋转截面。
- 山（到选定项）：将截面一直旋转到选定基准点、顶点、平面或曲面。注意：终止平面或曲面必须包含旋转轴。

2．创建旋转特征的操作实例

下面介绍一个创建旋转特征的典型操作实例。该典型操作实例的目的是通过实例操作，让读者熟悉创建旋转特征的流程及方法，掌握创建旋转特征的细节操作。

（1）新建零件文件

1）单击（新建）按钮，弹出"新建"对话框。

2）在"类型"选项组中选择"零件"单选按钮，在"子类型"选项组中选择"实体"单选按钮，在"名称"文本框中输入"bc_4_xz_1"，清除"使用缺省模板"复选框，单击"确定"按钮。

3）系统弹出"新文件选项"对话框，选择 mmns_part_solid 模板，然后单击"确定"按钮，进入零件设计模式。

（2）创建旋转实体特征

1）在右工具箱中单击 （旋转工具）按钮，或者在菜单栏的"插入"菜单中选择"旋转"命令，系统打开旋转工具操控板。默认时，旋转工具操控板中的 （创建实体）按钮处于被选中的状态。

2）选择"放置"选项，打开如图 4-33 所示的"放置"面板，接着单击"定义"按钮，弹出"草绘"对话框。

3）选择 FRONT 基准平面作为草绘平面，以 RIGHT 基准平面为"右"方向参照，单击"草绘"对话框中的"草绘"按钮，进入草绘模式。

4）绘制如图 4-34 所示的旋转剖面，该剖面中绘制有两条中心线。在草绘区域中选择水平的中心线，在菜单栏的"草绘"菜单中选择"特征工具"→"旋转轴"命令，从而将该中心线指定为旋转轴。

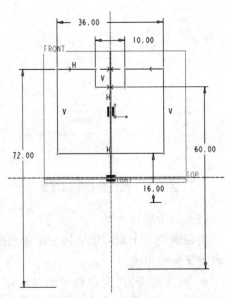

图 4-33 打开"放置"面板   图 4-34 绘制旋转剖面

5）单击 （完成）按钮，完成草绘并退出草绘模式。

6）接受默认的旋转角度为 360°，如图 4-35 所示。

图 4-35 接受默认的旋转角度为 360°

7）单击"旋转"工具操控板中的☑（完成）按钮，创建的旋转实体特征如图 4-36 所示。

（3）以旋转的方式切除材料

1）在右工具箱中单击◈（旋转工具）按钮，或者在菜单栏的"插入"菜单中选择"旋转"命令，系统打开"旋转"工具操控板。

2）默认时，"旋转"工具操控板中的▢（创建实体）按钮处于被选中的状态。单击◿（去处材料）按钮。

3）选择"放置"选项以打开"放置"面板，接着单击该面板中的"定义"按钮，弹出"草绘"对话框。

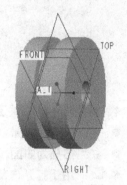

4）在"草绘"对话框中单击"使用先前的"按钮，进入草绘模式。

5）绘制如图 4-37 所示的图形，单击✔（完成）按钮，完成草绘并退出草绘模式。

6）接受默认的旋转角度为 360°，接着单击"旋转"工具操控板中的☑（完成）按钮，得到的模型效果如图 4-38 所示。

图 4-36　创建旋转实体特征

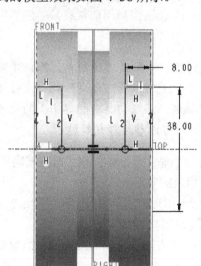

图 4-37　绘制图形

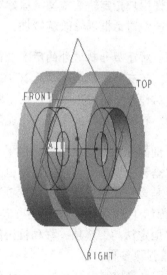

图 4-38　旋转切除的模型效果

4.3　可变剖面扫描特征

使用 Pro/ENGINEER 系统提供的"可变剖面扫描"工具，可以在沿一个或多个选定轨迹扫描剖面时通过控制剖面的方向、旋转和几何来添加或移除材料，从而创建所需的实体或曲面特征。

在右工具箱中单击▨（可变剖面扫描工具）按钮，或者从"插入"菜单中选择"可变剖面扫描"命令，打开如图 4-39 所示的"可变剖面扫描"工具操控板。下面介绍该操控板的主要按钮及选项等。

图 4-39 "可变剖面扫描"工具操控板

1. 操控板中的相关工具按钮

- □：扫描为实体。
- ◠：扫描为曲面。
- ☑：用于打开内部截面草绘器以创建或编辑扫描截面。
- ◿：实体切口或曲面切口。
- ▭：创建薄板特征。

"裁剪面组"框：当选择◠（曲面）和◿（切口）按钮来裁剪面组时，操控板出现"裁剪面组"框，用于选定要进行修剪的面组参照。

2. "参照"面板

"参照"面板如图 4-40 所示。其中，"轨迹"收集器用于显示作为原始轨迹选取的轨迹，并允许用户指定轨迹类型（原始轨迹、法向轨迹、X 轨迹和相切轨迹）。"细节"按钮用于打开"链"对话框以修改链属性。

注意：对于原始轨迹外的所有其他轨迹，在选中 T、N 或 X 复选框前，默认情况下都是辅助轨迹。只有一个轨迹可以是 X 轨迹，也只有一个轨迹可以是"法向"轨迹。另外，同一轨迹既可以作为"法向"轨迹，也可以同时作为 X 轨迹，而任何具有相邻曲面的轨迹都可以是"相切"轨迹。尤其要注意：不能删除原始轨迹，但可以替换原始轨迹。

在"剖面控制"列表框中提供了"垂直于轨迹"、"垂直于投影"和"恒定法向"选项。

- "垂直于轨迹"选项：移动框架总是垂直于指定的轨迹。
- "垂直于投影"选项：移动框架的 Y 轴平行于指定方向，且 Z 轴沿指定方向与原始轨迹的投影相切。可利用方向参照收集器添加或删除参照。
- "恒定法向"选项：移动框架的 Z 轴平行于指定方向。可以利用方向参照收集器添加或删除参照。

"水平/垂直控制"列表框：用于确定如何沿可变剖面扫描控制的框架绕草绘平面法向的旋转。该列表框中可用的选项如下。

- "自动"选项：截面由 XY 方向自动定向。Pro/ENGINEER 系统可计算 X 向量的方向，最大程度地降低扫描几何的扭曲。对于没有参照任何曲面的原始轨迹，"自动"为默认选项。
- "垂直于曲面"选项：截面 Y 轴垂直于原始轨迹所在的曲面。如果原点轨迹参照为曲面上的曲线、曲面的单侧边、曲面的双侧边或实体边、由曲面相交创建的曲线或两条投影曲线，则此为默认选项。使用"下一个"允许移动到下一个法向曲面。
- "X 轨迹"：截面的 X 轴通过指定的 X 轨迹和沿扫描的截面的交点。

3. "选项"面板

"选项"面板主要用于确定是可变扫描还是恒定扫描，如图 4-41 所示（创建实体时）。

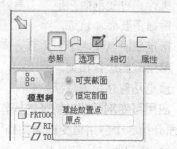

图 4-40 "参照"面板 图 4-41 "选项"面板

- "可变截面"单选按钮：选中该单选按钮，则将草绘图元约束到其他轨迹（中心平面或现有几何体），或者使用由"trajpar"参数设置的截面关系来使草绘可变。草绘所约束到的参照可改变截面形状。另外，以控制曲线或关系式（使用 trajpar）定义标注形式也能使草绘可变。草绘在轨迹点处再生，并相应更新其形状。
- "恒定剖面"单选按钮：选择该单选按钮，则在沿轨迹扫描的过程中，草绘的形状不变，仅截面所在框架的方向发生变化。
- "草绘放置点"收集器：用于指定原始轨迹上要草绘剖面的点，而不影响扫描的起始点。

在某些情况下，"选项"面板中还可提供"封闭端点"复选框和"合并终点"复选框。"封闭端点"复选框用于向扫描曲面添加封闭端点；"合并终点"复选框则用于合并扫描的端点，扫描端点处必须要有实体曲面。此外，扫描必须选中"恒定截面"和单个平面轨迹。

4."相切"面板

"相切"面板如图 4-42 所示。用户应该注意以下这些参照相切选项。

- "无"：禁用相切轨迹。
- "侧1"：扫描截面包含与轨迹侧1上曲面相切的中心线。
- "侧2"：扫描剖面包含与轨迹侧2上曲面相切的中心线。
- "选定的"：手动为扫描截面中相切中心线指定曲面。

5."属性"面板

"属性"面板如图 4-43 所示。在该面板的"名称"文本框中可重命名该可变剖面扫描特征，若单击 🛈 （显示此特征的信息）按钮，则在 Pro/ENGINEER 嵌入式浏览器中查看关于该可变剖面扫描特征的详细信息。

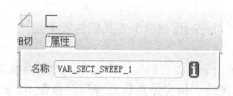

图 4-42 "相切"面板 图 4-43 "属性"面板

在介绍了可变剖面扫描工具操控板后，接着介绍执行可变剖面扫描操作的工作流程。

1）选取原始轨迹。

2）执行"可变剖面扫描"工具。

3）根据需要添加轨迹。

4）指定截面以及水平和垂直方向控制。

5）草绘截面进行扫描。

6）预览几何并完成特征。

6. 应用可变剖面扫描特征的操作实例

下面介绍 3 个应用可变剖面扫描特征的操作实例。

（1）可变剖面扫描实例 1

实例目的：通过实例操作学习创建可变剖面扫描特征的一般步骤。

1）单击 □（新建）按钮，弹出"新建"对话框。在"类型"选项组中选择"零件"单选按钮，在"子类型"选项组中选择"实体"单选按钮，在"名称"文本框中输入"bc_4_kbpmsm_1"，清除"使用缺省模板"复选框，单击"确定"按钮。系统弹出"新文件选项"对话框，选择 mmns_part_solid 模板，然后单击"确定"按钮，进入零件设计模式。

2）单击 （可变剖面扫描工具）按钮，或者从"插入"菜单中选择"可变剖面扫描"命令，打开"可变剖面扫描"工具操控板。

3）在"可变剖面扫描"工具操控板中单击 □（实体）按钮。

4）在工具栏中单击 （草绘工具）按钮，弹出"草绘"对话框。选择 FRONT 基准平面作为草绘平面，以 RIGHT 基准平面为"右"方向参照，单击"草绘"按钮，进入草绘模式。

5）绘制如图 4-44 所示的两段圆弧，单击 ✔（完成）按钮，完成草绘并退出草绘模式。

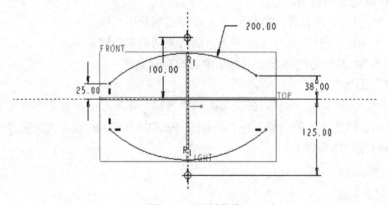

图 4-44 绘制曲线

6）在"可变剖面扫描"工具操控板中单击出现的 ▶（退出暂停模式，继续使用此工具）按钮。

7）其中一条曲线自动处于被选中作为原点轨迹线，用户可以通过单击曲线的方式重新指定原点轨迹线。指定原点轨迹线后，按住〈Ctrl〉键选择另一条曲线作为链轨迹，并在"参照"面板中设置剖面控制选项等，如图 4-45 所示。

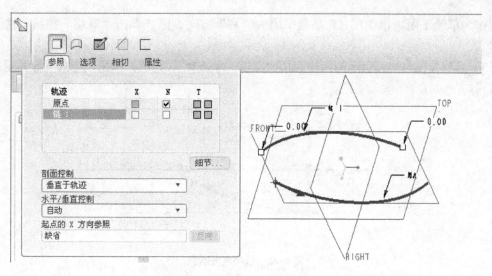

图 4-45 指定原点轨迹和链轨迹

8）在"可变剖面扫描"工具操控板中单击 ![icon]（创建或编辑扫描剖面）按钮。

9）在草绘模式下绘制如图 4-46 所示的图形，单击 ✔（完成）按钮。

10）在"可变剖面扫描"工具操控板中单击 ☑（完成）按钮，创建的可变剖面扫描实体特征如图 4-47 所示。

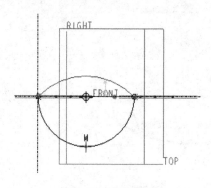

图 4-46 绘制剖面

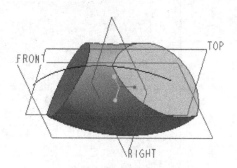

图 4-47 创建可变剖面扫描实体特征

（2）可变剖面扫描实例 2

实例目的：通过实例操作掌握使用关系创建可变剖面扫描的方法，并熟悉 trajpar 参数的应用。

知识说明：在 Pro/ENGINEER 中，可以使用带 trajpar 参数的截面关系来使草绘可变，以改变截面形状。

1）单击 ![icon]（新建）按钮，弹出"新建"对话框。在"类型"选项组中选择"零件"单选按钮，在"子类型"选项组中选择"实体"单选按钮，在"名称"文本框中输入"bc_4_kbpmsm_2"，清除"使用缺省模板"复选框，单击"确定"按钮。系统弹出"新文件选项"对话框，选择 mmns_part_solid 模板，然后单击"确定"按钮，进入零件设计模式。

2）在工具栏中单击 ![icon]（草绘工具）按钮，弹出"草绘"对话框。选择 FRONT 基准平面作为草绘平面，以 RIGHT 基准平面为"右"方向参照，单击"草绘"按钮，进入草绘模式。

3）绘制如图 4-48 所示的两段相切的圆弧，单击 ✔ （完成）按钮，完成草绘并退出草绘模式。

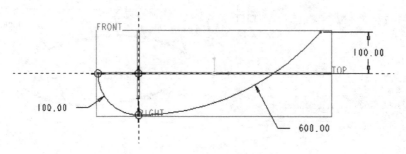

图 4-48　绘制两段圆弧

4）单击 📎 （可变剖面扫描工具）按钮，或者从"插入"菜单中选择"可变剖面扫描"命令，打开"可变剖面扫描"工具操控板。之前绘制的曲线被选中为原点轨迹。

5）在"可变剖面扫描"工具操控板中单击 □ （实体）按钮。可以进入"参照"面板，查看默认的剖面控制选项等，如图 4-49 所示。注意原点轨迹的起点。若巧妙地单击原点轨迹的箭头则可以快速地将起点切换到原点轨迹的另一端点。

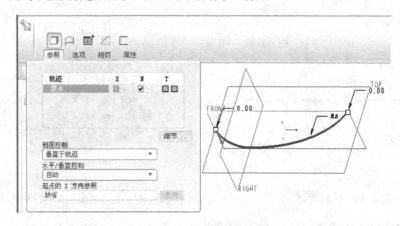

图 4-49　指定原点轨迹等

6）在"可变剖面扫描"工具操控板中单击 ✏ （创建或编辑扫描剖面）按钮，进入草绘模式。

7）绘制如图 4-50 所示的剖面。

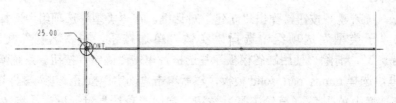

图 4-50　绘制一个圆剖面

8）在"工具"菜单中选择"关系"命令，打开"关系"对话框。在"关系"对话框中输入以下带 trajpar 参数的截面关系，从而使草绘的截面形状可变。注意 sd3 是由 Pro/ENGINEER 指定给圆的尺寸代号，可在草绘区域的截面中显示此尺寸代号。

sd3=25*(1.2+2*trajpar)

此时，"关系"对话框如图 4-51 所示。单击"确定"按钮。

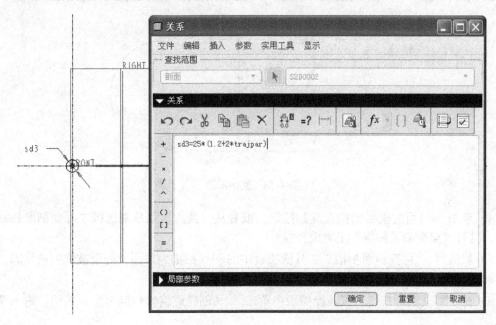

图 4-51 "关系"对话框

9）单击 ✔ （完成）按钮，完成草绘并退出草绘模式。

10）在"可变剖面扫描"工具操控板中单击 ☑ （完成）按钮，创建的可变剖面扫描实体特征如图 4-52 所示。

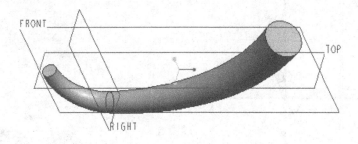

图 4-52 创建可变剖面扫描实体特征

（3）可变剖面扫描实例 3

实例目的：执行"可变剖面扫描"工具并使用"恒定剖面"单选按钮来创建扫描曲面，并设置使曲面具有封闭端。

1）单击 🗋 （新建）按钮，弹出"新建"对话框。在"类型"选项组中选择"零件"单选按钮，在"子类型"选项组中选择"实体"单选按钮，在"名称"文本框中输入

"bc_4_kbpmsm_3"，清除"使用缺省模板"复选框，单击"确定"按钮。系统弹出"新文件选项"对话框，选择 mmns_part_solid 模板，然后单击"确定"按钮，进入零件设计模式。

2）单击 🔅（草绘工具）按钮，弹出"草绘"对话框。选择 TOP 基准平面作为草绘平面，以 RIGHT 基准平面为"右"方向参照，单击"草绘"按钮，进入草绘模式。

3）绘制如图 4-53 所示的图形，单击 ✔（完成）按钮，完成草绘并退出草绘模式。

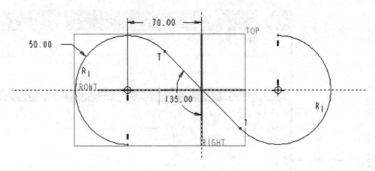

图 4-53　绘制图形

4）单击 📎（可变剖面扫描工具）按钮，或者从"插入"菜单中选择"可变剖面扫描"命令，打开"可变剖面扫描"工具操控板。

5）默认时，"可变剖面扫描"工具操控板中的 ◻（扫描为曲面）处于被选中的状态。选择之前绘制的曲线作为原点轨迹。

6）在"可变剖面扫描"工具操控板中单击 ✍（创建或编辑扫描剖面）按钮，进入草绘模式。

7）绘制如图 4-54 所示的剖面，单击 ✔（完成）按钮，完成草绘并退出草绘模式。

8）在"可变剖面扫描"工具操控板中选择"选项"标签，打开"选项"面板。选择"恒定剖面"单选按钮，并选中"封闭端点"复选框，如图 4-55 所示。

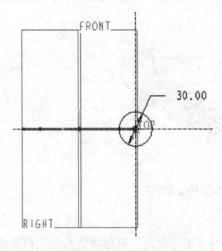

图 4-54　绘制剖面

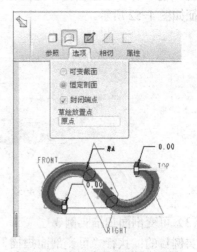

图 4-55　在"选项"面板中设置

9）在"可变剖面扫描"工具操控板中单击 ☑（完成）按钮，创建的扫描曲面特征如图 4-56 所示。

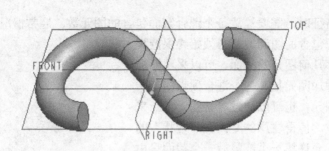

图 4-56 创建具有封闭端的曲面

4.4 混合特征

混合特征至少具有两个平面截面,可以将混合特征看做是将这些平面截面在其边处用过渡曲面连接而形成的一个连续特征。在 Pro/ENGINEER 中,具有混合特征的混合类型可以分为"平行"、"旋转"和"一般",其特点如下。

- "平行":所有混合截面都位于截面草绘中的多个平行平面上。
- "旋转":混合截面绕 Y 轴旋转,最大角度可达 120°。每个截面都单独草绘并用截面坐标系对齐。
- "一般":一般混合截面可以绕 X 轴、Y 轴和 Z 轴旋转,也可以沿这 3 个轴平移。每个截面都单独草绘,并用截面坐标系对齐。

创建混合特征的命令位于菜单栏的"插入"→"混合"级联菜单中,如图 4-57 所示,包括"伸出项"、"薄板伸出项"、"切口"、"薄板切口"、"曲面"、"曲面修剪"和"薄曲面修剪"。本节以创建实体伸出项为例介绍创建混合特征的典型方法。在菜单栏的"插入"→"混合"级联菜单中选择"伸出项"命令,打开如图 4-58 所示的"混合选项"菜单。

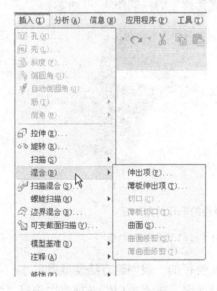

图 4-57 创建混合特征的菜单命令　　　　　图 4-58 "混合选项"菜单

在创建混合特征时，需要注意每个混合截面包含的图元数。通常情况下，除了封闭混合外，每个混合截面包含的图元数都必须始终保持相同。对于没有足够几何图元的截面，可以采用添加混合顶点的方式增加图元数，每个混合顶点相当于给截面添加一个图元；也可以通过将某图元打断来为截面添加图元数。值得注意的是，在"帽状"的平行混合特征中，允许第一个或最后一个截面只由一个草绘点构成。例如，在如图 4-59 所示的五角形模型中，其中一个平行混合剖面只由一个草绘点组成。

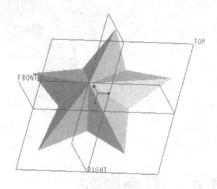

图 4-59　五角形模型

在混合剖面中添加混合顶点的方法如下。

1）在混合剖面中选择所需的顶点。

2）在菜单栏的"草绘"菜单中选择"特征工具"→"混合顶点"命令，即在所选位置处添加一个混合顶点。

另外，在创建混合特征时，需要注意各个混合剖面的起始点位置，起始点位置不同则会使生成的混合特征有所不同。用户可以使用"草绘"菜单中的"特征工具"→"起始点"命令为混合剖面指定新起始点。

4.4.1　平行混合特征

"平行"混合特征的所有混合截面都位于截面草绘中的多个平行平面上。在绘制平行混合截面时，先绘制好一个剖面，接着选择"草绘"→"特征工具"→"切换剖面"命令切换到另一个剖面绘制状态，进行另一个剖面绘制，可以继续选择"草绘"→"特征工具"→"切换剖面"命令来绘制下一个混合剖面，直到满足设计要求为止。

平行混合特征可以是"直"的，也可以是"光滑"的，如图 4-60 所示。

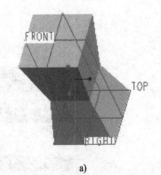
a)

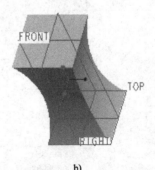
b)

图 4-60　两种形状属性的平行混合特征

a)"直"的平行混合特征　b)"光滑"的平行混合特征

下面通过一个典型的操作实例介绍平行混合特征的一般创建方法及步骤。

1）单击 □（新建）按钮，弹出"新建"对话框。在"类型"选项组中选择"零件"单选按钮，在"子类型"选项组中选择"实体"单选按钮，在"名称"文本框中输入

"bc_4_hh_1", 清除"使用缺省模板"复选框, 单击"确定"按钮。系统弹出"新文件选项"对话框, 选择 mmns_part_solid 模板, 然后单击"确定"按钮, 进入零件设计模式。

2) 从菜单栏的"插入"菜单中选择"混合"→"伸出项"命令, 弹出"菜单管理器"。

3) 在"菜单管理器"的"混合选项"菜单中选择"平行"→"规则截面"→"草绘截面"→"完成"选项, 出现如图 4-61 所示的"伸出项: 混合, 平行, 规则截面"对话框和"属性"菜单。

4) 在"菜单管理器"的"属性"菜单中选择"直"→"完成"选项, 如图 4-62 所示。

图 4-61　出现的对话框和菜单

图 4-62　选择"直"选项

5) 选择 TOP 基准平面作为草绘平面, 接着在"菜单管理器"出现的相关菜单中选择"确定(正向)"→"缺省"命令, 进入草绘模式。

6) 绘制如图 4-63 所示的第一个剖面, 该剖面为一个正六边形。

7) 在菜单栏中选择"草绘"→"特征工具"→"切换剖面"命令。

8) 绘制如图 4-64 所示的第二个剖面。该剖面和第一个剖面一模一样。注意, 它们的起始点和终止点也相同。

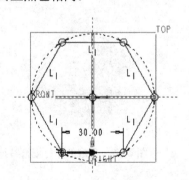

图 4-63　绘制第一个剖面

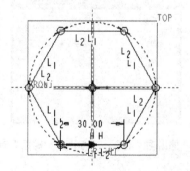

图 4-64　绘制第二个剖面

9) 在菜单栏中选择"草绘"→"特征工具"→"切换剖面"命令。

10) 单击 × (点) 按钮, 在如图 4-65 所示的中心处绘制一个草绘点。该剖面只由一个草绘点构成。

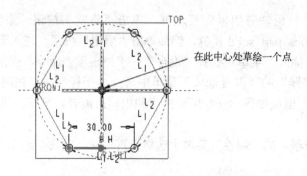

图 4-65　绘制第三个剖面

11）单击 ✔（完成）按钮，完成草绘并退出草绘模式。

12）在如图 4-66 所示的尺寸文本框中输入剖面 2 的深度为 30，单击 ☑（接受）按钮。

图 4-66　输入剖面 2 的深度

13）输入剖面 3 的深度为 25，如图 4-67 所示。单击 ☑（接受）按钮。

图 4-67　输入剖面 3 的深度

14）在如图 4-68 所示的"伸出项：混合，平行，规则截面"对话框中单击"确定"按钮，创建的平行混合特征效果如图 4-69 所示。

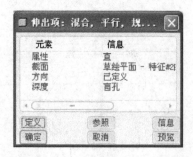

图 4-68　"伸出项：混合，平行，规则截面"对话框

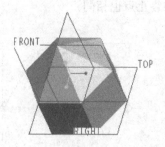

图 4-69　完成的平行混合特征

4.4.2　旋转混合特征

旋转混合特征的混合截面绕 Y 轴旋转，其最大角度可达 120°，其中每个截面都单独草绘，并创建一个坐标系用来对齐截面关系。

下面通过一个典型的操作实例介绍旋转混合特征的一般创建方法及其步骤、技巧等。

1）单击□（新建）按钮，弹出"新建"对话框。在"类型"选项组中选择"零件"单选按钮，在"子类型"选项组中选择"实体"单选按钮，在"名称"文本框中输入"bc_4_hh_2"，清除"使用缺省模板"复选框，单击"确定"按钮。系统弹出"新文件选项"对话框，选择 mmns_part_solid 模板，然后单击"确定"按钮，进入零件设计模式。

2）从菜单栏的"插入"菜单中选择"混合"→"伸出项"命令，弹出"菜单管理器"。

3）在"菜单管理器"的"混合选项"菜单中选择"旋转的"→"规则截面"→"草绘截面"→"完成"选项，如图 4-70 所示。

4）出现如图 4-71 所示的对话框和"菜单管理器"。从"属性"菜单中选择"光滑"→"开放"→"完成"命令。

图 4-70 选择混合选项

图 4-71 出现的对话框和菜单

5）选择 TOP 基准平面作为草绘平面，接着在"菜单管理器"出现的"方向"菜单中选择"确定（正向）"命令，接受箭头为操作方向。在出现的如图 4-72 所示的"草绘视图"菜单中选择"右"选项，然后在图形窗口中选择 RIGHT 基准平面，进入草绘模式。

6）先绘制中心线，接着单击□（矩形）按钮，绘制如图 4-73 所示的一个正方形，然后单击（坐标系）按钮，在绘图区域创建如图 4-74 所示的一个参照坐标系。

图 4-72 "草绘视图"菜单

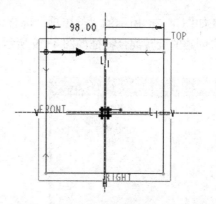

图 4-73 绘制剖面 1

7）单击✔（完成）按钮，完成剖面 1 的绘制并退出草绘模式。

8）为截面 2 输入 y_axis 旋转角（范围:0–120）为 45，如图 4-75 所示，单击 ☑（接受）按钮。

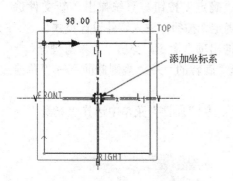

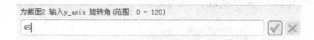

为截面2 输入y_axis 旋转角(范围: 0 - 120)

45

图 4-74　添加一个参照坐标系　　　　图 4-75　为截面 2 输入 y_axis 旋转角

9）单击 □（矩形）按钮在图形区域绘制一个矩形，接着单击 ⚹（坐标系）按钮在指定位置处添加一个参照坐标系，如图 4-76 所示。

10）单击 ✔（完成）按钮，完成剖面 2 的绘制并退出草绘模式。

11）系统询问是否要继续下一截面，如图 4-77 所示，单击"否"按钮。

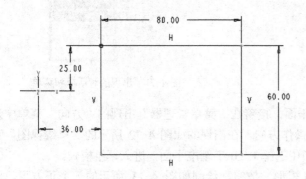

确认

继续下一截面吗？(Y/N)：

是(Y)　　否(N)

图 4-76　绘制剖面 2　　　　　图 4-77　系统询问是否继续下一截面

12）在如图 4-78 所示的"伸出项：混合，旋转的，草绘截面"对话框中单击"确定"按钮，完成创建的旋转混合特征如图 4-79 所示。

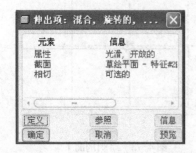

伸出项：混合，旋转的，...

元素	信息
属性	光滑，开放的
截面	草绘平面 - 特征#21
相切	可选的

定义　　参照　　信息
确定　　取消　　预览

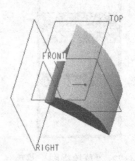

图 4-78　"伸出项：混合，旋转的，草绘截面"对话框　　图 4-79　创建旋转混合特征

4.4.3 一般混合特征

一般混合特征的截面可以绕 X 轴、Y 轴和 Z 轴旋转，也可以沿这 3 个轴平移。每个截面都需要单独草绘，并且要用截面坐标系对齐。灵活应用"一般"混合选项，可以创建一些用"平行"和"旋转"混合选项无法完成的复杂混合特征。

下面通过操作实例介绍一般混合特征的创建方法、步骤及技巧等。

1）单击 ▢（新建）按钮，弹出"新建"对话框。在"类型"选项组中选择"零件"单选按钮，在"子类型"选项组中选择"实体"单选按钮，在"名称"文本框中输入"bc_4_hh_3"，清除"使用缺省模板"复选框，单击"确定"按钮。系统弹出"新文件选项"对话框，选择 mmns_part_solid 模板，然后单击"确定"按钮，进入零件设计模式。

2）从菜单栏的"插入"菜单中选择"混合"→"伸出项"命令，弹出"菜单管理器"。

3）在"菜单管理器"的"混合选项"菜单中选择"一般"→"规则截面"→"草绘截面"→"完成"选项，如图 4-80 所示。

4）出现如图 4-81 所示的对话框和"菜单管理器"。在"菜单管理器"的"属性"菜单中选择"直"→"完成"命令。

图 4-80　选择混合选项

图 4-81　出现的对话框和"菜单管理器"

5）选择 TOP 基准平面为草绘平面，在"菜单管理器"中选择"确定（正向）"→"缺省"选项，进入草绘模式。

6）绘制一个正三角形，并单击 ⤬（坐标系）按钮在正三角形的一个角点处添加一个参照坐标系，如图 4-82 所示。单击 ✔（完成）按钮，完成混合剖面 1。

7）给截面 2 输入 x_axis 旋转角度为 0，如图 4-83 所示，单击 ☑（接受）按钮。

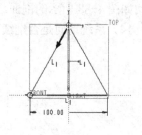

图 4-82　混合剖面 1

给截面2 输入 x_axis旋转角度（范围:+-120）

| 0 | ✔ ✕ |

图 4-83　给截面 2 输入 x_axis 旋转角度

8）给截面 2 输入 y_axis 旋转角度为 10，如图 4-84 所示，单击 ✓（接受）按钮。

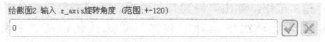

给截面2 输入 y_axis旋转角度（范围:+-120）

10

图 4-84　给截面 2 输入 y_axis 旋转角度

9）给截面 2 输入 z_axis 旋转角度为 0，如图 4-85 所示，单击 ✓（接受）按钮。

给截面2 输入 z_axis旋转角度（范围:+-120）

0

图 4-85　给截面 2 输入 z_axis 旋转角度

10）单击 ⊥（坐标系）按钮在绘图区域添加一个参照坐标系，接着单击 ＼（线）按钮绘制一个三角形，并设置各边相等，如图 4-86 所示，注意该剖面起始点位于三角形上顶点。在绘制剖面时，如果发现默认的起始点不是所需要的，则可以先选择要作为起始点的顶点，然后选择"草绘"菜单中的"特征工具"→"起点"命令，将所选点设置为起始点。单击 ✓（完成），完成混合剖面 2。

11）系统询问是否继续下一截面，如图 4-87 所示，单击"是"按钮，继续下一截面。

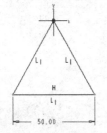

图 4-86　混合剖面 2　　　　　　　　图 4-87　系统询问是否继续下一截面

12）给截 3 输入 x_axis 旋转角度为"0"，给截 3 输入 y_axis 旋转角度为"45"，给截面 3 输入 z_axis 旋转角度为"0"。

13）单击 ⊥（坐标系）按钮在绘图区域添加一个参照坐标系，接着使用相关的草绘工具绘制如图 4-88 所示的剖面。单击 ✓（完成）按钮，完成混合剖面 3。

14）系统询问是否继续下一截面，如图 4-89 所示，单击"否"按钮。

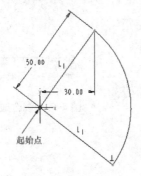

图 4-88　绘制剖面 3　　　　　　　　图 4-89　系统询问是否继续下一截面

15）输入截面 2 到截面 1 之间的深度距离为 180，单击 ☑（接受）按钮。

16）输入截面 3 到截面 2 之间的深度距离为 200，单击 ☑（接受）按钮。

17）在"伸出项：混合，一般，草绘截面"对话框中单击"确定"按钮，创建的一般混合特征如图 4-90 所示。

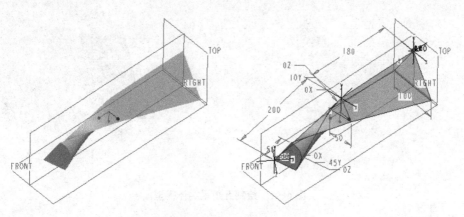

图 4-90　创建的一般混合特征

4.5　本章小结

Pro/ENGINEER 基础特征可以说是最基本的实体或曲面形式的特征了。基础特征主要包括拉伸特征、旋转特征、可变剖面扫描特征和混合特征。这一类特征具有一个共性，就是需要定义所需的相关剖面，然后将剖面经过一定的基本方式处理来建构出形状。

本章重点介绍常用的基础特征，如拉伸特征、旋转特征、可变剖面扫描特征和混合特征。拉伸特征是定义三维几何的一种基本方法，它是通过将二维截面在垂直于草绘平面的某方向上以设定的距离来拉伸而生成的。旋转特征是通过绕中心线旋转草绘截面来创建的一类特征。可变剖面扫描特征是沿一个或多个选定轨迹扫描剖面时通过控制剖面的方向、旋转和几何来添加或移除材料而创建的特征。混合特征则是由某些截面在其边处用过渡曲面连接而形成的实体或曲面特征。混合特征的混合类型可以分为"平行"、"旋转"和"一般"3 种。注意这 3 种混合类型的创建方法、步骤及技巧。

4.6　思考与练习

1）Pro/ENGINEER 基础特征主要包括哪些特征？

2）在创建拉伸特征的过程中，需要指定拉伸的深度选项，如 ⫼、🔲、⫼、⫼、⫼、⫼，请分析或说明这些深度选项的具体功能含义。

3）简述旋转实体特征的典型创建步骤，可以举例进行辅助说明。

4）创建旋转特征时需要注意的方面包括旋转轴、旋转剖面和旋转角度，请总结这些注意方面的相关事项。

5）什么是可变剖面扫描特征？使用"可变剖面扫描"工具可以进行哪些具体的操作？

6）混合特征主要包括哪 3 种类型？它们分别具有什么样的特点？

7）上机练习：使用"混合"功能创建如图 4-91 所示的五角星实体模型，具体尺寸可以由读者自行确定。

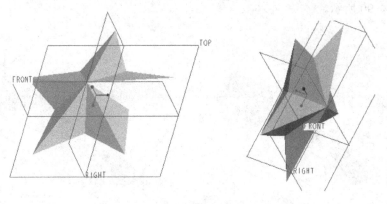

图 4-91　绘制五角星实体模型

8）上机练习：创建如图 4-92 所示的实体模型，具体尺寸可自行选定。

9）上机练习：创建如图 4-93 所示的实体模型，具体尺寸可自行选定。本上机练习要求使用"可变剖面扫描"工具来创建所需的实体模型，可以使用"恒定剖面"单选按钮。

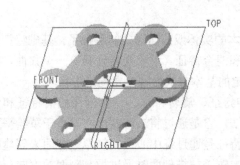

图 4-92　创建实体模型

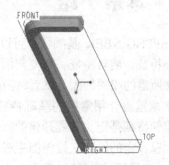

图 4-93　创建六角扳手实体模型

第5章 编辑特征

本章内容导读:

　　特征的编辑操作包括复制和粘贴、镜像、移动、合并、修剪、阵列、投影、延伸、相交、填充、偏移、加厚、实体化和移除等。巧用编辑操作,可以给设计带来很大的灵活性和技巧性,并能够在一定程度上提高设计效率。

　　本章重点介绍这些编辑操作,并结合基础理论和典型实例讲解如何通过编辑现有特征而获得新的几何特征。

5.1 特征复制和粘贴

　　在 Pro/ENGINEER 中,复制和粘贴的命令包括"复制"、"粘贴"和"选择性粘贴",其位于菜单栏的"编辑"菜单中,这 3 个实用命令对应的工具按钮为 🖹(复制)、🖺(粘贴)和 🖺(选择性粘贴),如图 5-1 所示。使用这 3 个实用命令可以在同一个模型内或跨模型复制并放置特征或特征集、几何、曲线和边链。

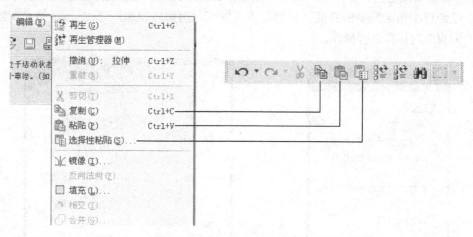

图 5-1　复制粘贴的菜单命令及其对应的工具按钮

　　在默认情况下,特征或几何将被复制到剪贴板中,并且可连同其参照、设置和尺寸一起被粘贴到所需的放置位置。当在多个粘贴操作期间(没有特征的间断复制)更改一个实例或所有实例的参照、设置和尺寸时,剪贴板中的特征会保留其原始参照、设置和尺寸。在不同的模型中粘贴特征也不会影响剪贴板中的复制特征的参照、设置和尺寸。

1. 粘贴工作流程

当选择了要复制粘贴的对象后,"复制"命令被激活,此时选择"复制"命令,则将对象复制到剪贴板中。只有当剪贴板中有可用于粘贴的特征时,"粘贴"命令和"选择性粘贴"命令才可用。下面介绍当剪贴板中有可用于粘贴的特征时,"粘贴"和"选择性粘贴"这两种粘贴的工作流程。

(1)粘贴工作流程 1:使用"编辑"→"粘贴"命令或 (粘贴)按钮

执行"编辑"→"粘贴"命令或 (粘贴)按钮,系统将打开特征创建工具,并且允许用户重定义复制的特征。例如,如果要粘贴旋转特征,则将打开"旋转"工具操控板;如果要粘贴基准特征,则相应的基准创建对话框就会被打开。

复制多个特征时,由组中第一个特征决定所打开的用户界面。

(2)粘贴工作流程 2:使用"编辑"→"选择性粘贴"命令或 (选择性粘贴)按钮

选择"编辑"→"选择性粘贴"命令或 (选择性粘贴)按钮,将打开如图 5-2 所示的"选择性粘贴"对话框,利用该对话框进行相关的设置。

● "从属副本"复选框:用于创建原始特征的从属副本。复制特征可以从属于原始特征的尺寸或草绘,或完全从属于原始特征的所有属性、元素和参数。在默认情况下,系统会选取此复选框。如果清除"从属副本"复选框,则可以创建原始特征或特征集的独立副本。

● "对副本应用移动/旋转变换"复选框:选中此复选框,则通过平移、旋转(或同时使用这两种操作)来移动副本。可以创建特征的完全从属移动副本。值得注意的是,跨模型粘贴特征时此复选框不可用,而此复选框对于所有阵列类型(包括曲线阵列和转换阵列,如方向、轴或填充)可用,但对于组阵列或阵列的阵列不可用。

● "高级参照配置"复选框:选中此复选框时,则使用原始参照或新参照在同一模型中或跨模型粘贴复制的特征。使用此复选框可利用弹出的如图 5-3 所示的"高级参照配置"对话框进行操作。

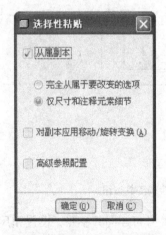

图 5-2 "选择性粘贴"对话框

图 5-3 "高级参照配置"对话框

2. 命令应用

下面通过典型的操作实例来介绍"复制"、"粘贴"和"选择性粘贴"命令的应用。

（1）打开零件文件

单击 （打开）按钮，弹出"文件打开"对话框。从随书光盘中的 CH5 文件夹中选择 BC_5_FZZT_1.PRT，单击"打开"按钮。该文件中的原始模型如图 5-4 所示。

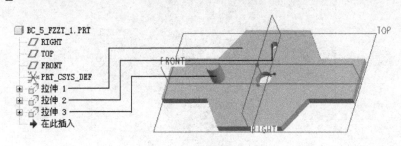

图 5-4　文件中的原始模型

（2）复制与粘贴操作

1）在模型窗口或模型树中选择"拉伸 2"特征（小圆切口）。

2）在上工具箱的工具栏中单击 （复制）按钮，或者在菜单栏的"编辑"菜单中选择"复制"命令。

3）单击 （粘贴）按钮，或者在菜单栏的"编辑"菜单中选择"粘贴"命令，打开创建"拉伸 2"特征时所使用的"拉伸"工具操控板，如图 5-5 所示。在操控板的消息区中，显示一条提示信息："选取一个草绘。"

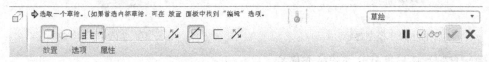

图 5-5　拉伸工具操控板

4）在拉伸工具操控板中选择"放置"选项，打开"放置"面板，然后单击位于该面板中的"编辑"按钮。

5）系统弹出"草绘"对话框。选择 TOP 基准平面作为草绘平面，以 RIGHT 基准平面为"右"方向参照，如图 5-6 所示，然后单击"草绘"对话框中的"草绘"按钮，进入草绘模式。

6）此时，要粘贴的特征的截面依附于鼠标光标，移动鼠标光标在如图 5-7 所示的位置处单击，将其放置。

图 5-6　"草绘"对话框

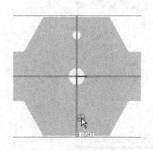

图 5-7　初步放置截面

7）修改截面的尺寸。修改截面尺寸后的效果如图 5-8 所示。

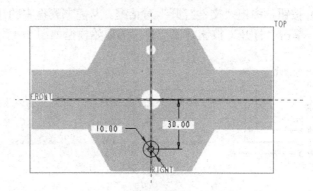

图 5-8　修改截面尺寸后的效果

8）单击 ✔（完成）按钮，完成该截面的编辑定义。

9）此时，模型显示如图 5-9 所示。在"拉伸"工具操控板中单击 ☑（完成）按钮，复制粘贴得到的模型效果如图 5-10 所示。

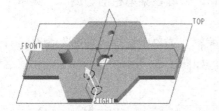

图 5-9　模型显示

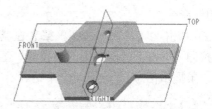

图 5-10　得到的模型效果

（3）复制与选择性粘贴（旋转变换）

1）在模型窗口中或在模型树中选择"拉伸 3"特征。

2）在上工具箱的工具栏中单击 （复制）按钮，或者在菜单栏的"编辑"菜单中选择"复制"命令。

3）单击 （选择性粘贴），或者在菜单栏的"编辑"菜单中选择"选择性粘贴"命令，打开"选择性粘贴"对话框。

4）在"选择性粘贴"对话框中选择如图 5-11 所示的选项，单击"确定"按钮。此时，出现如图 5-12 所示的操控板。

图 5-11　"选择性粘贴"对话框

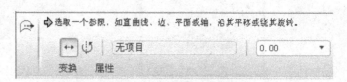

图 5-12　出现的操控板

知识说明：在出现的操控板中具有 ↔ 按钮和 ⟲ 按钮，这两个按钮的功能含义如下。

● ↔：沿选定参照平移特征。选中此按钮时，需要指定参照和沿方向的平移距离。

● ⟲：相对选定参照旋转特征。选中此按钮时，需要指定参照和旋转角度。

5）在操控板中单击 ⟲（相对选定参照旋转特征）按钮，在模型窗口中选择 A_1 特征轴，设置旋转角度值为"60"，如图 5-13 所示。

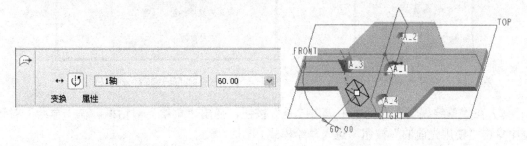

图 5-13　设置旋转变换参照及参数

6）在操控板中单击 ☑（完成）按钮，完成此选择性粘贴操作得到的模型效果如图 5-14 所示。

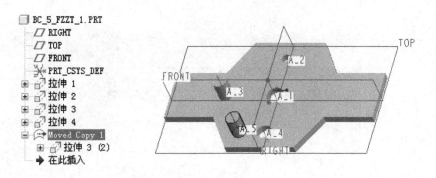

图 5-14　选择性粘贴（旋转变换）的效果

（4）复制与选择性粘贴（令副本从属于原始尺寸）

1）选择"拉伸3"特征。

2）在上工具箱的工具栏中单击 🗎（复制）按钮，或者在菜单栏的"编辑"菜单中选择"复制"命令。

3）单击 📋（选择性粘贴），或者在菜单栏的"编辑"菜单中选择"选择性粘贴"命令，打开"选择性粘贴"对话框。

4）在"选择性粘贴"对话框中，选中"从属副本"复选框，并选择"仅尺寸和注释元素细节"单选按钮，如图 5-15 所示，然后单击"确定"按钮。

5）系统出现拉伸工具操控板。在"拉伸"工具操控板中选择"放置"选项以打开"放置"面板，接着单击该面板中的"编辑"按钮，弹出如图 5-16 所示的"草绘编辑"对话框。

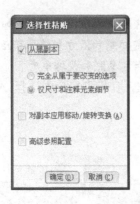

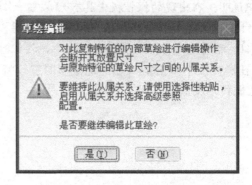

图 5-15 "选择性粘贴"对话框   图 5-16 "草绘编辑"对话框

6）在"草绘编辑"对话框中单击"是"按钮，弹出"草绘"对话框。在"草绘"对话框中单击"使用先前的"按钮，进入草绘模式。

7）移动鼠标光标选择截面的放置位置，并修改相关的尺寸，如图 5-17 所示。单击✔（完成）按钮。

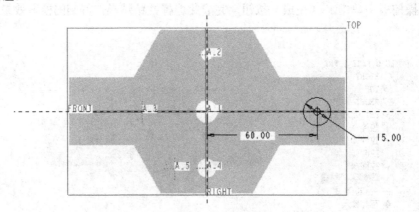

图 5-17 编辑复制特征的截面

8）接受默认的拉伸深度和拉伸方向，如图 5-18 所示。

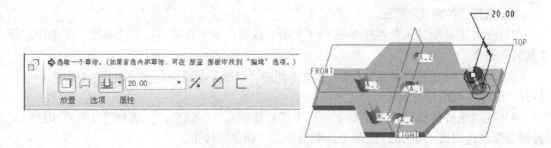

图 5-18 接受默认的拉伸深度及拉伸方向

9）在拉伸工具操控板中单击☑（完成）按钮，得到的模型效果如图 5-19 所示。

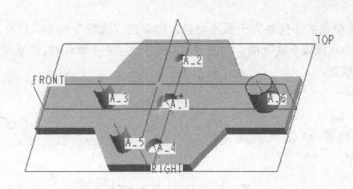

图 5-19　模型效果

5.2　镜像

　　使用 Pro/ENGINEER 提供的镜像工具命令，可以根据指定的平面曲面来创建特征和几何的副本，该副本通常被称为镜像特征。在很多设计场合，使用镜像特征可以快速地得到一些具有某种对称关系的模型效果，使整个设计效率显著提升。创建镜像特征的命令为"编辑"→"镜像"命令，其相应的工具按钮为 ⅢⅢ（镜像工具）。

　　镜像操作的示例如图 5-20 所示。

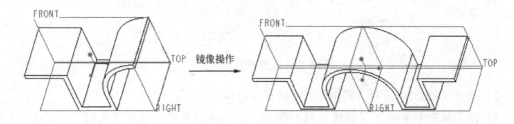

图 5-20　镜像操作的示例

　　镜像可以分为特征镜像和几何镜像两种。其中，特征镜像的方法有以下两种。

● 所有特征：此方法可复制特征并创建包含模型所有特征几何的合并特征。要使用此方法，必须在模型树中选取所有特征和零件节点。

● 选定的特征：此方法仅复制选定的特征。

　　几何镜像是指镜像诸如基准、面组和曲面等几何项目。

　　下面介绍镜像对象的 3 种典型操作步骤。

1. 镜像选定的特征

（1）操作步骤

1）选取要镜像的一个或多个特征。

2）在工具栏中单击 ⅢⅢ（镜像工具）按钮，或者从菜单栏中选择"编辑"→"镜像"命令，打开"镜像"工具操控板。

3）选取一个镜像平面。

4）如果要使镜像的特征独立于原始特征，则单击"选项"标签，打开"选项"面板，然后清除"复制为从属项"复选框，如图 5-21 所示。注意在默认时，"复制为从属项"复选框处于被选中的状态。

图 5-21　"镜像"工具操控板

5）在"镜像"工具操控板中单击☑（完成）按钮创建新的镜像特征。

（2）典型操作实例

请看如下一个典型的操作实例。

1）单击 📂（打开）按钮，弹出"文件打开"对话框。从随书光盘中的 CH5 文件夹中选择 BC_5_JX_1.PRT，单击"打开"按钮。该文件中的原始模型如图 5-22 所示。

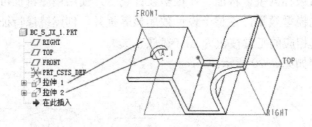

图 5-22　文件中的原始模型

2）结合〈Ctrl〉键选择"拉伸 1"特征和"拉伸 2"特征。

3）在工具栏中单击 ⊃Ⅰ匸（镜像工具）按钮，或者从菜单栏中选择"编辑"→"镜像"命令，打开"镜像"工具操控板。

4）选择 RIGHT 基准平面作为镜像平面。

5）在"镜像"工具操控板中单击☑（完成）按钮创建新的镜像特征。镜像结果如图 5-23 所示。

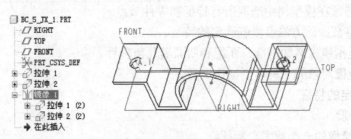

图 5-23　镜像结果

2. 镜像零件中的所有特征几何

1）在模型树顶部选择零件名称。

2）在工具栏中单击 (镜像工具) 按钮，或者从菜单栏中选择"编辑"→"镜像"命令，打开"镜像"工具操控板。

3）选取一个镜像平面。

4）在"镜像"工具操控板中单击 (完成) 按钮。

3. 镜像几何

1）在 Pro/ENGINEER 窗口右上方的"过滤器"列表框中，选择"几何"或"基准"选项。

2）选取任意几何或基准。

3）在工具栏中单击 (镜像工具) 按钮，或者从菜单栏中选择"编辑"→"镜像"命令，打开"镜像"工具操控板。

4）选取一个镜像平面。

5）如果需要，可以打开"选项"面板，从中选中"隐藏原始几何"复选框。当选定此复选框，则在完成镜像特征时，系统只显示新镜像几何而隐藏原始几何。

6）在"镜像"工具操控板中单击 (完成) 按钮。

5.3 移动

移动特征或几何是较为常见的操作。在 5.1 节中介绍"复制"和"选择性粘贴"命令时，已涉及"移动"工具操控板的应用。利用"移动"工具操控板，可以进行下列具体的移动操作。

- 平移：沿参照指定的方向平移特征、曲面、面组、基准曲线和轴。可以沿某条线性边或曲线、轴或坐标系的其中一个轴，或沿垂直于某平面或平曲面的方向进行平移。
- 旋转：绕某个现有轴、线性边、曲线，或绕坐标系的某个轴旋转特征、曲面、面组、基准曲线和轴。
- 平移和旋转组合：在单个移动特征中应用多个平移及旋转变换。
- 其他：创建和移动现有曲面或曲线的副本，而非移动原型。

另外，使用"编辑"菜单中的"特征操作"命令，也可以对选定特征进行复制移动操作。

5.3.1 使用"移动"工具操控板

1. 典型操作步骤

由于在 5.1 节中已涉及这方面的内容，在这里总结一下使用该方法移动特征的典型步骤，以备实际设计时参考。

1）在模型树中或模型窗口中，选取要移动的项目。

2）从菜单栏中选择"编辑"→"复制"命令，或者在工具栏中单击 (复制) 按钮。整个特征会被复制到剪贴板中。

3）从菜单栏的"编辑"菜单中选择"选择性粘贴"命令，或者在工具栏中单击 (选择性粘贴) 按钮，打开"选择性粘贴"对话框。

4）在"选择性粘贴"对话框中，选中"对副本应用移动/旋转变换"复选框，单击"确定"按钮，打开如图 5-24 所示的"移动"工具操控板。

图 5-24 "移动"工具操控板

5）在操控板中单击 ↔ (沿选定参照平移特征) 按钮或 ↻ (相对选定参照旋转特征) 按钮。

6）根据需要选取合适的方向参照。平移时，如果指定一个平面或平整曲面作为方向参照，方向参照将垂直于所要移动的方向；如果选取的是边、曲线或轴，方向参照将平行于选定的边、曲线或轴。旋转时，方向参照通常是移动项目旋转所围绕的轴或直边。

7）要移动选定项目。在图形窗口中，使用拖动控制滑块手工将移动项目平移或旋转至所需距离或角度。也可以在"移动"工具操控板中，在值框中输入距离值或角度值，或从最近使用值的列表中选取一个值。

8）在"移动"工具操控板中单击 ☑ (完成) 按钮，完成移动特征。

如果要移动零件中的所有特征，则在上述步骤 1）中，利用模型树，选取零件中的所有特征和零件标题。

2. 操作实例

下面介绍一个操作实例来练习使用"移动"工具操控板进行旋转移动和平移移动操作，以进一步巩固这方面的实用知识。

（1）打开零件文件

单击 📂 (打开)，弹出"文件打开"对话框。从随书光盘中的 CH5 文件夹中选择 BC_5_YD_1.PRT，单击"打开"按钮。该文件中的原始模型如图 5-25 所示。

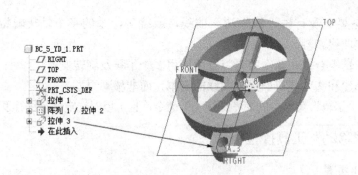

图 5-25 文件中的原始模型

（2）旋转移动选定的特征

1）在模型树中或在模型窗口中选择"拉伸 3"特征。

2）从菜单栏中选择"编辑"→"复制"命令，或者在工具栏中单击 🖺 (复制) 按钮。

3）从菜单栏中选择"编辑"→"选择性粘贴"命令，或者在工具栏中单击 🗐 (选择性粘贴) 按钮，打开"选择性粘贴"对话框。

4）在"选择性粘贴"对话框中，默认选中"从属副本"复选框和"仅尺寸和注释元素细节"单选按钮，接着单击"对副本应用移动/旋转变换"复选框以选中它。然后在"选择性粘贴"对话框中单击"确定"按钮，打开"移动"工具操控板。

5）在"移动"工具操控板中单击 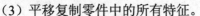（相对选定参照旋转特征）按钮。

6）在模型窗口中选择 A_1 轴，接着在值框中输入旋转角度值为"60"。

7）在"移动"工具操控板中单击 ☑（完成）按钮，完成旋转移动的模型效果如图5-26所示。

图5-26 完成旋转移动的模型效果

（3）平移复制零件中的所有特征。

1）利用模型树，按〈Ctrl〉键选取零件中的所有特征和零件标题，如图5-27所示。

2）从菜单栏中选择"编辑"→"复制"命令，或者在工具栏中单击 📋（复制）按钮。

3）从菜单栏中选择"编辑"→"选择性粘贴"命令，或者在工具栏中单击 📋（选择性粘贴），打开"选择性粘贴"对话框，如图5-28所示。

图5-27 选择零件中的所有特征和零件标题　　　　图5-28 "选择性粘贴"对话框

4）在"选择性粘贴"对话框中，接受默认设置，单击"确定"按钮。

5）系统出现"移动"工具操控板，单击 ↔（沿选定参照平移特征）按钮。

6）选择 RIGHT 基准平面作为平移参照，在相应的值框中输入平移距离为200。

7）在"移动"工具操控板中单击 ☑（完成）按钮，完成平移复制的模型效果如图 5-29 所示。

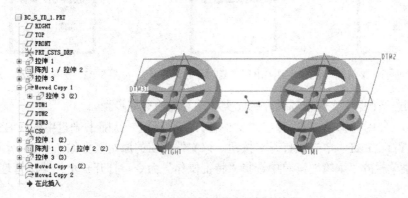

图5-29 平移复制零件中的所有特征

5.3.2 使用"编辑"菜单中的"特征操作"命令

在菜单栏的"编辑"菜单中提供了一个实用的"特征操作"命令。选择该"特征操作"命令，弹出如图 5-30 所示的"特征"菜单。在"特征"菜单中选择"复制"命令，则"菜单管理器"出现如图 5-31 所示的"复制特征"菜单，接着在"复制特征"菜单中选择"移动"选项，如图 5-32 所示，可以通过平移或旋转来复制特征。下面介绍"复制特征"菜单下的相关命令选项。

- 新参考：通过选取新参照来复制特征。
- 相同参考：使用相同参照来复制特征。
- 镜像：使用镜像的方式复制特征。
- 移动：通过平移或旋转的方式来复制特征。
- 选取：从当前零件复制所选的特征。
- 所有特征：复制当前零件中的所有特征。
- 不同模型：从不同的零件中复制特征。
- 不同版本：从不同版本相同的零件中复制特征。
- 自继承：从继承特征中复制特征。
- 独立：复制特征的截面和尺寸是独立的。
- 从属：复制特征的截面和尺寸是相关的。

图 5-30 "特征"菜单　　图 5-31 出现"复制特征"菜单　　图 5-32 选择"移动"选项

下面通过一个操作实例来辅助介绍此类移动复制的典型步骤。

1) 单击 📂（打开）按钮，弹出"文件打开"对话框。从随书光盘中的 CH5 文件夹中选择 BC_5_YD_2.PRT，单击"打开"按钮。该文件存在的原始模型如图 5-33 所示。

2) 在菜单栏的"编辑"菜单中选择"特征操作"命令，打开一个"菜单管理器"。

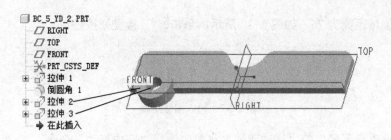

图 5-33　文件中存在的原始模型

3）在"菜单管理器"的"特征"菜单中选择"复制"命令，接着在"菜单管理器"出现的"复制特征"菜单中选择"移动"→"选取"→"从属"→"完成"命令。

4）选择"拉伸 2"特征，按住〈Ctrl〉键选择"拉伸 3"特征，接着在"选取特征"菜单中选择"完成"命令。

5）在"菜单管理器"出现的如图 5-34 所示的"移动特征"菜单中选择"平移"命令，接着在出现的"选取方向"菜单中选择"平面"命令，如图 5-35 所示。

图 5-34　"移动特征"菜单　　　　　　图 5-35　出现"选取方向"菜单

6）在模型窗口中选择 RIGHT 基准平面，接着在"菜单管理器"出现的"方向"菜单中选择"确定"命令，如图 5-36 所示。

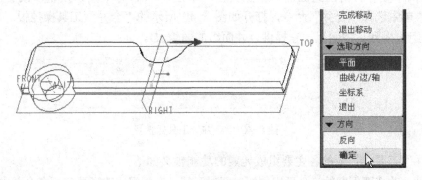

图 5-36　为操作选取方向

7）输入偏移距离为 76，如图 5-37 所示，单击 ☑（接受）按钮。

输入偏移距离

| 76| | ☑ ✖ |

图 5-37　输入偏移距离

8）在"菜单管理器"的"移动特征"菜单中选择"完成移动"命令。

9）弹出如图 5-38 所示的"组元素"对话框和"组可变尺寸"菜单。在"组可变尺寸"菜单中选择"完成"命令。

10）在"组元素"对话框中单击"确定"按钮，移动（平移）复制的效果如图 5-39 所示。

图 5-38　对话框和菜单

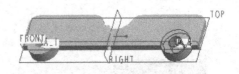

图 5-39　平移复制的效果

11）在"菜单管理器"的"特征"菜单中选择"完成"命令。

5.4　合并

使用"编辑"菜单中的"合并"命令（其映射的工具按钮为 ⬡），可以通过以相交或连接方式来合并两个面组，或是通过连接两个以上面组来合并两个以上面组。面组是曲面的集合。值得注意的是，如果删除合并的特征，原始面组仍保留。

选择两个要合并的面组曲面，在工具栏中单击 ⬡（合并工具）按钮，或者在菜单栏的"编辑"菜单中选择"合并"命令，打开如图 5-40 所示的"合并"工具操控板。之前选择的第一个面组成为默认主面组，它提供合并面组的面组 ID。

图 5-40　"合并"工具操控板

"合并"工具操控板的各主要组成元素的功能含义如下。

● ⬡：改变要保留的第一面组的侧，即对于第一个面组，改变要包括在合并中的一侧。
● ⬡：改变要保留的第二面组的侧，即对于第二个面组，改变要包括在合并中的一侧。

- "参照"面板：如图 5-41 所示，在"面组"收集器中显示选取用于合并操作的面组。"面组"收集器可以收集任意数量的面组，但没有滚动条时只能显示 15 个。注意 （将所选面组移动到收集器的顶部，将其设置为主面组）、 （向上移动选取的面组）和 （向下移动选取的面组）按钮的应用。
- "选项"面板：在"合并"工具操控板中单击"选项"标签，打开如图 5-42 所示的"选项"面板，从中可以根据实际情况选择"相交"单选按钮或"连接"单选按钮。

选择"相交"单选按钮时，所创建的面组由两个相交面组的修剪部分组成，同时也可以创建单侧边重合的多个面组。如果一个面组的边位于另一个面组的曲面上，则选择"连接"单选按钮来合并面组。

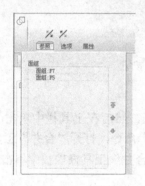

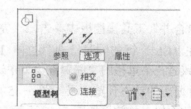

图 5-41 "参照"面板　　　　图 5-42 "选项"面板

- "属性"面板：在该面板的"名称"文本框中可编辑特征名称，单击 （显示此特征的信息）按钮，可在 Pro/ENGINEER 浏览器中查看所合并特征的详细信息。

如果要一次合并两个以上的面组，那么需要注意以下操作须知。

- 所选取的两个以上的这些面组，它们的单侧边应该彼此邻接，即只有在所选面组的所有边均彼此邻接且不重迭的情况下，才能合并两个以上的面组。
- 如果合并两个以上的面组，则不能选取相交面组。

下面介绍合并面组的典型操作实例，以帮助读者巩固合并面组的实用知识。

1）单击 （打开）按钮，弹出"文件打开"对话框。从随书光盘中的 CH5 文件夹中选择 BC_5_HB_1.PRT，单击"打开"按钮。该文件存在的原始模型如图 5-43 所示。

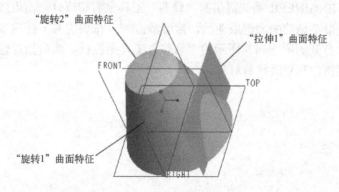

图 5-43 文件中的原始曲面模型

2）选择"旋转 1"曲面特征，按住〈Ctrl〉键的同时选择"旋转 2"曲面特征。

3）在工具栏中单击 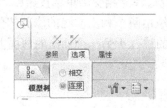（合并工具）按钮，或者在菜单栏的"编辑"菜单中选择"合并"命令，打开"合并"工具操控板。

4）在"合并"工具操控板中单击"选项"标签以打开"选项"面板，接着在该面板中选择"连接"单选按钮，如图 5-44 所示。

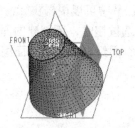

图 5-44 选择"连接"单选按钮

5）在"合并"工具操控板中单击 ☑（完成）按钮。

6）按住〈Ctrl〉键的同时选择"拉伸 1"曲面特征，然后在工具栏中单击 （合并工具）按钮，或者在菜单栏的"编辑"菜单中选择"合并"命令，打开"合并"工具操控板。

7）合并面组的动态预览效果如图 5-45 所示。在"合并"工具操控板中单击 ☑（完成）按钮，得到的面组合并效果如图 5-46 所示。

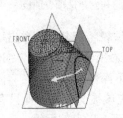
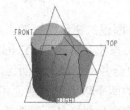

图 5-45 合并动态预览   图 5-46 面组合并的效果

5.5 修剪

可以使用 Pro/ENGINEER 系统提供的"修剪"工具来剪切或分割面组或曲线。要修剪面组或曲线，首先选取要修剪的面组或曲线，接着单击 ▢（修剪工具）按钮或者选择"编辑"→"修剪"命令，打开如图 5-47 所示的"修剪"工具操控板，然后指定修剪对象。可以在创建或重定义期间指定和更改修剪对象。

图 5-47 "修剪"工具操控板

在进行修剪的过程中，用户可以根据设计需要指定被修剪曲面或曲线中要保留的部分。另外，在使用其他面组修剪面组时，可以进入"选项"面板，使用"薄修剪"进行处理，所述的"薄修剪"允许指定修剪厚度尺寸及控制曲面拟合要求，如图 5-48 所示。与薄修剪相关的设置如下。

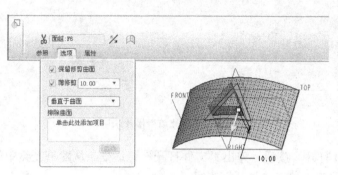

图 5-48　设置"薄修剪"

- "薄修剪"复选框及值框：选中此复选框，则进行薄修剪处理，可以其相应的值框中设置薄修剪的厚度值。注意仅当使用曲面作为修剪对象时，"薄修剪"选项才可用。
- 薄修剪拟合列表框：该下拉列表框中可供选择的拟合选项包括"垂直于曲面"、"自动拟合"和"控制拟合"。当选择"垂直于曲面"选项时，在垂直于曲面的方向上加厚曲面；当选择"自动拟合"选项时，确定缩放坐标系并沿 3 个轴拟合；当选择"控制拟合"选项时，用特定的缩放坐标系和受控制的拟合运动来加厚曲面。
- "排除曲面"收集器：在此收集器的列表框中单击，可以将其激活，然后可以在模型窗口中选择排除的原始面组曲面。该收集器将列出从"薄修剪"操作中排除的原始面组曲面。

5.5.1　修剪面组

通常，修剪面组的方式有两种，一种是在与其他面组或基准平面相交处进行修剪；另一种则是使用面组上的基准曲线修剪。下面结合示例介绍这两种修剪面组的方法。

1. 在与其他面组或基准平面相交处进行修剪

在与其他面组或基准平面相交处修剪曲面的典型步骤说明如下。

1）选取要修剪的曲面。

2）在工具栏中单击 🔲（修剪工具）按钮，或者在菜单栏中选择"编辑"→"修剪"命令，打开"修剪"工具操控板。

3）选取要用做修剪对象的面组或基准平面。

4）在图形窗口中单击方向箭头，或者在修剪工具操控板中单击 ✕（在要保留的修剪曲面的一侧、另一侧或两侧之间反向）按钮，指定要保留的修剪曲面侧。

5）如果需要，单击 🔲（使用侧面投影方向修剪面组，视图方向垂直于参照平面）按钮，显示弯曲曲面的侧面影像。侧面影像命令允许在特定的视图中查看弯曲曲面的轮廓边。

6）如果需要，可以打开"选项"面板，从中设置是否保留修剪曲面，是否进行"薄修剪"处理。当选中"薄修剪"复选框时，需指定修剪厚度尺寸、要从薄修剪中排除的曲面以及受控拟合对曲面的要求。

7）在"修剪"工具操控板中单击☑（完成）按钮。

操作示例如图 5-49 所示。该操作实例的步骤如下。

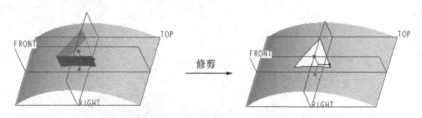

图 5-49 "修剪"操作示例

1）单击🖼（打开）按钮，弹出"文件打开"对话框。从随书光盘中的 CH5 文件夹中选择 BC_5_XJ_1.PRT，单击"打开"按钮。

2）选择要修剪的曲面，如图 5-50 所示。

3）在工具栏中单击🔲（修剪工具）按钮，或者在菜单栏中选择"编辑"→"修剪"命令，打开"修剪"工具操控板。

4）系统提示选取任意平面、曲线链或曲面以用做修剪对象。选择的修剪对象如图 5-51 所示。

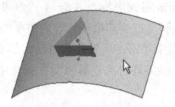
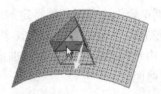

图 5-50 选择要修剪的曲面　　　　　　图 5-51 指定修剪对象

5）在"修剪"工具操控板中打开"选项"面板，从中清除"保留修剪曲面"复选框。

6）在"修剪"工具操控板中单击☑（完成）按钮，完成该简单实例的操作。

2. 使用曲面（面组）上的基准曲线修剪

使用曲面（面组）上的基准曲线来修剪曲面的示例如图 5-52 所示。该示例的素材练习文件为 BC_5_XJ_2.PRT，该文件位于随书光盘的 CH5 文件夹中。该示例的操作步骤可简述为：先选择要修剪的曲面，单击🔲（修剪工具）按钮，接着选择曲面上的曲线作为修剪对象，确保要保留的曲面侧，然后单击☑（完成）按钮即可。

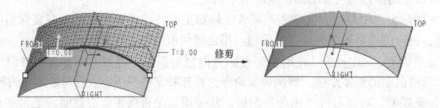

图 5-52 使用面组上的基准曲线修剪

5.5.2 修剪曲线

可以通过在曲线与曲面、其他曲线或基准平面相交处修剪或分割曲线来修剪该曲线。修剪曲线的具体操作步骤如下。

1）选取要修剪的曲线。

2）在工具栏中单击 □（修剪工具）按钮，或者在菜单栏中选择"编辑"→"修剪"命令，打开"修剪"工具操控板。

3）选取要用做修剪对象的任何曲线、平面或面组。

4）在图形窗口中单击方向箭头，或者在"修剪"工具操控板中单击 ✕（在要保留的修剪曲面的一侧、另一侧或两侧之间反向）按钮，指定要保留的曲线侧。

5）在"修剪"工具操控板中单击 ☑（完成）按钮。

修剪曲线的示例如图 5-53 所示。

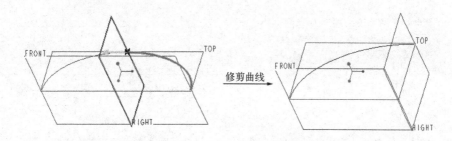

图 5-53　修剪曲线的示例

5.6　阵列

在设计中使用阵列的主要优点包括以下几点。

1）创建阵列是重新生成特征的快捷方式。

2）阵列是参数控制的，通过改变阵列参数（如实例数、实例之间的间距和原始特征尺寸），可以修改阵列。

3）修改阵列比分别修改特征更高效。在阵列中改变原始特征尺寸时，Pro/ENGINEER 自动更新整个阵列。

4）对包含在一个阵列中的多个特征同时执行操作，比操作单独特征，更为方便和高效。例如，可以方便地隐含阵列，或者将阵列添加到指定层。

Pro/ENGINEER 的阵列类型可以分为尺寸阵列、方向阵列、轴阵列、表阵列、参照阵列、填充阵列、曲线阵列和点阵列。在学习创建阵列特征之前，需要了解什么是阵列导引，什么是阵列成员。所谓的阵列导引是指选定用于阵列的特征或特征阵列，创建的各实例为阵列成员。注意在 Pro/ENGINEER 中，如果要阵列多个特征，则需要为这些特征创建一个"局部组"，然后阵列这个"局部组"，创建此组阵列后，可以根据实际情况来分解组实例以便单独对其进行修改。

选择阵列导引后，在工具栏中单击 ⊞（阵列工具）按钮，或者在菜单栏中选择"编辑"

→"阵列"命令,打开如图 5-54 所示的"阵列"工具操控板。

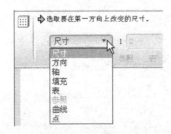

图 5-54 "阵列"工具操控板

"阵列"工具操控板提供了一个包含阵列类型的下拉列表框,在该下拉列表框中提供了如图 5-55 所示的阵列类型选项,包括"尺寸"、"方向"、"轴"、"填充"、"表"、"曲线"、"参照"和"点"。用户应该注意到"阵列"工具操控板的其他内容取决于所选的阵列类型选项。

在创建阵列特征时,需要理解和掌握阵列再生选项的基本知识。打开"阵列"工具操控板的"选项"面板,如图 5-56 所示,系统提供了 3 种类型的再生选项,即"相同"选项、"可变"选项和"一般"选项。系统会对每个阵列类型进行某种再生假设,以更快地创建阵列。

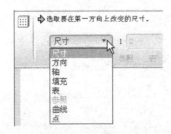

图 5-55 阵列类型选项

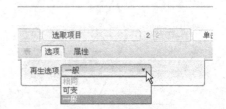

图 5-56 阵列再生选项

- "相同"选项:Pro/ENGINEER 假定所有的阵列成员尺寸相同,放置在相同的曲面上,且彼此之间或与零件边界不相交。在"相同"、"可变"和"一般"这 3 种选项中,相同阵列再生最快。对于相同阵列,系统生成第一个特征,然后完全复制包括所有交截在内的特征。

- "可变"选项:Pro/ENGINEER 假定阵列成员的尺寸可以不同或者可放置在不同的曲面上,但彼此之间或与零件边界不能相交。变化阵列比相同阵列要复杂得多,对于变化阵列,Pro/ENGINEER 分别为每个特征生成几何,然后一次生成所有交截。

- "一般"选项:Pro/ENGINEER 对阵列成员不做任何假定。此为默认设置。一般阵列允许创建极复杂的阵列。选择此选项时,Pro/ENGINEER 将计算每个单独实例的几何,并分别对每个特征求交。

5.6.1 尺寸阵列

尺寸阵列是通过使用驱动尺寸并指定阵列的增量变化来控制的阵列,它可以为单向的(如孔的线性阵列),也可以是双向的(如孔的矩形阵列,相当于将实例放置在行和列中)。

下面通过典型操作实例介绍创建单向、双向的尺寸阵列以及一个使用关系的尺寸阵列。

1.创建单向的尺寸阵列

1)单击 📂 (打开)按钮,弹出"文件打开"对话框。从随书光盘中的 CH5 文件夹中选择 BC_5_CCZL_1.PRT,单击"打开"按钮。

2)选择如图 5-57 所示的五角星形状的实体作为要阵列的特征。

图 5-57 选择要阵列的特征

3）在工具栏中单击▦（阵列工具）按钮，或者在菜单栏中选择"编辑"→"阵列"命令，打开"阵列"工具操控板。

4）从"阵列"工具操控板的阵列类型列表框中选择"尺寸"选项，以改变现有尺寸的方式来创建阵列。

5）打开"尺寸"面板。在模型窗口中单击所选特征显示数值为"32"的距离尺寸，然后将其增量设置为-16，如图 5-58 所示。

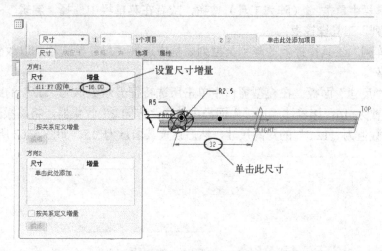

图 5-58 设置方向 1 的尺寸变量及其增量

6）在"阵列"工具操控板中输入第一方向的阵列成员数为 5，如图 5-59 所示。

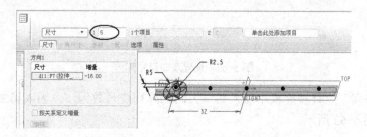

图 5-59 输入第一方向的阵列成员数

7）在"阵列"工具操控板中单击☑（完成）按钮。完成的单向尺寸阵列如图 5-60 所示。

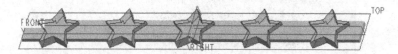

图 5-60 尺寸阵列的效果

2. 创建双向的尺寸阵列

1）单击 📂（打开）按钮，弹出"文件打开"对话框。从随书光盘中的 CH5 文件夹中选择 BC_5_CCZL_2.PRT，单击"打开"按钮。

2）选择如图 5-61 所示的五角星形状的实体作为要阵列的特征（即作为阵列导引）。

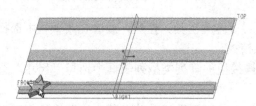

图 5-61　指定阵列导引

3）在工具栏中单击 ▦（阵列工具）按钮，或者在菜单栏中选择"编辑"→"阵列"命令，打开"阵列"工具操控板。

4）从"阵列"工具操控板的阵列类型列表框中选择"尺寸"选项，以改变现有尺寸的方式来创建阵列。

5）打开"尺寸"面板。在模型窗口中单击所选特征显示数值为"32"的距离尺寸，然后将其增量设置为-16；接着在"尺寸"面板中单击"方向 2"收集器，将其激活，然后在模型窗口中单击数值为"12.5"的距离尺寸，然后设置其增量为-15，如图 5-62 所示。

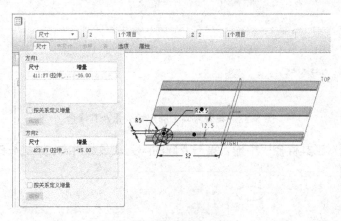

图 5-62　设置双向尺寸阵列

6）在"阵列"工具操控板中输入第一方向的阵列成员数为 5，输入第二方向的阵列成员数为 3，如图 5-63 所示。

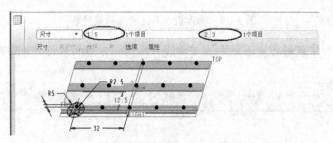

图 5-63　设置方向 1 和方向 2 的阵列成员数

7）在阵列工具操控板中单击☑（完成）按钮。完成的双向尺寸阵列如图 5-64 所示。

3．使用关系式来创建尺寸阵列

在创建尺寸阵列的过程中，可以使用关系式来驱动阵列增量，即可以为特定方向上的尺寸增量添加关系，以创建某些具有可循规律的复杂尺寸阵列。在阵列关系中，可以根据需要使用下列阵列参数。

- LEAD_V：导引值（已选取用以确定方向的尺寸）的参数符号。
- MEMB_V：相对于阵列导引的参照图元定位实例的参数符号。
- MEMB_I：相对于前一实例定位实例的参数符号。
- IDX1 和 IDX2：阵列实例索引值，这些值对于每一个经过计算的阵列实例是递增的。

注意：MEMB_V 和 MEMB_I 是互相排斥的，即两者不能同时出现在同一阵列关系中。

下面介绍一个使用关系式来创建尺寸阵列的典型操作实例。

1）单击🖿（打开）按钮，弹出"文件打开"对话框。从随书光盘中的 CH5 文件夹中选择 BC_5_CCZL_3.PRT，单击"打开"按钮。

2）选择圆形切口特征，如图 5-65 所示。

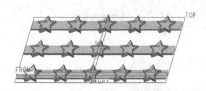

图 5-64　创建双向阵列

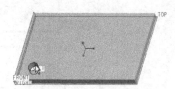

图 5-65　选择圆形切口

3）在工具栏中单击▦（阵列工具）按钮，或者在菜单栏中选择"编辑"→"阵列"命令，打开"阵列"工具操控板。

4）从"阵列"工具操控板的阵列类型列表框中选择"尺寸"选项，以改变现有尺寸的方式来创建阵列。

5）打开"尺寸"面板。在图形窗口中选择水平方向上的数值为"10"的尺寸（该尺寸控制切口中心轴到零件左边的距离），可以接受默认的尺寸增量。在"尺寸"面板中，单击"方向 1"收集器中的该尺寸的增量单元格，然后单击"方向 1"收集器下面的"按关系定义增量"复选框以选中它，此时尺寸增量值变为"关系"，如图 5-66 所示。

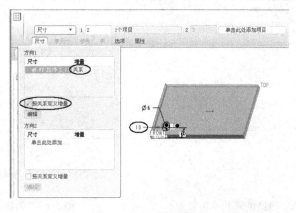

图 5-66　选中"按关系定义增量"复选框

6）单击"编辑"按钮，打开"关系"窗口。

7）在"关系"窗口中添加以下关系（注意 d2 和 d6 代表的是尺寸关系）：

memb_i=(d2-(2*d6))/5

此时"关系"窗口如图 5-67 所示。单击 ☑（执行/校验关系并按关系创建新参数）按钮，成功创建校验关系后，单击"关系"窗口中的"确定"按钮，退出"关系"创建，完成关系编辑。

图 5-67　在"关系"窗口中输入关系式

8）按住〈Ctrl〉键在图形窗口中选择垂直方向上的数值为"10"的尺寸和该尺寸控制切口中心轴到零件下边（前边）的距离，接受默认的尺寸增量。在"尺寸"面板的"方向 1"收集器中，单击该尺寸的增量单元格，然后单击"方向 1"收集器下面的"按关系定义增量"复选框以选中它，此时该尺寸增量值变为"关系"。 单击"编辑"按钮，打开"关系"窗口。

9）在"关系"窗口中输入以下关系：

incr=10

memb_v=lead_v+30*sin(3.5*incr*idx1)

然后，校验成功后，在"关系"窗口中单击"确定"按钮。

10）在"阵列"工具操控板中输入第一方向的阵列成员数为 6，如图 5-68 所示。

11）在"阵列"工具操控板中单击 ☑（完成）按钮。完成的尺寸阵列如图 5-69 所示。

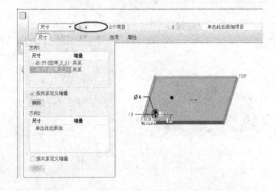

图 5-68　设置第一方向的阵列成员数为 6

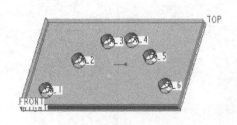

图 5-69　创建的尺寸阵列

5.6.2 方向阵列

方向阵列是通过指定方向并设置阵列增长的方向和增量来创建的自由形式阵列。方向阵列可以是单向的或双向的。

创建或重定义方向阵列时，可以更改以下项目。

- 每个方向上的间距：在操控板相应的文本框中键入增量，或拖动每个放置控制滑块以调整间距。
- 各个方向中的阵列成员数：在操控板文本框中键入成员数，或通过在图形窗口中双击进行编辑。
- 跳过阵列成员：单击指示该阵列成员的黑点，则黑点变成白色，表示跳过该阵列成员；如果要恢复该成员，则单击白点，使白点变成黑点。
- 特征尺寸：可以使用操控板中的"尺寸"面板来更改阵列特征的尺寸。
- 阵列成员的方向：要更改阵列的方向，向相反方向拖动放置控制滑块，或单击 按钮，或在操控板文本框中键入负增量。
- 方向阵列的 3 种方式： （平移）、 （旋转）和 （坐标系），其中默认为 （平移）方式。

下面通过一个典型实例介绍创建方向阵列的一般方法、步骤及技巧。

1）单击 （打开）按钮，弹出"文件打开"对话框。从随书光盘中的 CH5 文件夹中选择 BC_5_FXZL_1.PRT，单击"打开"按钮。该文件中存在的原始实体模型如图 5-70 所示。

2）选择原始实体模型作为阵列导引。

3）在工具栏中单击 （阵列工具）按钮，或者在菜单栏中选择"编辑"→"阵列"命令，打开"阵列"工具操控板。

4）从"阵列"工具操控板的阵列类型列表框中选择"方向"选项，且默认选择 （平移）。

5）选择 RIGHT 基准平面作为方向 1 参照，输入方向 1 的阵列成员数为 8，输入方向 1 的阵列成员间的间距为 68，如图 5-71 所示。

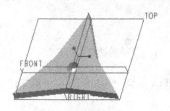

图 5-70 原始实体模型　　　　图 5-71 设置方向 1 参照及参数

6）在"阵列"工具操控板中单击 中的方向 2 参照收集器，将其激活，接着选择 FRONT 基准平面作为方向 2 参照，输入方向 2 的阵列成员间的间距为 80，输入方向 2 的阵列成员数为 3，单击 （反向第二方向）按钮，此时模型中显示的黑点如图 5-72 所示。

7）在"阵列"工具操控板中单击 （完成）按钮。完成该方向阵列得到的模型效果如图 5-73 所示。

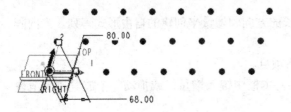
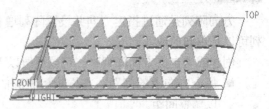

图 5-72　方向阵列的动态预览　　　　　图 5-73　完成的方向阵列

5.6.3　轴阵列

轴阵列是指通过设置阵列的角增量和径向增量来创建的自由形式径向阵列。在实际应用中，可以根据设计需要将轴阵列巧妙地设置成为螺旋形的阵列效果。

轴阵列允许在以下两个方向放置成员。

● 角度（第一方向）：阵列成员绕轴线旋转。默认轴阵列按逆时针方向等间距放置成员。

● 径向（第二方向）：阵列成员被添加在径向方向。

1. 创建轴阵列的典型操作实例

1）单击 📂（打开）按钮，弹出"文件打开"对话框。从随书光盘中的 CH5 文件夹中选择 BC_5_ZZL_1.PRT，单击"打开"按钮。该文件中存在的原始实体模型如图 5-74 所示。

2）在模型窗口中选择如图 5-75 所示的圆切口。

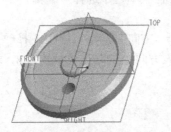
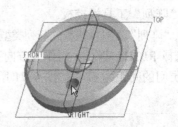

图 5-74　原始实体模型　　　　　　　图 5-75　选择圆切口

3）在工具栏中单击 ▦（阵列工具）按钮，或者在菜单栏中选择"编辑"→"阵列"命令，打开"阵列"工具操控板。

4）从"阵列"工具操控板的阵列类型列表框中选择"轴"选项，接着在模型中选择中心轴线 A_1。

5）在"阵列"工具操控板中单击 △（设置阵列的角度范围）按钮，接受默认的角度范围为 360°，然后输入第一方向的阵列成员数为 5，如图 5-76 所示。

6）在"阵列"工具操控板中单击 ✓（完成）按钮。创建的轴阵列效果如图 5-77 所示。

2. 创建螺旋形阵列的操作实例

要创建螺旋形阵列，通常可使用轴阵列并更改每个成员的径向放置尺寸（阵列成员和中心轴线之间的距离）来完成。

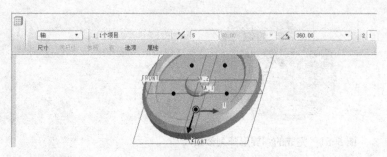
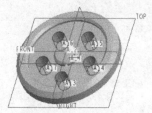

图 5-76 设置轴阵列参数 　　　　　　　　图 5-77 轴阵列效果

1）单击 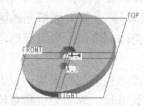（打开）按钮，弹出"文件打开"对话框。从随书光盘中的 CH5 文件夹中选择 BC_5_ZZL_2.PRT，单击"打开"按钮。该文件中存在的原始实体模型如图 5-78 所示。

2）选择如图 5-79 所示的小圆切口。

图 5-78 原始实体模型 　　　　　　　　图 5-79 选择阵列导引

3）在工具栏中单击 （阵列工具）按钮，或者在菜单栏中选择"编辑"→"阵列"命令，打开"阵列"工具操控板。

4）从"阵列"工具操控板的阵列类型列表框中选择"轴"选项，接着在模型中选择中心轴线 A_1。

5）在"阵列"工具操控板中单击 （设置阵列的角度范围）按钮，设置阵列的角度范围为"270"，然后输入第一方向的阵列成员数为 6。

6）在"阵列"工具操控板中单击"尺寸"选项，打开"尺寸"面板，接着激活"方向 1"的尺寸收集器，在模型窗口中单击数值为"10"的尺寸，然后设置该尺寸增量为 2，如图 5-80 所示。

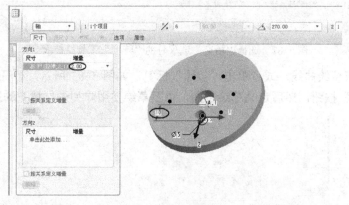

图 5-80 设置用于增加各成员径向尺寸的增量

7）在"阵列"工具操控板中单击☑（完成）按钮。完成的螺旋形阵列如图 5-81 所示。

图 5-81　完成的螺旋形阵列效果

5.6.4　填充阵列

填充阵列是指通过根据选定栅格用实例填充区域来控制的阵列。

在创建填充阵列时，需要从系统提供的几个栅格模板中选取一个模板（如菱形、圆形、三角形），并指定栅格参数（如阵列成员中心距、圆形和螺旋形栅格的径向间距、阵列成员中心与区域边界间的最小间距以及栅格围绕其原点的旋转等），而阵列填充的区域可以由草绘或选取已草绘的曲线来定义。如果不想在整个区域填充阵列实例，也可以选取"曲线"栅格来沿该区域的边界定位阵列成员。

在创建填充阵列时，还可以通过指定替代原点来更改填充阵列的原点，以及可以使阵列成员随选定曲面的形状。为了使阵列成员跟随选定曲面的形状，阵列导引和草绘平面必须与选定曲面相切。若草绘平面和阵列导引与选定的曲面相切，那么阵列成员将根据选定的方向类型沿着选定的曲面填充。

1. 填充阵列的方法与步骤

根据选定栅格用阵列成员填充某个区域来阵列特征，其典型方法及步骤说明如下（仅供参考）。

1）选取要阵列的特征，接着在工具栏中单击▦（阵列工具）按钮，或者在菜单栏中选择"编辑"→"阵列"命令，打开"阵列"工具操控板。

2）在"阵列"工具操控板的阵列类型列表框中选择"填充"选项，则操控板的布局选项发生相应变化，如图 5-82 所示。

图 5-82　选择"填充"选项时的"阵列"工具操控板

3）选取现有草绘曲线，或者单击"参照"标签，如图 5-83 所示，打开"参照"面板，从中单击"定义"按钮，然后定义草绘平面，以及草绘要用阵列进行填充的区域。

图 5-83　打开"参照"面板

4）系统默认的栅格类型选项为"正方形"，用户可以在操控板中的栅格类型下拉列表框中设置阵列成员间隔的栅格模板，如图 5-84 所示。

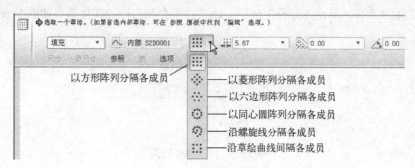

图 5-84　选择栅格类型选项

5）设置阵列成员中心之间的间隔。在操控板的 ⊞ 旁的框中键入或选取一个值，或者在图形窗口中拖动控制滑块，或双击与"间距"相关的值并键入新值。

6）设置阵列成员中心与草绘边界间的最小距离。在操控板的 ▨ 旁的框中键入或选取一个值。使用负值可以使中心位于草绘的外面，或者在图形窗口中拖动控制滑块，或双击与控制滑块相关的值并键入新值。

7）指定栅格绕原点的旋转角度。在操控板的 ◿ 旁的框中键入或选取一个值，或者在图形窗口中拖动控制滑块，或双击与控制滑块相关的值并键入值。

8）如果要更改圆形和螺旋形栅格的径向间隔，可以在操控板上 ◿ 旁的框中键入或选取一个值，或者在图形窗口中拖动控制滑块，或双击与控制滑块相关的值并键入新值。

9）如果要将阵列成员投影到曲面上并定向各个成员，则可以单击操控板中的"选项"标签以打开"选项"面板，接着选中"跟随曲面形状"复选框，如图 5-85 所示，此时曲面收集器将变为活动状态。然后在模型中选取要沿其投影阵列成员的曲面，根据设计要求从"间距"下拉列表框中选择所需的间距选项。另外，注意再生选项及其他复选框的应用。

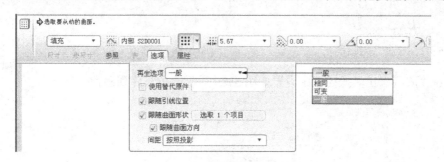

图 5-85　选中"跟随曲面形状"复选框

10）如果要排除某个位置的阵列成员，则可以在图形窗口中单击指示阵列成员的相应黑点，使黑点变为白色"○"，表明阵列成员已被排除。当然用户也可以在重定义阵列过程中随时再次单击此白点以便恢复相应位置的阵列成员。

11）在"阵列"工具操控板中单击 ☑（完成）按钮，完成填充阵列。

2. 创建填充阵列的一个典型操作实例

1）单击📂（打开）按钮，弹出"文件打开"对话框。从随书光盘中的 CH5 文件夹中选择 BC_5_TCZL_1.PRT，单击"打开"按钮。该文件中存在的原始实体模型如图 5-86 所示。

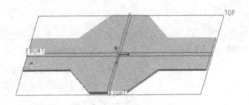

图 5-86　原始实体模型

2）在模型中选择圆形切口，在工具栏中单击▦（阵列工具）按钮，或者在菜单栏中选择"编辑"→"阵列"命令，打开"阵列"工具操控板。

3）在"阵列"工具操控板的阵列类型列表框中选择"填充"选项。

4）在"阵列"工具操控板中单击"参照"选项标签，打开"参照"面板。接着在"参照"面板中单击"定义"按钮，弹出"草绘"对话框。

5）在"草绘"对话框中单击"使用先前的"按钮，进入草绘模式。

6）单击▢（通过边创建图元）按钮，打开如图 5-87 所示的"类型"对话框。在"类型"对话框中选择"单一"单选按钮，依次在绘图窗口中单击实体边以创建如图 5-88 所示的闭合图形，单击"类型"对话框中的"关闭"按钮，然后单击✔（完成）按钮。

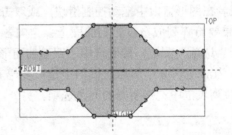

图 5-87　"类型"对话框　　　　　　　　图 5-88　绘制闭合的填充区域

7）在"阵列"工具操控板中设置如图 5-89 所示的填充阵列参数。

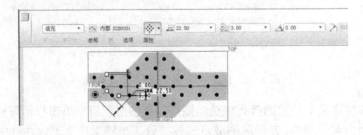

图 5-89　设置填充阵列参数

8）在"阵列"工具操控板中单击☑（完成）按钮，完成该填充阵列，其效果如图 5-90 所示。

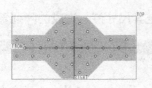
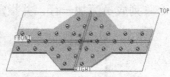

图 5-90 完成填充阵列

5.6.5 表阵列

表阵列是指通过使用阵列表并为每一阵列实例指定尺寸值来创建的阵列。这类阵列可以完成比较复杂或是不规则的阵列。可以为一个阵列建立多个表，这样通过变换阵列的驱动表，即可方便地改变阵列。

下面通过操作实例的形式来辅助介绍表阵列的创建方法及典型步骤。

1）单击📂（打开）按钮，弹出"文件打开"对话框。从随书光盘中的 CH5 文件夹中选择 BC_5_BZL_1.PRT，单击"打开"按钮。该文件中存在的原始实体模型如图 5-91 所示。

2）在模型窗口中选择如图 5-92 所示的小圆柱体，接着在工具栏中单击▦（阵列工具）按钮，或者在菜单栏中选择"编辑"→"阵列"命令，打开"阵列"工具操控板。

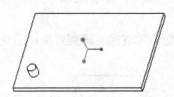
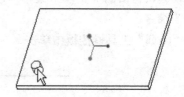

图 5-91 原始实体模型   图 5-92 选择小圆柱体

3）在"阵列"工具操控板的阵列类型列表框中选择"表"选项。

4）在模型窗口中选取要包括在阵列表中的尺寸 1、尺寸 2、尺寸 3 和尺寸 4，如图 5-93 所示，注意按住〈Ctrl〉键选取多个尺寸。

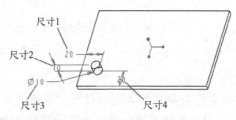

图 5-93 选择要包括在表阵列中的尺寸

5）在如图 5-94 所示的"阵列"工具操控板中单击"编辑"按钮，打开表编辑器窗口。

图 5-94 "阵列"工具操控板

6）在表中为每个阵列成员添加一行，并指定其尺寸值。完成的阵列表如图5-95所示。

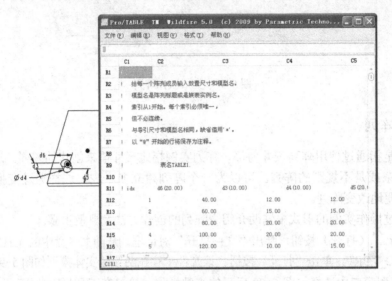

图 5-95　编辑阵列表

7）在表编辑窗口的"文件"菜单中选择"保存"命令，接着从该"文件"菜单中选择
"退出（Q）"命令。

8）在"阵列"工具操控板中单击☑（完成）按钮，创建的表阵列效果如图5-96所示。

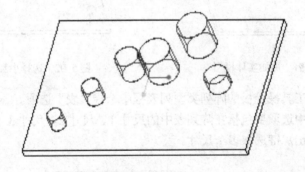

图 5-96　创建的表阵列

5.6.6　曲线阵列

　　"曲线阵列"是指通过指定沿着曲线的阵列成员间的距离或阵列成员的数目来创建的阵
列。要创建曲线阵列，需要草绘一条曲线或选择一条草绘基准曲线，而曲线阵列的起始点始
终位于曲线的起点，曲线阵列的方向始终为从曲线的开始处到曲线的结束处。在实际应用
中，通常将阵列导引放置在曲线的开始位置处，以确保沿曲线精确对齐阵列成员。

　　下面结合简单的操作实例辅助介绍如何创建曲线阵列。

　　1）单击 📂（打开）按钮，弹出"文件打开"对话框。从随书光盘中的 CH5 文件夹中选
择 BC_5_QXZL_1.PRT，单击"打开"按钮。该文件中存在的原始实体模型如图5-97所示。

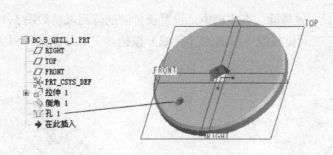

图 5-97 原始实体模型

2）选择"孔 1"特征，接着在工具栏中单击▦（阵列工具）按钮，或者在菜单栏中选择"编辑"→"阵列"命令，打开"阵列"工具操控板。

3）在"阵列"工具操控板的阵列类型列表框中选择"曲线"选项。

4）在"阵列"工具操控板中单击"参照"选项标签，打开"参照"面板，如图 5-98 所示，然后单击该面板中的"定义"按钮，弹出"草绘"对话框。

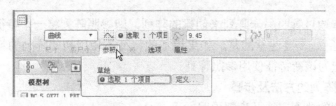

图 5-98 打开"参照"面板

5）选择 TOP 基准平面作为草绘平面，以 RIGHT 基准平面作为"右"方向参照，单击"草绘"按钮，进入草绘模式。

6）草绘如图 5-99 所示的基准曲线，单击✔（完成）按钮。

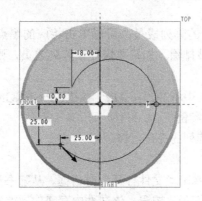

图 5-99 绘制曲线

7）在操控板中选中✿（设置沿曲线的阵列成员数目）按钮，输入沿曲线的阵列成员的数量为 8（包括沿曲线的阵列导引在内）。也可以选中✿（设置沿曲线的阵列成员间的间距）按钮来设置相应的间距。

8）排除某个位置的阵列成员。使用鼠标光标单击相应的黑点，则黑点将变为白色，表明所单击的阵列成员已被排除。在本例中，设置要排除的阵列成员如图 5-100 所示。

9）在"阵列"工具操控板中单击☑（完成）按钮，完成该曲线阵列的效果如图 5-101 所示。

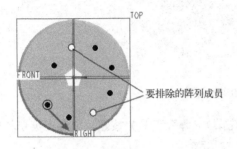

图 5-100　设置要排除的阵列成员

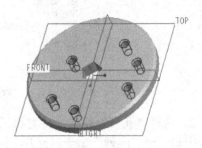

图 5-101　完成的曲线阵列

5.6.7　参照阵列

参照阵列是指通过参照另一阵列来创建的阵列，即参照阵列将一个特征阵列复制在其他阵列特征的"上部"。需要注意的是，如果增加的特征不使用初始阵列的特征来获得其几何参照，那么就不能为该新特征使用参照阵列。

1．创建参照阵列的方法及步骤

创建参照阵列的典型方法及步骤说明如下。

1）选取要阵列的特征，该选定特征必须参照另一被阵列的特征。

2）在工具栏中单击▦（阵列工具）按钮，或者在菜单栏中选择"编辑"→"阵列"命令，打开"阵列"工具操控板。如果选定特征可以被单独阵列（如同轴孔)，则其默认阵列类型被设置为"参照"。在模型窗口中，阵列导引用"◉"加以标明，阵列成员则用"●"加以标明。

3）如果要排除某个位置的阵列成员，可以单击相应的黑点，使黑点变为白色"○"显示，以此表明该阵列成员已被排除。如果要恢复该阵列成员，则可以在重定义阵列时随时再次单击该白点。

4）在"阵列"工具操控板中单击☑（完成）按钮，Pro/ENGINEER 将阵列选定的特征。

2．应用参照阵列的操作实例

下面是一个应用到参照阵列的操作实例。

（1）打开零件文件

单击☞（打开）按钮，弹出"文件打开"对话框。从随书光盘中的 CH5 文件夹中选择 BC_5_CZZL_1.PRT，单击"打开"按钮。该文件中存在的原始实体模型如图 5-102 所示。

（2）创建轴阵列

1）选择如图 5-103 所示的孔特征。

2）在工具栏中单击▦（阵列工具）按钮，或者在菜单栏中选择"编辑"→"阵列"命令，打开"阵列"工具操控板。

3）从"阵列"工具操控板的阵列类型列表框中选择"轴"选项，接着在模型中选择中心轴线 A_1。

4）设置第一方向的阵列成员数为6，设置轴阵列的相邻成员间的角度间距为60°。

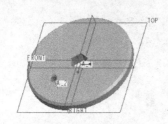

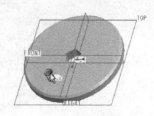

图 5-102　原始实体模型　　　　　　图 5-103　选择孔特征

5）单击✔（完成）按钮，创建的轴阵列如图 5-104 所示。

（3）参照一个阵列成员创建切口

1）在右工具箱中单击（拉伸工具）按钮，或者从菜单栏的"插入"菜单中选择"拉伸"命令，系统出现"拉伸"工具操控板。

2）默认时，"拉伸"工具操控板中的□（创建实体）按钮处于被选中的状态。在"拉伸"工具操控板中单击（去除材料）按钮。

3）打开"放置"面板，接着单击"定义"按钮，弹出"草绘"对话框。

4）选择如图 5-105 所示的实体表面作为草绘平面，以 RIGHT 基准平面作为"右"方向参照，单击"草绘"按钮，进入草绘模式。

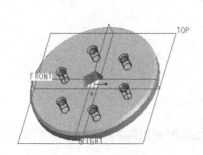

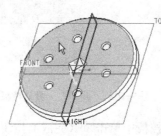

图 5-104　创建的轴阵列　　　　　　图 5-105　定义草绘平面及草绘方向

5）单击（同心圆）按钮，绘制两个同心圆，接着单击（直线）按钮绘制所需的直线段，然后对图形进行修剪，得到的拉伸切除的剖面如图 5-106 所示。单击✔（完成）按钮。

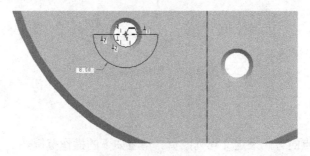

图 5-106　绘制剖面

6）在"拉伸"工具操控板中设置拉伸深度为2。

7）在"拉伸"工具操控板中单击☑（完成）按钮，半切口效果如图5-107所示。

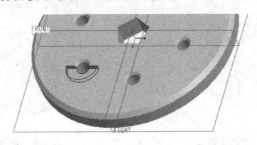

图5-107　半切口效果

（4）创建参照阵列

1）刚创建的半切口处于被选中的状态。在工具栏中单击▦（阵列工具）按钮，或者在菜单栏中选择"编辑"→"阵列"命令，打开"阵列"工具操控板。

2）此时，"阵列"工具操控板和模型如图5-108所示。系统自动假设的阵列类型选项为"参照"。

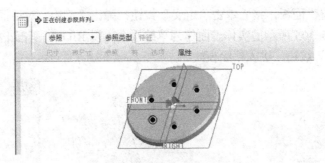

图5-108　"阵列"工具操控板和模型显示

3）在"阵列"工具操控板中单击☑（完成）按钮，创建的参照阵列如图5-109所示。

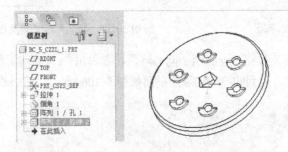

图5-109　创建的参照阵列

5.6.8　点阵列

可以通过草绘点的方式来定义阵列成员。请看如下的操作范例。

1）打开随书光盘 CH5 文件夹中的 TSM_M5_DZL.PRT 文件，文件中存在的原始实体模型如图 5-110 所示。

2）选择要阵列的拉伸实体特征，单击 ▦（阵列工具）按钮，打开"阵列"工具操控板。

3）在"阵列"工具操控板的阵列类型列表框中选择"点"选项，此时"阵列"工具操控板中的内容如图 5-111 所示。

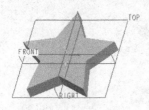

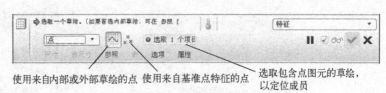

使用来自内部或外部草绘的点　使用来自基准点特征的点

选取包含点图元的草绘，以定位成员

图 5-110　原始实体特征　　　　　　图 5-111　创建点阵列时的工具操控板

4）打开"参照"面板，单击"定义"按钮，弹出"草绘"对话框。选择 TOP 基准平面作为草绘平面，默认以 RIGHT 基准平面作为"右"方向参照，然后单击"草绘"对话框中的"草绘"按钮，进入草绘模式。

5）单击 ✗（几何点）按钮，依次绘制如图 5-112 所示的几何点（一共 5 个几何点）。然后单击 ✔（完成）按钮。

6）在"阵列"工具操控板中单击 ☑（完成）按钮，阵列结果如图 5-113 所示。

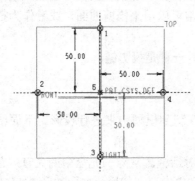

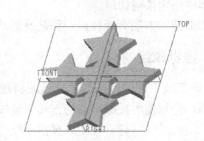

图 5-112　绘制几何点　　　　　　　图 5-113　阵列结果

5.6.9 阵列特征的一些典型处理

在前面的一些阵列操作实例中，介绍了在创建阵列特征的过程中排除某个位置的阵列成员，其方法很简单，就是使用鼠标光标单击相应的黑点，使黑点变为白色，白点表明所单击的阵列成员已被排除。如果要恢复被排除的阵列成员，则单击其白点，使白点变成黑点即可。

在模型树中右击阵列特征节点，弹出如图 5-114 所示的右键快捷菜单。利用该快捷菜单可以对选定阵列特征执行"删除"、"删除阵列"、"组"、"隐含"、"重命名"、"编辑"、"编辑定义"和"编辑参数"等操作。

用户尤其要注意"删除"与"删除阵列"命令的差别之处。如果从快捷菜单中选择"删除"命令，则删除选定阵列特征，包括特征阵列和用于创建阵列的特征；如果从快捷菜单中选择"删除阵列"命令，则选定的特征阵列的阵列即从模型中被删除，而用于创建该阵列的特征保留。例如，在模型树中对于如图 5-114 所示的阵列特征右击，从快捷菜单中选择"删除阵列"命令，则完成该命令操作后的模型树显示如图 5-115 所示。

图 5-114 右击阵列特征

图 5-115 执行"删除阵列"后的模型树

5.7 投影

使用"编辑"菜单中的"投影"命令，可以在实体上和非实体曲面、面组或基准平面上创建投影基准曲线。创建的这些投影基准曲线，通常可以用来修剪曲面，或者作为扫描轨迹以在实体中创建某些切口。

投影曲线的方法有两种，一种是投影草绘；另外一种是投影链。

5.7.1 投影草绘

"投影草绘"方法是指创建草绘或将现有草绘复制到模型中来进行投影。下面结合一个操作实例，介绍使用投影草绘的方式创建投影曲线。

1) 单击 （打开）按钮，弹出"文件打开"对话框。从随书光盘中的 CH5 文件夹中选择 BC_5_TYQX_1.PRT，单击"打开"按钮。该文件中存在的原始曲面如图 5-116 所示。

2) 从菜单栏的"编辑"菜单中选择"投影"命令，打开"投影"工具操控板。

3) 在"投影"工具操控板中单击"参照"选项标签，从而打开"参照"面板。

4) 在"参照"面板的第一个下拉列表框中选择"投影草绘"选项，如图 5-117 所示。接着单击"定义"按钮，弹出"草绘"对话框。

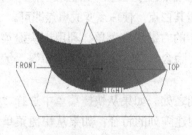

图 5-116 原始曲面

图 5-117 在"参照"面板中选择"投影草绘"选项

5）选择 FRONT 基准平面作为草绘平面，以 RIGHT 基准平面作为"右"方向参照，然后单击"草绘"对话框中的"草绘"按钮，进入草绘模式。

6）绘制如图 5-118 所示的图形，单击 ✔（完成）按钮，完成草绘并退出草绘模式。

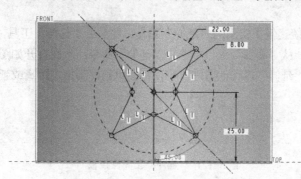

图 5-118　绘制图形

7）系统提示选取一组曲面以将曲线投影到其上。在模型窗口中单击拉伸曲面。

8）"方向"选项设置为"沿方向"，接着在如图 5-119 所示的"方向"参照收集器中单击，从而激活该收集器，然后选择 FRONT 基准平面。

9）在"投影"工具操控板中单击 ☑（完成）按钮，创建的投影曲线如图 5-120 所示。

图 5-119　激活方向参照收集器　　　　图 5-120　创建的投影曲线

5.7.2　投影链

"投影链"方法是指通过选取要投影的曲线或链来在对象面上创建投影曲线。

通过选取链创建投影基准曲线的典型方法及步骤如下。

1）在图形窗口中，选择一个或多个要进行投影的曲线或链。

2）从菜单栏的"编辑"菜单中选择"投影"命令，打开"投影"工具操控板。

3）在"投影"工具操控板中单击"参照"选项标签，打开"参照"面板。可以看到列表框中默认的选项为"投影链"。

4）在图形窗口中，单击要将曲线或链投影到其上的曲面。

5）在"投影"工具操控板中单击"方向参照"收集器，然后选取平面、轴、坐标系的轴或直图元用做投影方向参照。

6）在"方向"框中选择以下投影方向选项。

● "沿方向"：沿指定的方向投影曲线。

● "垂直于曲面"：垂直于曲线平面或指定的平面或曲面投影曲线。

7）在"投影"工具操控板中单击 ☑（完成）按钮，所选曲线或链被投影到选定的曲面上。

5.8 延伸

Pro/ENGINEER 系统提供了实用的"延伸"工具。要激活"延伸"工具，必须先选取要延伸的曲面边界链，此时才能从"编辑"菜单中选择"延伸"命令，从而打开如图 5-121 所示的"延伸"工具操控板。使用"延伸"操作的方法，可以将面组延伸到指定距离或延伸至一个平面。

图 5-121 "延伸"工具操控板

下面介绍"延伸"工具操控板的主要组成元素。

● ▢（沿原始曲面延伸曲面）：选中该图标按钮后，可以在 ↦ 文本框内指定恒定延伸的延伸距离。以此方式延伸的示例如图 5-122 所示。

● ▢（将曲面延伸到参照平面）：选中该图标按钮后，可以使用"参照"平面收集器选取参照平面。以此方式延伸的示例如图 5-123 所示。

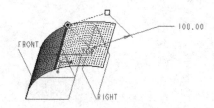

图 5-122 沿原始曲面延伸曲面

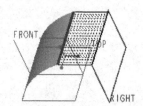

图 5-123 将曲面延伸到参照平面

● ％：反向方向以延伸或修剪曲面或面组，即反转与"边界边"链相关的延伸方向。此功能对可变延伸不可用。

● "参照"面板：该面板如图 5-124 所示，允许更改边/链参照。如果要重定义选取选项，则可以单击"细节"按钮。

● "量度"面板：在"延伸"工具操控板中选中 ▢（沿原始曲面延伸曲面）图标按钮后，才可启用此面板。利用此面板，可以通过沿选定边链添加并调整测量点来创建可变延伸。在默认情况下，系统只添加一个测量点，并按相同的距离延伸整个链以创建恒定延伸，如图 5-125 所示。另外，在此面板中，还可以指定测量延伸的方法，即 ▢（沿延伸曲面测量延伸距离）或 ▢（在选定基准平面中测量延伸距离）。

● "选项"面板：在"延伸"工具操控板中选中 ▢（沿原始曲面延伸曲面）图标按钮后，可启用此面板。在"方法"下拉列表框中，可根据设计要求选择"相同"、"相切" 或"逼近"选项来设定延伸方法，如图 5-126 所示。在"拉伸第一侧"或"拉伸第二侧"下，通过从其列表中进行选择来为每个延伸侧定义延伸侧：当选择"沿着"选项时，沿选定侧边创建延伸侧，如果有多个侧边可用，可使用下一个收集器选取一个侧边；当选择"垂直于"选项时，则创建垂直于相连接边界边的延伸侧。

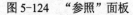

图 5-124 "参照"面板

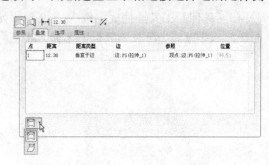

图 5-125 "量度"面板

- "属性"面板：该面板如图 5-127 所示，在"名称"文本框中可以重命名延伸特征，若单击 ⚹（显示此特征的信息）按钮，则在 Pro/ENGINEER 浏览器中查看关于当前延伸特征的详细信息。

图 5-126 "选项"面板

图 5-127 "属性"面板

下面介绍延伸曲面的综合操作实例。在该实例中进行的主要操作包括：沿原始曲面延伸曲面，将曲面延伸到参照平面，创建可变距离延伸。

1．打开文件

单击 📂（打开）按钮，弹出"文件打开"对话框。从随书光盘中的 CH5 文件夹中选择 BC_YS_1.PRT 文件，单击"打开"按钮。该文件中存在的原始曲面如图 5-128 所示。

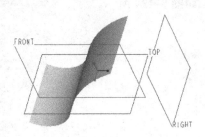

图 5-128 原始曲面

2．沿原始曲面延伸曲面

1）选取要延伸的曲面边界边链，如图 5-129 所示。为了便于选择曲面边界边链，可以临时将选择过滤器的选项设置为"几何"。

2）从"编辑"菜单中选择"延伸"命令，打开"延伸"工具操控板。

3）在"延伸"工具操控板中选中 （沿原始曲面延伸曲面）图标按钮，接着打开"选项"面板，从"方式"下拉列表框中选择"相切"选项，如图 5-130 所示。

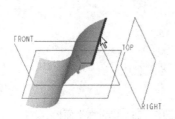

图 5-129 选择要延伸的曲面边界边链 　　　图 5-130 选择"相切"方式选项

4）在操控板的 文本框内指定恒定延伸的延伸距离为 100，此时曲面模型显示如图 5-131 所示。

5）在"延伸"工具操控板中单击 （完成）按钮，得到的延伸效果如图 5-132 所示。

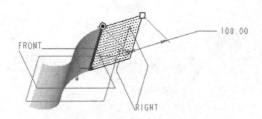

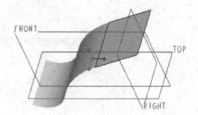

图 5-131 曲面模型显示 　　　　　　　图 5-132 创建相切曲面延伸

3．将曲面延伸到参照平面

1）选取要延伸的曲面边界边链，如图 5-133 所示。

2）从"编辑"菜单中选择"延伸"命令，打开"延伸"工具操控板。

3）在"延伸"工具操控板中选中 （将曲面延伸到参照平面）图标按钮，接着选择 TOP 基准平面作为参照平面，如图 5-134 所示。

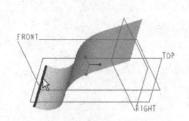

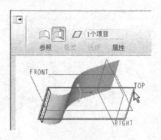

图 5-133 选取要延伸的曲面边界边链 　　　图 5-134 选择参照平面

4）在"延伸"工具操控板中单击 （完成）按钮。

4．创建可变距离延伸

1）选取要延伸的曲面边界边链，如图 5-135 所示。

2）在"编辑"菜单中选择"延伸"命令，打开"延伸"工具操控板。

3）在"延伸"工具操控板中选中 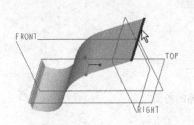（沿原始曲面延伸曲面）图标按钮，接着打开"选项"面板，从"方法"下拉列表框中选择"相同"选项，如图5-136所示。

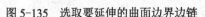

图5-135 选取要延伸的曲面边界边链   图5-136 设置延伸选项

4）在"延伸"工具操控板中单击"量度"选项标签，打开"量度"面板。注意在初始条件下，系统只添加一个测量点，并按相同的距离延伸整个链以创建恒定延伸。

5）在"量度"面板的内部框中单击鼠标右键，然后从快捷菜单中选择"添加"命令，添加一个测量点。使用同样的方法，再添加一个测量点。

6）通过在指定测量点的"位置"下键入一个值以指定点的位置。位置值为0或1表示终点1或终点2。接着分别设置测量点的距离尺寸和距离类型，如图5-137所示。

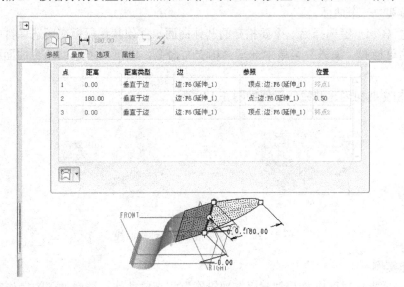

图5-137 创建多点延伸

说明：距离类型选项包括"垂直于边"、"沿边"、"至顶点平行"和"至顶点相切"，它们的功能含义如下。

● "垂直于边"：延伸垂直于选定边的曲面。
● "沿边"：延伸沿侧边的曲面。
● "至顶点平行"：延伸在顶点处且与边界边平行的曲面。
● "至顶点相切"：延伸在顶点处并与下一单侧边相切的曲面。

7）在"延伸"工具操控板中单击 ☑（完成）按钮，创建可变距离延伸的曲面效果如图 5-138 所示。

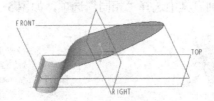

图 5-138　创建可变距离延伸的曲面效果

5.9　相交

使用"编辑"菜单中的"相交"命令，可以在曲面与其他曲面或基准平面相交处创建曲线，也可以在两个草绘或草绘后的基准曲线（被拉伸后成为曲面）相交位置处创建曲线，所创建的曲线通常被称为"相交曲线"或"交截曲线"。

1．操作步骤

在曲面与其他曲面或基准平面相交处创建曲线的操作步骤如下。

1）选择其中一个曲面。

2）按住〈Ctrl〉键选择另一个要相交的其他曲面，并使其都保留在所选项目中。

3）从菜单栏的"编辑"菜单中选择"相交"命令，即可在所选的两个曲面相交处创建相交曲线。

通过两相交曲面创建曲线的示例如图 5-139 所示。

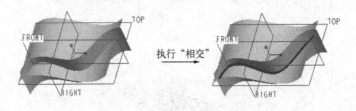

图 5-139　通过两相交曲面创建曲线

2．操作实例

用户还应掌握通过两个草绘创建"二次投影"相交的曲线。请看如下的操作实例。

1）单击 🗋（新建）按钮，打开"新建"对话框，设置类型为"零件"，子类型为"实体"，输入名称为"bc_5_xj"，清除"使用缺省模板"复选框，单击"确定"按钮；弹出"新文件选项"对话框，选择 mmns_part_solid 模板，单击"确定"按钮，进入草绘模式。

2）单击 🗔（草绘工具）按钮，弹出"草绘"对话框。选择 FRONT 基准平面作为草绘平面，以 RIGHT 基准平面作为"右"方向参照，单击"草绘"按钮。

绘制如图 5-140 所示的一段椭圆弧（为整个椭圆的四分之一），单击 ✔（完成）按钮。

3）单击 🗔（草绘工具）按钮，弹出"草绘"对话框。选择 TOP 基准平面作为草绘平面，以 RIGHT 基准平面作为"右"方向参照，单击"草绘"按钮。

绘制如图 5-141 所示的曲线，单击 ✔（完成）按钮。

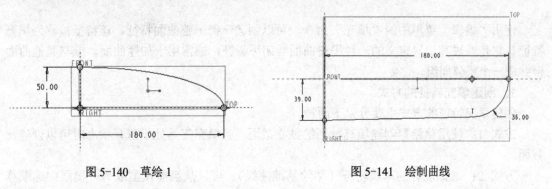

图 5-140 草绘 1　　　　　　　　　　图 5-141 绘制曲线

4）在模型树中选择"草绘 1"，按住〈Ctrl〉键选择"草绘 2"，接着从菜单栏的"编辑"菜单中选择"相交"命令。创建的交截曲线如图 5-142 所示，同时系统自动隐藏"草绘1"和"草绘 2"。

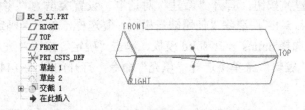

图 5-142 创建的交截曲线

在实际设计工作中，有时候需要重定义相交草绘或曲面，其方法很简单，即先选择要编辑定义的"交截"特征，在"编辑"菜单中选择"定义"命令，打开"相交"工具操控板，接着收集新的草绘或曲面，新的草绘或曲面被用于相交及生成新的预览几何，然后单击 ☑（完成）按钮。

可以在相交特征中断开参照草绘的链接并编辑内部草绘，其方法是执行对该交截曲线进行编辑定义时打开相交工具操控板，此时单击"参照"选项标签，打开如图 5-143 所示的"参照"面板，该面板带有两个相交草绘的收集器。单击相应的"断开链接"按钮中断与指定草绘的相关性，并生成作为内部草绘的副本，系统将该"断开链接"按钮更改为"编辑"按钮；单击"编辑"按钮，进入草绘模式编辑内部草绘。

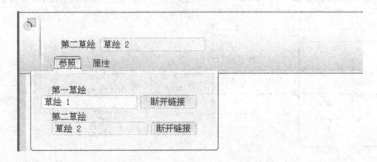

图 5-143 "相交"工具操控板的"参照"面板（适用于交截曲线）

5.10 填充

使用"编辑"菜单中的"填充"命令，可以创建一类平整曲面特征，该特征被称为填充特征。它是通过其边界定义的一种平整曲面封闭环特征，通常用于加厚曲面，或与其他曲面合并成一个整体面组。

1. 创建填充特征的方式

创建填充特征的方式主要分以下两种。

方式 1：使用草绘器创建填充特征的独立截面。当填充工具处于打开状态时可以创建此截面。

方式 2：选择现有的草绘特征（草绘基准曲线）。可以从当前模型或另一模型中选取草绘特征，得到的填充特征将使用从属截面作为参照。此截面与父草绘特征完全相关。

2. 典型操作实例

下面介绍一个创建填充曲面的典型操作实例。

1）单击 □（新建）按钮，打开"新建"对话框，设置类型为"零件"，子类型为"实体"，输入名称为"bc_5_tc"，清除"使用缺省模板"复选框，单击"确定"按钮；弹出"新文件选项"对话框，选择 mmns_part_solid 模板，单击"确定"按钮，进入草绘模式。

2）在菜单栏的"编辑"菜单中选择"填充"命令，打开如图 5-144 所示的"填充"工具操控板。

图 5-144 "填充"工具操控板

3）在"填充"工具操控板中单击"参照"选项标签，打开"参照"面板，接着单击该面板中的"定义"按钮，弹出"草绘"对话框。

4）选择 TOP 基准平面作为草绘平面，以 RIGHT 基准平面作为"右"方向参照，单击"草绘"按钮，进入草绘模式。

5）绘制如图 5-145 所示的闭合图形，单击 ✔（完成）按钮。

6）在"填充"工具操控板中单击 ☑（完成）按钮，完成创建的填充曲面特征如图 5-146 所示。

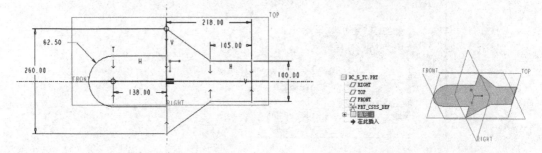

图 5-145 绘制封闭的二维图形   图 5-146 创建填充曲面特征

5.11 偏移

Pro/ENGINEER 系统提供了强大的而且实用的"偏移"工具，其执行命令为"编辑"→"偏移"命令。使用"偏移"命令（工具），可以通过将一个曲面或一条曲线偏移恒定的距离或可变的距离来创建一个新的特征。偏移曲面通常用于构建产品造型，而偏移曲线可以构建一组可以在以后用来创建曲面的曲线。

使用"偏移"工具可以创建这些类型的偏移特征："标准"偏移特征、"展开"偏移特征、"具有拔模"偏移特征、"替换"偏移特征和"曲线"偏移特征。这些偏移类型的简单说明如下。

- "标准"：偏移一个面组、曲面或实体面。
- "展开"：在封闭面组或实体草绘的选定面之间创建一个连续体积块，当使用"草绘区域"选项时，将在开放面组或实体曲面的选定面之间创建连续的体积块。
- "具有拔模"：偏移包括在草绘内部的面组或曲面区域，并拔模侧曲面。还可以使用此选项来创建直的或相切侧曲面轮廓。
- "替换"：用面组或基准平面替换实体面。
- "曲线"：在指定的方向偏移一条曲线或曲面的单侧边。

5.11.1 偏移曲面

选取一个曲面，然后在菜单栏中选择"编辑"→"偏移"命令，或者从工具栏中单击 ("偏移"工具，可以通过定制屏幕来定制该工具）按钮，打开"偏移"工具（曲面）操控板，如图 5-147 所示。在该操控板的下拉列表框中提供了 4 种偏移类型图标选项，即 （标准）、 （具有拔模角度）、 （展开）和 （替换）。当选择不同的偏移类型图标选项时，操控板出现的细节元素会不相同。

图 5-147 "偏移"工具（曲面）操控板

下面结合典型操作实例（练习实例）介绍几种"偏移"操作。

1. 创建标准偏移曲面

1）单击 （打开）按钮，弹出"文件打开"对话框。从随书光盘中的 CH5 文件夹中选择 BC_5_PY_1.PRT 文件，单击"打开"按钮。

2）选择如图 5-148 所示的拉伸曲面，从菜单栏的"编辑"菜单中选择"偏移"命令，打开"偏移"工具（曲面）操控板。

3）选择 （标准）作为偏移类型。注意 （标准）为默认偏移类型。

4）在偏移值框中，输入所需的偏移值。例如，在本例中输入偏移值为 50。在预览几何中，偏移曲面平行于参照曲面显示出来，如图 5-149 所示。

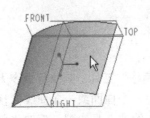

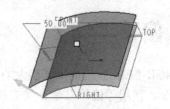

图 5-148　选择曲面　　　　　　　　图 5-149　标准偏移曲面预览

5）在操控板中单击 ↙ （将偏移方向变更为其他侧）按钮，可以反转偏移的方向，也可以通过在模型窗口中单击显示的箭头来更改偏移方向。

6）在操控板中单击"选项"标签以打开"选项"面板，如图 5-150 所示。在一个下拉列表框中提供的用来定义偏移曲面的方向选项包括"垂直于曲面"、"自动拟合"和"控制拟合"，其中，"垂直于曲面"为默认项。读者可以尝试分别选择这 3 个选项，以在模型窗口中观察生成曲面的效果。

- "垂直于曲面"：垂直于参照曲面或面组偏移曲面。在这种情形下，用户可以根据需要来激活"特殊处理"收集器，接着从选定面组中选取要从"偏移"操作中排除的曲面或要创建和逼近偏移的曲面。"自动"按钮用于自动排除曲面以成功地完成特征；"排除全部"按钮用于将所有特殊处理曲面设置为从偏移操作中排除；"全部逼近"按钮用于将所有特殊处理曲面设置为逼近偏移曲面。
- "自动拟合"：自动确定坐标系并沿其轴偏移曲面。
- "控制拟合"：通过相对于指定坐标系缩放原始曲面并沿指定轴平移曲面，来创建一个最佳拟合法向偏移的"偏移"特征。

7）如果在"选项"面板中选中"创建侧曲面"复选框，则创建带有侧面组的偏移曲面，预览效果如图 5-151 所示。

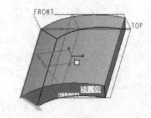

图 5-150　"偏移"工具（曲面）操控板的"选项"面板　　　图 5-151　带有侧面组的偏移曲面

8）在操控板中单击 ☑ （完成）按钮，完成该标准偏移曲面的创建。

2．创建带有拔模的偏移曲面

使用 🗆 （具有拔模角度）图标选项，可以创建带拔模侧曲面的区域偏移。🗆 （具有拔模角度）图标选项可以用于实体曲面和面组。

在创建"具有斜度"偏移时，需要认真考虑以下几个方面。

- 如果"具有斜度"偏移跨越多个曲面，这些曲面应相切；否则，拔模的顶部曲面将被一条边分割。

● 如果拔模带有倒圆角的剖面时，应考虑拔模角度关系中的偏移高度。如果角度太小，拔模曲面会在拐角处重叠，导致特征失败。

● 可以将斜角应用到拔模偏移的侧曲面。Pro/ENGINEER 系统使用指定的角度相对所有侧曲面的默认位置拔模侧曲面，这些角度由"曲面"或"草绘"所定义。

下面是创建带有拔模的偏移曲面的一个操作实例。

1）单击 （打开）按钮，弹出"文件打开"对话框。从随书光盘中的 CH5 文件夹中选择 BC_5_PY_2.PRT 文件，单击"打开"按钮。该零件文件中存在的原始实体模型如图 5-152 所示。

2）选择如图 5-153 所示的实体曲面。

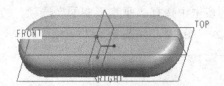

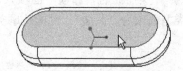

图 5-152　原始实体模型　　　　　　　　图 5-153　选择实体曲面

3）从菜单栏的"编辑"菜单中选择"偏移"命令，打开"偏移"工具（曲面）操控板。

4）在操控板的偏移类型列表框中选择 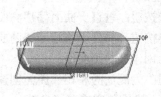（具有拔模角度）图标选项。

5）选取现有草绘或者定义内部草绘。在本例中需要定义内部操作，即在操控板中打开"参照"面板，接着单击该面板中的"定义"按钮，弹出"草绘"对话框。选择 TOP 基准平面为草绘平面，以 RIGHT 基准平面为"右"方向参照，如图 5-154 所示，单击"草绘"按钮，进入草绘模式。

图 5-154　指定草绘平面和草绘方向

6）绘制如图 5-155 所示的图形，单击 ✔（完成）按钮。

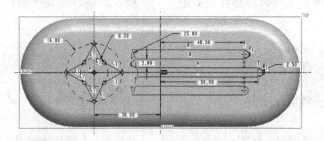

图 5-155　绘制闭合图形

7）在操控板的偏移值文本框中，输入所需的偏移值为"2"。在预览几何体中，偏移曲面平行于参照曲面显示出来，如图 5-156 所示。

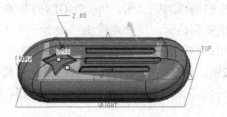

图 5-156　偏移曲面预览显示

8）打开操控板的"选项"面板，从下拉列表框中选择"垂直于曲面"选项，接着指定侧曲面类型选项为"曲面"，侧面轮廓类型选项为"相切"，如图 5-157 所示。

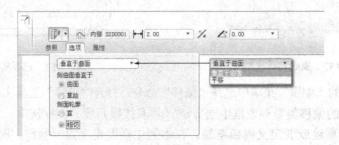

图 5-157　在"选项"面板中设置

该"选项"面板中的各选项的功能含义如下。

● "垂直于曲面"：（默认项）垂直于参照曲面偏移曲面。
● "平移"：偏移曲面并保留参照曲面的形状和尺寸。
● "侧曲面垂直于"下的"曲面"单选按钮：垂直于曲面偏移侧曲面。
● "侧曲面垂直于"下的"草绘"单选按钮：垂直于草绘偏移侧曲面。
● "侧面轮廓"下的"直"单选按钮：创建直的侧曲面。
● "侧面轮廓"下的"相切"单选按钮：为侧曲面和相邻曲面创建相切圆角。

9）在操控板的 ⟋（拔模角度）框中输入拔模角度值为"10"。

10）在操控板中单击 ☑（完成）按钮，创建的带有拔模的偏移特征如图 5-158 所示。

说明：如果在本例操作的某过程中，在操控板中单击 ⟋（将偏移方向变更为其他侧）按钮，则最后创建的带有拔模的偏移特征如图 5-159 所示，偏移形成了凹的形状结构。

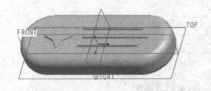

图 5-158　创建带有拔模的偏移特征

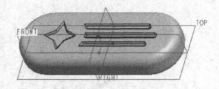

图 5-159　凹的形状结构（偏移）

3．展开偏移

使用 （展开）图标选项，可以在封闭面组（或曲面）的选定面之间创建一个连续的体积块，也可以用草绘来约束开放的面组或实体曲面的偏移区域。

请看下面的操作实例。

1）单击 （打开）按钮，弹出"文件打开"对话框。从随书光盘中的 CH5 文件夹中选择 BC_5_PY_3.PRT 文件，单击"打开"按钮。该零件文件中存在的原始实体模型和开放式的拉伸曲面如图 5-160 所示。

图 5-160　文件中的原始模型和开放式拉伸曲面

2）选择如图 5-161 所示的实体曲面（上面）。

3）从菜单栏的"编辑"菜单中选择"偏移"命令，打开"偏移"工具（曲面）操控板。

4）从操控板的偏移类型列表框中选择 （展开）图标选项。

5）在操控板的偏移值文本框中，键入偏移值为"30"。此时，可以单击"选项"标签，打开"选项"面板，从中指定偏移方法选项为"垂直于曲面"或"平移"。本例接受默认的"垂直于曲面"选项。

6）在操控板中单击 （完成）按钮，完成此偏移使模型增加了体积块，如图 5-162 所示。

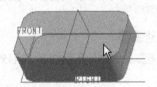

图 5-161　选择实体曲面

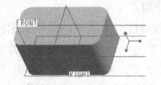

图 5-162　通过扩展创建偏移曲面

7）选择开放式的拉伸曲面，从菜单栏的"编辑"菜单中选择"偏移"命令。

8）从操控板的偏移类型列表框中选择 （展开）图标选项。

9）打开操控板的"选项"面板，接受"垂直于曲面"选项，在"展开区域"选择"草绘区域"单选按钮，在"侧曲面垂直于"下选择"草绘"单选按钮，如图 5-163 所示，然后单击"定义"按钮。

10）弹出"草绘"对话框。选择 TOP 基准平面作为草绘平面，以 RIGHT 基准平面作为"右"方向参照，单击"草绘"按钮，进入草绘模式。

11）绘制如图 5-164 所示的图形，单击 （完成）按钮。

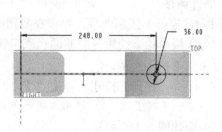

图 5-163　设置展开偏移选项　　　　　　　　图 5-164　绘制图形

12）在操控板的 |→| （偏移值）文本框中输入"16"。

13）在操控板中单击 ☑（完成）按钮，完成该偏距特征，如图 5-165 所示。注意本例中创建的两个偏距特征在模型树中的显示形式。

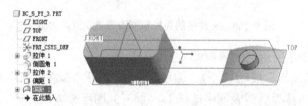

图 5-165　完成"展开"偏移

4．使用替换创建偏移

使用 🔲（替换）偏移类型选项，可以用基准平面或面组替换实体上指定的曲面。"曲面替换"不同于伸出项或切口，"曲面替换"能在某些位置添加材料而在其他位置去除材料。

需要注意的是：已替换了特征曲面的面组将无法被另一个面组依次替换，而必须首先删除替换曲面。

下面通过一个简单的操作实例介绍如何使用替换创建偏移。

1）单击 🗁（打开）按钮，弹出"文件打开"对话框。从随书光盘中的 CH5 文件夹中选择 BC_5_PY_4.PRT 文件，单击"打开"按钮。

2）选择圆柱实体的上端面，如图 5-166 所示。

3）从菜单栏的"编辑"菜单中选择"偏移"命令，打开"偏移"工具（曲面）操控板。

4）从操控板的偏移类型列表框中选择 🔲（替换）图标选项。

5）激活 🔲（替换面组）收集器，在模型窗口中选取如图 5-167 所示的拉伸曲面（面组）。

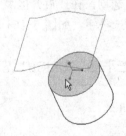

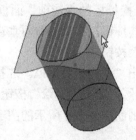

图 5-166　选择一个实体曲面　　　　　　　　图 5-167　选择曲面

说明：如果要保留模型中的选定面组，那么可以打开操控板的"选项"面板，从中选中"保持替换面组"复选框，如图 5-168 所示。不过，需要注意的是，如果选取基准平面作为替换面组，那么"保持替换面组"复选框不可用。保持替换面组的最终效果如图 5-169 所示。

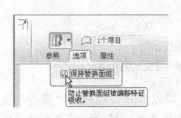

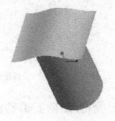

图 5-168 选中"保持替换面组"复选框　　　　图 5-169 保持替换面组

6）在本例中没有选中"保持替换面组"复选框。在操控板中单击 ☑（完成）按钮，使用替换创建偏移的结果如图 5-170 所示。

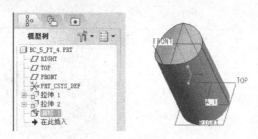

图 5-170 使用替换创建偏移的结果

5.11.2 偏移曲线

使用"偏移"工具除了可以偏移曲面之外，还可以偏移曲线。

选择要偏移的曲线后，从菜单栏的"编辑"菜单中选择"偏移"命令，打开如图 5-171 所示的"偏移"工具（曲线）操控板，然后利用该操控板进行相关操作来偏移曲线。

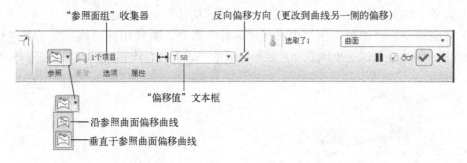

图 5-171 "偏移"工具（曲线）操控板

偏移曲线的典型操作示例如图 5-172 所示，图 5-172a 为沿参照曲面偏移曲线，图 5-172b 为垂直于参照曲面偏移曲线。

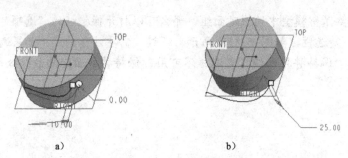

图 5-172　偏移曲线示例

a）沿参照曲面偏移曲线　b）垂直于参照曲面偏移曲线

当选择（沿参照曲面偏移曲线）选项时，可以打开操控板的"量度"面板，右击测量点列表并从快捷菜单中选择"添加"命令来添加测量点，然后设置各测量点的位置和相应距离，如图 5-173 所示。用户可以根据需要设置偏移曲线的测量类型，其中用于在垂直于曲线方向测量偏移距离，用于在与选定基准平面平行的方向测量偏移距离。

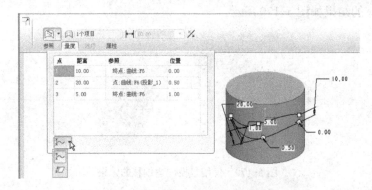

图 5-173　创建可点偏移的曲线

5.11.3　偏移边界曲线

可以使用曲面边界线通过偏移的方式创建所需的曲线。偏移边界曲线的典型操作方法及步骤如下。

1）选择一条单侧边，例如选择如图 5-174 所示的曲面的一条边。

2）在菜单栏的"编辑"菜单中选择"偏移"命令。系统出现"偏移"工具（边界曲线）操控板，选中的边线会出现在"参照"面板的"边界边"收集器中，如图 5-175 所示。

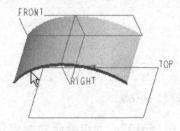

图 5-174　选择面组的一条边

图 5-175　操控板的"参照"面板

3）在操控板的 $\leftmapsto$（偏移值）文本框中输入偏移值，也可以在模型窗口中拖动控制滑块更改偏移距离。

4）单击 $\angle$ 按钮可以反向偏移方向。

5）在操控板中单击 $\checkmark$（完成）按钮，则完成创建一条偏移的曲线，如图5-176所示。

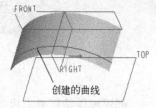

如果要创建可变偏移曲面边界曲线，则可在创建过程中打开"量度"面板，在测量点表中单击鼠标右键，并从快捷菜单中选择"添加"命令，为新曲线添加一个测量点。可以创建多个测量点。可以在表的"位置"单元格中为测量点指定长度比

图 5-176 偏移边界边

率，需要了解的是：如果某一点未被捕捉到参照，长度比率的数值将显示在"位置"单元格中；如果该点位于顶点上，则相应的"位置"单元格中不显示任何值；如果该点位于边界边链的起始处，则此单元格中显示"终点1"，如果该点位于边界边链的末端，则此单元格中显示"终点2"。在测量点表中，还可以为各测量点设置距离以及距离类型等。创建可变偏移曲面边界曲线的示例如图5-177所示。

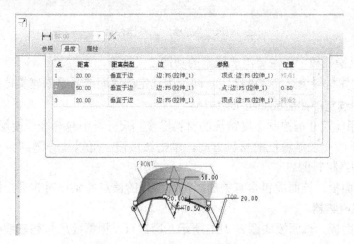

图 5-177 创建可变偏移曲面边界曲线

5.12 加厚

Pro/ENGINEER 的加厚特征使用预定的曲面特征或面组几何将薄材料部分添加到设计中（如图5-178所示），或从其中移除薄材料部分（如图5-179所示）。

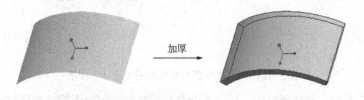

图 5-178 加厚曲面生成实体

图 5-179　通过曲面加厚的方式切除实体材料

创建加厚特征要求执行的操作包括：①选取一个开放的或闭合的面组作为参照；②确定使用参照几何的方法，如添加或移除薄材料部分；③定义加厚特征几何的厚度方向。

在创建加厚特征之前，应该确保在设计中有适当的曲面或面组。选择要进行加厚操作的曲面或面组几何，在菜单栏的"编辑"菜单中选择"加厚"命令，打开如图 5-180 所示的"加厚"工具操控板。

图 5-180　"加厚"工具操控板

"加厚"工具操控板中各主要组成要素的功能含义如下。

- □：用实体材料填充加厚的面组，即使用选定的曲面或面组创建实体体积块。
- ◿：使用选定的曲面或面组去除材料。
- ⊢⊣：利用此尺寸框控制厚度特征的材料厚度。尺寸框中包含最近使用的尺寸值。
- ⁒：用于改变加厚特征的材料方向。单击该按钮，可以从一侧到另一侧，然后两侧来循环切换材料侧。
- "参照"面板：该面板包含有关加厚特征参照的信息并允许对其进行修改。该面板包含有面组收集器。
- "选项"面板：该面板如图 5-181 所示。用户可以根据要求从列表框中选择"垂直于曲面"、"自动拟合"或"控制拟合"选项来控制曲面加厚。当选择"垂直于曲面"选项时，在某些设计场合下可在"排除曲面"收集器的框中单击，将其激活，然后选择单个或多个曲面，以从加厚操作中排除，而要排除的曲面会出现在"排除曲面"收集器的列表框中。

图 5-181　"加厚"工具操控板的"选项"面板

- "属性"面板：在该面板中，可以重命名加厚特征，可以查看该加厚特征的详细信息。

下面介绍一个执行"加厚"操作的综合实例。

1）单击 （打开）按钮，弹出"文件打开"对话框。从随书光盘中的 CH5 文件夹中选择 BC_5_JH_1.PRT 文件，单击"打开"按钮。该文件中存在着的原始曲面模型如图 5-182 所示。

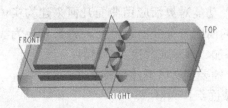

图 5-182　原始曲面模型

2）选择如图 5-183 所示的曲面（鼠标光标所指）。

3）在菜单栏的"编辑"菜单中选择"加厚"命令，打开"加厚"工具操控板。

4）在"加厚"工具操控板中的 尺寸框中输入厚度为 1.2，如图 5-184 所示。

图 5-183　选择要加厚的曲面　　　　　　　图 5-184　输入加厚厚度

5）在"加厚"工具操控板中单击 （完成）按钮，完成该加厚特征的模型效果如图 5-185 所示。

6）选择如图 5-186 所示的曲面（鼠标光标所指）。

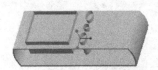

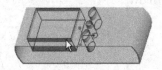

图 5-185　加厚曲面的效果　　　　　　　　图 5-186　选择所需的曲面

7）在菜单栏的"编辑"菜单中选择"加厚"命令，打开"加厚"工具操控板。

8）在"加厚"工具操控板中单击 （使用选定的曲面或面组以加厚方式去除材料）按钮。

9）在"加厚"工具操控板中的 尺寸框中输入厚度值为 1。

10）在"加厚"工具操控板中单击 （反转结果几何的方向）按钮两次，使加厚侧方向为向两侧，如图 5-187 所示。

11）在"加厚"工具操控板中单击 （完成）按钮，完成效果如图 5-188 所示。

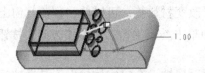

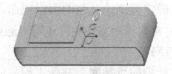

图 5-187　指定加厚方向　　　　　　　　　图 5-188　完成的加厚效果

5.13 实体化

系统提供的"实体化"功能对灵活应用曲面几何来建构实体模型很重要。使用"实体化"工具，可以使用预定的曲面特征或面组几何并将其转换为实体几何。在实际设计工作中，可以使用实体化特征添加、移除或替换实体材料。

在进行实体化操作时，需要定义以下几个参数。

● 选取一个曲面特征或面组作为参照。

● 确定使用参照几何的方法：添加实体材料，移除实体材料或修补曲面。

● 定义几何的材料方向。

要使用"实体化"工具，首先需要选择一个曲面特征或面组。选择要操作的曲面特征或面组，在菜单栏的"编辑"菜单中选择"实体化"命令，打开如图 5-189 所示的"实体化"工具操控板。在该操控板中可以看出，"实体化"工具提供了 3 种实体化特征类型选项，即 □（"伸出项"实体化）、◢（"切口"实体化）和 ▣（"曲面片"实体化）。

图 5-189 "实体化"工具操控板

下面以图文并茂的方式介绍这 3 种类型的实体化特征。

1. 实体化（伸出项）特征

使用曲面特征或面组几何作为边界来添加实体材料。创建实体化（伸出项）特征的示例如图 5-190 所示。

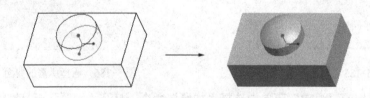

图 5-190 □（"伸出项"实体化）

创建实体化（伸出项）特征的典型方法及步骤说明如下。

1）选择要用来创建实体伸出项的面组或曲面几何。

2）在菜单栏的"编辑"菜单中选择"实体化"命令，打开"实体化"工具操控板。

3）在"实体化"工具操控板中，确保选中□（"伸出项"实体化）按钮。

4）确定要创建几何的面组或曲面材料侧。要改变材料侧，可以单击预览几何上的方向箭头，材料侧将动态加亮；也可以通过在操控板中单击✗（更改刀具操作方向）按钮来改变材料侧方向。

5）仔细检查参照，并使用相应的上滑面板修改属性。在"实体化"工具操控板中单击 ☑（完成）按钮，完成实体化（伸出项）特征。

2. 实体化（切口）特征

使用曲面特征或面组几何作为边界来移除实体材料。创建实体化（切口）特征的示例如图 5-191 所示。

创建实体化（切口）特征的典型操作方法及步骤如下。

1）选择要用来创建切口的面组或曲面几何。

2）在菜单栏的"编辑"菜单中选择"实体化"命令，打开"实体化"工具操控板。

3）在"实体化"工具操控板中，选中 ◿（"切口"实体化）按钮。

4）确定要创建几何的面组或曲面材料侧。

5）仔细检查参照，并使用相应的上滑面板修改属性。在"实体化"工具操控板中单击 ☑（完成）按钮，完成实体化（切口）特征。

3. 实体化（曲面片）特征

使用曲面特征或面组几何替换指定的曲面部分。"实体化"工具操控板中的 ◻（"曲面片"实体化）按钮，只有当选定的曲面或面组边界位于实体几何上时才可用。创建实体化（曲面片）特征的示例如图 5-192 所示。

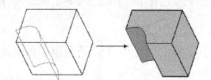 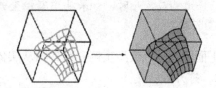

图 5-191　◿（"切口"实体化）　　　图 5-192　创建实体化（曲面片）特征

创建实体化（曲面片）特征的典型方法及步骤如下。

1）选择要用来创建曲面片的面组或曲面几何。

2）在菜单栏的"编辑"菜单中选择"实体化"命令，打开"实体化"工具操控板。

3）如果该面组或曲面满足曲面片特征条件，则 ◻（"曲面片"实体化）按钮处于默认被选中的状态，即要确保选中 ◻（"曲面片"实体化）按钮。

4）确定要创建几何的面组或曲面材料侧。

5）仔细检查参照，并使用相应的滑出面板修改属性。在"实体化"工具操控板中单击 ☑（完成）按钮，完成实体化（曲面片）特征。

5.14　移除

使用"编辑"菜单中的"移除"命令，可以进行移除几何操作，而不需要改变特征的历史纪录，也不需要重定参照或重新定义一些其他特征。在移除几何时，系统会延伸或修剪邻近的曲面，以收敛和封闭空白区域。

要创建移除特征，首先要在图形窗口中选取曲面、曲面集、目的曲面或单个封闭环链，然后从菜单栏中选择"编辑"→"移除"命令，打开"移除"工具操控板。注意：操控板上出现的收集器会依所选参照的不同而有所差异。如果在进入"移除"工具之前选取了曲面、曲面集或目的曲面作为参照，则操控板会包含"要移除的曲面"收集器，如图 5-193 所示；如果在进入"移除"工具之前选取了边链作为参照,则操控板会包含"要移除的边"收集器,如图 5-194 所示。然后使用"选项"面板为移除特征设置相关的选项,同时 Pro/ENGINEER 会提供不同的解决方案来创建移除特征,在"选项"面板中通过单击"上一个"按钮和"下一个"按钮,可在各个可用的解决方案之间进行切换,以便选择最符合设计要求的解决方案。

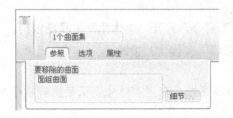

图 5-193 "移除"工具操控板 1   图 5-194 "移除"工具操控板 2

注意: 单击"下一个"按钮时,Pro/ENGINEER 在尝试寻找最佳解决方案时可能会停止响应或需要较长的时间。通常,当单击"下一个"按钮时,Pro/ENGINEER 会因不存在解决方案而停止响应,此时,如果要中断检查并继续使用 Pro/ENGINEER,则单击状态栏中 ▣ 旁的 ▣ 图标按钮。

下面通过一个典型实例介绍如何从实体或面组中移除曲面,如何封闭面组中的间隙。

1. 打开素材文件

单击 ▣(打开)按钮,弹出"文件打开"对话框。从随书光盘中的 CH5 文件夹中选择 BC_5_YC_1.PRT 文件,单击"打开"按钮。该文件中存在着如图 5-195 所示的实体模型和曲面几何。

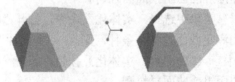

图 5-195 原始实体模型和曲面几何

2. 从实体或面组中移除曲面

1)选择要移除的实体面,如图 5-196 所示。

2)从菜单栏的"编辑"菜单中选择"移除"命令,打开"移除"工具操控板。移除曲面后的零件的预览会显示出来,如图 5-197 所示。

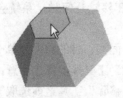

图 5-196 选择要移除的实体面   图 5-197 移除曲面后的零件预览

3）在"移除"工具操控板中单击"选项"标签，打开"选项"面板，从中可以选择"实体"单选按钮或"曲面"单选按钮来指定附件连接类型，其默认值为"实体"，如图5-198所示。

- "实体"：创建实体类型的附件。
- "曲面"：创建曲面类型的附件。

图5-198 "移除"工具操控板的"选项"面板

4）在"移除"工具操控板中单击☑（完成）按钮。"移除 1"特征出现在模型树和图形窗口中，如图5-199所示。

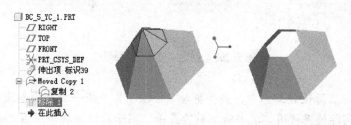

图5-199 创建"移除1"特征

3. 封闭面组中的间隙

1）结合〈Ctrl〉键选取面组中的间隙边，如图5-200所示。为了便于选择间隙边，可以将选择过滤器的选项设置为"几何"。

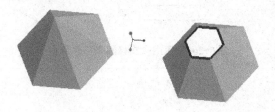

图5-200 选择面组中的间隙边

2）从菜单栏的"编辑"菜单中选择"移除"命令，打开"移除"工具操控板。此时显示出附件连接的预览，如图5-201所示。

3）在"移除"工具操控板中单击"选项"标签，打开"选项"面板，从中选择"相同面组"单选按钮或"新面组"单选按钮，默认的单选按钮为"相同面组"，如图 5-202所示。

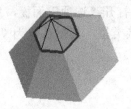

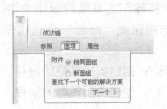

图 5-201 显示附件的预览　　　　　　图 5-202 "移除"工具操控板的"选项"面板

● "相同面组"：Pro/ENGINEER 可延伸现有面组，以完成移除特征。

● "新面组"：Pro/ENGINEER 可将新的面组连接至现有面组，以完成移除特征。

4）在"移除"工具操控板中单击☑（完成）按钮。"移除 2"特征出现在模型树和图形窗口中，如图 5-203 所示。

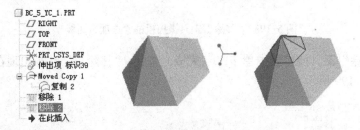

图 5-203 创建"移除 2"特征

应用说明：在实际设计工作中，某些场合下，除了常使用一次移除来获取所需的模型结果，还可以根据实际情况使用二次移除来移除悬垂、显示拉伸特征等。图 5-204 所示是使用二次移除的一个典型实例。

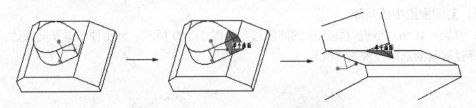

图 5-204 使用二次移除来移除悬垂

5.15 包络

在零件模式下，使用"编辑"菜单中的"包络"命令，可以在目标上创建成形的基准曲线，以模拟一些诸如标签或螺纹的项目。成形的基准曲线将在可能的情况下保留原草绘曲线的长度。

使用"包络"命令时，要掌握包络基准曲线的原点和目标的概念。所述的"包络基准曲线的原点"是参照点，在其周围草绘被包络到目标（包络曲线的目标必须是可展开的，即直纹曲面的某些类型）上。该点必须能够被投影到目标上，否则包络特征失败。在设计中，通常指定草绘的几何中心或草绘中的任意坐标系作为原点，系统在选定原点处显示以下符号之一。

● 黄色箭头：指示只能在一个方向上创建包络特征。
● 控制柄：指示可在选定方向或其相反方向上创建包络特征。

创建包络特征时，Pro/ENGINEER 会自动选取第一个可用目标。如果需要，可以选取另一目标。

在创建包络实例之前，先介绍一下"包络"工具操控板。从"编辑"菜单中选择"包络"命令，打开如图 5-205 所示的"包络"工具操控板。

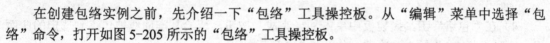

图 5-205 "包络"工具操控板

● ：指定包络的目标。
● ：设置包络的原点。从其列表框中可以选择"中心"选项或"草绘器坐标系"选项来指定包络的原点。
● ：反转包络方向。
● "参照"面板：该面板如图 5-206 所示。利用该面板，可以创建或选取要包络的草绘，指定包络的目标，中断特征和草绘之间的相关性，还可以编辑内部草绘。
● "选项"面板：该面板如图 5-207 所示。利用该面板，可以设置是否忽略相交曲面，可以设置曲线过大而无法在目标对象中回绕时是否修剪该曲线。

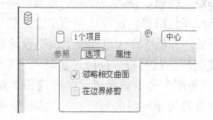

图 5-206 "参照"面板 　　　　　图 5-207 "选项"面板

● "属性"面板：在 Pro/ENGINEER 浏览器中查看有关包络特征的信息，并可为特征输入一个用户定义名称。

下面介绍一个创建包络基准曲线的简单实例。

1）单击 （打开）按钮，弹出"文件打开"对话框。从随书光盘中的 CH5 文件夹中选择 BC_5_BL.PRT 文件，单击"打开"按钮。该文件中存在着如图 5-208 所示的实体模型和草绘。

2）从菜单栏的"编辑"菜单中选择"包络"命令，打开"包络"工具操控板。

3）在模型中选择要包络到另一曲面上的草绘基准曲线。预览几何将显示该工具在默认包络方向找到的第一个实体或面组上的包络基准曲线，如图 5-209 所示。

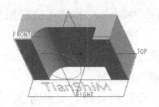
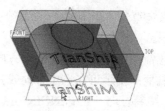

图 5-208　实体模型和草绘　　　　　　　图 5-209　选择草绘

4）在"包络"工具操控板中单击 ☑（完成）按钮，草绘基准曲线被包络到选定的曲面上，同时"草绘 1"被自动隐藏，如图 5-210 所示。

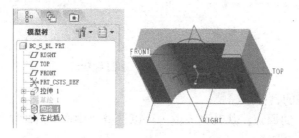

图 5-210　创建包络基准曲线

5.16　本章小结

　　Pro/ENGINEER 提供的编辑功能是强大的。在零件模式下，特征的"编辑"操作包括复制和粘贴、镜像、移动、合并、修剪、阵列、投影、延伸、相交、填充、偏移、加厚、实体化、移除和包络等。在设计中巧用合适的"编辑"操作，可以给设计工作带来很大的灵活性和技巧性，并能够在一定程度上提高设计效率。

　　复制和粘贴的命令包括"复制"、"粘贴"和"选择性粘贴"。当选择了要复制粘贴的对象后，"复制"命令被激活，此时选择"复制"命令，则将对象复制到剪贴板中。只有当剪贴板中有可用于粘贴的特征时，"粘贴"命令和"选择性粘贴"命令才可用。用户应该掌握"粘贴"命令和"选择性粘贴"命令的应用特点和用途。

　　使用"镜像"工具命令可以根据指定的平面曲面来创建特征和几何的副本，该副本通常被称为镜像特征。镜像可以分为特征镜像和几何镜像两种。

　　移动特征或几何是较为常见的操作。要移动对象，可以使用"移动"工具操控板，也可以使用"编辑"菜单中的"特征操作"命令。移动特征的操作比较灵活，用户可以根据操作习惯灵活选择合适的操作方式。

　　使用"编辑"菜单中的"合并"命令（其映射的工具按钮为 ⬚），可以通过以相交或连接方式来合并两个面组，或是通过连接两个以上面组来合并两个以上面组。面组是曲面的集合。值得注意的是，如果删除合并的特征，原始面组仍保留；而使用系统提供的"修剪"工具则可以剪切或分割面组或曲线。

　　"阵列"操作是很实用的。在 Pro/ENGINEER 中，阵列类型可以分为尺寸阵列、方向阵列、轴阵列、表阵列、参照阵列、填充阵列、曲线阵列和点阵列。用户应该熟悉这些阵列类型的应用特点以及相应的操作方法、步骤及技巧。需要注意的是，在 Pro/ENGINEER 中，如果要阵列多个特征，则需要为这些特征创建一个"局部组"，然后阵列这个"局部组"，创建此组阵列后，可以根据实际情况来分解组实例以便单独对其进行修改。另外，还要掌握阵列特征的一些典型处理，如"删除"、"删除阵列"、"组"、"隐含"、"重命名"、"编辑"、"编辑定义"和"编辑参数"等操作。

使用"编辑"菜单中的"投影"命令，可以在实体上和非实体曲面、面组或基准平面上创建投影基准曲线。创建的这些投影基准曲线，通常可以用来修剪曲面，或者作为扫描轨迹以在实体中创建某些切口。投影曲线的方法有两种，一种是投影草绘；另外一种是投影链。

"延伸"、"相交"、"填充"和"偏移"也是本章介绍的几个编辑命令。使用"延伸"命令，可以将面组延伸到指定距离或延伸至一个平面；使用"相交"命令，可以在曲面与其他曲面或基准平面相交处创建曲线，也可以在两个草绘或草绘后的基准曲线（被拉伸后成为曲面）相交位置处创建曲线；使用"填充"命令，可以通过边界定义来创建一种平整曲面封闭环特征；使用"偏移"命令，可以通过将一个曲面或一条曲线偏移恒定的距离或可变的距离来创建一个新的特征。

通过曲面创建或处理实体特征的实用命令包括"加厚"和"实体化"命令。前者使用预定的曲面特征或面组几何将薄材料部分添加到设计中，或从其中移除薄材料部分；后者则使用预定的曲面特征或面组几何并将其转换为实体几何，并可使用实体化特征添加、移除或替换实体材料。

在本章的最后，还介绍了"移除"命令和"包络"命令的应用。使用"编辑"菜单中的"移除"，可以进行移除几何操作，而不需要改变特征的历史纪录，也不需要重定参照或重新定义一些其他特征，在移除几何时，系统会延伸或修剪邻近的曲面，以收敛和封闭空白区域。而使用"编辑"菜单中的"包络"命令，可以在目标上创建成形的基准曲线，以模拟一些诸如标签或螺纹的项目。

5.17 思考与练习

1）"粘贴"与"选择性粘贴"命令有什么不同，它们分别可以执行哪些操作？

2）结合典型实例介绍创建镜像特征的一般操作步骤。

3）使用"合并"工具命令，可以通过以相交或连接方式来合并两个面组，或是通过连接两个以上面组来合并两个以上面组。请问，在什么情况下，使用"相交"方式合并两个面组？在什么情况下，使用"连接"方式合并两个面组？

4）可以以简单的操作实例来辅助说明，如何执行在与其他面组或基准平面相交处修剪面组。

5）Pro/ENGINEER 阵列类型包括哪些？它们分别具有哪些应用特点？

6）投影曲线的方法有哪两种？

7）如何通过指定曲面边界创建可变距离延伸特征？（可以举例进行说明）。

8）简述在曲面与其他曲面或基准平面相交处创建曲线的操作步骤。

9）什么是填充特征？创建填充特征的方式主要分哪两种？

10）思考：使用"偏移"工具可以进行哪些具体的操作？

11）创建加厚特征要求执行的操作主要包括哪些？

12）实体化特征类型可以分为哪几种？分别具有什么样的应用特点？

13）使用"移除"工具可以进行哪些具体的操作？

14）什么是包络基准曲线？简述创建包络基准曲线的典型步骤。

15）上机练习：创建如图 5-211 所示的实体模型，具体尺寸自定。

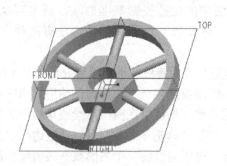

图 5-211　上机练习题

16）上机练习：首先创建如图 5-212 所示的两个拉伸曲面，具体尺寸自定；接着使用"修剪"工具来修剪曲面，完成效果如图 5-213 所示。

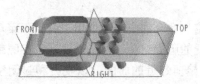

图 5-212　创建曲面

图 5-213　修剪曲面

将曲面加厚处理，效果如图 5-214 所示，然后在实体表面上创建投影特征，完成效果如图 5-215 所示。

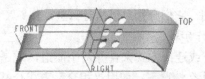

图 5-214　曲面加厚

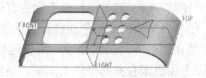

图 5-215　创建投影曲线

17）扩展学习：在创建轴阵列特征的过程中，打开"阵列"工具操控板的"选项"面板，发现默认选中"跟随轴旋转"复选框，请以示例形式说明该复选框的作用。

第6章 工程特征

本章内容导读:

工程特征是在基础特征等的基础上创建的。工程特征包括孔特征、壳特征、筋特征、拔模特征、倒圆角特征、自动倒圆角特征和倒角特征。

本章结合典型操作实例介绍这些工程特征的实用知识。

6.1 孔

孔特征是一种较为常见的工程特征。在 Pro/ENGINEER 中,可以使用 (孔工具)按钮,或者使用相应的"插入"→"孔"命令,在模型中创建简单孔和工业标准孔。创建孔特征时,一般需要定义放置参照、设置偏移参照及定义孔的具体特性。

6.1.1 孔的分类

孔特征可以分为两大类,即简单孔和工业标准孔(工业标准孔可简称标准孔)。

1. 简单孔

简单孔主要是由带矩形剖面的旋转切口组成。注意,通常也将使用草绘孔轮廓的草绘孔归纳在简单孔的范畴内。简单直孔包括如下几种细分类型。

- (预定义矩形轮廓):使用 Pro/ENGINEER 预定义的矩形轮廓作为钻孔轮廓来创建的直几何。在默认情况下,创建的是单侧的简单孔。如果要创建双侧的简单直孔,可以打开"孔"工具操控板的"形状"面板来设置双侧简单直孔。所述的双侧简单直孔通常用于组件中。
- (标准孔轮廓):使用标准孔轮廓作为钻孔轮廓来创建的孔特征。可以为创建的孔指定埋头孔、沉孔和刀尖角度等。
- (草绘孔):此类孔特征使用草绘定义钻孔轮廓。

2. 标准孔

标准孔是由基于工业标准紧固件表的拉伸切口组成的。系统会自动为标准孔创建螺纹注释。可以创建的标准孔类型包括标准螺纹孔、钻孔、锥形孔和间隙孔。

6.1.2 孔的放置参照和放置类型

创建孔特征,要求设置孔的放置参照和放置类型。下面介绍这两方面的知识。

1. 孔的放置参照

通过选择放置参照来放置孔，并在需要时选择"偏移参照"来约束孔相对于所选参照的位置。

在模型上指定放置参照后，用户可以通过在孔预览几何中拖动放置控制滑块，或将放置控制滑块捕捉到某个参照上来重新定位孔。而"偏移参照"则使用户可以利用附加参照来约束孔相对于选取的边、基准平面、轴、点或曲面的位置。可以通过将偏移放置控制滑块捕捉到所需的参照来定义"偏移参照"，如图 6-1 所示，也可以在"孔"工具操控板的"放置"面板中先激活如图 6-2 所示的"偏移参照"收集器，然后选择参照。

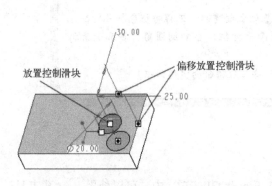

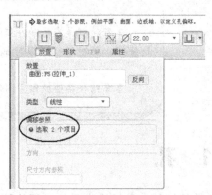

图 6-1　使用偏移放置控制滑块　　　　　图 6-2　激活"偏移参照"收集器

2. 孔的放置类型

为孔特征选择放置参照后，系统会根据所选的放置参照提供一个默认的孔放置类型选项，用户也可以根据需要重新指定孔的放置类型。所述的孔放置类型定义了孔放置的方式。在"孔"工具操控板的"放置"面板中，从"类型"下拉列表框中可以选择其中一个放置类型选项，可能要应用到的放置类型选项包括"线性"、"径向"、"直径"、"同轴"和"在点上"。

下面结合图例介绍这些放置类型选项的应用特点。

（1）"线性"

"线性"放置类型使用两个线性尺寸在曲面上放置孔，如图 6-3 所示。如果选取平面、圆柱体或圆锥实体曲面，或是以基准平面作为主放置参照，可以使用"线性"放置类型。如果选取曲面或基准平面作为主放置参照，则 Pro/ENGINEER 将此类型指定为默认放置类型。

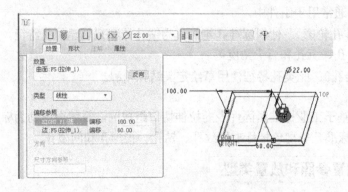

图 6-3　使用"线性"放置类型示例

（2）"径向"

"径向"放置类型使用一个线性尺寸和一个角度尺寸放置孔。如果选取平面、圆柱体或圆锥实体曲面，或是以基准平面作为主放置参照，可使用"径向"放置类型选项。使用"径向"放置类型放置孔特征的示例如图6-4所示。

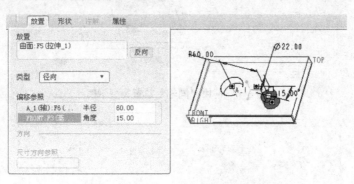

图6-4 使用"径向"放置类型示例

（3）"直径"

"直径"放置类型通过绕直径参照旋转孔来放置孔。此放置类型除了使用线性和角度尺寸之外还将使用轴。如果选取平面实体曲面或基准平面作为主放置参照，可以使用"直径"放置类型。使用"直径"放置类型放置孔特征的示例如图6-5所示。

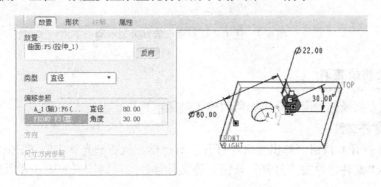

图6-5 使用"直径"放置类型示例

（4）"同轴"

"同轴"放置类型将孔放置在轴与曲面的交点处，曲面必须与轴垂直。如果选择轴作为主放置参照，则"同轴"会成为唯一可用的放置类型。使用此放置类型时，无法使用次级（偏移）放置参照控制滑块和"同轴"快捷菜单命令。

使用"同轴"放置类型放置孔特征的示例如图6-6所示。

（5）"在点上"

"在点上"放置类型将孔与位于曲面上的或偏移曲面的基准点对齐，如图6-7所示。此放置类型只有在选取基准点作为主放置参照时才可用。注意：如果主放置参照是一个基准点，则仅可用该放置类型。

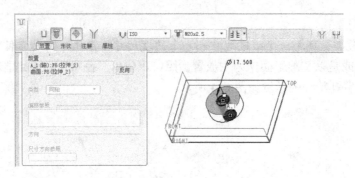

图 6-6　使用"同轴"放置类型示例

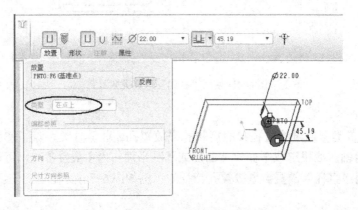

图 6-7　使用"在点上"放置类型示例

6.1.3　创建简单直孔

下面通过实例操作的形式介绍如何创建各类简单直孔。

1. 打开零件文件

单击 （打开）按钮，弹出"文件打开"对话框。从随书光盘中的 CH6 文件夹中选择
BC_KTZ_1.PRT 文件，单击"打开"按钮。该文件存在的原始模型如图 6-8 所示。

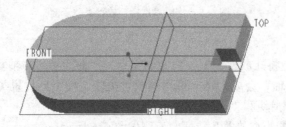

图 6-8　原始实体模型

2. 创建使用预定义矩形轮廓的简单直孔

1）在工具栏中单击 （孔工具）按钮，或者在菜单栏的"插入"菜单中选择"孔"命
令，打开"孔"工具操控板。

2）在"孔"工具操控板中单击 （创建简单孔）按钮，接着单击 （预定义矩形轮

廓）按钮，如图6-9所示。

图6-9 在"孔"工具操控板中进行操作

3）在"孔"工具操控板中输入钻孔的直径值为8，接着从深度选项列表框中选择⫢ (穿透) 选项。

4）在如图6-10所示的实体表面上单击以指定主放置参照。此时，打开"孔"工具操控板的"放置"面板，可以看到所选参照出现在"放置"收集器中，默认的放置类型选项为"线性"，如图6-11所示。

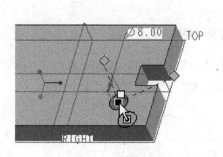

图6-10 指定放置参照

图6-11 "放置"面板

5）在"放置"面板的"偏移参照"收集器的框中单击，将其激活。接着，选择FRONT基准平面，按住〈Ctrl〉键选择RIGHT基准平面，然后在"偏移参照"收集器中修改相应的偏移距离尺寸，如图6-12所示。

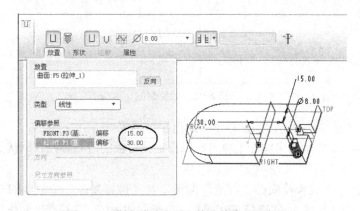

图6-12 指定偏移参照及修改其偏移距离尺寸

6）在"孔"工具操控板中单击✓（完成）按钮，创建的简单直孔1如图6-13所示。

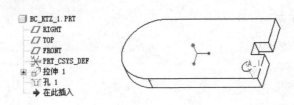

图 6-13   创建简单直孔 1

3．创建草绘孔

1）在工具栏中单击 <!-- icon --> （孔工具）按钮，或者在菜单栏的"插入"菜单中选择"孔"命令，打开"孔"工具操控板。

2）在"孔"工具操控板中单击 <!-- icon --> （创建简单孔）按钮，接着单击 <!-- icon --> （使用草绘定义钻孔轮廓）按钮，此时"孔"工具操控板如图 6-14 所示。

图 6-14   "孔"工具操控板

3）在"孔"工具操控板中单击 <!-- icon --> （激活草绘器以创建剖面）按钮，进入草绘模式。

4）绘制如图 6-15 所示的剖面，包括一根定义孔轴线的竖直中心线。

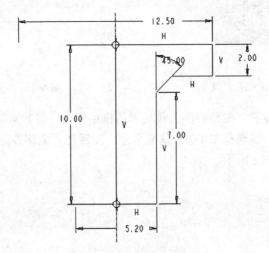

图 6-15   绘制剖面

5）单击 <!-- icon --> （完成）按钮，完成草绘并退出草绘模式。

6）在如图 6-16 所示的实体面上单击，以指定孔特征的放置参照。默认的放置类型选项为"线性"。

7）打开"孔"工具操控板的"放置"面板，在"偏移参照"收集器的框中单击，将其激活，接着结合〈Ctrl〉键分别选择 FRONT 基准平面和 RIGHT 基准平面作为偏移参照，然后在"偏移参照"收集器的框中修改相应的尺寸值，如图 6-17 所示。

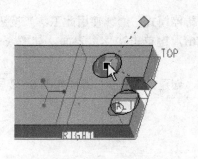 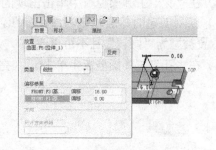

图 6-16　指定放置参照　　　　　　　　图 6-17　定义偏移参照

8）在"孔"工具操控板中单击 ☑（完成）按钮，创建的草绘孔如图 6-18 所示。

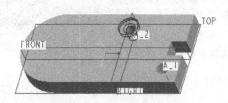

图 6-18　完成一个草绘孔

4．使用标准孔轮廓作为钻孔轮廓来创建的孔特征

1）在工具栏中单击 ⊺（孔工具）按钮，或者在菜单栏的"插入"菜单中选择"孔"命令，打开"孔"工具操控板。

2）在"孔"工具操控板中单击 ∪（创建简单孔）按钮，接着单击 ∪（使用标准孔轮廓作为钻孔轮廓）按钮，设置钻孔直径尺寸为 12，选择单侧的深度选项为 ∃ᒿ（穿透），如图 6-19 所示。

图 6-19　在"孔"工具操控板中进行相关设置

3）在右工具箱的工具栏中单击 ∕（基准轴工具）按钮，打开"基准轴"对话框。在模型中单击半圆柱面，如图 6-20 所示，然后在"基准轴"对话框中单击"确定"按钮，完成创建基准轴 A_3。

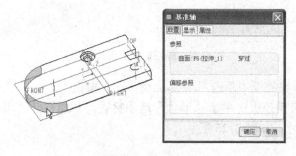

图 6-20　创建基准轴

4）在"孔"工具操控板中单击出现的 ▶ （退出暂停模式，继续使用此工具）按钮。

5）以刚创建的基准轴作为放置参照，按住〈Ctrl〉键单击实体上表面，如图 6-21 所示，放置类型为"同轴"且不可更改。

6）在"孔"工具操控板中单击 ✔ （完成）按钮，创建的"孔 3"特征如图 6-22 所示。

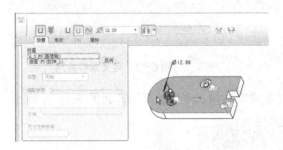

图 6-21　定义放置参照　　　　　　　　　　图 6-22　创建的"孔 3"特征

6.1.4　创建标准孔

下面通过实例介绍创建标准孔的一般方法及步骤。

1）单击 📂 （打开）按钮，弹出"文件打开"对话框。从随书光盘中的 CH6 文件夹中选择 BC_KTZ_2.PRT 文件，单击"打开"按钮。该文件存在的原始模型如图 6-23 所示。

2）在工具栏中单击 ⟙ （孔工具）按钮，或者在菜单栏的"插入"菜单中选择"孔"命令，打开"孔"工具操控板。

3）在"孔"工具操控板中单击 ⧰ （创建标准孔）按钮，确保 ⊕ （添加攻丝）按钮处于被选中的状态。在 ⋃ 图 6-23　文件中的原始模型

（螺纹系列）列表框中选择"ISO"，在 ⟙ （螺钉尺寸）框中选择"M6x1"，设置钻孔深度为 15，如图 6-24 所示。

图 6-24　操控板中的相关设置

4）在"孔"工具操控板中单击 ⟙ （添加埋头孔）按钮。

5）在"孔"工具操控板中单击"形状"选项标签，从而打开"形状"面板，从中设置形状选项以及具体尺寸，如图 6-25 所示。

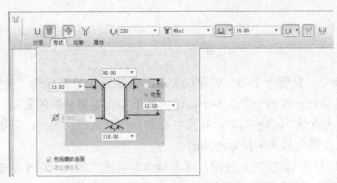

图 6-25　定义具体形状尺寸

6）打开"孔"工具操控板的"放置"面板，选择 A_1 轴作为放置参照 1，接着按住〈Ctrl〉键单击零件六角端面，如图 6-26 所示。

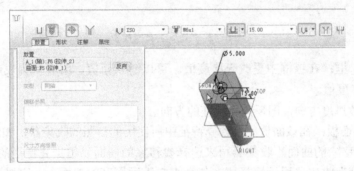

图 6-26　同轴放置

7）在"孔"工具操控板中打开"注解"面板，清除"添加注解"复选框，如图 6-27 所示。

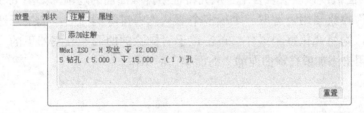

图 6-27　清除"添加注解"复选框

8）在"孔"工具操控板中单击☑（完成）按钮，创建的标准螺纹孔如图 6-28 所示。

　　说明：如果在创建该孔特征的过程中，在"孔"工具操控板的"注解"面板上选中"添加注解"复选框，则创建的孔特征中显示有注释信息，如图 6-29 所示。

图 6-28　创建的标准孔

图 6-29　添加注解

6.2 壳

将实体内部掏空，只留一个特定壁厚的壳，该特征被形象地称为"壳特征"。创建壳特征时，可以指定要从壳移除的一个或多个曲面；如果未指定要移除的曲面，则将创建一个封闭的壳，即零件的整个内部都被掏空，并且空心部分没有入口。另外，可以为不同曲面设置不同的壳厚度，以及指定从壳中排除的曲面。

在工具栏中单击 （壳工具）按钮，或者从菜单栏的"插入"菜单中选择"壳"命令，打开如图 6-30 所示的"壳"工具操控板。首先来介绍一下该操控板。

图 6-30 "壳"工具操控板

- "厚度"框：在该框中更改壳厚度值。可以键入新值，或者从列表中选取一个最近使用的厚度值。
- ：更改厚度方向，即反向壳特征的方向。
- "参照"面板：在该面板上包含壳特征中所使用的参照的收集器，如图 6-31 所示。其中，"移除的曲面"收集器用来选择要移除的曲面以指定壳特征的开口结构；"非缺省厚度"收集器用于选择要在其中指定不同厚度的曲面，并可以在该收集器中设置每个所选曲面的单独厚度值。在该收集器的框中单击，可以将其激活。
- "选项"面板：该面板包含用于从壳特征中排除曲面的选项，如图 6-32 所示。"排除的曲面"收集器用于选取一个或多个要从壳中排除的曲面，如果未选取任何要排除的曲面，则将壳化整个零件。单击位于"排除的曲面"收集器下的"细节"按钮，将打开用来添加或移除曲面的"曲面集"对话框。

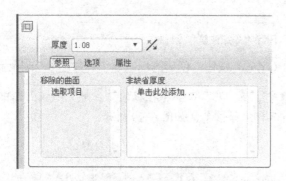

图 6-31 "参照"面板

图 6-32 "选项"面板

- ➢ "延伸内部曲面"：在壳特征的内部曲面上形成一个盖。
- ➢ "延伸排除的曲面"：在壳特征的排除曲面上形成一个盖。
- ➢ "凹角"：防止壳在凹角处切割实体。

> "凸角": 防止壳在凸角处切割实体。

● "属性"面板: 使用该面板, 可以重命名壳特征, 以及访问特征信息。

创建壳特征, 需要注意以下限制条件 (摘自 Pro/ENGINEER 帮助文件)。

① 如果零件有 3 个以上的曲面形成的拐角, 壳特征可能无法进行几何定义。在这种情况下, Pro/ENGINEER 将加亮故障区。将被删除的曲面必须由边包围 (完全旋转的旋转曲面无效), 并且与边相交的曲面必须通过实体几何形成一个小于 180° 的角度。如果遇到这种情况, 可以选取任何修饰曲面作为要删除的曲面。

② 在默认情况下, 壳创建具有恒定壁厚的几何。如果 Pro/ENGINEER 不能创建不变厚度, 壳特征将失败。

③ 当选取的曲面具有以独立厚度与之相切的其他曲面时, 所有相切曲面必须有相同的厚度; 否则壳特征会失败。例如, 如果将包含孔的零件制成壳, 并且想使孔壁厚度与整个厚度不同, 则必须拾取组成孔的两个曲面 (柱面), 然后将其偏移相同距离。

④ 在一个收集器中选取的曲面不能在任何其他收集器中进行选取。例如, 如果在 "移除的曲面" 收集器中选取了某个曲面, 则不能在 "非缺省厚度" 收集器或 "排除的曲面" 收集器中选取同一曲面。

(1) 操作实例 1

下面结合操作实例介绍创建壳特征的典型方法及步骤。

1) 单击 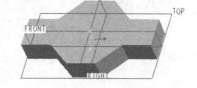 (打开) 按钮, 弹出 "文件打开" 对话框。从随书光盘中的 CH6 文件夹中选择 BC_K_1.PRT 文件, 单击 "打开" 按钮。该文件存在的原始模型如图 6-33 所示。

2) 在工具栏中单击 ▣ (壳工具) 按钮, 或者从菜单栏的 "插入" 菜单中选择 "壳" 命令, 打开 "壳" 工具操控板。

3) 在 "壳" 工具操控板的 "厚度" 框中输入厚度为 2。

图 6-33 存原始模型

4) 在 "壳" 工具操控板中单击 "参照" 选项标签, 打开 "参照" 面板。"移除的曲面" 收集器处于活动状态, 选择如图 6-34 所示的实体上表面作为要移除的曲面。

5) 在 "参照" 面板的 "非缺省厚度" 收集器的框中单击, 将其激活, 然后选择实体模型的底面, 并在 "非缺省厚度" 收集器中将其厚度值更改为 3, 如图 6-35 所示。

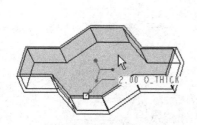

图 6-34 指定要移除的面

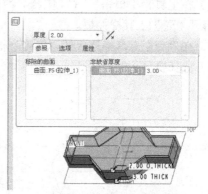

图 6-35 设置 "非缺省厚度"

6) 在 "壳" 工具操控板中单击 ☑ (完成) 按钮, 创建的壳特征如图 6-36 所示。

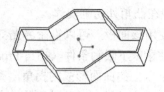

图 6-36　创建的壳特征

说明：如果在上述实例中，要在壳化过程中指定排除的曲面，则打开"壳"工具操控板的"选项"面板，在"排除的曲面"收集器的框中单击，将该收集器激活，然后在图形窗口中选取要排除的曲面，如图 6-37 所示。最后单击✔（完成）按钮，则创建的具有排除曲面的壳特征如图 6-38 所示。

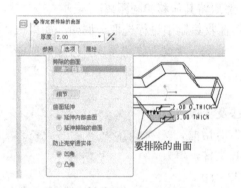

图 6-37　指定要排除的曲面

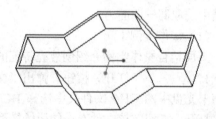

图 6-38　通过排除曲面来创建壳特征

（2）操作实例 2

再看如下一个操作实例。在该操作实例中，介绍如何通过排除曲面来创建壳特征以及如何防止壳在凸角或凹角处穿透。

1）单击📂（打开）按钮，弹出"文件打开"对话框。从随书光盘中的 CH6 文件夹中选择 BC_K_2.PRT 文件，单击"打开"按钮。该文件的模型零件如图 6-39 所示。

2）在工具栏中单击▣（壳工具）按钮，或者从菜单栏的"插入"菜单中选择"壳"命令，打开"壳"工具操控板。

3）在"壳"工具操控板的"厚度"框中输入厚度为 1.68。

4）选择要移除的曲面（指定开口面），如图 6-40 所示。

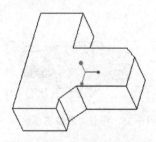

图 6-39　原始模型零件

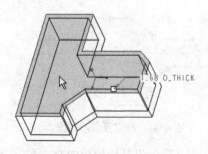

图 6-40　选择要移除的曲面

5）打开"壳"工具操控板的"选项"面板，激活"排除的曲面"收集器，在图形窗口中选择要排除的曲面，如图 6-41 所示。

6）在"选项"面板的"防止壳穿透实体"下，选择"凹角"单选按钮，如图 6-42 所示。

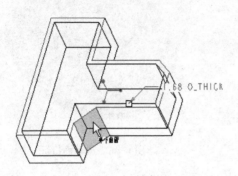

图 6-41　选择要排除的曲面　　　　　图 6-42　设置"防止壳穿透实体"的选项

7）在"壳"工具操控板中单击☑（完成）按钮。

说明：在该实例中，如果选择要排除的曲面如图 6-43 所示，并在"选项"面板的"防止壳穿透实体"下选择"凸角"单选按钮，则最后完成的壳特征效果如图 6-44 所示。

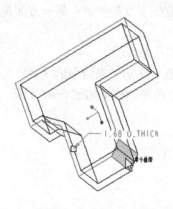

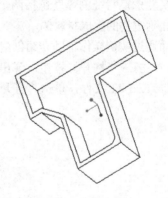

图 6-43　选择要排除的曲面　　　　　图 6-44　创建壳特征并防止壳在凸角处穿透

6.3　筋

在设计中创建的筋特征常用来加固零件，防止出现不需要的折弯等。所述的"筋"特征其实是设计中连接到实体曲面的薄翼或腹板伸出项。

筋特征分为轮廓筋和轨迹筋两种。

6.3.1　轮廓筋

轮廓筋特征可以分为两种类型，一种是直的轮廓筋特征；另一种是旋转轮廓筋特征。前者的筋特征连接到直曲面，如图 6-45 所示；而后者的轮廓筋特征连接到旋转曲面，筋的角形曲面是锥状的而不是平面的，如图 6-46 所示。

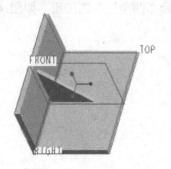

图 6-45　直的筋特征　　　　　　　　　　　图 6-46　旋转筋特征

创建轮廓筋特征时，可以相对于父项特征的轮廓草绘筋的剖面；然后向草绘平面的一侧、另一侧或两侧加厚草绘。在 Pro/ENGINEER 中，有效的轮廓筋特征草绘必须满足以下标准。

● 单一的开放环。

● 连续的非相交草绘图元。

● 草绘端点必须与形成封闭区域的连接曲面对齐。

定义轮廓筋特征的厚度包括两个方面：一方面是设置筋厚度的数值；另一方面是相对于草绘平面确定筋的生成材料侧。

下面通过实例操作辅助介绍创建轮廓筋特征的典型方法及步骤。

1）单击 （打开）按钮，弹出"文件打开"对话框。从随书光盘中的 CH6 文件夹中选择 BC_JTZ.PRT 文件，单击"打开"按钮。该文件存在的原始模型如图 6-47 所示。

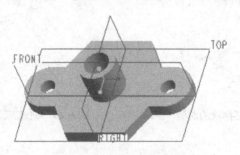

图 6-47　原始模型

2）在工具栏中单击 （轮廓筋工具）按钮，或者从菜单栏的"插入"菜单中选择"筋"→"轮廓筋"命令，打开如图 6-48 所示的"轮廓筋"工具操控板。

图 6-48　"轮廓筋"工具操控板

3）在"轮廓筋"工具操控板中单击"参照"选项标签，打开"参照"面板，接着单击位于该面板中的"定义"按钮，弹出"草绘"对话框。

4）选择 FRONT 基准平面作为草绘平面，以 RIGHT 基准平面为"右"方向参照，如图6-49 所示，然后在"草绘"对话框中单击"草绘"按钮，进入内部草绘模式。

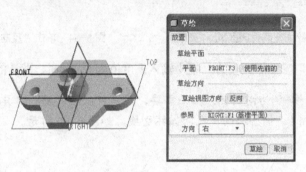

图 6-49　定义草绘平面和草绘方向

5）单击 ＼（创建 2 点线）按钮，绘制如图 6-50 所示的两段连续的线段。在右工具箱中打开"约束"面板，单击 ◎（创建相同点、图元上的点或共线约束）按钮，分别将图形的两个端点约束在相应的轮廓投影边上，如图 6-51 所示，然后关闭"约束"对话框。这样，其线端点连接到曲面，从而形成一个要填充的区域。

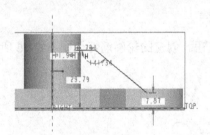

图 6-50　绘制两段连续的线段

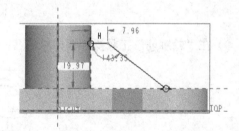

图 6-51　添加约束

6）修改尺寸后的筋草绘如图 6-52 所示。单击 ✔（完成）按钮，完成草绘并退出草绘模式。

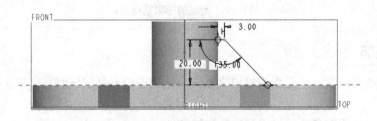

图 6-52　修改尺寸后的筋草绘

7）此时，预览几何如图 6-53 所示，应确保方向箭头指向要填充的草绘线侧。如果方向箭头没有指示形成封闭的填充区域，那么可以打开"轮廓筋"工具操控板的"参照"面板，如图 6-54 所示，然后单击"反向"按钮来获得所需的箭头方向。

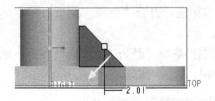

图 6-53　确保筋特征充满封闭区域　　　　　图 6-54　单击"反向"按钮

8）在"轮廓筋"工具操控板的▭框中输入厚度值为5。此时，默认的材料侧为向两侧。

说明：默认的材料侧为向两侧。如果需要，用户可以在"筋"工具操控板中通过单击⊿按钮，将材料侧在侧1、侧2和两侧之间循环切换，如图6-55所示。

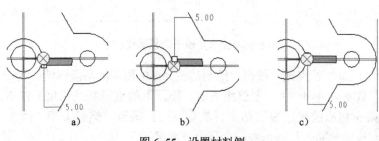

图 6-55　设置材料侧

a）侧1　b）侧2　c）两侧

9）在"轮廓筋"工具操控板中单击✔（完成）按钮。创建的轮廓筋特征如图6-56所示

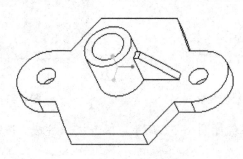

图 6-56　创建的轮廓筋特征

6.3.2 轨迹筋

轨迹筋，顾名思义，就是指通过定义轨迹来生成设定参数的筋特征。轨迹筋多用在塑料制品中。

下面通过一个范例来介绍如何创建轨迹筋特征。

1）单击🗁（打开）按钮，弹出"文件打开"对话框。从随书光盘中的 CH6 文件夹中选择 BC_JTZ_GJ.PRT 文件，单击"打开"按钮。该文件存在的原始模型如图6-57所示。

2）在工具栏中单击▱（轨迹筋工具）按钮，或者从菜单栏的"插入"菜单中选择"筋"→"轨迹筋"命令，打开如图6-58所示的"轨迹筋"工具操控板。

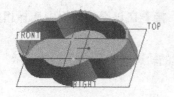

图 6-57　原始模型

图 6-58　"轨迹筋"工具操控板

3）在"轨迹筋"工具操控板中打开"放置"面板，接着在该面板中单击"定义"按钮，弹出"草绘"对话框。

4）在工具栏中单击 □（基准平面工具）按钮，打开"基准平面"对话框，选择"TOP基准平面偏移"作为参照，接着输入"平移"距离值为 15，如图 6-59 所示，然后在"基准平面"对话框中单击"确定"按钮，从而新建了 DTM1 基准平面。

5）以刚创建的 DTM1 基准平面作为草绘平面，以 RIGHT 基准平面作为"右"方向参照，如图 6-60 所示，然后单击"草绘"按钮，进入草绘模式。

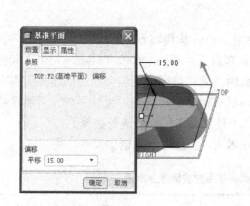

图 6-59　创建基准平面

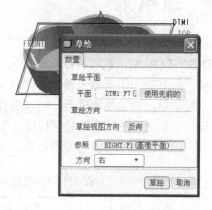

图 6-60　定义草绘平面及草绘方向

6）绘制如图 6-61 所示的 3 条直线段，每条直线段均被约束在相应的内轮廓线上。这些直线段定义了筋的轨迹。然后单击 ✔（完成）按钮。

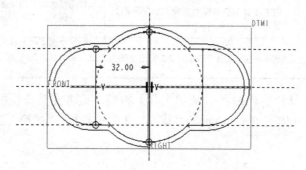

图 6-61　绘制筋轨迹线

7）在"轨迹筋"工具操控板中，在 框中输入筋的厚度值为 2.5，并分别选中 （添加绘制）、 （在内部边上添加倒圆角）和 （在暴露边上添加倒圆角）按钮。

8）在"轨迹筋"工具操控板中打开"形状"滑出面板，接着在该滑出面板中选择相关的单选按钮及设置相关的形状尺寸，如图 6-62 所示。

9）在"轨迹筋"工具操控板中单击 ☑（完成）按钮，创建的轨迹筋效果如图 6-63 所示。

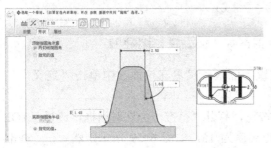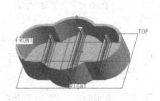

图 6-62　在"形状"面板中设置相关的选项及尺寸　　　　图 6-63　完成创建轨迹筋特征

6.4　拔模

在注塑件、铸造件等类型的零件中，通常需要设计拔模特征来改善零件制造工艺。在 Pro/ENGINEER 中，拔模特征向单独曲面或一系列曲面中添加一个介于-30°～+30°之间的拔模角度。只有当曲面是由列表圆柱面或平面形成时，才可拔模；而当曲面边的边界周围有圆角时不能拔模，在这种情况下，可以首先拔模，然后对边进行圆角过渡。另外，需要注意的是，可以对实体曲面或面组曲面拔模，但简单地不能对两者的组合进行拔模。

用户应该理解并掌握与拔模特征相关的专业术语，这些专业术语如表 6-1 所示。

表 6-1　Pro/ENGINEER 系统使用的拔模专业术语

序　号	术语名称	定义（说明）	备　注
1	拔模曲面	要拔模的模型的曲面	
2	拔模枢轴	曲面围绕其旋转的拔模曲面上的线或曲线（也称中立曲线）	可通过选取平面（在此情况下拔模曲面围绕它们与此平面的交线旋转）或选取拔模曲面上的单个曲线链来定义拔模枢轴
3	拖动方向（也称拔模方向）	用于测量拔模角度的方向，通常为模具开模的方向	可通过选取平面（在这种情况下拖动方向垂直于此平面）、直边、基准轴或坐标系的轴来定义它
4	拔模角度	拔模方向与生成的拔模曲面之间的角度	如果拔模曲面被分割，则可为拔模曲面的每侧定义两个独立的角度；拔模角度必须在 -30°～+30° 范围内

在右工具箱的工具栏中单击 ▨（拔模工具）按钮，或者在菜单栏的"插入"菜单中选择"斜度"命令，打开如图 6-64 所示的"拔模"工具操控板。"拔模"工具操控板主要由以下内容组成。

图 6-64　"拔模"工具操控板

- （拔模枢轴）：在其框中单击可激活该收集器，它用来指定拔模曲面上的中性直线或曲线，即曲面绕其旋转的直线或曲线。最多可选取两个平面或曲线链。要选取第二枢轴，必须先用分割对象分割拔模曲面。
- （拖动方向）：用来指定测量拔模角所用的方向。单击该收集器可以将其激活，然后可以选取平面、直边或基准轴，或坐标系的轴。
- "参照"面板：包含拔模特征中所使用的参照收集器。
- "分割"面板：包含分割选项。
- "角度"面板：包含拔模角度值及其位置的列表。
- "选项"面板：包含定义拔模几何的选项。
- "属性"面板：包含特征名称和用于访问特征信息的图标。

6.4.1 创建基本拔模

1. 创建基本拔模特征的步骤

下面介绍创建基本拔模特征的一般步骤，而创建其他较为复杂的拔模特征的所有其他过程均基于此。

1）在右工具箱的工具栏中单击 （拔模工具）按钮，或者在菜单栏的"插入"菜单中选择"斜度"命令，打开"拔模"工具操控板。

2）选择要拔模的曲面。如果要选择多个曲面，则按住〈Ctrl〉键的同时选择所需的各个曲面。

3）在"拔模"工具操控板中单击 （拔模枢轴）收集器，将其激活，然后选择拔模曲面上的某个平面或曲线链定义拔模枢轴。如果没有可以定义拔模枢轴的平面或曲线，那么可以暂停拔模工具，异步创建一个，然后恢复拔模工具。

4）如果选取了一个平面作为拔模枢轴，则 Pro/ENGINEER 将自动使用它来确定拖动方向。倘若要更改拖动方向或在使用曲线作为拔模枢轴时指定拖动方向，可以在操控板中单击 （拖动方向）收集器，将其激活，然后选择平面（在这种情况下拖动方向垂直于此平面）、直边、基准轴或坐标系的轴。

5）设置拔模角度。在"拔模"工具操控板的拔模角度框中键入或选取一个值。也可以拖动连接到拔模角的方形控制滑块，或在图形窗口中双击拔模角度值，然后键入新值。

6）如果要反向拔模角度，则可以在"拔模"工具操控板中单击 （反转角度以添加或去除材料）按钮。

7）如果要反向拖动方向，则可以在"拔模"工具操控板中单击 （反转拖动方向）按钮，或者在"参照"面板中单击"反向"按钮，又或者在图形窗口中单击拖动方向箭头。

8）必要时可使用"拔模"工具操控板中的其他选项创建更为复杂的拔模几何。

9）在"拔模"工具操控板中单击 （完成）按钮，则完成选定特征的拔模处理。

2. 创建基本拔模特征的操作实例

创建基本拔模特征的实例如下。在该实例中，要求将 8° 的拔模角度添加到零件的所有 3 个侧面，如图 6-65 所示。

1）单击 （打开）按钮，弹出"文件打开"对话框。从随书光盘中的 CH6 文件夹中选择 BC_BM_1.PRT 文件，单击"打开"按钮。

2）在右工具箱的工具栏中单击 （拔模工具）按钮，或者在菜单栏的"插入"菜单中选择"斜度"命令，打开"拔模"工具操控板。

图 6-65　创建基本拔模

3）结合〈Ctrl〉键选择要拔模的 3 个侧面，如图 6-66 所示。

4）在"拔模"工具操控板中单击 （拔模枢轴）收集器，将其激活，然后选择 TOP 基准平面。

5）输入拔模角度为 8°，单击 （反转角度以添加或去除材料）按钮。此时，模型几何预览如图 6-67 所示。

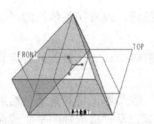

图 6-66　指定拔模曲面

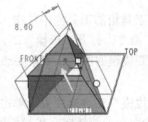

图 6-67　模型几何体预览

6）在"拔模"工具操控板中单击 （完成）按钮，完成本实例操作。

6.4.2 创建可变拔模

除了可以将恒定拔模角度应用于整个拔模曲面之外，还可以沿拔模曲面将可变拔模角度应用于各个控制点，这就是本节要介绍的可变拔模。可变拔模的示例如图 6-68 所示。

图 6-68　可变拔模

在可变拔模中，注意添加的角度控制点。如果拔模枢轴参照是曲线，则角度控制点位于拔模枢轴上；如果拔模枢轴参照是平面，则角度控制点位于拔模曲面的轮廓上。

创建可变拔模的设计思路是在执行拔模工具的过程中添加其他拔模角度控制点，然后修改各控制点的拔模角度、位置等。要添加其他拔模角度控制点，则需要使用鼠标右键单击连接到拔模角度的圆形控制滑块，如图 6-69 所示，然后从出现的快捷菜单中选择"添加角度"命令。系统将在默认位置添加以对拖动控制滑块,新控制点的默认拔模角度与当前拔模角度值相同。可以在单击圆形控制滑块后在边上拖动它来指定新拔模角的位置,也可以在图形窗口中双击位置比率值,然后设置新值。继续修改各控制点的拔模角度值即可形成可变拔模。

如果要从可变拔模中删除多余的一个拔模角度控制点,则右击该圆形控制滑块,从快捷菜单中选择"删除角度"命令。如果要恢复为恒定拔模,则可以在模型区域中右击,并使用快捷菜单上的"成为常数"命令,如图 6-70 所示,此命令操作将删除第一个拔模角度以外的其他所有拔模角度。

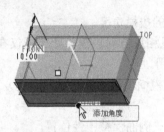

图 6-69 右击圆形控制滑块　　　　图 6-70 选择"成为常数"命令

6.4.3 创建分割拔模

分割拔模的类型包括根据拔模枢轴分割和根据分割对象分割两种。

1. 创建分割拔模的步骤

要创建分割拔模,则可以按照以下典型步骤进行。

1)在右工具箱的工具栏中单击　(拔模工具)按钮,或者在菜单栏的"插入"菜单中选择"斜度"命令,打开"拔模"工具操控板。接着通过选取草绘曲面、拔模枢轴和拖动方向来创建基本拔模特征。系统将以默认角度(1°)来显示恒定拔模的预览几何体。根据需要修改拔模角度值。

2)在"拔模"工具操控板中单击"分割"选项标签以打开"分割"面板,如图 6-71 所示,接着从"分割选项"下拉列表框中选择"根据拔模枢轴分割"选项或"根据分割对象分割"选项。

● "根据拔模枢轴分割":沿拔模枢轴分割拔模曲面。

● "根据分割对象分割":沿不同的线或曲线分割拔模曲面。如果选择此选项,则系统会激活"分割对象"收集器。

3)当选择的分割选项为"根据分割对象分割"时,需要选择分割对象(与拔模曲面相交的草绘曲线、平面或面组)或草绘分割对象。要草绘分割对象,则单击"分割对象"收集器旁的"定义"按钮,并在一个或多个拔模曲面上草绘图元的单一连续链。

4)从"分割"面板的"侧选项"下拉列表框中选取所需的选项,如图 6-72 所示。值得注意的是,根据按拔模枢轴分割还是按不同对象分割,以及分割对象的类型不同,系统提供适合的侧选项。可能应用到的侧选项如下。

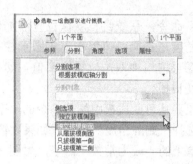

图 6-71 指定"分割"选项　　　　　　图 6-72 指定侧选项

- "独立拔模侧面"：为拔模曲面的每一侧指定独立的拔模角度。
- "从属拔模侧面"：指定一个拔模角度，第二侧以相反方向拔模。此选项仅在拔模曲面以拔模枢轴分割或使用两个枢轴分割拔模时可用。
- "只拔模第一侧"：仅拔模曲面的第一侧面（由拔模枢轴的正拖动方向确定），第二侧面保持中性位置。
- "只拔模第二侧面"：仅拔模曲面的第二侧面，第一侧面保持中性位置。

5）如果对特征几何体感到满意，则单击 ☑（完成）按钮。

2. 创建分割拔模的操作实例

下面介绍两个分割拔模的操作实例。

（1）根据拔模枢轴分割

1）单击 ☞（打开）按钮，弹出"文件打开"对话框。从随书光盘中的 CH6 文件夹中选择 BC_BM_2.PRT 文件，单击"打开"按钮。该文件中的原始零件如图 6-73 所示，它包含在 TOP 基准平面两侧对称创建的实体拉伸特征，所有竖直侧边上均有倒圆角。

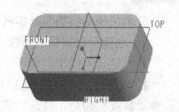

图 6-73 原始零件模型

2）在右工具箱的工具栏中单击 ☋（拔模工具）按钮，或者在菜单栏的"插入"菜单中选择"斜度"命令，打开拔模工具操控板。

3）选取任意侧曲面。因为所有侧曲面均彼此相切，所以拔模将自动延伸到零件的所有侧曲面。

4）在"拔模"工具操控板中单击 ☋（拔模枢轴）收集器，将其激活，然后选择 TOP 基准平面定义拔模枢轴。

5）在"拔模"工具操控板中单击"分割"选项标签，从而打开"分割"面板。接着从"分割选项"下拉列表框中选择"根据拔模枢轴分割"选项。

6）从"分割"面板的"侧选项"下拉列表框中选择"从属拔模侧面"选项。

7）在"拔模"工具操控板中输入角度 1 为"10"，然后单击位于角度 1 右侧的 ☋（反转角度以添加或去除材料）按钮以更改其拔模侧，更新的预览几何体如图 6-74 所示。

8）在"拔模"工具操控板中单击 ☑（完成）按钮，完成的拔模几何效果如图 6-75 所示。

（2）根据分割对象分割

1）单击 ☞（打开）按钮，弹出"文件打开"对话框。从随书光盘中的 CH6 文件夹中选择 BC_BM_3.PRT 文件，单击"打开"按钮。

2）在右工具箱的工具栏中单击 （拔模工具）按钮，或者在菜单栏的"插入"菜单中选择"斜度"命令，打开"拔模"工具操控板。

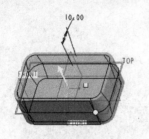

图6-74 预览拔模几何

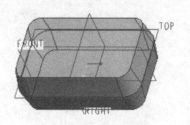

图6-75 根据拔模枢轴分割

3）选择如图6-76所示的实体面定义拔模曲面。

4）在"拔模"工具操控板中单击 （拔模枢轴）收集器，将其激活，然后选取顶部平面定义拔模枢轴，此时系统还使用它来自动确定拖拉方向，并显示预览几何体，如图6-77所示。

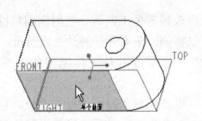

图6-76 定义拔模曲面

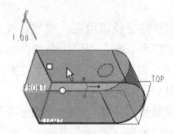

图6-77 定义拔模枢轴

5）在"拔模"工具操控板中打开"分割"面板。接着从"分割选项"下拉列表框中选择"根据分割对象分割"选项。

6）单击"分割对象"收集器旁的"定义"按钮，弹出"草绘"对话框。选择 FRONT 基准平面作为草绘平面，以 RIGHT 基准平面为"右"方向参照，单击"草绘"对话框中的"草绘"按钮，进入草绘模式。

7）绘制一条单一连续图元链，如图 6-78 所示。单击✔（完成）按钮，完成草绘并退出草绘模式。

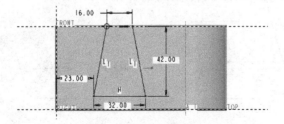

图6-78 绘制图元链

8）在默认情况下，系统会独立拔模两个侧面。在操控板的角度 1 尺寸框中输入"5"，在角度 2 尺寸框中输入"10"，接着分别单击角度 1 和角度 2 右侧的 ✎（反转角度以添加或去除材料）按钮，此时如图6-79所示。

9）在"拔模"工具操控板中单击☑（完成）按钮，使用草绘创建分割拔模的完成效果如图 6-80 所示。

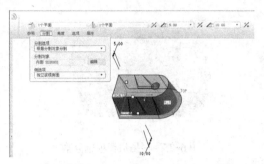 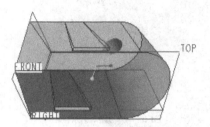

图 6-79　设置分割拔模相关参数　　　　图 6-80　使用草绘创建的分割拔模

6.5　倒圆角

倒圆角特征经常用在一些零件设计中，主要用来改善零件工艺等。使用倒圆角特征，可以使相邻的两个面之间形成光滑曲面。实际上，可以将倒圆角看做一种边处理特征，通过向一条或多条边、边链或在曲面之间添加半径形成，曲面可以是实体模型曲面或常规的 Pro/ENGINEER 零厚度面组和曲面。

创建倒圆角需要定义一个或多个倒圆角集，所述的倒圆角集是一种结构单位，包含一个或多个倒圆角段（倒圆角几何）。为倒圆角特征指定放置参照后，系统将使用默认属性、半径值以及最适于被参照几何对象的默认过渡创建倒圆角。Pro/ENGINEER 在图形窗口中显示倒圆角的预览几何体，允许用户在创建特征前创建和修改倒圆角段和过渡。

在学习倒圆角特征时，用户需要了解倒圆角的两个组成项目概念，即集和过渡。

- 集：创建的属于放置参照的倒圆角段（几何）。倒圆角段由唯一属性、几参照以及一个或多个半径组成。
- 过渡：连接倒圆角段的填充几何，过渡位于倒圆角段相交或终止处。在最初创建倒圆角时，Pro/ENGINEER 使用默认过渡，并提供多种过渡类型。用户可以根据设计要求创建和修改过渡。

集模式显示和过渡模式显示的图解如图 6-81 所示。

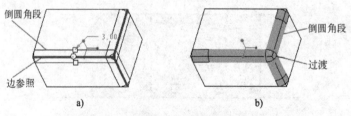

图 6-81　集模式显示和过渡模式显示

a) 集模式显示　b) 过渡模式显示

倒圆角的类型可以分为恒定圆角、可变圆角、由曲线驱动的倒圆角和完全倒圆角等这几种，如图 6-82 所示。

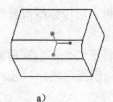 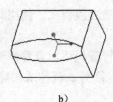 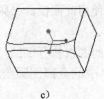 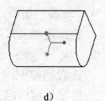

a)   b)   c)   d)

图 6-82   倒圆角类型

a) 恒定圆角   b) 可变圆角   c) 由曲线驱动的倒圆角   d) 完全倒圆角

要创建倒圆角特征，需要单击 （倒圆角工具）按钮，或者从菜单栏的"插入"菜单中选择"倒圆角"命令，打开如图 6-83 所示的"倒圆角"工具操控板。下面介绍"倒圆角"工具操控板的一些主要组成元素。

图 6-83   "倒圆角"工具操控板

- （切换到设置模式）：选中此按钮，则激活集模式，以用来处理倒圆角集。Pro/ENGINEER 会默认选取此按钮。
- （切换到过渡模式）：选中此按钮，则激活过渡模式，允许用户定义倒圆角特征的所有过渡。
- "集"面板：主要用来选择和设置圆角创建方法、截面形状以及圆角的其他相关参数，如图 6-84 所示。"集"面板也称"设置"面板。

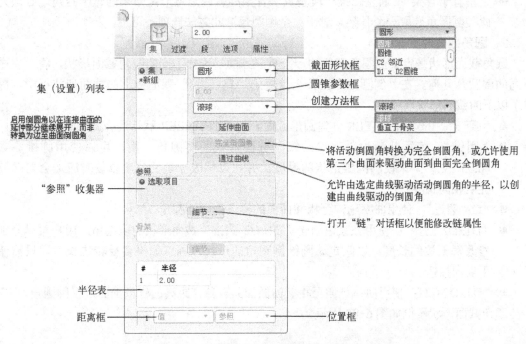

图 6-84   "倒圆角"工具操控板的"集"面板

- "过渡"面板：要使用此面板，必须激活过渡模式。使用此面板，可以修改过渡类型和指定相关参照等。
- "段"面板：使用此面板执行倒圆角段管理。可以查看倒圆角特征的全部倒圆角集，查看当前倒圆角集中的全部倒圆角段，修剪、延伸或排除这些倒圆角段，以及处理放置模糊问题。
- "选项"面板：该面板包括的可用选项有"实体"、"曲面"、"新面组"、"相同面组"和"创建结束曲面"，主要用来设置圆角的连接类型等。
- "属性"面板：利用该面板的"名称"文本框，可以重命名当前圆角特征；而单击 🛈 按钮，则可以打开 Pro/ENGINEER 浏览器来查看当前倒圆角特征的详细信息。

6.5.1 圆角创建方法和截面形状

使用 Pro/ENGINEER 创建倒圆角特征时，系统将使用默认属性创建倒圆角几何（倒圆角段），这些默认属性包括"滚球"创建方法和"圆形"截面形状。用户可以在设计过程中，根据设计要求利用"倒圆角"工具操控板的"设置"面板，更改创建方法和截面形状属性来获得满意的倒圆角几何。

1. 圆角创建方法

圆角创建方法是 Pro/ENGINEER 用来创建倒圆角几何的方法，使用不同的创建方法将创建不同的倒圆角几何。在"倒圆角"工具操控板的"集（设置）"面板中，从"创建方法"框的列表中可以选择"滚球"方法选项或"垂直于骨架"方法选项，其中系统默认的方法选项为"滚球"选项。这两种圆角创建方法的含义如下。

- "滚球"：通过沿着同球坐标系保持自然相切的曲面滚动一个球来创建倒圆角。
- "垂直于骨架"：通过扫描一段垂直于骨架的弧或圆锥形截面来创建倒圆角。必须为此类倒圆角选取一个骨架。对于完全倒圆角，此方法选项不可用。

2. 圆角截面形状

圆角截面形状是定义倒圆角几何的一个重要方面。选择不同的圆角截面形状，将会生成不同的倒圆角几何。在"倒圆角"工具操控板的"集（设置）"面板上的截面形状框中，提供了以下的截面形状选项。

- "圆形"：Pro/ENGINEER 创建圆形截面。Pro/ENGINEER 默认选择此选项。
- "圆锥"：使用从属边创建"圆锥"截面形状的倒圆角。用户可以使用圆锥参数（0.05～0.95）来控制圆锥形状的锐度，并可以修改一边的长度以使对应边会自动捕捉至相同长度。
- "C2 邻近"：使用曲率延伸至相邻曲面的样条剖面倒圆角。
- "D1xD2 圆锥"：使用独立边创建"D1xD2 圆锥"截面形状的倒圆角。用户可以分别修改每一边的长度，以限定该圆锥倒圆角的形状范围。如果要反转边长度，只需使用反向按钮。
- "D1xD2 C2"：使用曲率延伸至相邻曲面的具有独立距离的样条剖面进行倒圆角。

圆角截面形状示例如图 6-85 所示。

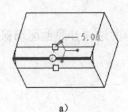 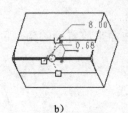 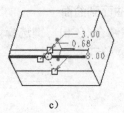

a)　　　　　　　　　　　　b)　　　　　　　　　　　c)

图 6-85　圆角截面形状示例

a）圆形截面形状的圆角　b）圆锥截面形状的圆角　c）"D1xD2 圆锥"截面形状的圆角

6.5.2　倒圆角的放置参照

　　要创建倒圆角特征，需要掌握如何指定倒圆角的放置参照。所选择的放置参照类型将决定着可以创建的倒圆角类型。

1．参照类型为边或边链

　　通常，通过选择一条或多条边来创建倒圆角特征，也可以通过选择一条相切边链来放置倒圆角，如图 6-86 所示。倒圆角会沿着相切的邻边进行传播，直至在切线中遇到断点。但需要注意的是，如果使用"依次"链，倒圆角则不会沿着相切的邻边进行传播。

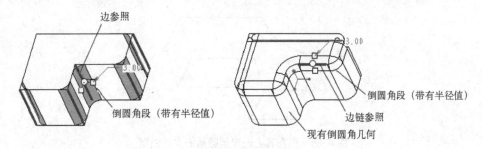

图 6-86　倒圆角示例

　　当选择放置参照类型为边或边链时，可以创建的倒圆角类型主要包括恒定圆角、可变圆角、完全倒圆角以及通过曲线驱动的圆角。

2．曲面到边

　　通过先选取曲面，然后结合〈Ctrl〉键选取边来放置倒圆角，如图 6-87 所示。以此方式创建的倒圆角与曲面保持相切，而边参照不保持相切。以"曲面到边"方式可以创建恒定、可变和完全倒圆角。

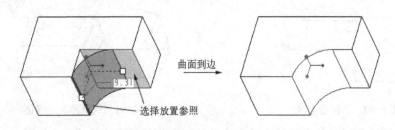

图 6-87　曲面到边

3. 曲面到曲面

通过结合〈Ctrl〉键选择两个曲面来放置倒圆角，倒圆角的边与参照曲面仍保持相切，如图 6-88 所示。

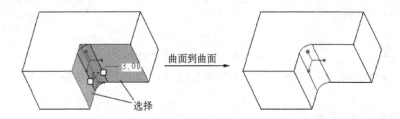

图 6-88　曲面到曲面

6.5.3　恒定圆角

下面通过实例辅助介绍创建恒定倒圆角特征的一般创建过程。

1）单击 📂（打开）按钮，弹出"文件打开"对话框。从随书光盘中的 CH6 文件夹中选择 BC_DYJ_1.PRT 文件，单击"打开"按钮。该文件中存在着的实体模型如图 6-89 所示。

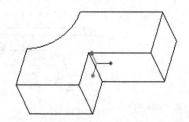

图 6-89　要在其上创建倒圆角的实体模型

2）单击 🔧（倒圆角工具）按钮，或者从菜单栏的"插入"菜单中选择"倒圆角"命令，打开"倒圆角"工具操控板。默认时，操控板中的 🔧（切换到设置模式）按钮处于被选中的状态。

3）在图形窗口中，选取要通过其创建倒圆角的参照 1，如图 6-90 所示；接着按住〈Ctrl〉键的同时为活动倒圆角集依次选择其他边参照，如图 6-91 所示。

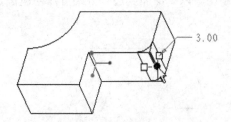

图 6-90　选择边参照

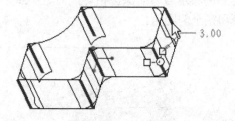

图 6-91　选择多个边参照

4）在"倒圆角"工具操控板中输入当前倒圆角集的圆角半径为3，如图 6-92 所示。

5）在"倒圆角"工具操控板中单击 ☑（完成）按钮，创建一组恒定半径值的倒圆角特征，效果如图 6-93 所示。

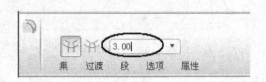
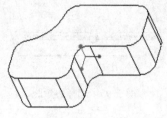

图 6-92　输入圆角半径　　　　　　图 6-93　创建恒定半径的倒圆角特征

6.5.4　可变圆角

可变圆角的设计思路是在恒定半径圆角特征的基础上，添加其他圆角半径控制点，然后设置各控制点的位置及半径，从而形成可变圆角。

下面是一个创建可变圆角特征的典型操作实例。

1）单击 （新建）按钮，打开"新建"对话框。在"新建"对话框的"类型"选项组中选择"零件"单选按钮，在"子类型"选项组中选择"实体"单选按钮；在"名称"文本框中输入"bc_dyj_2"，清除"使用缺省模板"复选框，单击"确定"按钮。系统弹出"新文件选项"对话框，从中选择 mmns_part_solid，单击"确定"按钮，进入零件设计模式。

2）使用 （拉伸工具）按钮，创建如图 6-94 所示的拉伸实体模型。

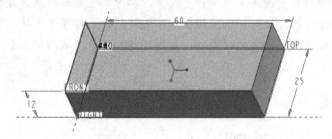

图 6-94　创建拉伸实体模型

3）单击 （倒圆角工具）按钮，或者从菜单栏的"插入"菜单中选择"倒圆角"命令，打开"倒圆角"工具操控板。默认时，操控板中的 （切换到设置模式）按钮处于被选中的状态。

4）在"倒圆角"工具操控板中输入当前倒圆角集的圆角半径为2。

5）在模型窗口中单击如图 6-95 所示的边参照，选定参照出现在"集"面板的"参照"收集器列表框中。

6）将光标置于半径锚点上，右键单击，然后从出现的快捷菜单中选取"添加半径"命令，则 Pro/ENGINEER 会复制此半径及其值，并将各半径放置到倒圆角段的每一端点。也可以在"集"面板的半径表中单击鼠标右键，如图 6-96 所示，然后选择快捷菜单中的"添加半径"命令，即可添加一个半径控制点。

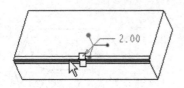

图 6-95　选择边参照

图 6-96　右击半径表

7）使用同样的方法，再添加一个半径控制点。

8）在"集"面板的半径表中，修改各半径控制点的半径值和相应的位置，如图 6-97 所示。

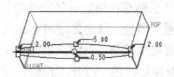

图 6-97　修改各半径控制点的位置及半径值

9）在"倒圆角"工具操控板中单击 ☑ （完成）按钮，创建的可变圆角特征如图 6-98 所示。

说明： 如果要想将可变圆角更改为恒定圆角，其方法很简单，就是在编辑定义过程中打开"倒圆角"工具操控板，进入"集"面板，接着将鼠标光标置于半径表中，右击，然后从出现的快捷菜单中选择"成为常数"命令，如图 6-99 所示，从而将现有可变倒圆角转换为"恒定"倒圆角。

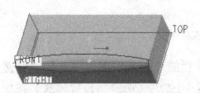

图 6-98　创建的可变圆角特征

图 6-99　选择"成为常数"命令

6.5.5　由曲线驱动的倒圆角

由曲线驱动的倒圆角示例如图 6-100 所示。下面以该示例介绍如何创建由曲线驱动的倒圆角特征。

1）单击 ◔ （倒圆角工具）按钮，或者从菜单栏的"插入"菜单中选择"倒圆角"命令，打开"倒圆角"工具操控板。默认时，操控板中的 ⚯ （切换到设置模式）按钮处于被选中的状态。

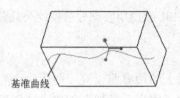
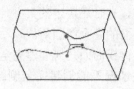

图 6-100　创建由曲线驱动的倒圆角特征

2）在图形窗口中，选择要由其创建恒定或可变倒圆角的边参照，如图 6-101 所示。

3）在"倒圆角"工具操控板中单击"集"选项标签，从而打开"集"面板，然后在该面板中单击"通过曲线"按钮，如图 6-102 所示。

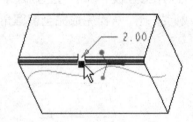

图 6-101　选择边参照　　　　　　　图 6-102　单击"通过曲线"按钮

4）在图形窗口中单击基准曲线，如图 6-103 所示。

5）在"倒圆角"工具操控板中单击 ☑（完成）按钮，完成的由曲线驱动的倒圆角特征如图 6-104 所示。

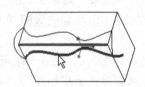

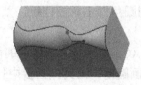

图 6-103　选择曲线　　　　　　　图 6-104　创建由曲线驱动的倒圆角特征

6.5.6　完全倒圆角

使用"倒圆角"工具操控板的"集"面板中的"完全倒圆角"按钮，可以在模型中创建完全倒圆角特征。要想创建完全倒圆角特征，则需要注意以下设计规则（摘自 Pro/ENGINEER 官方帮助文件）。

- 如果使用边参照，则这些边参照必须要存在着公共曲面。Pro/ENGINEER 可通过转换一个倒圆角集内的两个倒圆角段来创建完全倒圆角。
- 如果使用两个曲面参照，必须选取第三个曲面作为"驱动曲面"，此曲面决定倒圆角的位置，有时还决定其大小。Pro/ENGINEER 会使用圆部分替换此公共曲面来创建曲面至曲面的完全倒圆角。

● 可为实体或曲面几何创建完全倒圆角。

● 在这些情况不能创建完全倒圆角：两个以上的边参照以同一曲面为边界；要定义的倒圆角具有"圆锥"截面形状；已经使用"垂直于骨架"创建方法创建了要定义的倒圆角。

下面是创建完全倒圆角的一个典型操作实例。

1）单击 （倒圆角工具）按钮，或者从菜单栏的"插入"菜单中选择"倒圆角"命令，打开"倒圆角"工具操控板。默认时，操控板中的 （切换到设置模式）按钮处于被选中的状态。

2）在图形窗口中，结合〈Ctrl〉键选择要通过其创建完全倒圆角的两个边参照，如图 6-105 所示。所选的这两个边参照被指定为同一个倒圆角集中。

3）在"倒圆角"工具操控板中打开"集"面板，然后在该面板中单击"完全倒圆角"按钮。

4）在"倒圆角"工具操控板中单击 （完成）按钮，从而完成完全倒圆角特征的创建，效果如图 6-106 所示。

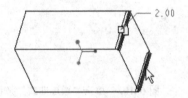
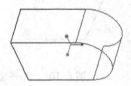

图 6-105　结合〈Ctrl〉键选择两个边参照　　　　图 6-106　创建完全倒圆角特征

该实例也可以采用以下方法及步骤来完成完全倒圆角特征，即创建曲面至曲面的完全倒圆角。

1）单击 （倒圆角工具）按钮，或者从菜单栏的"插入"菜单中选择"倒圆角"命令，打开"倒圆角"工具操控板。默认时，操控板中的 （切换到设置模式）按钮处于被选中的状态。

2）结合〈Ctrl〉键选择所需要的两个曲面（上顶面和底面），如图 6-107 所示。

3）在"倒圆角"工具操控板中打开"集"面板，然后在该面板中单击"完全倒圆角"按钮。

4）选择如图 6-108 所示的侧面作为驱动曲面。

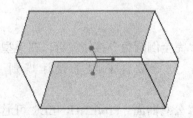
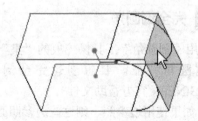

图 6-107　选择两个曲面　　　　　　　　　　图 6-108　指定驱动曲面

5）在"倒圆角"工具操控板中单击☑（完成）按钮，完成该完全倒圆角特征的创建。

6.5.7　修改倒圆角的过渡形式

倒圆角过渡允许指定 Pro/ENGINEER 处理重叠或不连续倒圆角段的方法。通常，创建倒圆角几何时，使用系统提供的默认过渡便可以满足设计需求了。但是在某些特定情况下，用户可以根据需要修改现有过渡来获得满意的倒圆角几何。在"倒圆角"工具操控板中单击开（切换到过渡模式）按钮，则激活过渡模式，此时允许用户定义倒圆角特征的所有过渡，如图 6-109 所示。

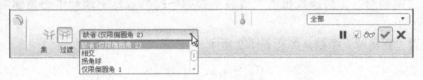

图 6-109　过渡模式

在实际应用中，通常采用以下两种方式修改现有过渡。

方式 1：更改过渡类型，切换到过渡模式，从过渡类型下拉列表框中选择所需要的一种过渡类型选项。注意：Pro/ENGINEER 将根据选定过渡的几何环境确定有效过渡类型。用户应该熟悉以下这些过渡类型选项。

- "缺省"：Pro/ENGINEER 确定最适合几何环境的过渡类型。过渡类型括在圆括号中。
- "混合"：使用边参照在倒圆角段之间创建圆角曲面。
- "连续"：将倒圆角几何延伸到两个倒圆角段。
- "相交"：以向彼此延伸的方式延伸两个或更多个重叠倒圆角段，直至它们会聚形成锐边界。
- "仅限倒圆角 1"：使用复合倒圆角几何创建过渡。其中包括使用包络有最大半径的倒圆角段周围的扫描，对由 3 个重叠倒圆角段所形成的拐角过渡进行倒圆角。
- "仅限倒圆角 2"：使用复合倒圆角几何创建过渡。
- "拐角球"：用球面拐角对由 3 个重叠倒圆角段所形成的拐角过渡进行倒圆角。
- "曲面片"：在 3 个或 4 个倒圆角段重叠的位置处创建曲面片曲面。
- "终止实例 X（X 为 1、2 或 3）"：使用由 Pro/ENGINEER 配置的几何终止倒圆角。
- "终止于参照"：在指定的基准点或基准平面处终止倒圆角几何。

方式 2：删除过渡并生成新过渡，即删除一个或多个过渡来释放参照，并通过为受影响几何生成新过渡来替换这些过渡。

下面介绍一个使用上述"方式 1"来修改默认过渡类型的操作实例。

1）单击（倒圆角工具）按钮，或者从菜单栏的"插入"菜单中选择"倒圆角"命令，打开"倒圆角"工具操控板。

2）结合〈Ctrl〉键选择如图 6-110 所示的 3 条边参照，接着设置该倒圆角集的圆角半径为 5。

3）在"倒圆角"工具操控板中单击开（切换到过渡模式）按钮，激活过渡模式。

4）在图形窗口中单击要修改的过渡几何，如图 6-111 所示。

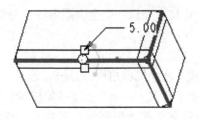

图6-110 指定参照边

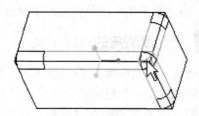

图6-111 单击要修改的过渡几何

5）在"倒圆角"工具操控板的"过渡"类型下拉列表框中选择"拐角球"选项，如图6-112所示。

6）设置"拐角球"参数，如图6-113所示。

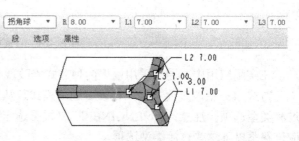

图6-112 指定"过渡"类型选项

图6-113 设置"拐角球"参数

7）单击"倒圆角"工具操控板中的 ☑（完成）按钮，最后得到的效果如图6-114所示。

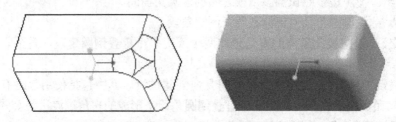

图6-114 修改过渡类型后的倒圆角效果

6.6 自动倒圆角

使用菜单栏中的"插入"→"自动倒圆角"命令，可以创建自动倒圆角特征，即可以在实体几何或零件或组件的面组上创建恒定半径的倒圆角几何。系统会为创建的每个自动倒圆角特征提供默认名称，其默认名称包括"Auto Round"和循序递增的序号，即"Auto Round #"。需要注意的是，自动倒圆角特征最多只能有两个半径尺寸，凸边与凹边各有一个，而凸半径与凹半径是自动倒圆角特征所拥有的属性。

执行菜单栏中的"插入"→"自动倒圆角"命令，除了可以创建具有子节点的"自动倒圆角"特征之外，还可以根据需要创建自动倒圆角组。

在介绍创建自动倒圆角特征之前，先简单地介绍一下"自动倒圆角"工具。

在菜单栏中选择"插入"→"自动倒圆角"命令，打开如图6-115所示的"自动倒圆角"工具操控板。

图 6-115 "自动倒圆角"工具操控板

- ⬚：在该框中指定应用于凸边的半径。
- ⬚：在该框中指定应用于凹边的半径。
- "范围"面板：该面板如图 6-116 所示。当选择"实体几何"单选按钮时，可以在模型实体几何上创建自动倒圆角特征；当选择"面组"单选按钮时，可以在模型的单个面组上创建自动倒圆角特征；当选择"选取的边"单选按钮时，可以在选取的边或目的链上创建自动倒圆角特征。选中"凸边"复选框时，可以选取模型中要让自动倒圆角特征在其上建立倒圆角的所有凸边；选中"凹边"复选项时，可以选取模型中要让自动倒圆角特征在其上建立倒圆角的所有凹边。
- "排除"面板：该面板如图 6-117 所示。该面板包括"排除的边"收集器和"几何检查"按钮。激活"排除的边"收集器，可选择要排除在自动倒圆角之外的一个或多个边（或边链）。而在某些设计场合下，例如当自动倒圆角特征无法在某些边上建立倒圆角，并且要重新定义自动倒圆角特征时，可以单击"几何检查"按钮，以查看边或边链无法建立倒圆角的原因。

图 6-116 "范围"面板　　　　图 6-117 "排除"面板

- "选项"面板：在该面板中，单击"创建常规倒圆角特征组"复选框，则可以创建一组常规倒圆角特征，而非自动倒圆角特征。
- "属性"面板：使用该面板，可以重命名自动倒圆角特征，以及访问特征信息。

1. 创建自动倒圆角特征的方法及步骤

创建自动倒圆角特征的典型方法及步骤如下。

1）在菜单栏中选择"插入"→"自动倒圆角"命令，打开"自动倒圆角"工具操控板。

2）在"自动倒圆角"工具操控板中单击"范围"面板，然后选择"实体几何"单选按钮、"面组"单选按钮或"选取的边"单选按钮，并根据相应提示选择对象。

3）根据设计需要，在"范围"面板中决定"凸边"复选框和"凹边"复选框的状态。

选中"凸边"复选框时,可以在所有凸边上建立自动倒圆角特征;选中"凹边"复选框时,则可以在模型的所有凹边上建立自动倒圆角特征。如果这两个复选框都被选中,那么将同时在模型的凸边和凹边上建立自动倒圆角特征。

4)在⛰或⌐旁的框中输入或选择数值来指定凸边或凹边的半径(曲率半径)。

5)如果不想对某些边倒圆角,那么在操控板中单击"排除"选项标签,打开"排除"面板,然后从模型中选取要从自动倒圆角特征中排除的边。

6)如果要创建一组倒圆角特征,那么在操控板中单击"选项"标签,打开"选项"面板,然后选中"创建常规倒圆角特征组"复选框,也就是将该"自动倒圆角"操作的结果设置为创建倒圆角组,而非一个自动倒圆角特征。

7)单击操控板中的☑(完成)按钮。

注意创建的自动倒圆角特征在模型树上的标识为 。

2. 创建自动倒圆角特征的操作实例

下面是创建自动倒圆角特征的一个简单操作实例。

1)单击📂(打开)按钮,弹出"文件打开"对话框。从随书光盘中的 CH6 文件夹中选择 BC_ZDDYJ.PRT 文件,单击"打开"按钮。该文件中存在的原始实体模型如图 6-118 所示。

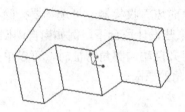

图 6-118　原始实体模型

2)在菜单栏中选择"插入"→"自动倒圆角"命令,打开"自动倒圆角"工具操控板。

3)打开"范围"面板,设置如图 6-119 所示的选项,并在⛰框中输入半径为 2,在⌐框中选择"相同"选项。

4)打开"排除"面板,"排除的边"收集器处于被激活的状态,在模型窗口中指定要排除的边,如图 6-120 所示。

图 6-119　设置"范围"选项

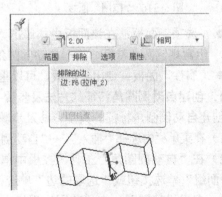

图 6-120　指定要排除的边

5）单击操控板中的☑（完成）按钮，完成自动倒圆角处理的效果如图 6-121 所示。

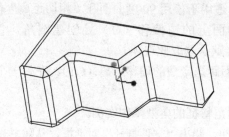

图 6-121　自动倒圆角效果

6.7　倒角

在模型中创建倒角特征，可以合理地减少零件边角程度的尖锐。倒角特征在机械零件中较为常见，它是一类对边或拐角进行斜切削的特征。在 Pro/ENGINEER 中，可以创建两种类型的倒角：边倒角和拐角倒角。

6.7.1　边倒角

边倒角和倒圆角有些类似，边倒角同样有集和过渡的组成概念。集包括倒角段，由唯一属性、几何参照、平面角及一个或多个倒角距离组成，而过渡是指连接倒角段的填充几何。通常在指定倒角放置参照后，Pro/ENGINEER 将使用默认属性、距离值以及最适于被参照几何的默认过渡来创建倒角。在创建边倒角时，需要指定一个或多个倒角集。所谓的倒角集是一种结构化单位，包含一个或多个倒角段（倒角几何）。

边倒角的属性之一是倒角标注形式，用好该属性则能够方便地定义倒角平面角度和距离。边倒角标注形式的更改，可以在打开的"边倒角"工具操控板的下拉列表框中进行，如图 6-122 所示。而单击 （倒角工具）按钮，或者选择"插入"→"倒角"→"边倒角"命令，则打开"边倒角"工具操控板。Pro/ENGINEER 会基于所选的放置参照和所用的倒角创建方法来提供标注形式。用户应该掌握下列标注形式。

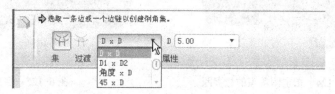

图 6-122　更改边倒角标注形式

- D x D：在各曲面上与边相距（D）处创建倒角。Pro/ENGINEER 会默认选择此选项。
- D1 x D2：在一个曲面距选定边（D1）、在另一个曲面距选定边（D2）处创建倒角。
- 角度 x D：创建一个倒角，它距相邻曲面的选定边距离为 D，与该曲面的夹角为指定角度。

- 45 x D：创建一个倒角，它与两个曲面都成 45 度角，且与各曲面上的边的距离为 D。注意，此选项仅适用于使用 90 度曲面和"相切距离"创建方法的倒角。
- O x O：在沿各曲面上的边偏移（O）处创建倒角。仅当 D x D 不适用时，Pro/ENGINEER 才会默认选取此选项。
- O1 x O2：在一个曲面距选定边的偏移距离（O1）、在另一个曲面距选定边的偏移距离（O2）处创建倒角。

下面介绍一个创建边倒角特征的典型操作实例。

1）单击 （打开）按钮，弹出"文件打开"对话框。从随书光盘中的 CH6 文件夹中选择 BC_DJTZ.PRT 文件，单击"打开"按钮。该文件中存在的原始实体模型如图 6-123 所示。

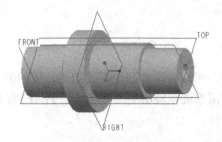

图 6-123　原始实体模型

2）单击 （倒角工具）按钮，或者选择"插入"→"倒角"→"边倒角"命令，打开"边倒角"工具操控板。

3）在"边倒角"工具操控板的下拉列表框中选择标注形式选项为"45 x D"，输入 D 值为 2.5。

4）结合〈Ctrl〉键选择要倒角的边参照，如图 6-124 所示。

5）在"边倒角"工具操控板中单击 （完成）按钮。得到的倒角结果如图 6-125 所示。

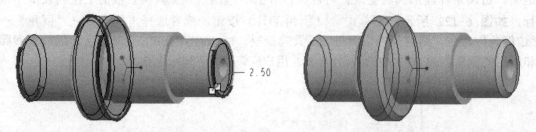

图 6-124　指定倒角集的边参照　　　　　　　图 6-125　倒角结果

6.7.2 拐角倒角

在菜单栏的"插入"菜单中选择"倒角"→"拐角倒角"命令，打开如图 6-126 所示"倒角（拐角）：拐角"对话框。使用该对话框定义拐角倒角的边参照和距离值，从而创建拐角倒角。创建拐角倒角的示例如图 6-127 所示。

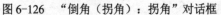

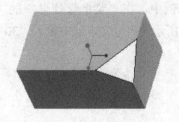

图 6-126 "倒角（拐角）：拐角"对话框　　　　图 6-127 拐角倒角的示例

下面介绍创建拐角倒角的一个简单操作实例。

1）新建一个使用 mmns_part_solid 模板的零件文件，文件名可以指定为"bc_gjdj"，在该零件文件中创建如图 6-128 所示的长方体形状的拉伸实体。

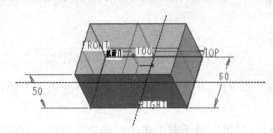

图 6-128 创建长方体模型

2）在菜单栏的"插入"菜单中选择"倒角"→"拐角倒角"命令，打开"倒角（拐角）：拐角"对话框。

3）在图形窗口中，选取要进行倒角的拐角的边参照，如图 6-129 所示。Pro/ENGINEER 加亮选定边，并就近确定顶角（拐角）点。

4）弹出如图 6-130 所示的"选出/输入"菜单，该菜单中的"选出点"选项和"输入"选项的功能含义如下。

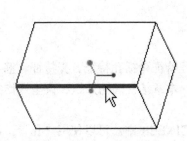

图 6-129 单击边参照　　　　图 6-130 出现"选出/输入"菜单

- "选出点"：通过在加亮边上选择一个点来定义沿顶点的边的倒角长度。
- "输入"：输入与加亮边上拐角顶点之间的距离（倒角距离）。

在本例中，在"菜单管理器"的"选出/输入"菜单中选择"输入"命令，接着在如图 6-131 所示的尺寸文本框中输入"30"，单击☑（接受）按钮。

输入沿加亮边标注的长度

30

图 6-131　输入沿加亮边 1 标注的长度

5）在"菜单浏览器"的"选出/输入"菜单中选择"输入"选项，接着在如图 6-132 所示的尺寸文本框中输入"25"，单击☑（接受）按钮。

输入沿加亮边标注的长度

25

图 6-132　输入沿加亮边 2 标注的长度

6）在"菜单浏览器"的"选出/输入"菜单中选择"选出点"选项，然后在如图 6-133 所示的加亮边上单击。

7）在"倒角（拐角）：拐角"对话框中单击"确定"按钮，创建的拐角倒角如图 6-134 所示。

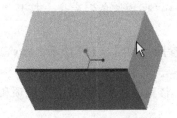

图 6-133　在指定边上选出点

图 6-134　创建的拐角倒角

6.8　本章小结

工程特征是在基础特征等的基础上创建的。工程特征包括孔特征、壳特征、筋特征、拔模特征、倒圆角特征、自动倒圆角特征和倒角特征。本章结合理论知识和典型操作实例来介绍这些工程特征的实用知识。

孔特征是一种较为常见的工程特征。在 Pro/ENGINEER 中，可以使用"孔"工具在模型中创建简单孔和工业标准孔。创建孔特征时，一般需要定义放置参照、设置偏移参照及定义孔的具体特性。注意孔特征的分类、放置参照和放置类型等。

壳特征的应用特点是将实体内部掏空，只留一个特定壁厚的壳。创建壳特征时，可以指定要从壳移除的一个或多个曲面；如果未指定要移除的曲面，则将创建一个封闭的壳，即零件的整个内部都被掏空，并且空心部分没有入口。另外，可以为不同曲面设置不同的壳厚度，以及指定从壳中排除的曲面。

筋特征常设计作为零件的加固结构。筋特征是设计中连接到实体曲面的薄翼或腹板伸出项。根据创建方法和特征特点，可以将筋特征分为轮廓筋和轨迹筋两大类。其中轮廓筋又可以分为直的轮廓筋特征和旋转轮廓筋特征两种类型。在创建筋特征时，尤其需要注意什么是有效的筋特征草绘。

拔模特征是本章的一个难点。在 Pro/ENGINEER 中，拔模特征向单独曲面或一系列曲面中添加一个介于−30°～+30°之间的拔模角度。要注意在什么情况下才能进行拔模。例如，只有当曲面是由列表圆柱面或平面形成时，才可拔模；而当曲面边的边界周围有圆角时不能拔模，通常的解决方法是先对模型进行拔模，然后再对边进行圆角处理。拔模的专用术语需要读者认真理解和掌握。拔模特征可以分为基本拔模特征、可变拔模特征和分割拔模特征。在分割拔模中，可以分为根据拔模枢轴分割和根据分割对象分割两类。

倒圆角和倒角在零件设计中应用较为普遍。通常使用倒圆角特征使相邻的两个面之间形成光滑曲面，而使用倒角则可对边或拐角进行斜切削。重点掌握圆角创建方法和截面形状、圆角放置参照以及如何创建恒定圆角、可变圆角、由曲线驱动的倒圆角和完全倒圆角等知识。在学习倒角知识点时，要掌握边倒角和拐角倒角的创建方法及步骤。

自动倒圆角也是 Pro/ENGINEER 中的一个实用功能，使用该功能可以在实体几何对象或零件或组件的面组上创建恒定半径的倒圆角几何。自动倒圆角特征最多只能有两个半径尺寸，凸边与凹边各有一个，而凸半径与凹半径是自动倒圆角特征所拥有的属性。

通过本章的学习，读者基本上可以创建一些较为复杂的三维模型。

6.9 思考与练习

1）孔特征可以分为哪些类型？孔的放置类型主要有哪几种？

2）简述如何创建具有不同壳厚度的壳特征（可以举例辅助介绍）。

3）筋特征草绘有哪些规则？

4）如何创建轮廓筋和轨迹筋？

5）什么是拔模曲面、拔模枢轴、拔模方向和拔模角度？

6）倒圆角特征主要分为哪几种类型？如何创建可变倒圆角特征？

7）总结创建自动倒圆角特征的典型方法及步骤。

8）倒角可以分为边倒角和拐角倒角，分别说一说这两种倒角的应用特点，以及如何创建它们。

9）如果模型的所有侧曲面均彼此相切，那么在进行创建基本拔模特征的过程中，要指定所有的侧曲面为拔模曲面时，如何定义拔模曲面效率最高？

提示：选取任意侧曲面。因为所有侧曲面均彼此相切，所以拔模将自动延伸到零件的所有曲面。

10）综合上机练习：要完成的模型效果如图 6-135 所示，具体尺寸由读者按照效果图自行选定。要求首先创建一个拉伸实体，然后分别在该基本实体中创建拔模特征、孔特征、倒圆角特征、壳特征和筋特征。在随书光盘的 CH6 文件夹中提供了该综合练习题的参考零件模型，其文件为 BC_6_EX10_FINISH.PRT。

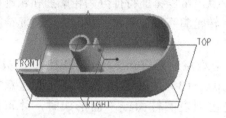

图 6-135　上机练习题

第7章 构 造 特 征

本章内容导读：

　　Pro/ENGINEER 构造特征包括轴、退刀槽、法兰、草绘修饰特征、修饰螺纹特征、凹槽特征和管道特征等。

　　在本章中，将主要介绍这些构造特征的实用知识，要求读者掌握它们的创建方法、步骤以及技巧等。

7.1　轴、退刀槽和法兰

　　Pro/ENGINEER 系统提供了专门用来创建某些特定构造结构的特征命令，如"轴"、"环形槽"、"法兰"和"管道"等。其中，要使位于"插入"→"高级"级联菜单中的"轴"、"环形槽"和"法兰"命令可用，需要将配置文件选项"allow_anatomic_features"的值设置为"yes"（"allow_anatomic_features"的默认选项值为"no*"）。将配置文件选项"allow_anatomic_features"的值设置为"yes"的典型方法及步骤如下。

　　1）从菜单栏的"工具"菜单中选择"选项"命令，打开"选项"对话框。

　　2）从"显示"下拉列表框中选择"当前会话"选项，接着在"选项"文本框中输入"allow_anatomic_features"，然后在"值"下拉列表框中选择"yes"，如图 7-1 所示。

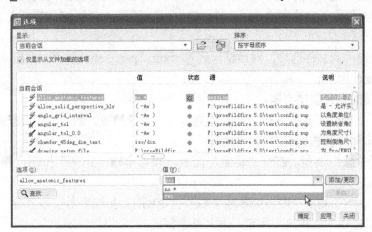

图 7-1　"选项"对话框

　　3）单击"添加/更改"按钮。

　　4）单击"确定"按钮。

从构造结构上来看，轴、退刀槽（环形槽）和法兰存在着某些构造同性。下面分别介绍轴、退刀槽和法兰的相关应用知识。

7.1.1 轴

从构造思路上来看，轴与草绘孔类似，两者都是通过草绘旋转截面然后将其放置在模型上来创建，不同之处在于：轴添加材料而不是去除材料。在实际应用中，轴形状的模型通常还可以采用拉伸或旋转等方法来获得。

1. 创建轴构造特征的方法及步骤

使用"插入"→"高级"→"轴"命令创建轴构造特征的方法及步骤简述如下。

1）从菜单栏的"插入"→"高级"级联菜单中选择"轴"命令，打开如图 7-2 所示的"轴：草绘"对话框和"位置"菜单。

图 7-2 对话框和菜单

- "线性"：在两个平面中放置一个线性偏距。
- "径向"：沿一个轴在与平面有夹角处放置一个径向偏距。
- "同轴"：放置至同一个轴。
- "在点上"：放置于基准点。

2）利用"位置"菜单定义位置类型后，草绘轴截面。与草绘孔截面一样，草绘旋转轴的中心线必须为垂直的，轴截面完全位于垂直中心线的同一侧。

3）定义放置参照和方向。完成的轴相当于以特定的方式添加材料而从原零件模型伸出。

2. 创建轴构造特征的操作实例

下面介绍一个应用轴特征的典型操作实例。

（1）新建零件文件

1）单击 □（新建）按钮，弹出"新建"对话框。

2）在"类型"选项组中选择"零件"单选按钮，在"子类型"选项组中选择"实体"单选按钮，在"名称"文本框中输入"bc_7_1_z"，清除"使用缺省模板"复选框，单击"确定"按钮。

3）系统弹出"新文件选项"对话框，选择 mmns_part_solid 模板，然后单击"确定"按钮，进入零件设计模式。

（2）以旋转的方式创建实体。

1）单击 （旋转工具）按钮，打开"旋转"工具操控板。默认时，"旋转"工具操控板中的 □（创建实体）按钮处于被选中的状态。

2）选择"位置"选项，打开"位置"面板，接着单击"定义"按钮，弹出"草绘"对话框。

3）选择 FRONT 基准平面作为草绘平面，以 RIGHT 基准平面作为"右"方向参照，单击"草绘"对话框中的"草绘"按钮，进入草绘模式。

4）绘制如图 7-3 所示的旋转剖面，注意绘制一条定义为旋转轴的水平中心线。单击 ✔（完成）按钮，完成草绘并退出草绘模式。

5）接受默认的旋转角度为 360°，单击"旋转"工具操控板中的 ☑（完成）按钮。创建的旋转特征如图 7-4 所示。

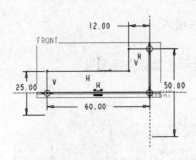

图 7-3 草绘图形

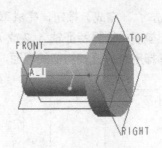

图 7-4 创建的旋转特征

（3）创建轴特征

1）在菜单栏中选择"插入"→"高级"→"轴"命令，打开"轴：草绘"对话框和"菜单管理器"。

2）在"菜单管理器"的"位置"菜单中选择"同轴"→"完成"命令，如图 7-5 所示。

3）在内部草绘器中，绘制如图 7-6 所示的剖面，注意绘制的定义旋转轴的中心线为垂直的。单击✔（完成）按钮，完成草绘并退出草绘模式。

图 7-5 选择"位置"选项

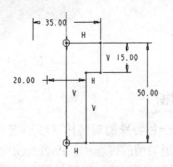

图 7-6 草绘轴剖面

4）在模型中选择特征轴 A_1。

5）选择用来放置轴特征的端面，如图 7-7 所示。

6）在"轴：草绘"对话框中单击"确定"按钮，完成的该轴特征如图 7-8 所示。

图 7-7 选择放置平面

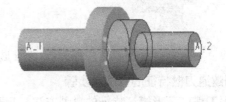

图 7-8 创建的轴特征

（4）继续创建轴特征

1）在菜单栏中选择"插入"→"高级"→"轴"命令，打开"轴：草绘"对话框和"菜单管理器"。

2）在"菜单管理器"的"位置"菜单中选择"同轴"→"完成"命令。

3）在内部草绘器中，绘制如图 7-9 所示的剖面，注意绘制的定义旋转轴的中心线为垂直的。单击 ✔（完成）按钮，完成草绘并退出草绘模式。

4）在模型中选择特征轴 A_2 或 A_1。

5）选择用来放置轴特征的端面，如图 7-10 所示（鼠标光标所指）。

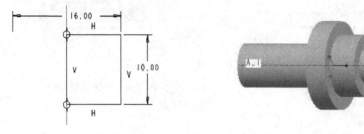

图 7-9　草绘剖面　　　　　　　　　图 7-10　选择放置平面

6）在"轴：草绘"对话框中单击"确定"按钮，创建的轴特征如图 7-11 所示。

图 7-11　创建的轴特征

7.1.2　退刀槽

退刀槽是一种特殊的旋转槽（环形槽），它绕着旋转零件或特征创建"凹"形状的结构槽，即在创建退刀槽的过程中，Pro/ENGINEER 绕零件旋转截面至指定的角度并去除截面内的材料。退刀槽（环形槽）示例如图 7-12 所示。

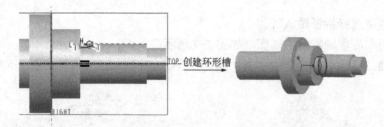

图 7-12　创建退刀槽示例

1. 创建退刀槽特征的方法及步骤

创建退刀槽（环形槽）特征的典型方法和步骤如下。

1）从菜单栏的"插入"→"高级"级联菜单中选择"环形槽"命令，打开如图 7-13 所示的"菜单管理器"。

2）通过"菜单管理器"的"选项"菜单来选择角度，以指定旋转度数。

3）创建或选取"通过轴"基准平面作为草绘平面。

4）草绘开放的退刀槽截面，其端部与零件或特征的侧面影像边对齐，即必须将截面的两端都与父项特征的旋转曲面对齐。

5）草绘成为旋转轴的中心线。

2．创建退刀槽特征的操作实例

下面是创建退刀槽特征的一个典型操作实例。

1）单击 📂（打开），弹出"文件打开"对话框。从随书光盘中的 CH7 文件夹中选择 BC_7_1_TDC.PRT 文件，单击"打开"按钮。该文件中存在着的原始实体模型如图 7-14 所示。

图 7-13 出现的"菜单管理器"

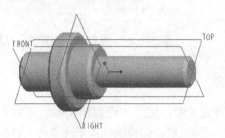

图 7-14 原始实体模型

2）在菜单栏的"插入"→"高级"级联菜单中选择"环形槽"命令，弹出一个"菜单管理器"。

3）在"菜单管理器"的"选项"菜单中选择"360"→"单侧"→"完成"命令。

4）选择 FRONT 基准平面作为草绘平面，接着在"菜单管理器"出现的菜单中选择"确定（正向）"→"缺省"命令，进入草绘模式。

5）在右工具箱中单击 ╲（创建 2 点线）按钮，绘制如图 7-15 所示的图形。在右工具箱中打开约束面板，接着单击约束面板中的 ⚬（创建相同点、图元上的点或共线约束）按钮，然后将退刀槽的端点设置与父项特征的旋转曲面对齐，并设置左侧竖直线与相应轮廓线重合约束，最后修改尺寸，得到的退刀槽剖面如图 7-16 所示。

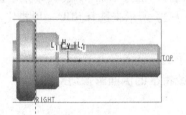

图 7-15 绘制图形

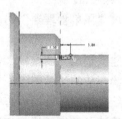

图 7-16 退刀槽剖面

6）单击 ┇（中心线）按钮，绘制一根定义旋转轴的中心线，如图 7-17 所示。

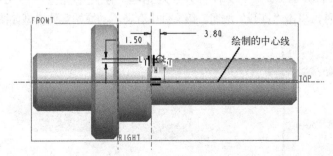

图 7-17 绘制定义旋转轴的中心线

7）单击✔（完成）按钮，完成草绘并退出草绘模式。从而完成了该退刀槽特征的创建，效果如图 7-18 所示。

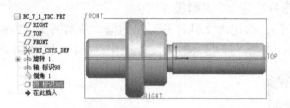

图 7-18 创建的退刀槽特征的效果

7.1.3 法兰

从结构特点来看，法兰与退刀槽类似，不同之处在于法兰对旋转实体添加材料，而退刀槽对旋转实体切除材料。创建法兰需要在零件之外草绘截面。创建法兰的示例如图 7-19 所示。

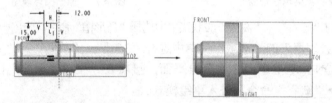

图 7-19 创建法兰

1. 创建法兰特征的方法及步骤

创建法兰特征的典型方法及步骤如下。

1）从菜单栏的"插入"→"高级"级联菜单中选择"法兰"命令，打开"菜单管理器"。

2）通过"菜单管理器"的"选项"菜单如图 7-20 所示来选择角度，以指定法兰的旋转度数。

3）创建或选取"通过轴"基准平面作为草绘平面。

4）草绘开放的法兰截面，其端部与旋转零件或特征的侧面影像边对齐。

5）草绘成为旋转轴的中心线。

2. 创建法兰特征的操作实例

下面介绍创建法兰特征的典型操作实例。

1）单击📂（打开），弹出"文件打开"对话框。从随书光盘中的 CH7 文件夹中选择 BC_7_1_FL.PRT 文件，单击"打开"按钮。该文件中存在着的原始实体模型如图 7-21 所示。

图 7-20 "选项"菜单

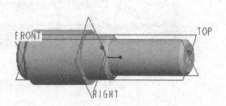

图 7-21 原始实体模型

2）在菜单栏的"插入"→"高级"级联菜单中选择"法兰"命令，系统弹出一个"菜单管理器"。

3）在"菜单管理器"的"选项"菜单中选择"可变的"→"单侧"→"完成"命令。

4）选择 TOP 基准平面为草绘平面，选择"确定"→"缺省"命令，进入草绘模式。

5）草绘开放的法兰截面及中心线，如图 7-22 所示。

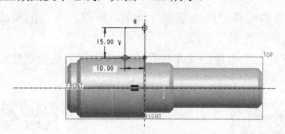

图 7-22　草绘法兰截面及中心线

6）单击 ✔（完成）按钮，完成草绘并退出草绘模式。

7）在如图 7-23 所示的"输入角度"文本框中输入"360"，单击 ☑（接受）按钮。

图 7-23　输入角度

创建的法兰效果如图 7-24 所示，注意法兰特征在模型树中的显示效果。

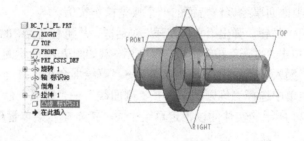

图 7-24　完成法兰

7.2　草绘修饰特征

草绘修饰特征就如同被"绘制"在零件的曲面上，主要用来表示要印制到对象上的公司徽标或序列号等内容。同时，草绘修饰特征也可以用于定义有限元局部负荷区域的边界。

草绘修饰特征可以是规则截面的修饰特征，也可以是投影截面的修饰特征。

7.2.1　规则截面草绘的修饰特征

规则截面草绘的修饰特征总是位于草绘面，它其实是一个平整特征。在创建规则截面草绘修饰特征时，可以为特征设置添加剖面线，该剖面线将显示在所有模式，但只能在"绘图

（工程图）"模式下修改。

1. 创建规则截面草绘修饰特征的方法及步骤

在零件模式下创建规则截面草绘修饰特征的典型方法及步骤如下。

1）从菜单栏的"插入"菜单中选择"修饰"→"草绘"命令，打开"选项"菜单，如图 7-25 所示。

2）在"选项"菜单中选择"规则截面"选项，接着选择"剖面线"选项或者选择"无剖面线"选项，然后选择"完成"选项。

3）此时，"菜单管理器"出现的菜单如图 7-26 所示。结合这些菜单命令设置草绘平面及草绘参照。

图 7-25 "选项"菜单　　　　　　图 7-26　出现的用于"设置草绘平面"的菜单

4）草绘图形。单击 ✔（完成）按钮。则 Pro/ENGINEER 显示修饰特征。如果在创建过程中选择"剖面线"命令，则在该草绘修饰特征中显示剖面线，而剖面线初始默认时以黄色显示。

2. 创建规则截面草绘修饰特征的操作实例

下面介绍创建规则截面草绘修饰特征的一个典型操作实例。

1）单击 🗁（打开）按钮，弹出"文件打开"对话框。从随书光盘中的 CH7 文件夹中选择 BC_7_2_1.PRT 文件，单击"打开"按钮。该文件中存在着如图 7-27 所示的实体模型。

2）从菜单栏的"插入"菜单中选择"修饰"→"草绘"命令，打开"选项"菜单。

3）在"选项"菜单中选择"规则截面"→"剖面线"→"完成"命令。

4）单击如图 7-28 所示的实体面以指定草绘平面，接着在"菜单管理器"出现的菜单中选择"确定（正向）"→"缺省"命令。

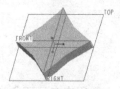

图 7-27　实体模型　　　　　　　　图 7-28　指定草绘平面

5）绘制如图 7-29 所示的文本，文本字体可自行选定。

图 7-29　绘制文本

6）单击 ✔（完成）按钮。完成的规则截面草绘修饰特征如图 7-30 所示。

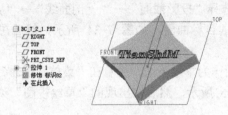

图 7-30 创建的规则截面草绘修饰特征

7.2.2 投影截面草绘修饰特征

投影截面修饰特征被投影到单个零件曲面上，它们不能跨越零件曲面。值得注意的是，在创建投影截面修饰特征的过程中，不能对投影截面进行添加剖面线的操作。

1. 创建投影截面草绘修饰特征的方法及步骤

创建投影截面草绘修饰特征的典型方法及步骤如下。

1）从菜单栏的"插入"菜单中选择"修饰"→"草绘"命令，打开"选项"菜单。

2）在"菜单管理器"的"选项"菜单中选择"投影截面"→"无剖面线"→"完成"命令，如图 7-31 所示。

3）在"菜单管理器"中出现如图 7-32 所示的"特征参考"菜单。选择特征要投影到的目标曲面（一个面组或一组曲面）。然后在"特征参考"菜单中选择"完成参考"选项。

图 7-31 选择菜单选项

图 7-32 "特征参考"菜单

4）设置草绘平面。

5）草绘截面。

6）单击 ✔（完成）按钮。

2. 创建投影截面草绘修饰特征的操作实例

请看下面一个操作实例。

1）单击 📂（打开）按钮，弹出"文件打开"对话框。从随书光盘中的 CH7 文件夹中选择 BC_7_2_2.PRT 文件，单击"打开"按钮。该文件中存在着的原始实体模型如图 7-33 所示。

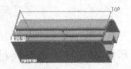

图 7-33 原始实体模型

2）从菜单栏的"插入"菜单中选择"修饰"→"草绘"命令，打开"选项"菜单。

3）在"选项"菜单中选择"投影截面"→"无剖面线"→"完成"选项。

4）选择特征要投影到的目标曲面，如图 7-34 所示，然后在"特征参考"菜单中选择"完成参考"选项。

5）选择 TOP 基准平面作为草绘平面，接着在"菜单管理器"出现的"方向"菜单中选择"确定"选项，如图 7-35 所示，然后在出现的"草绘视图"菜单中选择"缺省"选项，进入草绘模式。

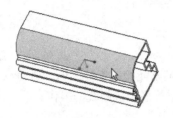

图 7-34　选择要投影到的目标曲面

图 7-35　指定查看草绘平面的方向

6）草绘如图 7-36 所示的截面。

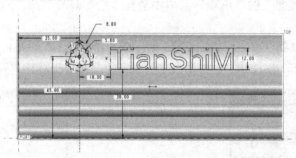

图 7-36　草绘截面

7）单击 ✓（完成）按钮。完成的投影截面草绘修饰特征如图 7-37 所示。

图 7-37　创建的投影截面草绘修饰特征

7.3　修饰螺纹

在 Pro/ENGINEER 系统中可以创建一类表示螺纹直径的修饰特征，这就是所谓的"修饰螺纹"特征，有时也被称为"螺纹修饰"特征。该类修饰特征与其他修饰特征不同，即修饰螺纹的线体不能被修改，而且螺纹也不会受到"环境"菜单中隐藏线显示设置的影响。可以使用修饰螺纹表示外螺纹或内螺纹，并且螺纹可以是盲孔形式，也可以是贯通形式。要创建修饰螺纹，通常需要指定螺纹内径或外径（分别对于外螺纹或内螺纹）、起始曲面和螺纹长度或终止边。当使用圆锥曲面为参照创建修饰螺纹时，应当考虑到此特殊曲面造成螺纹外径随参照曲面的每个点变化，因而应指定其螺纹高度而非螺纹外径或内径（本书不对该情况进行详细介绍）。

创建修饰螺纹特征的示例如图 7-38 所示。

在菜单栏中选择"插入"→"修饰"→"螺纹"命令，打开如图 7-39 所示的"修饰：螺纹"对话框。使用该对话框，并根据相关菜单命令及命令提示，分别定义螺纹曲面、起始曲面、方向、螺纹长度、主直径和注释参数这些元素来创建修饰螺纹特征。

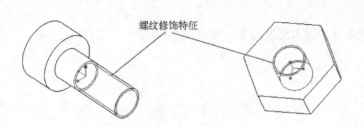

图 7-38　创建修饰螺纹特征的示例　　　　　图 7-39　"修饰：螺纹"对话框

下面介绍应用修饰螺纹特征的一个典型操作实例。

1）单击 📂（打开）按钮，弹出"文件打开"对话框。从随书光盘中的 CH7 文件夹中选择 BC_7_3_XSLW.PRT 文件，单击"打开"按钮。文件中的原始模型如图 7-40 所示。

2）在菜单栏的"插入"菜单中选择"修饰"→"螺纹"命令，打开"修饰：螺纹"对话框。

3）选择如图 7-41 所示的圆柱曲面（鼠标光标所指）定义螺纹曲面。

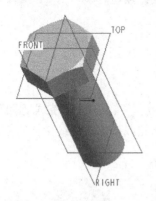

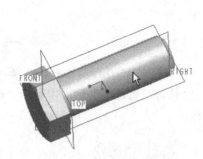

图 7-40　文件中的原始模型　　　　　　图 7-41　定义螺纹曲面

4）系统出现"➪选取螺纹的起始曲面"的提示信息。选择如图 7-42 所示的鼠标光标所指的端面定义螺纹的起始曲面。

5）箭头指示特征创建的方向，如图 7-43 所示，在"菜单管理器"出现的"方向"菜单中选择"确定"命令，接受箭头方向为操作方向。

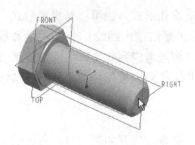

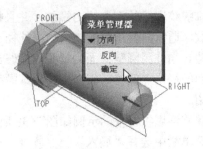

图 7-42 指定螺纹的起始曲面　　　　　图 7-43 定义特征创建的方向

6）在"菜单管理器"中出现如图 7-44 所示的"指定到"菜单，从中选择"盲孔"→"完成"选项。

7）在如图 7-45 所示的文本框中输入深度为 30，单击✓（接受）按钮。

图 7-44 选择"盲孔"命令　　　　　　图 7-45 输入螺纹深度

8）输入直径值，如图 7-46 所示，然后单击✓（接受）按钮。

图 7-46 输入直径

9）在"菜单管理器"出现的如图 7-47 所示的"特征参数"菜单中选择"完成/返回"选项。

10）在"修饰：螺纹"对话框中单击"确定"按钮，完成该修饰螺纹特征的创建，效果如图 7-48 所示。

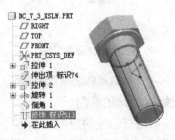

图 7-47 "特征参数"菜单　　　　　　图 7-48 创建的修饰螺纹特征

补充知识说明：可以使用"修饰：螺纹"对话框中的"注释参数"选项来编辑参数文件，可使用参数文件来创建定制的修饰螺纹。

"特征参数"菜单中各命令选项的功能含义如下。

- "检索"：浏览查找要读入的参数文件。在"特征参数"菜单中选择此选项，则弹出"打开"对话框，以查找并打开格式为*.thr 的文件。
- "保存"：为参数文件输入一个新名称并保存。
- "修改参数"：打开参数文件并编辑其内容。选择此选项，则打开如图 7-49 所示的编辑器，从中对相关参数进行编辑修改。

图 7-49　修改参数

- "显示"：打开包含螺纹参数值的信息窗口。选择此选项，则系统弹出如图 7-50 所示的信息窗口，在该信息窗口中，显示了修饰螺纹特征的参数。单击"关闭"按钮可关闭该信息窗口。

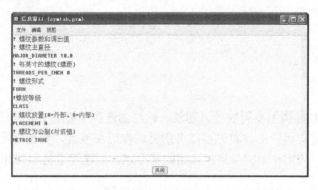

图 7-50　信息窗口

7.4　凹槽

凹槽其实是一种投影的修饰特征。用户可以通过草绘并将其投影到曲面上来创建凹槽特征。要注意的是，凹槽特征不能跨越曲面边界。在制造环节，可以使用凹槽特征指示刀具走刀轨迹。

创建凹槽的典型操作方法及步骤如下。

1）在菜单栏的"插入"菜单中选择"修饰"→"凹槽"命令，打开如图 7-51 所示的"特征参考"菜单。

2）信息区出现"⇨选取凹槽的一个面组或一组曲面。"的提示信息，选取要在其上投影特征的曲面。在"特征参考"菜单中选择"完成参考"选项。

3）在"菜单管理器"中出现如图 7-52 所示的菜单。利用这些菜单命令设置草绘平面和参照。

图 7-51 "特征参考"菜单

图 7-52 出现的菜单

4）草绘凹槽截面。完成凹槽截面后，凹槽特征被投影到所选曲面上，但没有深度。创建凹槽特征的示例如图 7-53 所示。

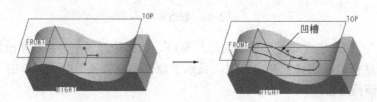

图 7-53 创建凹槽示例

7.5 管道

Pro/ENGINEER 提供了实用的管道功能，通过创建表示管道中心的三维中心线来辅助构造管道模型。要创建管道特征，首先要准备所需的参照基准点，管道将用直线和指定折弯半径的弧的复合曲线，或用一个样条连接选定的基准点。创建管道的示例如图 7-54 所示。

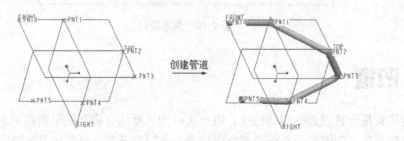

图 7-54 创建管道的示例

下面结合上述创建管道的示例（图 7-54 所示）来辅助介绍如何创建该管道特征。该示例的原始文件 BC_7_5_GD.PRT 位于随书光盘的 CH7 文件夹中。首先打开该原始文件，然后按照以下方法及步骤进行操作。

1）在菜单栏中选择"插入"→"高级"→"管道"命令，打开如图 7-55 所示的"选项"菜单。该"选项"菜单中各命令的功能含义如下。

● "几何"：用中空或实体几何，创建管道特征。

● "无几何形状体"：只创建管道轨迹。

● "空心"：使用特定壁厚来创建中空管道。

● "实体"：使用实体几何（杆）来创建管道。

● "常数半径"：管道的所有弧段的弯曲半径相同。

● "多重半径"：指定每个弧段的折弯半径，并可单独修改。

2）在"选项"菜单中选择"几何"→"空心"→"常数半径"→"完成"选项。

3）输入外部直径为 20，如图 7-56 所示，单击 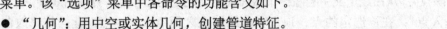（接受）按钮。

图 7-55 "选项"菜单　　　　　　　　　　图 7-56 输入外部直径

4）输入侧壁厚度为 2，如图 7-57 所示，单击 （接受）按钮。

图 7-57 输入侧壁厚度

5）在"菜单管理器"中出现"连结类型"菜单，从中选择"单一半径"→"整个阵列"→"添加点"选项，如图 7-58 所示。

说明：使用该"连结类型"菜单中的命令，可以添加、删除和插入点以重定义管道轨迹，并能为线性轨迹指定切向。

"连结类型"菜单中各主要命令选项的功能含义如下（主要摘自 Pro/ENGINEER 官方帮助文件）。

● "样条"：通过基准点将轨迹创建为三维样条。

● "单一半径"：通过用直线和恒定半径圆弧连接基准点来创建轨迹，并以直线开始和结束。基准点用直线连接，然后用指定的折弯半径弧来填充断点。

● "多重半径"：通过用直线、变半径圆弧连接基准点来创建轨迹，并以直线开始和结束。基准点用直线连接，然后用指定的多个折弯半径弧来填充断点。

- "单个点"：选取单个基准点（这些点可以单独创建，也可以作为基准点阵列的一部分创建）。
- "整个阵列"：在基准点阵列中，顺序连接所有点。
- "添加点"：向曲线定义添加一个该曲线将通过的现存点、顶点或曲线端点。
- "删除点"：从曲线定义中删除一个该曲线当前通过的已存点、点或曲线端点。
- "插入点"：在已选定的点、顶点和曲线端点之间插入一个点。此操作修改曲线定义，使其通过插入点。系统提示选取一个要在其前面插入点的点或顶点。

6）在模型窗口中依次单击 PNT0、PNT1 和 PNT2，接着在如图 7-59 所示的文本框中输入折弯半径为 40，单击 ✓（接受）按钮。

图 7-58 "连结类型"菜单　　　　　　　　图 7-59　输入折弯半径

7）继续依次单击 PNT3、PNT4 和 PNT5，如图 7-60 所示。

8）在"菜单管理器"的"连结类型"菜单中选择"完成"选项。完成创建的管道实体如图 7-61 所示。

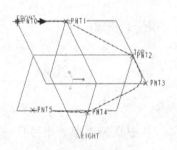

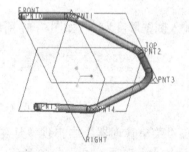

图 7-60　依次指定基准点　　　　　　　　图 7-61　创建的管道实体

完成创建管道后，用户可以对管道进行修改直径、壁厚（如果有）和折弯半径等操作。

7.6　本章小结

本书将轴、退刀槽、法兰、草绘修饰特征、修饰螺纹特征、凹槽特征和管道特征等归纳到构造特征范畴里。这些特征的创建方法都比较简单，但要注意，如果要使位于"插入"→"高级"级联菜单中的"轴"、"环形槽"和"法兰"命令可用，那么需要将配置文件选项"allow_anatomic_features"的值设置为"yes"（"allow_anatomic_features"的默认选项值为"no*"）。

本章主要介绍轴、退刀槽、法兰、草绘修饰特征、修饰螺纹特征、凹槽特征和管道特征的实用知识，要求读者掌握它们的创建方法、步骤与技巧等。

7.7 思考与练习

1）总结创建轴特征的一般方法及步骤。

2）总结创建退刀槽特征的一般方法及步骤。

3）总结创建法兰特征的一般方法及步骤。

4）草绘修饰特征主要有哪些用途？可以通过简单的操作实例来分别辅助说明如何创建规则截面草绘修饰特征和投影截面草绘修饰特征。

5）创建修饰螺纹特征需要定义哪些元素？

6）简述创建凹槽的典型操作方法及步骤。

7）总结创建管道特征的一般方法及步骤。

8）上机练习：打开练习文件 BC_7_EX8.PRT，如图 7-62 所示。在该实体模型的 4 个直径相同的圆形通孔处各创建修饰螺纹特征。

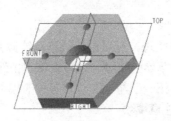

图 7-62 练习文件中的原始模型

9）上机练习：按照如下要求进行操作。

首先完成如图 7-63 所示的实体模型，要求应用到轴特征和环形槽（退刀槽）特征，具体尺寸由读者自行确定。

然后，在该实体模型的外表面上创建草绘修饰特征，完成的效果如图 7-64 所示。

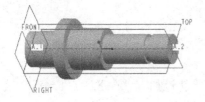

图 7-63 练习模型

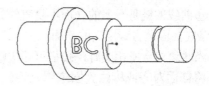

图 7-64 完成的草绘修饰特征

完成的参考模型文件为 BC_7_EX9_FINISH。

第8章 高级及扭曲特征

本章内容导读：

使用前面介绍的工具命令进行三维建模是远远不够的，还需要掌握一些创建高级特征、扭曲特征等的工具命令。

在本章中，将重点介绍一些高级特征（包括扫描、螺旋扫描、边界混合和扫描混合等）和扭曲特征（包括唇、耳、半径圆顶、局部推拉、剖面圆顶、环形折弯和骨架折弯等）。

8.1 扫描

扫描特征是通过草绘或选取轨迹，然后沿该轨迹草绘截面来创建的一类特征。在创建扫描特征时，可以使用特征创建时草绘的轨迹，也可以使用由选定基准曲线或边组成的轨迹。

说到扫描轨迹，很有必要介绍一下与定义轨迹有关的规则或注意事项。

1. 与定义轨迹有关规则和注意事项

1）根据选作轨迹的链的不同类型，会出现以下情况。

● 所有链段参照边：法向曲面是该边的相邻曲面。如果该边是双侧的，那么系统提示选择一组曲面。

● 所有链段参照一个草绘基准曲线：法向曲面是该曲线的草绘平面。

● 所有链段参照属于基准曲线的图元，该基准曲线通过参照曲面创建（如通过使用"投影"选项）：法向曲面是该曲线的参照曲面。如果该曲线参照两组曲面，那么系统提示选择一组。

● 边/曲线的链是平面的（而不是直线）。

● 法向曲面是由链定义的平面。

2）当轨迹与自身相交时，扫描可能失败。

3）将截面对齐或标注到固定图元，但在沿三维轨迹扫描时截面定向将发生变化，在这种情况下，扫描可能失败。

4）相对于该截面，弧或样条半径太小，并且该特征经过该弧与自身相交，在这种情况下，扫描也可能失败。

5）如果定义的轨迹具有形成角度的直线段时，扫描将会形成带斜接的拐角，此类示例如图 8-1 所示。

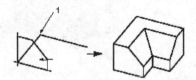

图 8-1 示例：扫描轨迹内的角度形成扫描拐角

6）闭合轨迹实体扫描：如果采用闭合轨迹且使用"无内表面（无内部因素）"扫描属性选项，则扫描截面必须闭合，如图 8-2 所示；如果采用闭合轨迹且使用"添加内表面（添加内部因素）"扫描属性选项，则扫描截面必须开放，如图 8-3 所示。

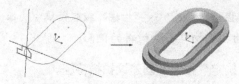

图 8-2　闭合轨迹实体扫描示例 1

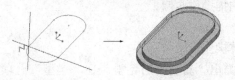

图 8-3　闭合轨迹实体扫描示例 2

2．创建扫描特征的方法及步骤

在菜单栏的"插入"→"扫描"级联菜单中提供了"伸出项"、"薄板伸出项"、"切口"、"薄板切口"、"曲面"等扫描命令，如图 8-4 所示。下面以创建扫描"伸出项"为例，介绍创建扫描特征的一般方法及步骤。

1）从菜单栏的"插入"→"扫描"级联菜单中选择"伸出项"命令，打开如图 8-5 所示的"伸出项：扫描"对话框和"扫描轨迹"菜单。

图 8-4　扫描命令

图 8-5　"伸出项：扫描"对话框和"扫描轨迹"菜单

2）在"扫描轨迹"菜单中选择"草绘轨迹"选项来草绘轨迹，或者选择"选取轨迹"选项来选取现有曲线或边的链作为扫描轨迹。

3）如果轨迹位于多个曲面上（比如用"曲面求交"方式创建的基准曲线定义的轨迹），系统将提示选取法向曲面，用于扫描横截面。

4）创建或检索将沿该轨迹扫描的截面，并相对于该轨迹上显示的十字叉丝来标注它。

5）如果是开放轨迹（轨迹的起始点和终止点不接触），并且要创建实体扫描，则在"属性"菜单中选择以下选项之一，然后选择"完成"选项。

● "合并端"：把扫描的端点合并到相邻实体。为此，扫描端点必须连接到零件几何。

● "自由端"：不将扫描端点连接到相邻几何。

6）如果扫描轨迹闭合，则在"属性"菜单中选择以下选项之一，然后选择"完成"选项。

● "添加内表面（添加内部因素）"：对于开放截面，添加顶面和底面，以闭合扫描实体（平面的、闭合轨迹和开放的截面）。

● "无内表面（无内部因素）"：不添加项面和底面。

说明： 如果之前从菜单栏的"插入"→"扫描"级联菜单中选择"切口"命令，则此时需要使用"方向"菜单来指定为扫描切口去除材料的侧面。

7）在对话框中单击"确定"按钮，创建该扫描特征。

3. 扫描操作实例

下面介绍 3 个典型的扫描操作实例。

（1）扫描操作实例 1

扫描操作实例 1 的具体操作步骤如下。

1）单击 ▢（新建），弹出"新建"对话框。在"类型"选项组中选择"零件"单选按钮，在"子类型"选项组中选择"实体"单选按钮，在"名称"文本框中输入"bc_8_1_sm1"，清除"使用缺省模板"复选框，单击"确定"按钮。系统弹出"新文件选项"对话框，选择 mmns_part_solid 模板，然后单击"确定"按钮，进入零件设计模式。

2）从菜单栏中选择"插入"→"扫描"→"伸出项"命令，打开"伸出项：扫描"对话框和"扫描轨迹"菜单。

3）在"菜单管理器"的"扫描轨迹"菜单中选择"草绘轨迹"选项。

4）选择 TOP 基准平面作为草绘平面，接着在"菜单管理器"出现的如图 8-6 所示的"方向"菜单中选择"确定"选项，以接受图示箭头方向，然后在"菜单管理器"出现的如图 8-7 所示的"草绘视图"菜单中选择"缺省"选项，进入草绘模式。

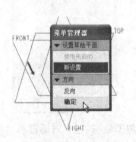 

图 8-6 确定方向   图 8-7 "草绘视图"菜单

5）绘制如图 8-8 所示的开放图形作为扫描轨迹，单击 ✔（完成）按钮。

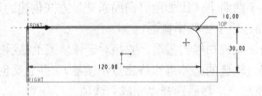

图 8-8 绘制扫描轨迹

扩展知识： 如果要改变轨迹起始点，可以先选择要作为轨迹新起点的端点，然后从菜单栏的"草绘"菜单中选择"特征工具"→"起点"命令即可。

6）绘制如图 8-9 所示的扫描剖面，单击 ✔（完成）按钮。

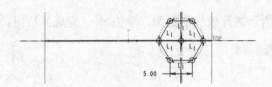

图 8-9　绘制扫描剖面

7）在如图 8-10 所示的"伸出项：扫描"对话框中单击"确定"按钮，创建的扫描特征如图 8-11 所示。

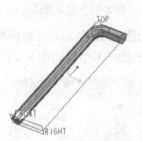

图 8-10　"伸出项：扫描"对话框　　　　图 8-11　创建的扫描特征

（2）扫描操作实例 2

扫描操作实例 2 的具体操作步骤如下。

1）单击□（新建）按钮，弹出"新建"对话框。在"类型"选项组中选择"零件"单选按钮，在"子类型"选项组中选择"实体"单选按钮，在"名称"文本框中输入"bc_8_1_sm2"，清除"使用缺省模板"复选框，单击"确定"按钮。系统弹出"新文件选项"对话框，选择 mmns_part_solid 模板，然后单击"确定"按钮，进入零件设计模式。

2）从菜单栏中选择"插入"→"扫描"→"伸出项"命令，打开"伸出项：扫描"对话框和"扫描轨迹"菜单。

3）在"菜单管理器"的"扫描轨迹"菜单中选择"草绘轨迹"选项。

4）选择 FRONT 基准平面作为草绘平面，接着在"菜单管理器"出现的"方向"菜单中选择"确定"选项，以接受图示箭头方向，然后在"菜单管理器"出现的"草绘视图"菜单中选择"缺省"选项，进入草绘模式。

5）绘制如图 8-12 所示的闭合曲线作为扫描轨迹，注意起始点方向，然后单击✔（完成）按钮。

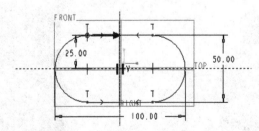

图 8-12　绘制闭合的扫描轨迹线

6）在"菜单管理器"中出现"属性"菜单，如图 8-13 所示，从中选择"添加内表面"→"完成"选项。

7）绘制如图 8-14 所示的开放扫描剖面，单击 ✔（完成）按钮。

图 8-13　定义属性

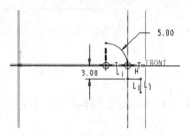

图 8-14　绘制开放扫描剖面

8）在如图 8-15 所示的"伸出项：扫描"对话框中单击"确定"按钮，创建的扫描特征具有顶面和底面，其效果如图 8-16 所示。

图 8-15　"伸出项：扫描"对话框

图 8-16　创建的扫描特征

（3）扫描操作实例 3

扫描操作实例 3 的具体操作步骤如下。

1）单击 📂（打开）按钮，弹出"文件打开"对话框。从随书光盘中的 CH8 文件夹中选择 BC_8_1_SM3.PRT 文件，单击"打开"按钮。该文件中存在着的实体模型如图 8-17 所示。

2）从菜单栏中选择"插入"→"扫描"→"伸出项"命令，打开"伸出项：扫描"对话框和"扫描轨迹"菜单。

3）在"菜单管理器"的"扫描轨迹"菜单中选择"草绘轨迹"选项。

4）选择 FRONT 基准平面作为草绘平面，接着在"菜单管理器"出现的菜单中选择"确定（正向）"→"缺省"命令。

5）绘制如图 8-18 所示的轨迹线，该轨迹线为绘制的样条曲线，其端点需要被约束到实体外轮廓侧影线上，单击 ✔（完成）按钮。

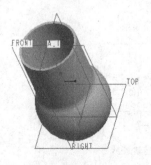

图 8-17　文件中的原始实体模型

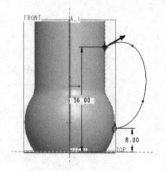

图 8-18　绘制轨迹线

6）在菜单管理器中出现的如图 8-19 所示的"属性"菜单中，从中选择"合并端"→"完成"选项。

7）单击 （椭圆）按钮，绘制如图 8-20 所示的一个椭圆，单击 ✔（完成）按钮。

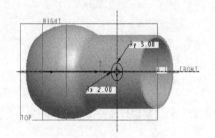

图 8-19　指定属性选项　　　　　　图 8-20　绘制扫描剖面

8）在"伸出项：扫描"对话框中单击"确定"按钮，创建的扫描特征作为模型的把柄结构，效果如图 8-21 所示。

说明：如果在该实例的步骤 6）中，从"属性"菜单中选择"自由端"→"完成"选项，那么最终创建的扫描特征不会把扫描端点合并到相邻实体上，而是形成如图 8-22 所示的自由端点的扫描结果。

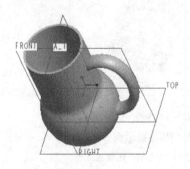

图 8-21　创建扫描特征　　　　　　图 8-22　自由端点的扫描结果

8.2　螺旋扫描

螺旋扫描特征是通过沿着螺旋轨迹扫描截面来创建的，其中轨迹由旋转曲面的轮廓（定义螺旋特征的截面原点到其旋转轴的距离）与螺距（螺圈间的距离）定义。

在如图 8-23 所示的"插入"→"螺旋扫描"级联菜单中提供了用于创建螺旋扫描特征的相关命令，包括用于实体和曲面的操作命令。例如，从"插入"→"螺旋扫描"级联菜单中选择"伸出项"命令，则弹出如图 8-24 所示的"伸出项：螺旋扫描"对话框和"属性"菜单。利用"属性"菜单，对以下成对出现的选项（只能选其一）进行选择来定义螺旋扫描特征属性。

图 8-23　创建螺旋扫描特征的菜单命令　　　　图 8-24　出现的对话框和"属性"菜单

- "常数"：设置螺距为常数。
- "可变的"：设置螺距是可变的，而且由图形定义。
- "穿过轴"：横截面位于穿过旋转轴的平面内。
- "垂直于轨迹"：确定横截面方向，使之垂直于轨迹（或旋转面）。
- "右手定则"：使用右手规则定义轨迹。
- "左手定则"：使用左手规则定义轨迹。

图 8-25 是两种典型的螺旋扫描特征的示例。

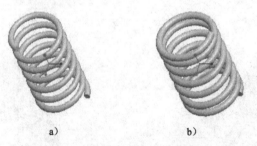

　　　　　a)　　　　　　　　　　　　　　　b)

图 8-25　两种典型的螺旋扫描特征示例

a) 使用"常数"选项；　　b) 使用"可变的"选项

8.2.1　创建恒定螺距值的螺旋扫描特征

1. 创建恒定螺距值螺旋扫描特征的步骤

可以按照以下简述的步骤来创建恒定螺距值的螺旋扫描特征。

1）在菜单栏的"插入"→"螺旋扫描"级联菜单中选择所需的螺旋扫描类型命令，打开相应的对话框和出现"属性"菜单。

2）在"菜单管理器"的"属性"菜单中选择所需的属性选项，然后选择"完成"选项。

3）Pro/ENGINEER 将引导用户指定草绘平面及其方向，从而进入草绘模式，草绘旋转曲面轮廓和旋转轴。在进行草绘轮廓操作时，应该遵循以下规则。

- 草绘图元必须形成一个开放环。
- 必须草绘中心线以定义旋转轴。

● 如果之前选择了"垂直于轨迹"属性选项，则轮廓图元一定是相切的（C1 连续）。
轮廓图元不必有在任何点都垂直于中心线的切线。

● 轮廓的起点定义了扫描轨迹的起点。如果要更改起点，则可以先选择要作为起点的新
点，然后从菜单栏中选择"草绘"→"特征工具"→"起点"命令来完成起点更改。

4）单击 ✔（完成）按钮，完成该草绘。

5）指定螺距值（螺旋线之间的距离）。

6）根据可见的十字叉丝草绘将要沿着轨迹扫描的横截面。

7）单击 ✔（完成）按钮，完成草绘螺旋扫描的横截面。

8）在"<螺旋扫描类型>：螺旋扫描"对话框中单击"确定"按钮。

值得注意的是，如果要创建的恒定螺距螺旋扫描曲面特征，那么可以在创建过程中指定
该特征有无封闭端或开放端。还有对于一些螺旋扫描类型，可能还需要定义某些细节属性等。

2．创建恒定螺距值的螺旋扫描特征实例

下面介绍创建恒定螺距螺旋扫描特征的一个典型实例。

1）单击 ▯（新建）按钮，弹出"新建"对话框。在"类型"选项组中选择"零件"单
选按钮，在"子类型"选项组中选择"实体"单选按钮，在"名称"文本框中输入
"bc_8_2_lxsm1"，清除"使用缺省模板"复选框，单击"确定"按钮。系统弹出"新文件选
项"对话框，选择 mmns_part_solid 模板，然后单击"确定"按钮，进入零件设计模式。

2）从菜单栏中选择"插入"→"螺旋扫描"→"伸出项"命令，打开"伸出项：螺旋
扫描"对话框和"属性"菜单。

3）在"属性"菜单中选择"常数"→"穿过轴"→"右手定则"→"完成"选项。

4）指定草绘平面及草绘方向。选择 FRONT 基准平面为草绘平面，如图 8-26 所示，并
在"菜单管理器"出现的"方向"菜单中选择"确定"选项。然后在出现的如图 8-27 所示
的"草绘视图"菜单中选择"缺省"命令，进入内部草绘模式。

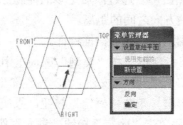

图 8-26　指定草绘平面及其方向　　　　　图 8-27　"缺省"命令

5）草绘旋转曲面轮廓和旋转轴，完成结果如图 8-28 所示。单击 ✔（完成）按钮。

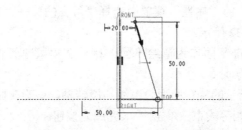

图 8-28　草绘旋转曲面轮廓和旋转轴

6）输入节距值为 10，如图 8-29 所示，单击 ☑（接受）按钮。

输入节距值

10

图 8-29　输入节距值

7）绘制并修改横截面，如图 8-30 所示，然后单击 ✔（完成）按钮。

8）在"伸出项：螺旋扫描"对话框中单击"确定"按钮，完成的恒定螺距的螺旋扫描特征如图 8-31 所示（可按〈Ctrl+D〉组合键以默认的标准方向视角来显示效果）。

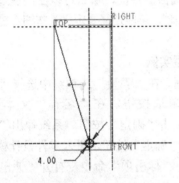

图 8-30　完成横截面

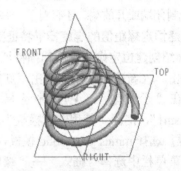

图 8-31　创建恒定螺距的螺旋扫描特征

8.2.2　创建可变螺距值的螺旋扫描特征

创建的螺旋扫描特征可以是可变螺距值的，螺旋线之间的距离可由螺距图形控制，指定起点和终点螺距值后系统便创建初始图形，然后可以通过添加更多的控制点来定义一条复杂的控制曲线，该曲线用来控制螺旋线沿旋转轴方向之间的距离。

下面通过典型的操作实例介绍创建可变螺距值的螺旋扫描特征。

1）单击 ▢（新建）按钮，弹出"新建"对话框。在"类型"选项组中选择"零件"单选按钮，在"子类型"选项组中选择"实体"单选按钮，在"名称"文本框中输入"bc_8_2_lxsm2"，清除"使用缺省模板"复选框，单击"确定"按钮。系统弹出"新文件选项"对话框，选择 mmns_part_solid 模板，然后单击"确定"按钮，进入零件设计模式。

2）从菜单栏中选择"插入"→"螺旋扫描"→"伸出项"命令，打开"伸出项：螺旋扫描"对话框和"属性"菜单。

3）在"菜单管理器"的"属性"菜单中选择"可变的"→"穿过轴"→"右手定则"→"完成"选项，如图 8-32 所示。

4）选择 FRONT 基准平面作为草绘平面，接着在"菜单管理器"出现的菜单中选择"确定（正向）"→"缺省"命令。

5）绘制如图 8-33 所示的旋转曲面轮廓线和旋转轴，该旋转曲面轮廓线由 5 段线段组成，注意给相关线段设置相等约束。单击 ✔（完成）按钮。

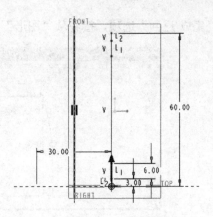

图 8-32 选择属性选项   图 8-33 绘制图形

6）在如图 8-34 所示的文本框中输入轨迹起始点处的节距值为 2，单击☑（接受）按钮。

图 8-34 在轨迹起始输入节距值为 2

7）输入轨迹末端的节距值为 2，如图 8-35 所示，单击☑（接受）按钮。

图 8-35 在轨迹末端输入节距值为 2

8）系统出现如图 8-36 所示的菜单，注意其默认选项。在如图 8-37 所示的模型中单击点 2，接着输入该点处的节距值为 2，单击☑（接受）按钮。

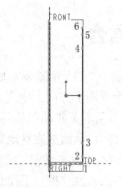

图 8-36 定义控制曲线的菜单选项   图 8-37 控制点示意

9）单击点 3，输入该点处的节距值为 4，单击☑（接受）按钮。

10）单击点 4，输入该点处的节距值为 4，单击☑（接受）按钮。

11）单击点 5，输入该点处的节距值为 2，单击☑（接受）按钮。

12）此时，节距控制曲线图形如图 8-38 所示。在"菜单管理器"的"定义控制曲线"

菜单中选择"完成/返回"选项，接着从"图形"菜单中选择"完成"选项。

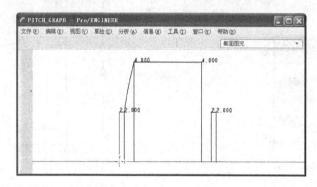

图 8-38 节距控制曲线图形

13）草绘圆形的横截面，如图 8-39 所示。单击 ✔（完成）按钮。

14）在"伸出项：螺旋扫描"对话框中单击"确定"按钮，完成可变螺距值的弹簧模型如图 8-40 所示。

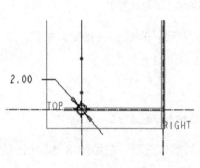

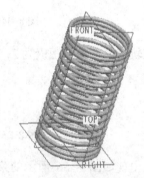

图 8-39 草绘横截面   图 8-40 完成可变螺距值的弹簧模型

8.3 边界混合

使用系统提供的 （边界混合工具）按钮或"插入"→"边界混合"命令，可以在参照对象（它们在一个或两个方向上定义曲面）之间创建边界混合特征，在每个方向上选定的第一个和最后一个图元定义曲面的边界。需要时，可以根据设计要求添加更多的参照图元（如控制点和边界条件），从而更完整地定义曲面形状。

单击 （边界混合工具）按钮，或者选择"插入"→"边界混合"命令，打开如图 8-41 所示的"边界混合"工具操控板。下面介绍该工具操控板的各主要组成元素的功能含义。

图 8-41 "边界混合"工具操控板

- ⬡：第一方向链收集器。
- ⬡：第二方向链收集器。
- "曲线"面板：如图 8-42 所示，利用"第一方向"收集器和"第二方向"收集器来选择各方向的曲线，并可以控制选择顺序。"闭合混合"复选框只适用于其他收集器为空的单向曲线，如果选中"闭合混合"复选框，则通过将最后一条曲线与第一条曲线混合来形成封闭环曲面。如果单击"细节"按钮，则可以打开"链"对话框，以便修改链和曲面集属性。
- "约束"面板：如图 8-43 所示，该面板主要用来控制边界条件，包括边对齐的相切条件。为边界设置的可能相切条件为"自由"、"相切"、"曲率"和"垂直"。另外要注意"显示拖动控制滑块"复选框、"添加侧曲线影响"复选框和"添加内部边相切"复选框的功能含义。
- "显示拖动控制滑块"复选框：显示控制边界拉伸系数的拖动控制滑块。
- "添加侧曲线影响"复选框：启用侧曲线影响。在单向混合曲面中，对于指定为"相切"或"曲率"的边界条件，Pro/ENGINEER 使混合曲面的侧边相切于参照的侧边。
- "添加内部边相切"复选框：设置混合曲面单向或双向的相切内部边条件。此条件只适用于具有多段边界的曲面。可以创建带有曲面片（通过内部边并与之相切）的混合曲面。某些情况下，如果几何复杂，内部边的二面角可能会与零有偏差。

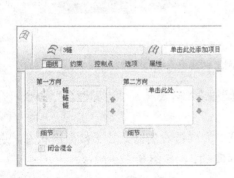

图 8-42 "曲线"面板

图 8-43 "约束"面板

- "控制点"面板：如图 8-44 所示，主要通过在输入曲线上映射位置来添加控制点并形成曲面。使用"集"列表中的"新建集"添加控制点的新集。而控制点"拟合"列表框中包含这些预定义的控制选项："自然"、"弧长"、"点至点"、"段至段"和"可延展"。
- "选项"面板：如图 8-45 所示，用来选取曲线链来影响用户界面中混合曲面的形状或逼近方向。在"影响曲线"收集器的框中单击，可以将其激活，然后选取所需的曲线链。单击"细节"按钮，则打开"链"对话框以修改链组属性。平滑度因子用于控制曲面的粗糙度、不规则性或投影；在方向上的曲面片（第一个和第二个）则控制用于形成结果曲面的沿 U 和 V 方向的曲面片数。

图 8-44 "控制点"面板

图 8-45 "选项"面板

- "属性"面板：利用该面板，可以重命名此边界混合特征，或在 Pro/ENGINEER 浏览器中显示关于此边界混合特征的详细信息。

8.3.1 在一个方向上创建边界混合

在一个方向上创建边界混合曲面的典型示例如图 8-46 所示。注意在每个方向上，都必须按连续的顺序选择参照图元链（可对参照图元进行重新排序），选择顺序不同则会生成不同的边界混合曲面。该边界混合曲面的创建过程如下（原始素材文件 BC_8_3_BJHH1.PRT 位于随书光盘的 CH8 文件夹中）。

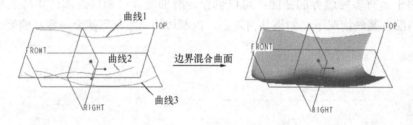

图 8-46 在一个方向上创建边界混合曲面

1）单击 ⬡（边界混合工具）按钮，或者选择"插入"→"边界混合"命令，打开"边界混合"工具操控板。

2）"边界混合"工具操控板中的 ⬡（第一方向链收集器）处于被激活状态。选择曲线 1，接着在按住〈Ctrl〉键的同时单击曲线 2 和曲线 3，如图 8-47 所示。

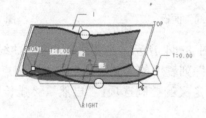

图 8-47 指定第一方向链

3）在"边界混合"工具操控板中单击 ☑（完成）按钮，完成该边界混合曲面。

说明：如果在完成上述步骤 2）后，在边界混合工具操控板中单击"曲线"选项标签，打开"曲线"面板，然后选中"闭合混合"复选框，此时如图 8-48 所示。设置好后单击 ☑（完成）按钮，则创建的边界混合曲面特征效果如图 8-49 所示。

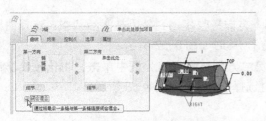

图 8-48 选中"闭合混合"复选框

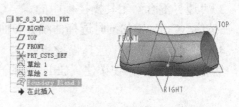

图 8-49 创建闭合的边界混合曲面特征

8.3.2 在两个方向上创建边界混合

可以在两个方向上创建边界混合曲面特征。对于在两个方向上定义的边界混合曲面而言，其外部边界必须形成一个封闭的环，即有效的外部边界必须相交。如果边界不终止于相交点，那么 Pro/ENGINEER 系统将自动修剪这些边界，并使用有关部分。

1．在两个方向上创建边界混合曲面特征的方法及步骤

在两个方向上创建边界混合曲面特征的方法及步骤如下。

1）单击 （边界混合工具），或者选择"插入"→"边界混合"命令，打开"边界混合"工具操控板。

2）"边界混合"工具操控板中的 （第一方向链收集器）处于被激活状态。在曲面的第一个方向上选取曲线。结合按〈Ctrl〉键可以选取多条曲线。

3）在 （第二方向链收集器）的框中单击，从而将其激活，如图 8-50 所示。然后在曲面的第二个方向上选取曲线。结合按〈Ctrl〉键可以选取多条曲线。

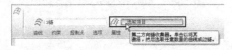

图 8-50 激活第二方向链收集器

4）在"边界混合"工具操控板中单击 （完成）按钮，接受边界混合条件。

2．在两个方向上创建边界混合曲面的实例

下面是在两个方向上创建边界混合曲面的典型操作实例。

1）单击 （打开），弹出"文件打开"对话框。从随书光盘中的 CH8 文件夹中选择 BC_8_3_BJHH2.PRT 文件，单击"打开"按钮。该文件中存在着的曲线如图 8-51 所示。

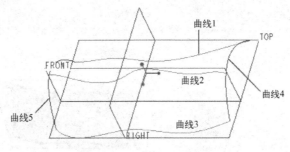

图 8-51 原始文件中的曲线

2）单击 （边界混合工具）按钮，或者选择"插入"→"边界混合"命令，打开"边界混合"工具操控板。

3）"边界混合"工具操控板中的 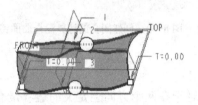（第一方向链收集器）处于被激活状态。选择曲线1，在按住〈Ctrl〉键的同时选择曲线2和曲线3，此时如图8-52所示。

4）在"边界混合"工具操控板的 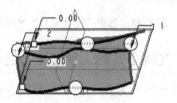（第二方向链收集器）框中单击，将该收集器激活，然后选择曲线4，在按住〈Ctrl〉键的同时选择曲线5，如图8-53所示。

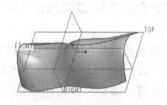

图8-52　指定第一方向链　　　　　图8-53　指定第二方向链

5）在"边界混合"工具操控板中单击 ☑（完成）按钮，完成该边界混合曲面，效果如图8-54所示。

图8-54　完成该双向边界混合曲面

8.3.3 使用影响曲线

在创建边界混合曲面的过程中，可以使用影响曲线（也称逼近曲线）来进一步控制曲面。使用影响曲线的方法很简单，就是在执行"边界混合"工具命令并选择第一方向和第二方向上的边界曲线后，在操控板中选择"选项"面板，接着单击位于该面板中的"影响曲线"收集器框，从而激活该收集器，然后选择要逼近的曲线，所选曲线将显示在"影响曲线"收集器中，并分别设置平滑度因子和指定方向上的曲面片数，如图8-55所示的示例。

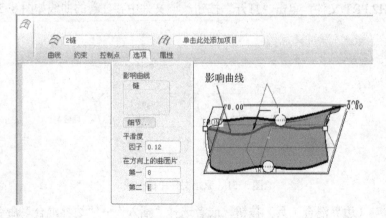

图8-55　使用影响曲线

需要注意的是，在"平滑度"下的"因子"文本框中输入的值必须介于 0～1 之间；而在"在方向上的曲面片"下的"第一个"文本框和"第二个"文本框中输入的曲面片数应介于 1～29 之间。曲面片数量越多，曲面与所选曲线越靠近。

8.3.4 设置边界约束条件

在创建边界混合曲面特征时，用户可以根据设计要求对边界混合曲面的边界定义约束条件。定义边界约束时，Pro/ENGINEER 会试图根据指定的边界来选取默认参照，当然用户也可以自行选取所需的参照。

要设置边界约束条件，需要在"边界混合"工具操控板中打开"约束"面板，在边界列表中选择所需的边界，从其相应的"条件"单元格列表中选择约束条件选项，需要时可以修改定义边界约束时的默认参照，如图 8-56 所示。

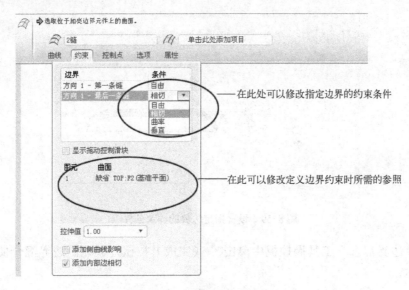

图 8-56 设置边界约束条件

- "自由"：沿边界没有设置相切条件。
- "相切"：混合曲面沿边界与参照曲面相切。
- "曲率"：混合曲面沿边界具有曲率连续性。
- "垂直"：混合曲面与参照曲面或基准平面垂直。

当边界条件设为"相切"、"曲率"或"垂直"时，如果有必要，则选中"显示拖动控制滑块"复选框来控制边界拉伸系数，或者在"拉伸值"框中键入拉伸值。默认的拉伸因子为 1，所述的拉伸因子的值会影响曲面的方向。

下面介绍的这个创建边界混合曲面的操作实例中涉及到设置边界约束条件的操作。

1）单击 （打开）按钮，弹出"文件打开"对话框。从随书光盘中的 CH8 文件夹中选择 BC_8_3_BJHH3.PRT 文件，单击"打开"按钮。该文件中存在着的曲线如图 8-57 所示。

2）单击 （边界混合工具）按钮，或者选择"插入"→"边界混合"命令，打开"边界混合"工具操控板。

3）"边界混合"工具操控板中的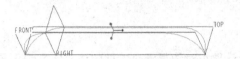（第一方向链收集器）处于被激活状态。结合〈Ctrl〉键选择如图8-58所示的曲线作为第一方向链。

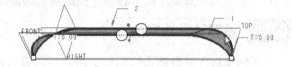

图8-57　文件中存在着的曲线　　　　　　　　图8-58　指定第一方向链

4）在"边界混合"工具操控板中单击"约束"选项标签以打开"约束"面板。

5）在边界列表中选择"方向 1-第一条链"，接着从其"条件"单元格列表中选择"垂直"选项，接受其默认的曲面参照，如图8-59所示。注意曲面几何动态预览的变化情况。

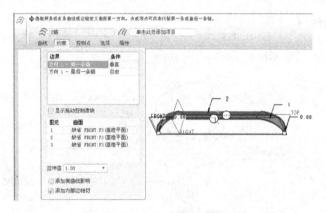

图8-59　设置指定边界的约束条件

6）在"边界混合"工具操控板中单击☑（完成）按钮，创建的边界混合曲面特征如图8-60所示。

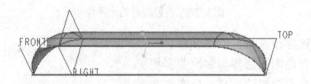

图8-60　创建的边界混合曲面

8.4　扫描混合

扫描混合相当于具有扫描和混合两种操作特点。扫描混合可以具有原点轨迹（必需）和第二轨迹（可选），且每个扫描混合特征至少要具有两个剖面。要定义扫描混合的轨迹，可以选取一条草绘曲线、基准曲线或边的链，注意每次只有一个轨迹是活动的。在某些设计场合下，可以使用区域位置及通过控制特征在截面间的周长来控制扫描混合几何，以满足特定的设计要求。

扫描混合特征示例如图 8-61 所示，该扫描混合特征具有 4 个剖面。

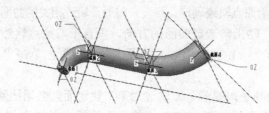

图 8-61　扫描混合特征示例

在创建扫描混合特征时，应重点注意下列限制条件（摘自 Pro/ENGINEER 帮助文件）。

- 对于闭合轨迹轮廓，在起始点和其他位置必须至少各有一个截面。
- 轨迹的链起点和终点处的截面参照是动态的，并且在修剪轨迹时会更新。
- 截面位置可以参照模型几何 (例如一条曲线)，但修改轨迹会使参照无效。在此情况下，扫描混合特征会失败。
- 所有截面必须包含相同的图元数。

8.4.1　创建基本扫描混合特征

创建扫描混合特征离不开定义轨迹和剖面。可以采用草绘轨迹或选取现有曲线和边的方法来定义轨迹。另外，注意使用"扫描混合"工具操控板或快捷菜单命令来进一步配置所要创建的扫描混合特征。

1．创建基本扫描混合特征的方法及步骤

下面概括性地介绍创建基本扫描混合特征的一般方法及步骤（有些步骤可以根据用户的操作习惯或实际设计情况而进行相应地灵活调整），然后再介绍一个创建基本扫描混合特征的操作实例。

1）在菜单栏的"插入"菜单中选择"扫描混合"命令，打开如图 8-62 所示的"扫描混合"工具操控板。

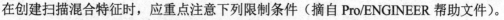

图 8-62　"扫描混合"工具操控板

2）在"扫描混合"工具操控板中打开"参照"面板，系统会提示选取轨迹时。选取轨迹，注意将选取的第一条轨迹作为原点轨迹，如图 8-63 所示。若单击"细节"按钮，则可以打开"链"对话框以设置轨迹参照。在"剖面控制"下拉列表框中可以选择以下选项之一。

- "垂直于轨迹"：草绘平面垂直于指定的轨迹（在第 N 列被选中），即截面平面在整个长度上保持与原点轨迹垂直。此为默认设置。
- "垂直于投影"：Z 轴与指定方向上的原点轨迹投影相切。选择此选项，"方向参照"收集器被激活，提示选择方向参照；不需要水平/垂直控制。
- "恒定法向"：Z 轴平行于指定方向向量。选择此选项，"方向参照"收集器被激活，根据实际情况选择方向参照。

3）设置"水平/垂直控制"选项等。"水平/垂直控制"选项包括以下内容。

● "自动"：X 轴位置沿原点轨迹确定。当没有与原点轨迹相关的曲面时，此为默认设置。

● "垂直于曲面"：Y 轴指向选定曲面的方向，垂直于与原点轨迹相关的所有曲面。当原点轨迹至少具有一个相关曲面时，此项为默认设置。单击"下一个"可切换可能的曲面。

● "X 轨迹"：有两个轨迹时显示。X 轨迹为第二轨迹而且必须比原点轨迹要长。

4）在"扫描混合"工具操控板中打开"截面"面板，并选取横截面的类型选项，如"草绘截面"单选按钮或"所选截面"单选按钮，如图 8-64 所示。

图 8-63 "扫描混合"工具操控板的"参照"面板　　　图 8-64 进入"截面"面板

5）如果选择"草绘截面"单选按钮，则需选取一个位置点，然后在"截面"面板中单击"草绘"按钮，进入草绘模式草绘剖面。然后单击"插入"按钮，可以选取用于指定剖面位置的附加点。

6）如果选择"所选截面"单选按钮，则选取一个截面，接着单击"插入"按钮并选取附加截面。用同样的方法必须至少定义两个横截面。

7）在"扫描混合"工具操控板中打开"相切"面板。利用该面板，可以定义扫描混合的端点和相邻模型几何间的相切关系。

8）在"扫描混合"工具操控板中打开"选项"面板。利用该面板，可以设置扫描混合面积和周长控制选项。

9）在"扫描混合"工具操控板中设置创建实体或曲面，并可设置其他选项。要注意□、□、□和□等按钮的应用。

10）确保草绘或选取所有横截面等操作后，单击"扫描混合"工具操控板中的☑（完成）按钮。

2．创建基本扫描混合特征实例

下面介绍创建基本扫描混合特征的简单操作实例。

1）单击□（新建）按钮，弹出"新建"对话框。在"类型"选项组中选择"零件"单选按钮，在"子类型"选项组中选择"实体"单选按钮，在"名称"文本框中输入"bc_8_4_smhh1"，清除"使用缺省模板"复选框，单击"确定"按钮。系统弹出"新文件选项"对话框,选择 mmns_part_solid 模板,然后单击"确定"按钮,进入零件设计模式。

2)单击 (草绘工具)按钮,弹出"草绘"对话框,选择 TOP 基准平面作为草绘平面,以 RIGHT 基准平面作为"右"方向参照,单击"草绘"按钮,进入草绘模式。

绘制如图 8-65 所示的曲线,单击 ✔ (完成)按钮。

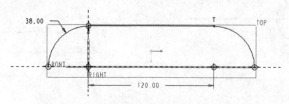

图 8-65 草绘曲线

3)在菜单栏的"插入"菜单中选择"扫描混合"命令,打开"扫描混合"工具操控板。

4)在"扫描混合"工具操控板中单击 □ (实体)按钮。

5)选择之前创建的草绘线作为原点轨迹,可以打开"参照"面板查看默认的剖面控制选项等,如图 8-66 所示。

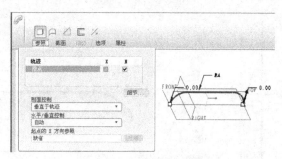

图 8-66 指定原点轨迹等

6)在"扫描混合"工具操控板中打开"截面"面板。选中"草绘截面"单选按钮,接着在图形窗口中单击链首,此时"截面"面板中的"草绘"按钮可用,接受该截面默认的旋转角度为 0,如图 8-67 所示。

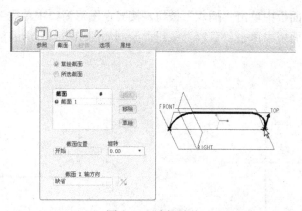

图 8-67 选择链首

7)在"截面"面板中单击"草绘"按钮,进入草绘模式。绘制如图 8-68 所示的剖面 1,单击 ✔ (完成)按钮。

8）在"截面"面板中单击"插入"按钮，接着在图形窗口中单击如图 8-69 所示的位置点。

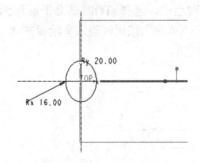

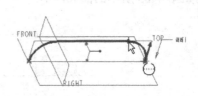

图 8-68　绘制剖面 1　　　　　　　　　图 8-69　指定第 2 点

9）在"截面"面板中单击"草绘"按钮，绘制如图 8-70 所示的剖面 2。单击 ✔（完成）按钮。

10）在"截面"面板中单击"插入"按钮，接着在图形窗口中单击如图 8-71 所示的位置点。

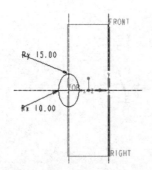

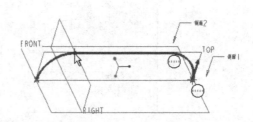

图 8-70　绘制剖面 2　　　　　　　　　图 8-71　指定第 3 位置点

11）在"截面"面板中单击"草绘"按钮，绘制如图 8-72 所示的剖面 3。单击 ✔（完成）按钮。

12）在"截面"面板中单击"插入"按钮，接着在图形窗口中单击链尾。

13）在"截面"面板中单击"草绘"按钮，绘制如图 8-73 所示的剖面 4。单击 ✔（完成）按钮。

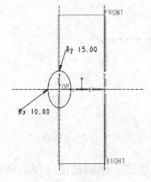

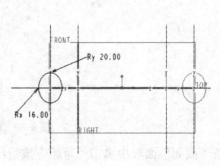

图 8-72　绘制剖面 3　　　　　　　　　图 8-73　绘制剖面 4

14）在"扫描混合"工具操控板中打开"相切"面板，分别将开始截面和终止截面的条件设置为"垂直"，如图8-74所示。

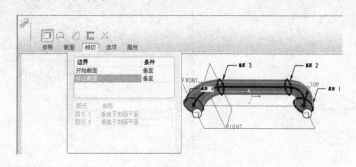

图8-74　设置边界相切条件

15）在"扫描混合"工具操控板中单击☑（完成）按钮，创建的扫描混合实体特征如图8-75所示。

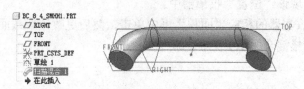

图8-75　创建的扫描混合特征

8.4.2　使用区域控制修改扫描混合

在创建某些扫描混合特征时，可以打开"扫描混合"操控板的"选项"面板，使用位于该面板中的"设置剖面区域控制"单选按钮，在扫描混合的指定位置指定剖面区域，即允许将控制点添加到原点轨迹或从原始轨迹删除控制点，并可在这些点指定或更改面积值。

请看使用区域控制修改扫描混合的典型操作实例。

1）单击🗁（打开）按钮，弹出"文件打开"对话框。从随书光盘中的 CH8 文件夹中选择 BC_8_4_SMHH2.PRT 文件，单击"打开"按钮。存在的原始模型如图8-76所示。

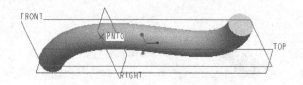

图8-76　原始扫描混合特征

2）在模型树中右击"扫描混合 1"特征，如图 8-77 所示，然后从弹出的快捷菜单中选择"编辑定义"命令，打开"扫描混合"工具操控板。

3）在"扫描混合"工具操控板中打开"选项"面板，从中选择"设置剖面面积控制"单选按钮，如图8-78所示。

图 8-77　右击扫描混合特征　　　　　图 8-78　选择"设置剖面面积控制"

4）在"选项"面板中单击"位置"收集器，将其激活。然后在轨迹上单击 PNT0 基准点。所选新位置会出现该"位置"收集器中。

5）在"位置"收集器的相应"面积"框中单击，然后更改该新截面的面积，如图 8-79 所示，选定点处的扫描混合面积会更新为新值。

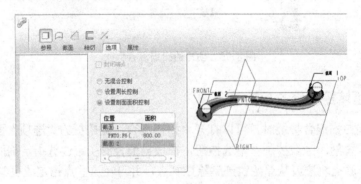

图 8-79　更改新截面的面积

6）单击"扫描混合"工具操控板中的☑（完成）按钮，则得到编辑定义后的扫描混合特征，如图 8-80 所示。

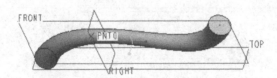

图 8-80　扫描混合特征

8.4.3　控制扫描混合的周长

要控制扫描混合的周长，需要打开"扫描混合"工具操控板的"选项"面板，选中"设置周长控制"单选按钮。"设置周长控制"单选按钮的作用是通过控制截面之间的周长来控制该特征的形状。如果两个连续截面具有相同周长，那么系统试图对这些截面保持相同的横截面周长；如果有不同周长的截面，那么系统用沿该轨迹的每个曲线的线性插值来定义其截面间特征的周长。需要注意的是，不能为扫描混合特征同时指定周长控制和切向条件。

当选择"设置周长控制"单选按钮时，还可以根据设计需要选中"通过折弯中心创建曲线"复选框来显示连接特征横截面中心的曲线。"通过折弯中心创建曲线"复选框仅在"设置周长控制"单选按钮选中时可用，如图 8-81 所示。使用周长控制的扫描混合示例如图 8-82 所示，如果截面 1 的周长等于截面 2 的周长，那么截面 3 的周长也与截面 1 的周长或截面 2 的周长相等，图中 4 为原始轨迹。

图 8-81 "选项"面板

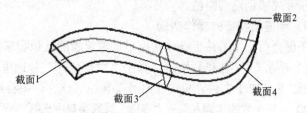

图 8-82 使用设置周长控制

8.5 唇

唇特征需要在零件上单独创建。从结构形状上来看，唇特征可以是一个零件的伸出项和另一个零件的"切口"。通常，通过创建合适的唇特征来保证两个零件具有匹配的"扣合"结构。唇特征是通过沿着所选边偏移匹配曲面来创建的，所选边必须形成连续轮廓，可以是开放的也可以是闭合的。在唇特征中，注意唇的方向（偏移的方向）和拔模角度。其中，唇的方向是由垂直于参照平面的方向来确定的，而其拔模角度是参照平面法向和唇的侧曲面之间的角度。在唇特征创建的任何点上，匹配曲面的法线与参照平面的法线必须重合，或者形成一个很小的角度。要注意，法线靠得越近，则唇几何扭曲就越小。

在如图 8-83 所示的零件中便具有唇特征。

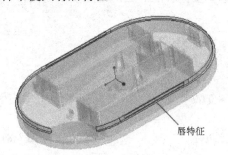

图 8-83 具有唇特征的零件

需要提醒的是，要使"插入"→"高级"级联菜单中的"唇"命令选项可用，需要将配置文件选项"allow_anatomic_features"的值设置为"yes"。

1. 创建唇特征的方法及步骤

在零件中创建唇特征的典型方法及步骤简述如下。

1) 从菜单栏的"插入"→"高级"级联菜单中选择"唇"命令，弹出一个"菜单管理器"。

2) 在"菜单管理器"的"边选取"菜单中选择"单一"、"链"或"环"选项，然后指定形成唇的轨迹边，完成后在"边选取"菜单中选择"完成"选项。

3) 选取匹配曲面（要被偏移的曲面）。

4) 指定从所选曲面开始的唇偏移值。

5) 指定侧偏移（从所选边到拔摸曲面）。

6) 选取拔模参照平面。

7) 输入拔模角度。

从而完成创建唇特征。

2. 创建唇特征的操作实例

下面介绍一个唇特征操作实例以加深读者的认识和掌握程度。

1) 单击 📂（打开）按钮，弹出"文件打开"对话框。从随书光盘中的 CH8 文件夹中选择 BC_8_5.PRT 文件，单击"打开"按钮。该文件中存在着的实体模型如图 8-84 所示。

2) 从菜单栏的"插入"→"高级"级联菜单中选择"唇"命令，弹出一个"菜单管理器"。

3) 在"菜单管理器"的"边选取"菜单中选择"链"选项，如图 8-85 所示。

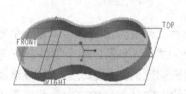

图 8-84　文件中的实体模型　　　　　图 8-85　"边选取"菜单

4) 选择如图 8-86 所示的边链，在"选取"对话框中单击"确定"按钮。然后在"边选取"菜单中选择"完成"选项。

5) 选取匹配曲面，即选择要偏移的曲面，如图 8-87 所示。

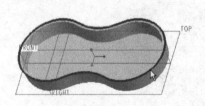

图 8-86　指定边链　　　　　　　　　图 8-87　选择要偏移的曲面

6) 输入偏移值为 1，如图 8-88 所示，单击 ☑（接受）按钮。

图 8-88　输入偏移值

7）输入从边到拔模曲面的距离为 1，如图 8-89 所示，单击☑（接受）按钮。

8）选取拔模参照平面，如图 8-90 所示。

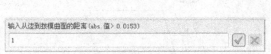

图 8-89 输入从边到拔模曲面的距离

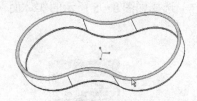

图 8-90 选择拔模参照平面

9）输入拔模角为 1.5，如图 8-91 所示，单击☑（接受）按钮。完成该唇特征的模型效果如图 8-92 所示。

图 8-91 输入拔模角

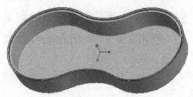

图 8-92 创建的唇特征

8.6 耳

所谓的"耳"特征是沿着曲面的顶部被拉伸的伸出项，并可以在底部被折弯。要想使用"插入"→"高级"级联菜单中的"耳"命令选项来创建耳特征，需要将系统配置文件选项"allow_anatomic_features"的值设置为"yes"。

在创建耳特征时，需要草绘耳截面。而在草绘耳时，需要注意下列规则。

- 草绘平面必须垂直于将要连接耳的曲面。
- 耳的截面必须开放且其端点应与将要连接耳的曲面对齐。
- 连接到曲面的图元必须互相平行，且垂直于该曲面，其长度足以容纳折弯。

创建耳特征的示例如图 8-93 所示。

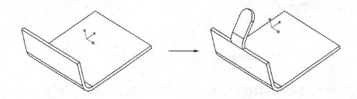

图 8-93 创建耳特征的示例

该示例中的耳特征，可以按照以下步骤来创建。

1）单击📂（打开）按钮，弹出"文件打开"对话框。从随书光盘中的 CH8 文件夹中选择 BC_8_6.PRT 文件，单击"打开"按钮。

2）从菜单栏的"插入"→"高级"级联菜单中选择"耳"命令，弹出一个"菜单管理器"。

3）在"菜单管理器"的"选项"菜单中选择"可变的"→"完成"选项，如图 8-94 所示。

4）选择如图 8-95 所示的实体面（鼠标光标所指）。

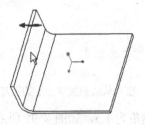

图 8-94 "选项"菜单　　　　　　　　　　图 8-95 选择草绘面

5）在"菜单管理器"出现的菜单中选择"确定（正向）"→"缺省"命令，进入草绘模式。

6）绘制如图 8-96 所示的耳截面，单击 ✔（完成）按钮。

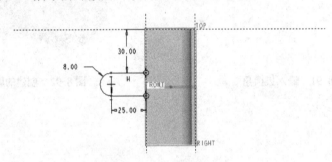

图 8-96 绘制耳截面

7）输入耳的深度为 3，如图 8-97 所示，单击 ☑（接受）按钮。

图 8-97 输入耳的深度

8）输入耳的折弯半径为 10，如图 8-98 所示，单击 ☑（接受）按钮。

图 8-98 输入耳的折弯半径

9）输入耳折弯角为"45"，如图 8-99 所示，单击 ☑（接受）按钮。

图 8-99 输入耳折弯角

创建的耳特征如图 8-100 所示,特意显示了耳特征尺寸。

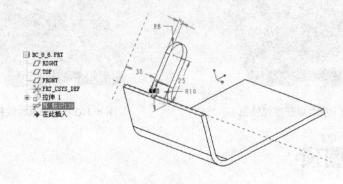

图 8-100 创建的耳特征

8.7 局部推拉

Pro/ENGINEER 局部推拉是指通过拉伸或拖移曲面上的圆或矩形区域,局部地使曲面推拉变形,如图 8-101 所示。

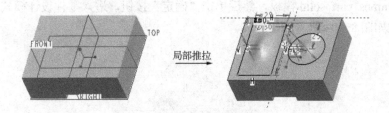

局部推拉

图 8-101 局部推拉操作示例

要想使"插入"→"高级"级联菜单中的"局部推拉"命令选项可用,需要将系统配置文件选项"allow_anatomic_features"的值设置为"yes"。

创建局部推拉特征的一般方法及步骤如下。

1)在菜单栏的"插入"→"高级"级联菜单中选择"局部推拉"命令。

2)设置一个草绘平面。

3)草绘局部推拉边界(矩形或圆形)。可以为局部推拉草绘多个边界。

4)选取应用局部推拉的曲面。

完成局部推拉后,Pro/ENGINEER 系统给定一个默认高度值,该值自草绘平面开始测量。用户可以根据实际需要修改这个高度参数来获得想要的曲面变形。例如,在模型中双击要修改高度的局部推拉特征,显示局部推拉特征的尺寸,如图 8-102 所示;然后双击局部推拉特征的高度尺寸,在其出现的尺寸文本框中输入正值或负值,如果输入正值将使局部推拉向零件曲面之外变形,而输入负值则使零件曲面向内变形。比如,输入-5,按〈Enter〉键,然后单击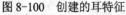(再生)按钮,则得到的局部推拉效果如图 8-103 所示。

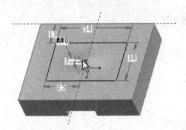

图 8-102　双击局部推拉特征

图 8-103　局部推拉效果

8.8　半径圆顶

将 Pro/ENGINEER 系统配置文件选项"allow_anatomic_features"设置为"yes"时,"插入"→"高级"→"半径圆顶"命令可用。使用"半径圆顶"命令,可以创建圆顶特征,即半径圆顶使曲面变形,并通过一个半径和偏移距离被参数化。

下面通过一个典型实例介绍如何创建半径圆顶特征。

1）单击 □ （新建）按钮,弹出"新建"对话框。在"类型"选项组中选择"零件"单选按钮,在"子类型"选项组中选择"实体"单选按钮,在"名称"文本框中输入"bc_8_8",清除"使用缺省模板"复选框,单击"确定"按钮。系统弹出"新文件选项"对话框,选择 mmns_part_solid 模板,然后单击"确定"按钮,进入零件设计模式。

2）创建如图 8-104 所示的拉伸体。

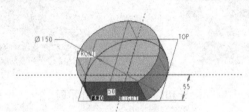

图 8-104　创建拉伸体

3）在菜单栏中选择"插入"→"高级"→"半径圆顶"命令。

4）选取要创建圆顶的曲面,如图 8-105 所示。

说明： 圆顶曲面必须是平面、圆环面、圆锥或圆柱。

5）选取基准平面、平面曲面或边,对其参照圆顶弧。在本例中选择如图 8-106 所示的平整曲面。

图 8-105　选择要圆顶的曲面

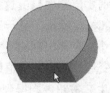

图 8-106　选择平整曲面

6）输入圆盖的半径为150，如图 8-107 所示，单击 ☑（接受）按钮。

图 8-107　输入圆盖的半径

完成的圆顶特征如图 8-108 所示。注意：在创建半径圆顶特征的过程中，输入半径值的正或负将导致生成凸或凹的圆顶。

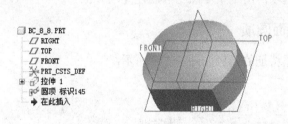

图 8-108　输入圆顶

8.9　剖面圆顶

"剖面圆顶"是用装饰曲面代替平曲面，该曲面可以通过扫描或混合来定义。通常，扫描剖面圆顶用两个垂直的横截面来创建装饰曲面；混合剖面圆顶用混合在一起的平行截面来创建新曲面（使用混合剖面圆顶，可以用参照轮廓来帮助生成截面）。

剖面圆顶也称截面圆盖。在创建剖面圆顶之前，需要考虑的限制条件见表 8-1。

表 8-1　创建截面圆盖特征需要考虑的一些限制条件

序　号	限 制 条 件	说明或备注
1	当草绘截面时要加圆盖的曲面必须是水平的	
2	为剖面圆顶指定草绘平面，就如同通常在零件上进行草绘一样	横截面必须垂直于轮廓，因此有必要在草图之间用"视图"选项对视图重新定位
3	当创建截面圆盖时 Pro/ENGINEER 会根据草绘截面和指定曲面之间的高低关系，添加或移除材料	如果截面连接到曲面上，边周围的一些材料将被去除
4	不能将圆盖添加到沿着任何边有过渡圆角的曲面上	如果需要圆角，首先添加圆盖，然后对边界圆角过渡
5	截面不应与零件的边相切	
6	对每个截面段数不必相同	
7	截面至少应和曲面等长且不必连接到曲面上	
8	截面必须被草绘为开口的	

当 Pro/ENGINEER 系统配置文件选项"allow_anatomic_features"设置为"yes"时，"插入"→"高级"→"剖面圆顶"命令可用。在菜单栏中选择"插入"→"高级"→"剖面圆顶"命令，将出现一个"菜单管理器"，如图 8-109 所示。该"菜单管理器"的"选项"菜

单提供以下圆顶类型选项。

● "扫描"选项：沿着第二个轮廓扫描第一个轮廓，同时沿着第一个轮廓扫描第二个轮廓，然后用两个曲面的算术平均来创建圆顶。

● "混合"选项：通过混合两个或更多截面创建圆顶。

● "无轮廓"选项：不用轮廓创建混合圆顶。当已选择"扫描"选项时，"无轮廓"选项不可用。

● "一个轮廓"选项：用一个参照轮廓创建圆顶特征。

图 8-109　菜单管理器

8.9.1　创建扫描剖面圆顶

创建扫描剖面圆顶特征的示例如图 8-110 所示。

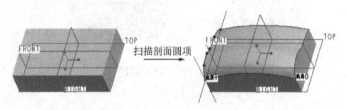

图 8-110　创建扫描剖面圆顶特征

下面以一个典型的简单操作实例来辅助说明如何创建扫描剖面圆顶特征。

1）单击 📂（打开）按钮，弹出"文件打开"对话框。从随书光盘中的 CH8 文件夹中选择 BC_8_9_S1.PRT 文件，单击"打开"按钮。

2）在菜单栏中选择"插入"→"高级"→"剖面圆顶"命令，出现一个"菜单管理器"。

3）在"菜单管理器"的"选项"菜单中选择"扫描"→"一个轮廓"→"完成"选项。

4）选择要加圆顶的平曲面，如图 8-111 所示。

5）系统出现"➡选取或创建一个草绘平面。"提示信息。选择如图 8-112 所示的正侧面为草绘平面。

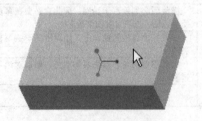

图 8-111　指定圆顶的曲面

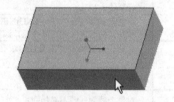

图 8-112　指定草绘平面

6）在"菜单管理器"出现的"方向"菜单中选择"确定"选项，如图 8-113 所示，接受图示箭头方向。然后在出现的如图 8-114 所示的"草绘视图"菜单中选择"缺省"选项，进入草绘模式。

图 8-113 指定查看草绘平面的方向 　　　　图 8-114 选择"缺省"选项

7）草绘如图 8-115 所示的图形，单击 ✔（完成）按钮。

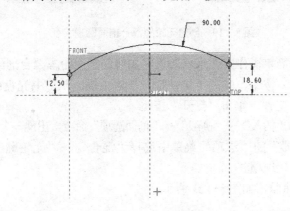

图 8-115 草绘图形

8）翻转模型，选择如图 8-116 所示的面定义草绘平面。接着在"菜单管理器"中选择"确定"→"缺省"命令，进入草绘模式。

9）绘制如图 8-117 所示的样条曲线，单击 ✔（完成）按钮。

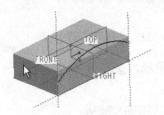

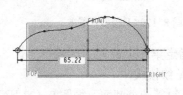

图 8-116 定义草绘平面 　　　　图 8-117 绘制样条曲线

完成的扫描剖面圆顶特征如图 8-118 所示。

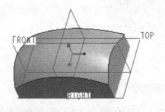

图 8-118 创建扫描剖面圆顶

8.9.2 创建无轮廓混合剖面圆顶

可以创建无轮廓混合剖面圆顶特征，即系统可通过混合平行截面创建圆顶曲面。创建无轮廓混合剖面圆顶特征的示例如图 8-119 所示。

图 8-119 创建无轮廓混合剖面圆顶特征

下面以一个典型的简单操作实例来辅助说明如何创建无轮廓混合剖面圆顶特征。

1）单击 📂（打开）按钮，弹出"文件打开"对话框。从随书光盘中的 CH8 文件夹中选择 BC_8_9_HP2.PRT 文件，单击"打开"按钮。

2）在菜单栏中选择"插入"→"高级"→"剖面圆顶"命令，出现一个"菜单管理器"。

3）在"菜单管理器"的"选项"菜单中选择"混合"→"无轮廓"选项，如图 8-120 所示，然后选择"完成"选项。

4）选择要圆顶的曲面，如图 8-121 所示。

图 8-120 "选项"菜单

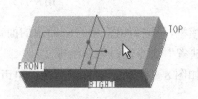

图 8-121 选择要圆顶的曲面

5）指定第一个截面的草绘平面，如图 8-122 所示，接着选择"确定"→"缺省"选项，进入草绘模式。

6）草绘第一个截面，如图 8-123 所示。单击 ✔（完成）按钮。

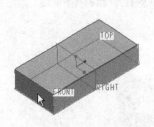

图 8-122 指定草绘平面

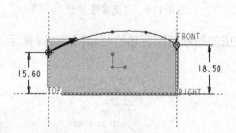

图 8-123 草绘第一截面

7）"菜单管理器"出现如图 8-124 所示的"偏移"菜单，从中选择"输入值"选项。

8）输入要草绘的新截面到第一个截面之间的距离为 38，如图 8-125 所示，截面的定向是相同的。然后单击 ☑（接受）按钮。

图 8-124 "偏移"菜单　　　　　　图 8-125 输入对下一截面的偏距

9）利用出现的"参照"对话框定义所需要的绘图参照，如图 8-126 所示，然后单击"参照"对话框中的"关闭"按钮。

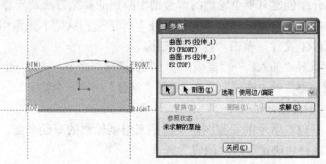

图 8-126 定义绘图参照

10）绘制如图 8-127 所示的样条曲线（第二个剖面），单击 ✔（完成）按钮。

11）系统询问是否继续下一截面，如图 8-128 所示，单击"否"按钮。

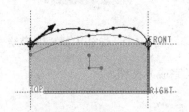

图 8-127 绘制样条曲线　　　　　图 8-128 询问是否继续下一截面

完成的无轮廓混合剖面圆顶特征如图 8-129 所示。

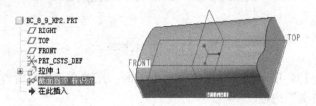

图 8-129 完成的无轮廓混合剖面圆顶特征

8.9.3 创建有单个轮廓的混合剖面圆顶

单个轮廓的混合剖面圆顶是指用一个轮廓和两个或更多剖面来创建一个混合剖面圆顶，必要时，Pro/ENGINEER 系统将从指定曲面的边添加或去除材料来完成圆顶。添加或去除材料取决于正被草绘的剖面：倾斜到曲面下面的截面会去除材料；而在曲面上面的（在正侧方向）截面会添加材料。

创建有单个轮廓的混合剖面圆顶特征的示例如图 8-130 所示。

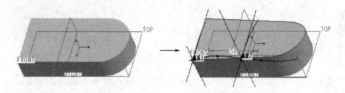

图 8-130　创建有单个轮廓的混合剖面圆顶特征

下面通过实例介绍创建有单个轮廓的混合剖面圆顶的典型方法及步骤。

1）单击（打开）按钮，弹出"文件打开"对话框。从随书光盘中的 CH8 文件夹中选择 BC_8_9_HP3.PRT 文件，单击"打开"按钮。

2）在菜单栏中选择"插入"→"高级"→"剖面圆顶"命令，出现一个"菜单管理器"。

3）在"菜单管理器"的"选项"菜单中选择"混合"→"一个轮廓"→"完成"选项。

4）选择要圆顶的曲面，如图 8-131 所示。

5）选择如图 8-132 所示的正侧面定义将用来绘制轮廓的草绘平面，接着在"菜单管理器"出现的菜单中选择"确定"→"缺省"选项。

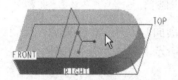

图 8-131　选择要圆顶的曲面

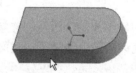

图 8-132　指定用做轮廓的草绘平面

6）绘制如图 8-133 所示的轮廓线，单击✔（完成）按钮。

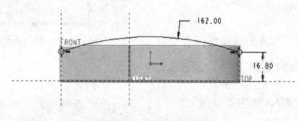

图 8-133　绘制轮廓线

7）选择如图 8-134 所示的实体面定义草绘平面，接着在"菜单管理器"出现的菜单中选择"确定"→"缺省"选项。

8）绘制剖面 1，如图 8-135 所示。单击✔（完成）按钮。

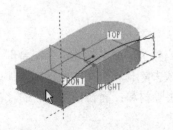

图 8-134　指定将用于绘制剖面 1 的草绘平面

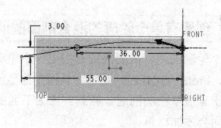

图 8-135　绘制剖面 1

9）在"菜单管理器"中出现的"偏移"菜单中选择"输入值"选项。

10）输入对下一个剖面的偏距为45，如图8-136所示，单击☑（接受）按钮。

输入对下一截面的偏移

45

图8-136 输入值

11）绘制如图8-137所示的样条曲线定义剖面2，注意两个剖面的起始点方向。单击✔（完成）按钮。

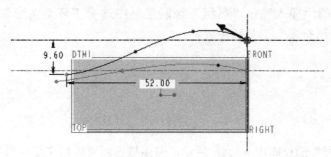

图8-137 绘制剖面2

12）系统弹出"确认"对话框来询问用户是否继续下一个截面，如图8-138所示，单击"否"按钮。

完成的有单个轮廓的混合剖面圆顶特征如图8-139所示。要特别说明的是，剖面圆顶总是创建在整个指定曲面上，倘若用户将剖面草绘在没有覆盖整个曲面的某个地方，Pro/ENGINEER便在必要时延伸圆顶来完成它。

图8-138 "确认"对话框

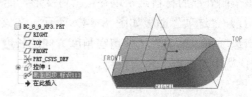

图8-139 完成的有单个轮廓的混合剖面圆顶特征

8.10 环形折弯

环形折弯是指将实体、非实体曲面或基准曲线折弯成环（旋转）形。例如，可以将平整实体对象通过"环形折弯"的方式创建成汽车轮胎造型，如图8-140所示。

环形折弯特征将形成两个折弯，第一个折弯轮廓或环形的截面曲率，可以通过草绘图元链的方式来定义；第二个折弯则是由定义圆环半径的两个平行平面来确定。

1. 创建环形折弯特征的方法及步骤

创建环形折弯特征的一般方法及步骤如下（可灵活调整）。

图 8-140　创建环形折弯特征

1）在菜单栏的"插入"→"高级"级联菜单中选择"环形折弯"命令，打开如图 8-141 所示的"环形折弯"工具操控板。

图 8-141　"环形折弯"工具操控板

2）打开"参照"面板如图 8-142 所示，使用该面板可以指定要环形折弯的对象。如果要环形折弯实体几何体，则选中"实体几何"复选框；而"面组"收集器用于辅助选取环形折弯所要折弯的面组；"曲线"收集器则用于辅助选取环形折弯所要折弯的曲线。

激活"轮廓截面"收集器时可选取合适的轮廓截面，用户也可以单击位于"轮廓截面"收集器右侧的"定义"按钮，接着指定草绘平面和草绘器参照平面，草绘截面折弯轮廓。在轮廓截面中注意要创建有一个几何坐标系，该几何坐标系的 X 向量可用预定义折弯对象中的中性平面。中性平面定义了沿折弯材料的截面厚度为零变形（延长或压缩）的理论平面，通常位于该平面外部的材料延长以补偿折弯变形，而折弯内部的材料压缩以适应变形。

3）打开"选项"面板如图 8-143 所示。在该面板中设置曲线折弯的选项，可供选择的曲线折弯选项有"标准"、"保留在角度方向的长度"、"保留平整并收缩"和"保持平整并展开"。默认选中"标准"单选按钮。

图 8-142　"参照"面板

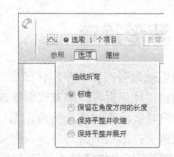

图 8-143　"选项"面板

4）在"环形折弯"工具操控板的一个下拉列表框中选择"360 度折弯"、"折弯半径"或"折弯轴"等这些选项，并在相应的文本框中输入相关的参数，或选取相应参照。选择"360 度折弯"选项时，需要选择要定义折弯长度的两个平面；选择"折弯半径"选项时，需要输入折弯半径；选择"折弯轴"选项时，需要选取要绕其进行折弯的轴。

5）在"环形折弯"工具操控板中单击☑（完成）按钮，完成环形折弯特征创建。

2．创建环形折弯特征的操作实例

下面是创建环形折弯特征的一个典型操作实例。

1）单击（打开）按钮，弹出"文件打开"对话框。从随书光盘中的 CH8 文件夹中选择 BC_8_10.PRT 文件，单击"打开"按钮。该文件中存在着的实体模型如图 8-144 所示。

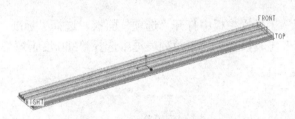

图 8-144　原始实体模型

2）在菜单栏的"插入"→"高级"级联菜单中选择"环形折弯"命令，打开"环形折弯"工具操控板。

3）在操控板中打开"参照"面板，选中"实体几何"复选框。

4）在"参照"面板中确保激活"轮廓截面"收集器，单击"轮廓截面"收集器右侧的"定义"按钮，系统弹出"草绘"对话框。选择如图 8-145 所示的端面定义草绘平面，然后单击"草绘"对话框中的"草绘"按钮，进入草绘模式。

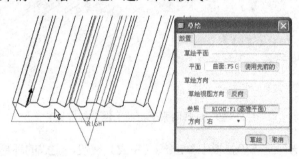

图 8-145　选择草绘平面

5）绘制如图 8-146 所示的圆弧。

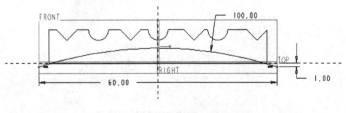

图 8-146　草绘

6）单击 ⚒（几何坐标系）按钮，在图形中绘制一个几何坐标系，如图 8-147 所示。单击 ✔（完成）按钮，完成草绘并退出草绘器。

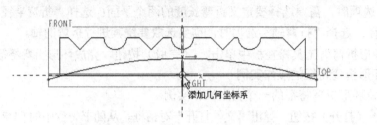

图 8-147　绘制一个参照坐标系

7）在"环形折弯"工具操控板中打开"选项"面板，选择"标准"单选按钮。

8）在"环形折弯"工具操控板的下拉列表框中选择"360 度折弯"，如图 8-148 所示。

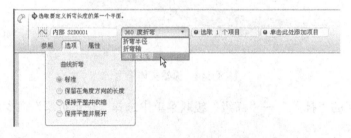

图 8-148　选择"360 度折弯"选项

9）灵活调整模型视角，分别选择如图 8-149 所示的相互平行的实体端面 1 和端面 2。

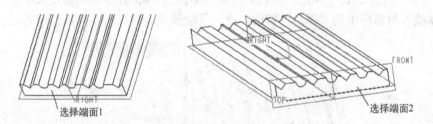

图 8-149　选择两张平行面来定义折弯长度

10）在"环形折弯"工具操控板中单击 ☑（完成）按钮，完成的环形折弯特征如图 8-150 所示。

图 8-150　完成的环形折弯特征

8.11 骨架折弯

"骨架折弯"是指沿曲面连续重新放置截面来关于折弯曲线骨架折弯实体或面组，骨折折弯所造成的压缩或变形都是沿着轨迹纵向进行的。图 8-151 给出了一个骨架折弯的示例。图 8-151a 所示为骨架折弯之前的情形，其中 A 为将要被骨架折弯的原始模型对象，B 为用来作为骨架轨迹的曲线；图 8-151b 所示为进行骨架折弯后的情形。

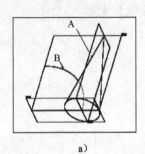 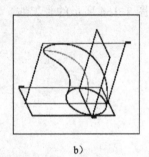

a) b)

图 8-151 骨架折弯示例

a) 骨架折弯之前 b) 骨架折弯后

要创建骨架折弯特征，需要从菜单栏中选择"插入"→"高级"→"骨架折弯"命令，弹出如图 8-152 所示的一个"菜单管理器"。通过从该"菜单管理器"的"选项"菜单中来指定特征的相关属性。下面介绍该"选项"菜单中各主要选项的功能含义。

- "选取骨架线"：选取边或边链来定义骨架轨迹。
- "草绘骨架线"：草绘骨架轨迹。
- "无属性控制"：不调整生成的几何。
- "截面属性控制"：调整生成的几何来沿骨架控制变截面质量属性的分配。选择该选项时，可以根据设计需要选择"线性"选项和"图形"选项之一。
- "线性"：截面属性在起点值和终点值之间成线性变化。
- "图形（控制曲线）"：截面属性在起点值和终点值之间根据图形值变化。

下面通过一个典型的简单实例来辅助介绍创建骨架折弯特征的具体方法和步骤。

1）单击 （打开）按钮，弹出"文件打开"对话框。从随书光盘中的 CH8 文件夹中选择 BC_8_11.PRT 文件，单击"打开"按钮。该文件中存在的实体模型如图 8-153 所示。

图 8-152 菜单管理器 图 8-153 实体模型

2）从菜单栏中选择"插入"→"高级"→"骨架折弯"命令，打开一个"菜单管理器"。

3）在"菜单管理器"的"选项"菜单中选择"草绘骨架线"→"无属性控制"→"完成"选项。

4）选取要折弯的一个面组或实体。本例是在模型窗口中单击实体。

5）选择 RIGHT 基准平面为草绘平面，此时"菜单管理器"出现"草绘视图"菜单。在"草绘视图"菜单中选择"缺省"选项。

6）绘制如图 8-154 所示的骨架线，单击✔（完成）按钮。

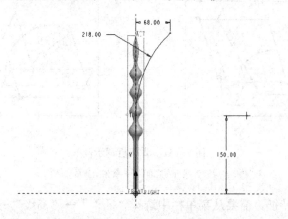

图 8-154　绘制骨架线

7）系统提示指定要定义折弯量的平面。在"菜单管理器"出现的"设置平面"菜单中选择"产生基准"选项，接着在出现的"基准平面"菜单中选择"偏移"选项，如图 8-155 所示。

8）在模型中选择在骨架起点处显示的 DTM1 基准平面，接着在"菜单管理器"出现的"偏移"菜单中选择"输入值"选项，如图 8-156 所示。

图 8-155　设置平面操作

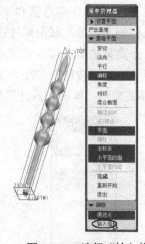

图 8-156　选择"输入值"

9）输入指定方向的偏移距离为 320，如图 8-157 所示，单击☑（接受）按钮。

图 8-157　设置输入值

10）在"菜单管理器"中选择"完成"选项。完成骨架折弯后的模型效果如图 8-158 所示。

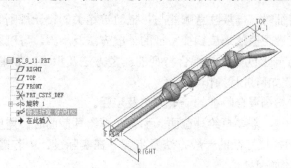

图 8-158　完成的骨架折弯模型效果

8.12　本章小结

在本章中主要介绍一些高级及扭曲特征，这些特征包括扫描、螺旋扫描、边界混合、扫描混合、唇、耳、局部推拉、半径圆顶、剖面圆顶、环形折弯和骨架折弯等。

扫描特征是通过草绘或选取轨迹然后沿该轨迹草绘截面来创建的一类特征。在创建扫描特征时，可以使用特征创建时草绘的轨迹，也可以使用由选定基准曲线或边组成的轨迹。应该要特别关注定义扫描轨迹的相关规则与注意事项。

螺旋扫描特征是通过沿着螺旋轨迹扫描截面来创建的，其中轨迹由旋转曲面的轮廓（定义螺旋特征的截面原点到其旋转轴的距离）与螺距（螺圈间的距离）定义。可以创建恒定螺距值或可变螺距值的螺旋扫描特征。

边界混合特征是一类较为常用的特征，它是在参照对象之间创建的，在每个方向上选定的第一个和最后一个图元定义曲面的边界。在创建过程中，如果需要，可以添加更多的参照图元（如控制点和边界条件）来更完整地定义曲面形状。边界混合特征的重点在于：在一个方向上创建边界混合特征、在两个方向上创建边界混合特征、使用影响曲线和设置边界约束条件。

扫描混合具有扫描和混合两种操作特点。扫描混合可以具有原点轨迹（必需）和第二轨迹（可选），且每个扫描混合特征至少要具有两个剖面。要定义扫描混合的轨迹，可以选取一条草绘曲线、基准曲线或边的链，注意每次只有一个轨迹是活动的。在某些设计场合下，可以使用区域位置及通过控制特征在截面间的周长来控制扫描混合几何，以满足特定的设计要求。要重点掌握扫描混合特征的这些内容：创建基本扫描混合特征，使用区域控制修改扫描混合，控制扫描混合的周长。

唇、耳、局部推拉、半径圆顶、剖面圆顶、环形折弯和骨架折弯这些特征的创建命令位于"插入"→"高级"级联菜单中。要想使用"插入"→"高级"级联菜单中的某些命令，需要将系统配置文件选项 "allow_anatomic_features" 的值设置为 "yes"。读者应该多通过简单的操作实例来辅助学习这些高级及扭曲特征的创建方法、步骤及技巧等。

8.13   思考与练习

1）在创建扫描特征时，需要注意哪些与扫描轨迹相关的设计规则或注意事项？

2）简述创建恒定螺距值的螺旋扫描特征的一般方法及步骤。可以通过举例辅助说明。

3）总结在一个方向上创建边界混合特征的典型方法及步骤。如果要在两个方向上创建边界混合特征，则应该如何进行操作？

4）简述创建基本扫描混合特征的一般方法及步骤。

5）在创建耳特征时，需要草绘耳截面。那么在草绘耳截面时，需要注意哪些规则？

6）简述创建局部推拉特征的一般方法及步骤。在实际设计中若需要修改局部推拉特征的高度参数，那么应该如何处理？

7）什么是环形折弯？什么是骨架折弯？参照本书提及的简单操作实例各创建一个环形折弯特征和骨架折弯特征。

8）上机练习：创建如图 8-159 所示的环形折弯特征。该练习题提供的原始素材文件为 BC_8_EX8，它位于配套光盘的 CH8 文件夹中。在创建该环形折弯特征的过程中，需要草绘如图 8-160 所示的曲线。

 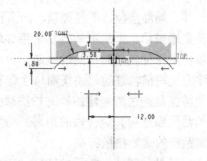

图 8-159　创建环形折弯特征　　　　　　图 8-160　草绘图形

9）上机练习：创建如图 8-161 所的可变螺距值的螺旋扫描特征，具体尺寸自定。

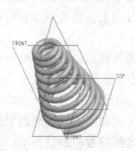

图 8-161　创建可变螺距值的螺旋扫描特征

第9章　用户定义特征、组与修改零件

本章内容导读：

　　本章重点介绍的内容包括：用户定义特征，创建局部组，操作组，编辑基础与重定义特征，插入与重新排序特征，隐含、删除与恢复特征，重定特征参照，挠性零件，解决特征失败。

9.1　用户定义特征

　　用户定义特征（UDF）包括选定的特征及其所有相关尺寸、选定特征之间的任何关系以及在零件上放置 UDF 的参照列表。创建的 UDF 既可以是从属的，也可以是独立的。

　　首先介绍从属 UDF 与独立 UDF 的概念，然后再结合典型操作实例介绍建立 UDF 和放置 UDF 的实用知识。

1. 从属 UDF

　　使用从属 UDF，有助于从原始零件中复制信息。要使从属 UDF 有效，原始模型必须存在，这样在运行时，从属的 UDF 才能够直接从原始模型获得信息值。如果对原始模型进行了尺寸修改，则所作修改也会自动反映到从属的 UDF 中。在 Pro/ENGINEER 中，一个模型可以有多个与其相关的从属 UDF。

2. 独立 UDF

　　独立的（即单一的）UDF 比从属的 UDF 需要更多的存储空间，它需要将所有原始模型信息复制到 UDF 文件中。如果参照模型发生了改变，则这些变化不会反映到 UDF 中。

　　在创建 UDF 之前，可能想要创建 UDF 库目录。在默认情况下，Pro/ENGINEER 在当前目录中创建 UDF。

　　另外，读者要了解可以使用以下尺寸类型创建 UDF：

- 可变尺寸：在零件中放置 UDF 时，需要输入值的尺寸。
- 恒定尺寸：在零件中放置 UDF 时，不改变的尺寸。
- 表驱动尺寸：在族表中给定值的尺寸和尺寸公差；族表中的每个实例有其自身的尺寸值。

9.1.1　建立 UDF

　　下面以典型操作实例来介绍如何建立 UDF。

　　首先创建一个原始零件模型，然后在原始模型基础上创建所需的 UDF。

1. 创建所需的零件模型

1）单击🗋（新建）按钮，弹出“新建”对话框。在“类型”选项组中选择“零件”单选按钮，在“子类型”选项组中选择“实体”单选按钮，在“名称”文本框中输入“bc_9_1_a”，清除“使用缺省模板”复选框，单击“确定”按钮。系统弹出“新文件选项”对话框，选择 mmns_part_solid 模板，然后单击“确定”按钮，进入零件设计模式。

2）单击◫（拉伸工具）按钮，打开“拉伸”工具操控板。在“拉伸”工具操控板中打开“放置”面板，接着单击“定义”按钮，弹出“草绘”对话框。

选择 TOP 基准平面作为草绘平面，以 RIGHT 基准平面为“右”方向参照，单击“草绘”对话框中的“草绘”按钮，进入草绘模式。

绘制如图 9-1 所示的剖面，单击✔（完成）按钮。

输入拉伸深度为 10，单击☑（完成）按钮。创建的拉伸实体如图 9-2 所示。

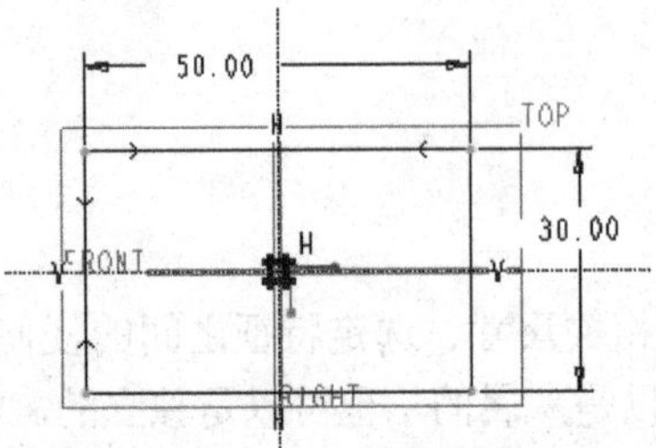

图 9-1　绘制剖面

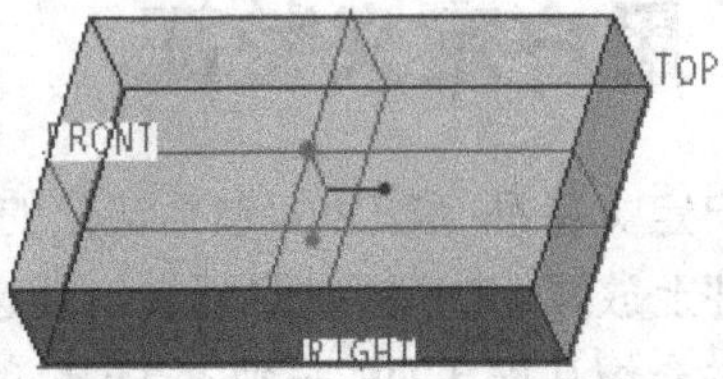

图 9-2　创建的拉伸实体

3）单击◫（拉伸工具）按钮，打开“拉伸”工具操控板。在“拉伸”工具操控板中打开“放置”面板，接着单击“定义”按钮，弹出“草绘”对话框。

选择如图 9-3 所示的实体面作为草绘平面，以 RIGHT 基准平面为“右”方向参照，单击“草绘”按钮，进入草绘模式。

绘制如图 9-4 所示的剖面，单击✔（完成）按钮。

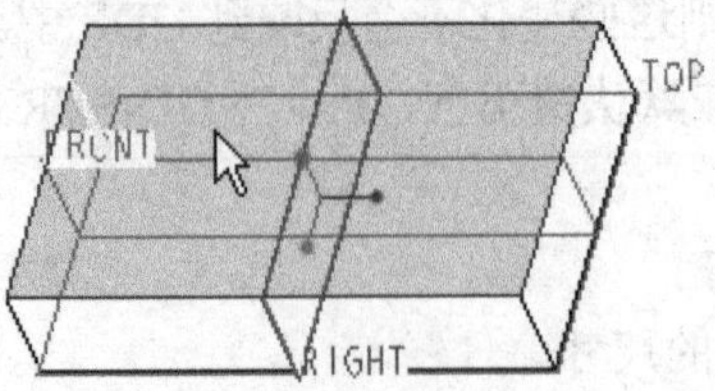

图 9-3　指定草绘平面

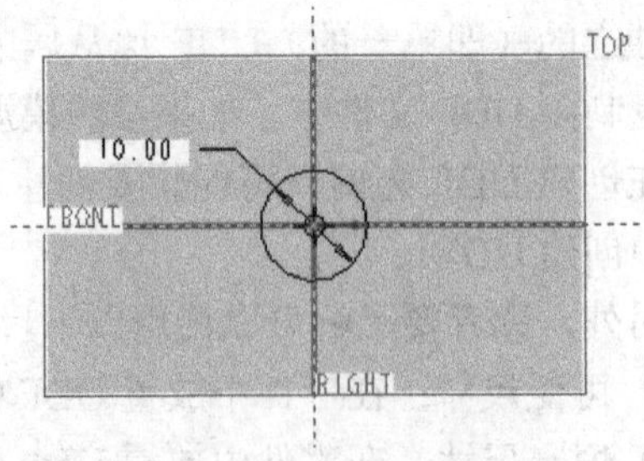

图 9-4　绘制剖面

输入拉伸深度为 15，拉伸方向如图 9-5 所示。单击☑（完成）按钮，创建的拉伸圆柱体如图 9-6 所示。

4）在工具栏中单击⊔（孔工具）按钮，或者在菜单栏的“插入”菜单中选择“孔”命令，打开“孔”工具操控板。

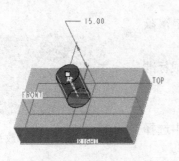

图9-5　动态几何预览

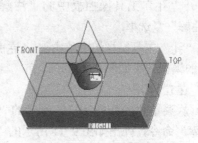

图9-6　创建拉伸圆柱体

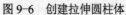

在"孔"工具操控板中单击 🔩（创建标准孔）按钮，确保 ⊕（添加攻丝）按钮处于被选中的状态。在 ∪（螺纹系列）列表框中选择"ISO"，在 🔩（螺钉尺寸）框中选择"M5x.8"，设置钻孔深度为10。

打开"孔"工具操控板的"放置"面板。选择圆柱体的特征轴 A_1，接着按住〈Ctrl〉键选择圆柱体的端面，所选的这两个参照出现在"放置"收集器的框中，如图9-7所示。

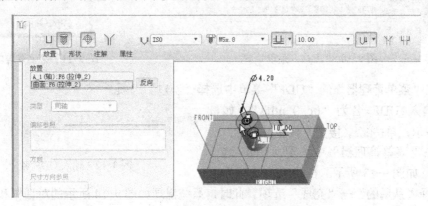

图9-7　指定孔特征的放置参照

打开"孔"工具操控板中的"形状"面板，选择"可变"单选按钮，设置螺纹的深度值为8，如图9-8所示。

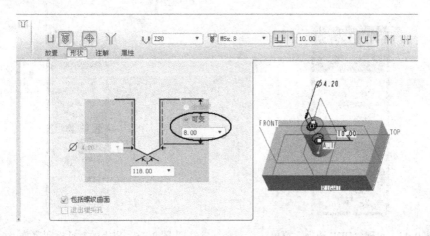

图9-8　设置螺纹深度值

打开"孔"工具操控板中的"注解"面板，从中清除
"添加注解"复选框。

在"孔"工具操控板中单击☑（完成）按钮。完成标准
螺纹孔的模型效果如图 9-9 所示。

图 9-9　完成标准螺纹孔创建

2. 建立 UDF

1）从菜单栏的如图 9-10 所示的"工具"菜单中选择
"UDF 库"命令，弹出如图 9-11 所示的"菜单管理器"。

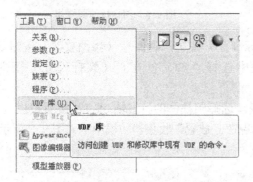

图 9-10　"工具"菜单

图 9-11　菜单管理器

2）在"菜单管理器"的"UDF"菜单中选择"创建"选项。

3）输入 UDF 名为"bc_9_udf1"，如
图 9-12 所示，单击☑（接受）按钮。

图 9-12　输入 UDF 名

4）在"菜单管理器"中出现"UDF 选
项"菜单，如图 9-13 所示。在"UDF 选项"
菜单中选择"从属的"→"完成"选项。此时，系统出现如图 9-14 所示的对话框和菜单。

图 9-13　出现"UDF 选项"菜单

图 9-14　出现的对话框和菜单

5）在模型树中或在模型窗口中，选择"孔 1"特征，按住〈Ctrl〉键选择"拉伸 2"特征，如图 9-15 所示。然后在"选取"对话框中单击"确定"按钮，并紧接着在"选取特征"菜单中选择"完成"选项，在"UDF特征"菜单中选择"完成/返回"选项。

6）以参照颜色为曲面输入提示为"底放置面"，如图 9-16 所示，单击☑（接受）按钮。

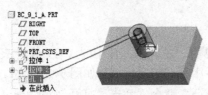

图 9-15　选择特征加入 UDF 中　　　　　　　图 9-16　定义参照提示 1

7）根据模型窗口中以默认颜色特别显示的参照，分别设置其相应的提示为"右参照面"、"前参照面"。

8）在"菜单管理器"的"修改提示"菜单中选择"完成/返回"命令，如图 9-17 所示。

9）在如图 9-18 所示的对话框中选择"可变尺寸"选项，单击"定义"按钮。

图 9-17　菜单管理器　　　　　　　　　图 9-18　选择"可变尺寸"选项

10）此时，模型显示所选特征的尺寸，如图 9-19 所示。依次选择圆柱高度尺寸"15"、圆柱直径"ϕ10"，然后在"菜单管理器"的如图 9-20 所示的"增加尺寸"菜单中选择"完成/返回"选项，接着在"可变尺寸"菜单中选择"完成/返回"选项。

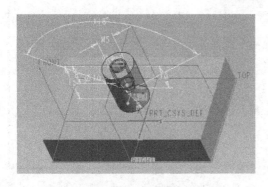

图 9-19　显示特征尺寸　　　　　　　　　图 9-20　菜单管理器

11）对照尺寸依次输入尺寸值的提示为"圆柱高度"、"圆柱直径"。

12）完成定义可变尺寸后，在对话框中单击"确定"按钮，完成该 UDF 库的创建。

13）在"菜单管理器"的"UDF"菜单中选择"完成/返回"选项。

此时，可以保存文件。保存后将该 BC_9_1_A.PRT 文件关闭。

9.1.2 放置 UDF

1）单击 📂（打开）按钮，弹出"文件打开"对话框。从随书光盘中的 CH9 文件夹中选择 BC_9_1_B.PRT 文件，单击"打开"按钮。该文件中存在的实体模型如图 9-21 所示。

2）在菜单栏的"插入"菜单中选择"用户定义特征"命令，弹出"打开"对话框。利用"打开"对话框，查找并选择 bc_9_udf1.gph，单击"打开"按钮。

3）弹出如图 9-22 所示的"插入用户定义的特征"对话框，从中选中"高级参照配置"复选框，单击"确定"按钮。

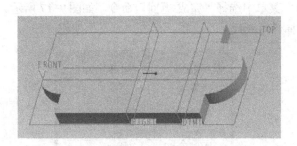

图 9-21　实体模型　　　　　　　　　图 9-22　"插入用户定义的特征"对话框

4）系统弹出如图 9-23 所示的窗口和"用户定义的特征放置"对话框。

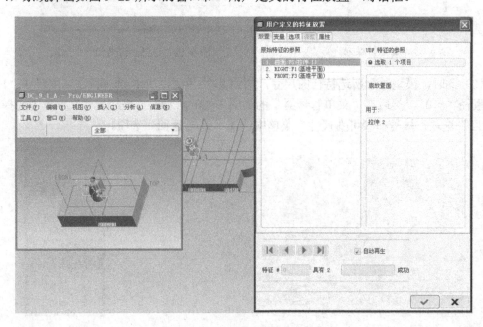

图 9-23　出现的窗口与对话框

在"用户定义的特征放置"对话框的"放置"选项卡中，从"原始特征的参照"列表框中选择第 1 个曲面参照，然后在模型窗口中选择如图 9-24 所示的实体面定义底放置面。

从"原始特征的参照"列表框中选择"2.RIGHT：F1（基准平面）"参照，然后在模型窗口中选择 DTM1 基准平面。

从"原始特征的参照"列表框中选择"3.FRONT：F3（基准平面）"参照，然后在模型窗口中选择 FRONT 基准平面定义前参照面。

5）切换到"变量"选项卡，将圆柱高度更改为 20，将圆柱直径更改为 11，如图 9-25 所示。另外，读者可以了解"选项"选项卡和"调整"选项卡中的相关内容。

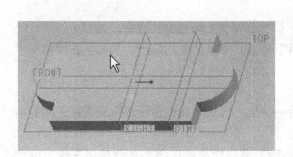

图 9-24 定义底放置面　　　　　　　　图 9-25 设置尺寸变量

6）在"用户定义的特征放置"对话框中单击 （确定）按钮。完成放置该 UDF 的结果如图 9-26 所示。

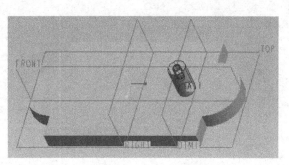

图 9-26 放置 UDF

9.2 创建局部组

1. 局部组与 UDF 的区别

使用 UDF 可以定义组，而在本节中介绍创建局部组的相关基础知识。所述的局部组在以下两个方面有别于从 UDF 定义的组。

1）不能替换局部组。

2）创建局部组时，不能有放置参照。局部组提供了在一次操作中收集若干要阵列特征的唯一方法，如同它们是单个特征一样。这给用户提供了一个基本设计思路：对于要一次阵列若干特征，那么可以将这些要阵列的若干特征创建成局部组，然后就如同阵列单个特征一样进行阵列操作。

值得注意的是，在创建局部组时，必须按再生列表的连续顺序来选择特征。如果在再生列表中的指定特征之间存在别的特征，那么系统会提示将指定特征之间的所有特征进行分组。如果不想对连续顺序中的某些特征分组，则首先要对这些特征重新排序。例如，可以选择特征 3、4、5 和 6，但是不能选择特征 3、4、5 和 11，在此情况下的解决方法是将特征 11 重新排序为特征 6。

2．创建局部组的方法

创建局部组的典型方法有以下两种。

（1）使用"编辑"菜单中的"组"命令

1）在模型树或模型窗口中，结合〈Ctrl〉键选择要加入局部组的特征。

2）在菜单栏的"编辑"菜单中选择"组"命令，即可创建局部组。局部组在模型树中的显示标识如图 9-27 所示。

（2）使用快捷菜单创建局部组

1）在模型窗口或模型树中，选取要归组的特征。该组必须包含所选取的特征之间的所有特征。

2）单击鼠标右键，弹出如图 9-28 所示的右键快捷菜单，然后从该快捷菜单中选择"组"命令，则在模型树中显示"组_局部组"或"组 LOCAL_GROUP"。

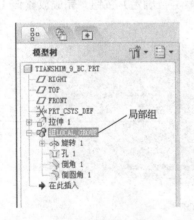

图 9-27　局部组在模型树中的显示标识

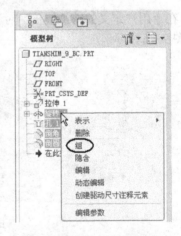

图 9-28　使用右键快捷菜单

3．在模型窗口中选择局部组

在模型树中可以直接选取"局部组"特征，而在模型窗口中则需要首先在"局部组"中选择一个特征，然后才能选择局部组。在模型窗口中进行局部组的选择操作时，需要注意以下两种情况。

情况1：只选取"局部组"特征。

1）在模型窗口中，选择一个属于"局部组"特征的特征。

2）单击鼠标右键，然后从快捷菜单中选择"选取组"命令，则"局部组"特征被选中。

情况2：选取其他特征和"局部组"特征。

1）在模型窗口中，结合〈Ctrl〉键选取除属于"局部组"特征的特征之外的全部所需特征。

2）在按住〈Ctrl〉键的同时，在"局部组"特征中选取一个特征，然后单击鼠标右键，出现一个快捷菜单。

3）从快捷菜单中选择"选取组"命令，则"局部组"特征被选进选择集中。注意，"选取组"命令仅当属于"局部组"特征的特征为特征选取项中的最后一个特征时可用。

9.3 操作组

可以将组视为单个特征进行"删除"、"分解组"、"组"、"隐含"、"编辑"、"编辑定义"、"阵列"、"隐藏"、"重命名"等操作。

例如，要阵列组，则对着组右击，出现快捷菜单，接着使用快捷菜单中的"阵列"命令可以阵列从 UDF 创建的组和局部组。在所选组中，除了用于创建特征阵列的尺寸之外，可以选择所有尺寸作为增量尺寸。当创建阵列组时，一个成员组可以表示整个组。然而，再生时，Pro/ENGINEER 将分别再生所有特征。

9.4 编辑基础与重定义特征

特征初步创建好了，在以后的设计过程中，可能还需要对所选特征进行编辑或重定义处理等。在 Pro/ENGINEER 中，编辑特征时可以有 3 种工作级别或状态。其中，特征编辑是编辑的最高级别，在完成尺寸或截面编辑并退出时，仍然保持顶级特征编辑状态。

● 编辑特征：这是最高的编辑级别，可以从该级别转到其他编辑状态。

● 编辑尺寸：在选取尺寸后，过滤了编辑，因此只能选取和更改尺寸。退出尺寸编辑后，将仍处于"编辑特征"状态。

● 编辑剖面：在选取截面后，过滤了编辑，因此只能选取和更改截面子项。退出截面编辑后，将仍处于"编辑特征"状态。

编辑操作包括：更改特征及截面尺寸的属性（值）、文本和文本样式，重定义特征或截面，删除或隐含特征，编辑参照及参数，将多个特征组合为一个特征，移动基准标签，更改基准属性（仅限平面和轴），更改曲线类型和颜色（基准曲线和修饰曲线），创建"设置注释"，重命名特征等。

在模型树或模型窗口中选择零件图元对象后，可以使用快捷菜单中的编辑功能，也可以使用菜单栏的"编辑"菜单中提供的某些编辑命令。

修改特征尺寸是较为常见的编辑操作之一。下面介绍修改特征尺寸的一种快捷方法，如图 9-29 和图 9-30 所示。注意，在出现的文本框中输入尺寸新值，并在按〈Enter〉键后，单击 （模型再生）按钮，得到修改特征尺寸后的模型效果。

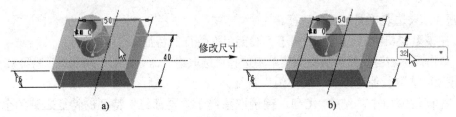

图 9-29 修改特征尺寸操作 1

a）双击要修改尺寸的特征 b）双击要修改的尺寸，输入新值

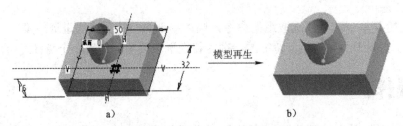

图 9-30 修改特征尺寸操作 2

a）在文本框中输入尺寸新值，按〈Enter〉键后 b）模型再生后的效果

重定义特征是本节要重点介绍的一项内容。用户可以通过重新定义特征的方法来改变特征的创建方式，而更改类型则取决于所选的特征。假设某一个特征是用截面创建的，那么可以重定义该截面、特征参照等。

重编辑定义特征的方法很简单。通常先在模型树中选择要编辑的特征，接着单击鼠标右键，从出现的快捷菜单中选择"编辑定义"命令，此时将根据特征类型而出现适用于当前重定义特征的操控板，或弹出定义选定特征的对话框，或出现用于指定特征的"重定义"菜单。例如，在模型树中选择"孔 1"特征，右击，接着从出现的如图 9-31 所示的快捷菜单中选择"编辑定义"命令，打开如图 9-32 所示的"孔"工具操控板，利用该操控板可以很方便地对该孔特征进行重新编辑定义，包括重新定制孔规格大小、放置位置等。

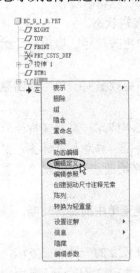

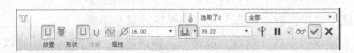

图 9-31 选择"编辑定义"命令　　　　　图 9-32 "孔"工具操控板

9.5 插入与重新排序特征

特征的排序表明了模型结构的创建方式，不同的特征排序可能会获得不同的模型效果。

9.5.1 插入模式

通常，在 Pro/ENGINEER 中创建新特征时，新特征是被添加到零件中上一个现有特征（也包括隐含特征）之后。用户可以根据设计要求，采用插入模式设置在特征序列的任何点处添加新特征。

执行插入模式操作的典型方法及步骤如下。

1）在菜单栏的"编辑"菜单中选择"特征操作"命令，弹出如图 9-33 所示的"特征"菜单。

2）在"菜单管理器"的"特征"菜单中选择"插入模式"选项，接着在出现的如图 9-34 所示的"插入模式"菜单中选择"激活"选项。

图 9-33 "特征"菜单   图 9-34 选择"激活"选项

3）选取在其后插入的特征。此时，系统将模型树中的"➡ 在此插入"标识移至所选特征之后，如图 9-35 所示。然后在"菜单管理器"的"特征"菜单中选择"完成"选项。

用户也可以直接使用鼠标拖曳的方式，将"➡ 在此插入"标识拖到指定特征节点之后。

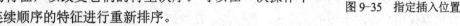

图 9-35 指定插入位置

9.5.2 重新排序特征

可以对特征进行重新排序，即在再生次序列表中向前或向后移动特征，以改变它们的再生次序。可以在一次操作中对多个连续顺序的特征进行重新排序。

1. 重新排序特征操作应考虑的情况

在进行特征重新排序之前，应该考虑到以下两种情况。

1）父项不能移动，因此它们的再生发生在它们的子项再生之后。

2）子项不能移动，因此它们的再生发生在它们的父项再生之前。

2. 重新排序特征的操作方法及步骤

对特征进行重新排序的典型方法及步骤简述如下。

1）在菜单栏的"编辑"菜单中选择"特征操作"命令，弹出一个"菜单管理器"。

2）在该"菜单管理器"的"特征"菜单中选择"重新排序"选项，出现"选取特征"菜单，如图 9-36 所示。

- "选取"：通过从屏幕上和/或从树工具选取来选择要重新排序的特征。完成选择后，单击"选取"对话框中的"确定"按钮。
- "层"：通过选择层来选取层中的所有特征。
- "范围"：通过输入起始和终止特征的再生号来指定特征范围。

3）例如，默认"选取特征"菜单中的选项为"选取"，选取要重排序的特征，多个特征必须是连续顺序。

4）在"选取特征"菜单中选择"完成"选项。

5）在"菜单管理器"中出现"重新排序"菜单，如图 9-37 所示。在"重新排序"菜单中选择以下选项之一。

- "之前"：在插入点特征之前插入特征。
- "之后"：在插入点特征之后插入特征。

图 9-36 "选取特征"菜单

图 9-37 指定重新排序选项

6）选择特征来指示交点。

9.6 隐含、删除与恢复特征

在本节中简单地介绍隐含、删除与恢复特征的相关知识。

1. 隐含特征

隐含特征类似于将其从再生中暂时删除，同时也可以根据设计需要而随时解除隐含已隐含的特征，即恢复已隐含的特征。在零件中隐含一些特征，可以简化零件模型，减少再生时间，并可以用户专注于当前工作区。类似地，在处理一些复杂组件时，也可以隐含一些当前组件过程中并不需要其详图的特征和元件。值得注意的是，与其他特征不同，基本特征不能被隐含。

（1）隐含特征的方法

隐含特征的方法比较简单，其方法简述如下。

1）在模型树或图形区域中选择要隐含的特征。

2）在菜单栏的"编辑"菜单中选择"隐含"命令，展开其级联菜单，如图 9-38 所示。该级联菜单中 3 个命令的功能如下。

- ● "隐含"：隐含所选的特征。
- ● "隐含直到模型的终点"：隐含所选的特征及其以后的特征。
- ● "隐含不相关的项目"：隐含除了所选的特征和它们的父特征之外的所有特征。

3）在该级联菜单中选择"隐含"、"隐含直到模型的终点"和"隐含不相关的项目"命令之一。系统会弹出如图 9-39 所示的"隐含"对话框，单击"确定"按钮，从而确认加亮特征被隐含。

<table>
<tr><td>图9-38 "编辑"→"隐含"级联菜单</td><td>图9-39 "隐含"对话框</td></tr>
</table>

（2）在模型树中列出稳含对象的方法

初始默认时，隐含特征不显示在模型树中。如果要使用模型树选取隐含特征，则需要设置将隐含对象在模型树中列出。其设置方法如下。

1）在导航区模型树的上方，单击 （设置）按钮，接着从该按钮的下拉菜单中选择"树过滤器"选项，弹出"模型树项目"对话框。

2）在"模型树项目"对话框中，从"显示"选项区域下，选中"隐含的对象"复选框，如图9-40所示。

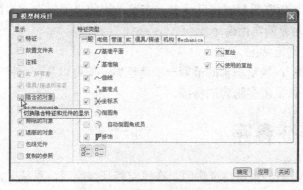

图9-40 "模型树项目"对话框

3）在"模型树项目"对话框中单击"确定"按钮。这时候，每个隐含的对象都将在模型树中列出，并带有一个"黑块"项目符号。

2. 删除特征

删除一个特征将从零件中永久性移除该特征。删除特征的操作方法和隐含特征的操作方法是类似的。在模型树或图形区域中选择所要删除的特征后，可在菜单栏的"编辑"→"删除"级联菜单中选择"删除"命令、"删除直到模型的终点"命令或"删除不相关的项目"命令。

- "删除"：删除选定特征及其所有子项。
- "删除直到模型的终点"：删除所选特征及其所有后续特征。
- "删除不相关的项目"：删除除选定特征之外的所有特征及其父项。

当选择要删除的特征具有子项时，必须考虑子项。在删除具有子项的对象时，系统弹出如图 9-41 所示的"删除"对话框，从中单击"选项"按钮，则打开"子项处理"对话框。在"子项处理"对话框中，可以对选定子项对象的状态进行设置，例如将其状态设置为"删除"或"挂起"，如图 9-42 所示。

图 9-41　"删除"对话框　　　　　　图 9-42　"子项处理"对话框

- "删除"：删除选定特征。
- "挂起"：挂起对所选子项的操作。在零件被再生之前，特征会保留。

3. 恢复特征

对于隐含对象，可以在需要时将其恢复。在菜单栏的"编辑"→"恢复"级联菜单中提供以下 3 个用于恢复对象的实用命令。

- "恢复"：恢复选定特征。
- "恢复上一个集"：恢复隐含的最后一个特征集。集可以是一个特征。
- "恢复全部"：恢复所有隐含的特征。

9.7　重定特征参照

在某些设计场合，需要重定特征参照，在重定特征参照时，系统允许改变特征参照以断开父子关系。通常可以采用以下方法来执行重定特征参照的操作。

方法1：选择特征，从菜单栏中选择"编辑"→"参照"命令。

方法2：在模型树中或图形窗口中选择特征，单击鼠标右键，然后从出现的快捷菜单中选择"编辑参照"命令。

方法3：在"子项处理"对话框中选取对象，单击鼠标右键，然后选择"替换参照"命令。

执行上述方法之一，并指定是否恢复模型后，出现如图 9-43 所示的"菜单管理器"。下面简单介绍该"菜单管理器"中的几个用于重定参照的实用命令。

- "重定特征路径"：通过选择新参照来重定特征的参照。
- "替换参考"：按照提示选择一个参照图元，用另一图元替换。
- "替换"：为特征选择或创建一个替换参照。需要时使用"产生基准"选项来构建新参照。确认基准平面本身没有参照父项特征。

图 9-43 菜单管理器

- "相同参照"：当前参照保持不变。
- "参照信息"：显示有关加亮参照的信息。该选项显示参照标识符和参照类型。由于只能对同类的参照重定参照，因此这一点非常重要。
- "完成"：结束重定参照过程。
- "退出重定参照"：退出当前特征重定参照过程。即使退出重定参照操作，在特征重定参照过程中创建的基准仍会保留在模型中。

只能在创建外部参照的环境中（组件级），对外部参照重定参照。不能对具有用户定义过渡的倒圆角、成组的阵列特征和只读特征重定参照。

9.8 挠性零件

使用挠性零件，可以在组件中模拟零件的不同状态。例如，在组件中装配的弹簧零件在不同的位置处可以具有不同的压缩状态。为了使零件具有挠性，可以定义尺寸、公差和参数数值等这些可变项目。可变项目是为组件中的每个零件实例单独指定的值。将具有挠性的零件放置在组件中时，所有或部分可变项目会收到定义零件挠性的值。

1. 定义挠性零件的方法及步骤

定义挠性零件的方法及步骤简述如下。

1）创建要使其具有挠性的零件。

2）在菜单栏的"文件"菜单中选择"属性"命令，打开"模型属性"对话框，如图 9-44 所示，接着单击"挠性"相对应的"change（更改）"选项。

3）系统弹出如图 9-45 所示的"挠性：准备可变项目"对话框。该对话框含有以下 5 个选项卡。

- "尺寸"选项卡：通过选取一个或多个尺寸可定义零件的挠性。
- "特征"选项卡：在零件中隐含或恢复特征以使其具有挠性。
- "几何公差"选项卡：定义几何公差（偏离结构尺寸指定值的允许值），公差可以确保挠性元件不出现断点。

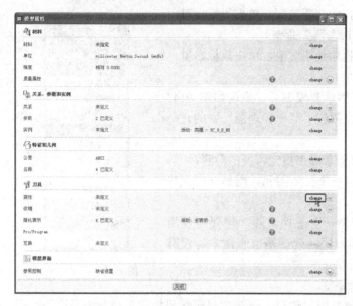

图 9-44 "模型属性"对话框   图 9-45 "挠性：准备可变项目"对话框

- "参数"选项卡：打开"选取参数"对话框。选取现有挠性参数，并单击"插入选取的"以插入到"挠性：准备可变项目"对话框参数列表。
- "表面光洁度"选项卡：选取挠性零件的表面光洁度；表面光洁度和零件弯曲一起改变，需要挠性定义以保持不变。

4）选择所需的选项卡，并在出现提示时选取项目。单击 ➕ 按钮可以将其添加到项目列表中。

5）继续添加或删除可变项目可定义全部所需的项目。用户可以定义多种类型的多个可变项目。

6）在"挠性：准备可变项目"对话框中单击"确定"按钮，从而将零件设置具有预定义的挠性属性。最后关闭"模型属性"对话框。

2．定义挠性的操作实例

下面介绍一个为普通弹簧定义挠性的典型操作实例。

1）单击 📂（打开）按钮，弹出"文件打开"对话框。从随书光盘中的 CH9 文件夹中选择 BC_9_8_NX.PRT 文件，单击"打开"按钮。该文件中存在着的模型为一个恒定螺距的弹簧模型，如图 9-46 所示。

2）在菜单栏的"文件"菜单中选择"属性"命令，打开"模型属性"对话框。

3）在"模型属性"对话框中单击"挠性"相对应的"change（更改）"选项，打开"挠性：准备可变项目"对话框。

4）默认切换到"尺寸"选项卡，➕ 按钮处于激活状态。在模型中单击螺旋扫描实体特征，此时"菜单管理器"中出现如图 9-47 所示的菜单。

5）在"菜单管理器"的"选取截面"菜单中选择"全部"选项，此时选定的螺旋扫描特征显示所有尺寸，如图 9-48 所示。也可以在"菜单管理器"的"指定"菜单中选中"轮廓"复选框和"截面"复选框，然后选择"完成"选项。

6）在图形窗口中单击数值为 100 的尺寸，单击鼠标中键，此时所选尺寸出现在"挠性：准备可变项目"对话框的"尺寸"选项卡中的列表框内，如图9-49 所示。

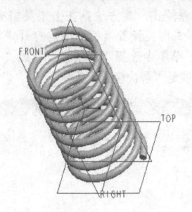

图9-46 文件中的弹簧模型

图9-47 出现的菜单

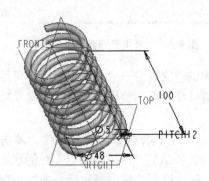

图9-48 显示全部尺寸

图9-49 设置可变尺寸

7）在"挠性：准备可变项目"对话框中单击"确定"按钮。

8）在"模型属性"对话框中单击"关闭"按钮。

9.9 解决特征失败

Pro/ENGINEER 具有检查几何错误的功能，从而使用户能够及时查看可能具有错误的特征、查看特征定义并进行更改以消除潜在问题和避免再生出现不必要的失败。在 Pro/ENGINEER 中进行模型再生时，系统会按特征原来的创建顺序并根据特征之间父子关系的层次逐个重新创建模型特征。如果遇到诸如不良几何、断开的父子关系以及参照丢失或无效等原因都会导致再生失败。

需要用户注意的是：在 Pro/ENGINEER 系统中，特征失败的处理模式有两种，一种是"非解决模式"；而另一种则是"解决模式"。当设置采用"非解决模式"时，在模型再生失败时不进入解决模式，即允许先暂时不解决再生失败问题，但系统会在信息区中出现如图 9-50 所示的图标和信息来警示某些特征再生失败，而再生失败的特征在模型树中用"⊠"符号标识出来。当设置采用"解决模式"时，特征失败时，Pro/ENGINEER 系统便进入"解决模式"（也称为"修复模型模式"），在"解决模式"环境下，系统试图提供关键信息，以便确定需要采取何种步骤来解决问题或避免问题的发生。

在这里有必要介绍如何设置特征失败时的处理模式，其方法是在上工具箱中单击 （再生管理器）按钮，或者在"编辑"菜单中选择"再生管理器"命令，打开"再生管理器"对话框，从"首选项"菜单的"失败处理"子菜单中选择"解决模式"或"非解决模式"，如图 9-51 所示。本书以设置失败处理的首选项是"解决模式"为例。

图 9-50 系统提示某些特征再生失败   图 9-51 "再生管理器"对话框

Pro/ENGINEER 进入"解决模式"时，菜单栏中的"文件"→"保存"命令不可用，并且失败的特征和随后的特征均不会再生，而当前模型只显示再生特征在其最后一次成功再生时的状态。

如果在创建或重编辑定义某特征时，在其"特征"工具操控板中进行操作，单击 （特征预览）按钮，若出现几何问题，则打开如图 9-52 所示的"故障排除器"对话框，以便可以先获得问题的相关信息。例如，可以查看再生过程中遇到的警告及错误，把控加亮项目在模型中的定位情况等。在操控板中显示了 （进入环境来解决失败特征）按钮，如图 9-53 所示。若更改操作后单击 （进入环境来解决失败特征）按钮，则打开"诊断失败"窗口，并弹出"求解特征"菜单，如图 9-54 所示。

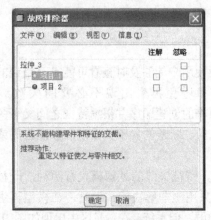

图 9-52 "故障排除器"   图 9-53 出现用于解决失败特征的按钮

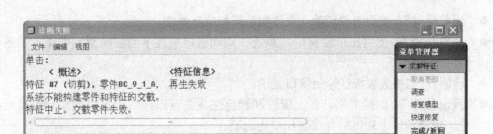

图 9-54 "诊断失败"窗口和"求解特征"菜单

使用"菜单管理器"的"求解特征"菜单中的命令可以修复失败的特征。"求解特征"菜单中的主要命令功能如下。

● "取消更改"：撤销致使再生尝试失败的改动，返回到最后成功再生的模型。选择"取消更改"选项时，"菜单管理器"中显示"确认"菜单，如图 9-55 所示，此时由用户确认或取消该命令。

● "调查"：选择"调查"选项，则"菜单管理器"中出现"检测"菜单，如图 9-56 所示，使用该子菜单调查再生失败的原因。

● "修复模型"：将模型复位到失败前的状态，并选取命令来修复问题，如图 9-58 所示。

● "快速修复"：选择此项时，出现如图 9-59 所示的"快速修复"菜单。利用"快速修复"菜单，可以执行以下命令操作。

➢ "重定义"：重新定义失败的特征。

➢ "重定参照"：重定失败特征的参照。

➢ "隐含"：隐含失败的特征及其子特征。

➢ "修剪隐含"：隐含失败的特征及其后面所有的特征。

➢ "删除"：删除失败的特征。若要管理其子项，则使用"删除全部"、"挂起全部"或"全部重定参照"命令。

图 9-55 选择"取消更改"选项　　　　图 9-56 选择"调查"选项

● "检测"菜单各命令选项的功能含义如下。

● "当前模型"：使用当前活动（失败的）模型执行操作。

● "备份模型"：使用在单独窗口（系统在活动窗口中显示当前模型）中显示的备份模型进行操作。

● "诊断"：切换失败特征诊断窗口显示。

● "列出修改"：如果可用，在主窗口和预再生模型窗口（回顾窗口）显示修改后的尺寸。也显示一个列出所有修改和变化的表。

● "显示参照"：打开如图 9-57 所示的"参照查看器"对话框，其中列出当前特征的父项和子项。展开该特征，右键单击某个参照，然后从快捷菜单中选择"删除参照"或"信息"→"参照信息"。选定后，项目会在图形窗口中加亮显示。

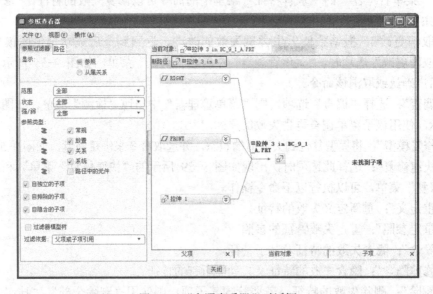

图 9-57 "参照查看器"对话框

图 9-58 选择"修复模型"选项

图 9-59 选择"快速修复"选项

- "失败几何形状"：显示失败特征的无效几何。该命令可能不可用。"失败几何形状"菜单显示出一个带失败几何的特征列表和一个恢复命令。
- "转回模型"：将模型恢复为"模型滚动目标"子菜单所选的选项。当选择子菜单中的"失败特征"选项时，将模型恢复到失败特征（只对备份模型适用）；当选择子菜单中的"失败之前"选项时，将模型恢复到失败特征之前的特征；当选择子菜单中的"上一次成功"选项时，将模型恢复为上一次特征成功再生结束时的状态；当选择子菜单中的"指定"选项时，将模型恢复为指定特征。

用户需要注意的是，在某些非操控板应用程序中，打开的是特征定义对话框而不是特征工具操控板，如图 9-60 所示，在这种情况下，可以重定义特征或单击"解决"按钮以获得诊断或解决问题的方法途径。

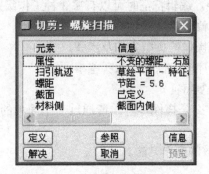

图 9-60　特征定义对话框示例

9.10　本章小结

本章首先介绍了用户定义特征的相关知识。用户定义特征（UDF）包括选定的特征及其所有相关尺寸、选定特征之间的任何关系以及在零件上放置 UDF 的参照列表。UDF 可以是从属的，也可以是独立的。UDF 应用主要包括两个环节，一是建立 UDF，二是放置 UDF。

除了可使用 UDF 定义组，也可以根据设计需要创建局部组。读者应该掌握局部组的应用特点和创建局部组的典型方法等。可以将组视为单个特征进行"删除"、"分解组"、"组"、"隐含"、"编辑"、"编辑定义"、"阵列"、"隐藏"、"重命名"等操作。

本章还介绍了"编辑基础与重定义特征"，"插入与重新排序特征"，"隐含、删除与恢复特征"，"重定特征参照"，"挠性零件"，以及"解决特征失败"等方面的实用知识。

通过本章的学习，用户基本上可以掌握用户定义特征、组与修改零件的实用知识，为进行零件设计增加应用灵活性和技巧性。

9.11　思考与练习

1）什么是用户定义特征？应用用户定义特征主要需要哪两个环节？

2）局部组在哪两个方面有别于从 UDF 定义的组？如何创建局部组？

3）试一试：在创建局部组特征时，如果要归组的连续特征比较多，用户也可以结合

〈Ctrl〉键在模型树中选择这些特征中的第一个特征和最后一个特征，然后执行"组"命令，此时系统会弹出如图 9-61 所示的"确认"对话框，单击"是"按钮确认组合所有其间的特征。

图 9-61 "确认"对话框

4）在 Pro/ENGINEER 中，编辑特征时可以有哪 3 种工作级别或状态？

5）请举例介绍如何进行修改特征尺寸的操作。

6）请简述执行插入模式操作的典型方法及步骤。

7）在对特征进行重新排序时，需要注意哪些事项？

8）如何隐含、删除与恢复特征？

9）思考与上机操作：什么是挠性零件？请通过一个简单的弹簧模型来介绍定义挠性零件的方法和步骤。

10）请总结解决特征失败的操作方法。

第10章 装 配 设 计

本章内容导读：

　　零件设计好了，可以将其在组件模式下通过一定的方式组合在一起，从而构造成一个组件或完整产品模型。本章介绍的内容包括组件模式概述、将元件添加到组件（关于元件放置操控板、约束放置、使用预定义约束集、封装元件、不放置元件）、操作元件（以放置为目的的移动元件、拖动已放置的元件、检测元件冲突）、处理与修改组件元件（复制元件、镜像元件、替换元件、重复元件）和管理组件视图。

10.1　组件模式概述

零件装配需要在专门的组件设计模式下进行。

1．创建组件设计文件

在 Pro/ENGINEER Wildfire 5.0 中，可以按照以下步骤来创建一个组件设计文件。

1）单击□（新建）按钮，打开"新建"对话框。

2）在"类型"选项组中选择"组件"单选按钮，在"子类型"选项组中选择"设计"单选按钮，在"名称"文本框中输入组件名称，清除"使用缺省模板"复选框，如图 10-1 所示。然后单击"确定"按钮。

3）弹出"新文件选项"对话框。从"模板"选项组的列表框中选择 mmns_asm_design，如图 10-2 所示，单击"确定"按钮。

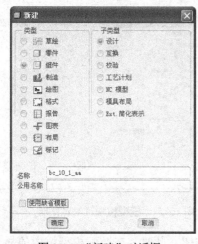

图 10-1 "新建"对话框

图 10-2 "新文件选项"对话框

从而新建了一个组件设计文件。该组件设计文件的设计界面如图 10-3 所示。该组件设计界面包括标题栏、菜单栏、各种工具栏、导航区、信息区和图形区域等。其中，信息区还包括状态栏、选择过滤器和具体工具的操控板等。

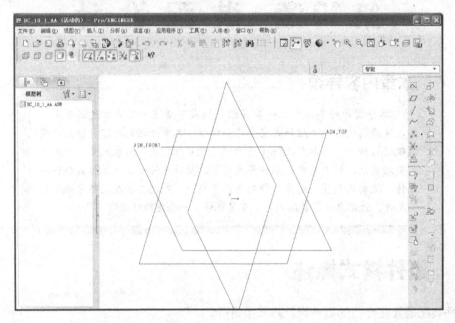

图 10-3　Pro/ENGINEER Wildfire 5.0 组件设计模式的设计界面

2. 在组件模型中显示相关特征

用户可以设置在组件模型树中显示相关特征，以便于组件模型的细化设计。请看以下典型的设置方法及步骤。

1）在导航区的 🏠（模型树）选项卡中，单击位于模型树上方的 🏠▾（设置）按钮，如图 10-4 所示，打开其下拉菜单。

2）在该"设置"下拉菜单中选择"树过滤器"选项，弹出"模型树项目"对话框。从中在"显示"区域下增加选中"特征"复选框和"放置文件夹"复选框，如图 10-5 所示。

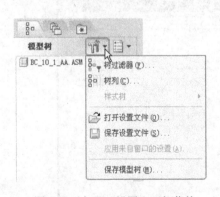

图 10-4　打开"设置"下拉菜单

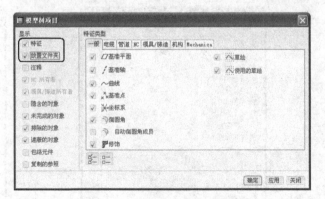

图 10-5　"模型树项目"对话框

3）在"模型树项目"对话框中单击"确定"按钮。此时，在装配模型树中便显示出特征，如基准平面特征和基准坐标系特征等，如图 10-6 所示。

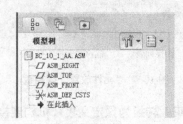

图 10-6　在装配模型树中显示特征等

在深入学习装配设计知识之前，首先要熟悉一下组件设计的常用基本术语（见表 10-1）。

表 10-1　组件设计的常用基本术语

序号	基本术语名称	术 语 解 释
1	组件（又称装配体）	由若干零部件组成，在一个组件中又可以包含若干子组件
2	元件	组件的基本组成单位；在组件中，零件也被称为元件
3	装配模型树（组件模型树）	以"树状"形式形象地表示组件（装配体）的结构层次
4	装配爆炸图	组件的分解视图常被形象地称为"装配爆炸图"，它将模型中每个元件与其他元件分开表示
5	骨架模型	主要由基准点、基准轴、基准坐标系、基准曲线和曲面等组成，骨架模型包括标准骨架模型和运动骨架模型，对规划组件很有帮助

在组件设计（装配设计）中，主要有两种主流设计思路，即自底向上设计和自顶而下设计。通俗而言，前者是将已经设计好的零部件按照一定的装配方式添加到装配体中；而后者则是从顶层的产品结构着手，由顶层的产品结构传递设计规范到所有相关子系统（次系统），从而有利于高效地对整个设计流程及子设计项目进行协作管理。

10.2　将元件添加到组件

在组件设计模式下，系统允许采用多种方法将元件添加到组件，包括使用放置定义集（简称约束集）和使用元件界面自动放置等。

通常，元件放置根据放置定义集而定，这些集合决定了元件与组件的相关方式及位置。这些集既可以是由用户定义的，也可以是预定义的。用户定义的约束集含有 0 或多个约束（封装元件可能没有约束）；预定义约束集（也叫连接）具有预定义数目的约束。

10.2.1　关于元件放置操控板

在右工具箱中单击 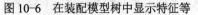（将元件添加到组件）按钮，或者在菜单栏中选择"插入"→"元件"→"装配"命令，接着通过"打开"对话框来选择并打开要添加的元件，出现如图 10-7 所示的"元件放置"操控板。

下面简单地介绍该"元件放置"操控板上常见元素的功能含义。

● ：使用界面放置元件。

● ：手动放置元件。

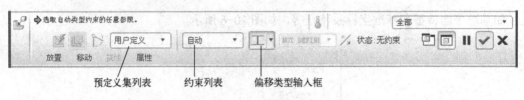

预定义集列表   约束列表   偏移类型输入框

图 10-7 "元件放置"操控板

- ⬚：将用户定义集（约束）转换为预定义集（机构连接），或反之。
- 预定义集列表：显示预定义约束集的列表，该列表提供的预定义约束集按钮见表 10-2。

表 10-2 常见预定义约束集

序 号	图 标 按 钮	名 称	功能用途或说明
1	——	用户定义	创建一个用户定义约束集
2	🔲	刚性	在组件中不允许任何移动
3	⚊	销钉	包含旋转移动轴和平移约束
4	⚊	滑块	包含平移移动轴和旋转约束
5	⚊	圆柱	包含 360°旋转移动轴和平移移动
6	⚙	平面	包含一个平面约束，允许沿着参照平面旋转和平移
7	⚊	球	包含用于 360° 移动的点对齐约束
8	⚊	焊接	包含一个坐标系和一个偏距值，以将元件"焊接"在相对于组件的一个固定位置上
9	⚊	轴承	包含点对齐约束，允许沿直线轨迹进行旋转
10	⚙	一般	创建有两个约束的用户定义集
11	⚙	6DOF	包含一个坐标系和一个偏距值，允许在各个方向上移动
12	⚊	槽	包含一个点对齐约束，允许沿一条非直轨迹旋转

- 约束列表：包含适用于所选集的约束。默认约束选项为"自动"，用户可以手动更改约束选项。在该下拉列表框中，可用的约束选项见表 10-3。

表 10-3 约束列表中的可用约束选项一览表

序 号	图 标 按 钮	名 称	功能用途或说明
1	⚊	缺省	用缺省的组件坐标系对齐元件坐标系
2	⚊	固定	将被移动或封装的元件固定到当前位置
3	⚊	曲面上的边	在曲面上定位边
4	⚊	曲面上的点	在曲面上定位点
5	⚊	直线上的点	在直线上定位点
6	⚊	相切	定位两种不同类型的参照，使其彼此相向；接触点为切点
7	⚊	坐标系	用组件坐标系对齐元件坐标系
8	⚊	插入	将旋转元件曲面插入组件旋转曲面
9	⚊	配对（匹配）	定位两个相同类型的参照，使其彼此相向
10	⚊	对齐	将两个平面定位在同一平面上 (重合且面向同一方向)，两条轴同轴或两点重合

- 偏移类型输入框：指定"配对"或"对齐"约束的偏移类型。其中，选择 ⚊ 时，使

元件参照和组件参照彼此重合；选择 🔲 时，将元件参照定向到组件参照，也即使元件参照位于同一平面上且平行于组件参照；选择 🔲 时，根据在"偏移输入"框中输入的值，从组件参照偏移元件参照；可能的话选择 🔄 时，根据在"偏移输入"框中输入的角度值，从组件参照偏移元件参照。

- 🔲：指定约束时，在其单独的窗口中显示元件。
- 🔲：指定约束时，在组件窗口中显示元件，并在定义约束时更新元件放置。
- "放置"面板：该面板启用和显示元件放置和连接定义。该面板包含两个区域，其中一个是用来显示集和约束的区域；另一个是约束属性区域。
- "移动"面板：使用该面板可以移动正在装配的元件，使元件的取放更加方便。当打开"移动"面板时，将暂停所有其他元件的放置操作。要移动元件，必须要封装或用预定义约束集配置该元件。
- "挠性"面板：此面板仅对于具有已定义挠性的元件是可用的。在该面板中单击"可变项目"选项，则打开"可变项目"对话框来进行相关挠性设置。
- "属性"面板：在该面板的"名称"文本框中显示元件名称，单击 🛈 （显示此特征的信息）按钮，可以在打开的 Pro/ENGINEER 浏览器中查看详细的元件信息。

10.2.2 约束放置

约束放置是较为常用的装配方式。在 Pro/ENGINEER Wildfire 5.0 "元件放置"操控板的约束列表框中，提供了多种放置约束的类型选项，包括 🔲 （缺省）、🔳 （固定）、🔲 （曲面上的边）、🔳 （曲面上的点）、📏 （直线上的点）、🔲 （相切）、🔲 （坐标系）、🔲 （插入）、🔲 （配对）、🔲 （对齐）和"自动"。

在使用约束放置选项时，需要注意约束放置的一般原则及注意事项。例如，"配对"约束或"对齐"约束的一组参照的类型要相同（平面对平面、旋转对旋转、点对点、轴对轴）；一次只能添加一个约束，譬如不能使用一个单一的"配对"约束选项将一个零件上的两个不同的平面与另一个零件上的两个不同的平面配对，而必须定义两个单独的"配对"约束；元件的装配需要定义放置约束集，放置约束集由若干放置约束构成，用来组合定义元件的放置和方向。

在元件放置过程中，可根据设计要求在配对约束和对齐约束之间进行切换。

在元件放置操控板中，打开"放置"面板，可以看到当前定义的放置约束集，如图 10-8 所示。在"放置"面板中单击"新建约束"选项，可以新建一个约束，并可在约束属性区域设置约束类型和相应的偏移类型等。

下面通过一个典型的使用约束放置的操作实例，以帮助读者掌握约束放置的一般方法、步骤及其操作技巧。

1. 新建一个组件文件

1）单击 🗋 （新建）按钮，打开"新建"对话框。

2）在"类型"选项组中选择"组件"单选按钮，在"子类型"选项组中选择"设计"单选按钮，在"名称"文本框中输入组件名称为"bc_10_ys_m"，清除"使用缺省模板"复选框。然后单击"确定"按钮。

图 10-8 "放置"面板

3）弹出"新文件选项"对话框。从"模板"选项组的列表框中选择 mmns_asm_ design，单击"确定"按钮。

2．增加组件模型树显示项目

1）在导航区的 （模型树）选项卡中，单击位于模型树上方的 （设置）按钮，打开其下拉菜单。

2）在该"设置"下拉菜单中选择"树过滤器"选项，弹出"模型树项目"对话框。接着在"显示"区域下增加选中"特征"复选框和"放置文件夹"复选框。

3）在"模型树项目"对话框中单击"确定"按钮。

3．装配第一个零件

1）在右工具箱中单击 （将元件添加到组件）按钮，或者在菜单栏中选择"插入"→"元件"→"装配"命令，弹出"打开"对话框。

2）通过"打开"对话框查找并选择 bc_10_fzys_1.prt，该文件位于随书光盘的 CH10 的 FZYS 文件夹中，如图 10-9 所示，单击"打开"按钮。

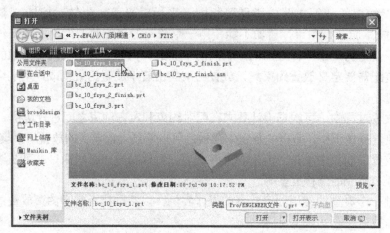

图 10-9 "打开"对话框

3）出现"元件放置"操控板。在"元件放置"操控板的约束列表框中选择"缺省"选项，如图 10-10 所示。

4）系统提示"状态：完全约束"。在"元件放置"操控板中单击 （完成）按钮，在默认位置装配元件（用默认的组件坐标系对齐元件坐标系），效果如图 10-11 所示。

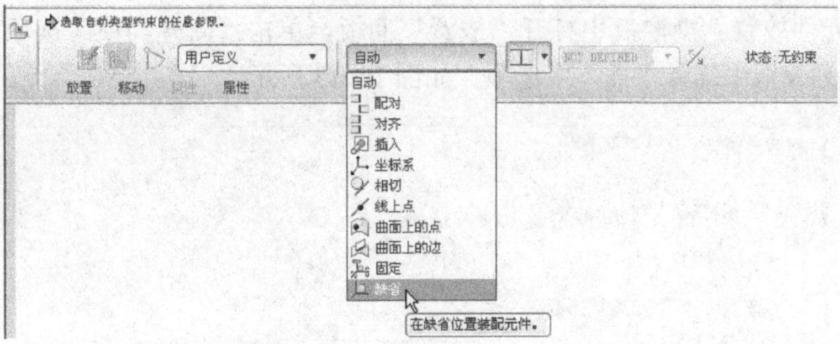

图 10-10 选择“缺省”选项

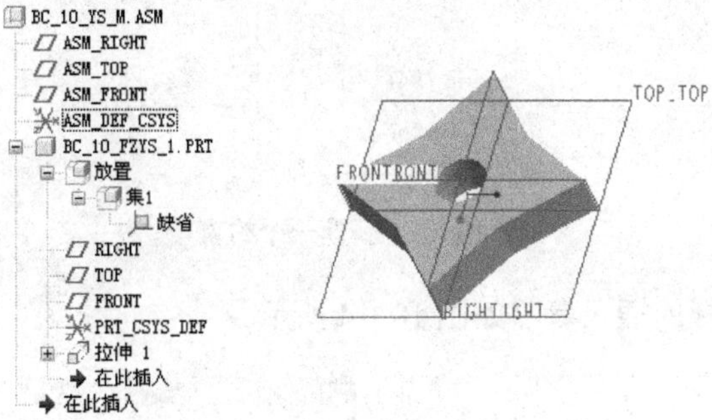

图 10-11 完成装配第一个元件

4. 装配第二个零件

1）在右工具箱中单击（将元件添加到组件）按钮，或者在菜单栏中选择“插入”→“元件”→“装配”命令，弹出“打开”对话框。

2）通过“打开”对话框查找到 bc_10_fzys_2.prt，该文件位于随书光盘的 CH10 的 FZYS 文件夹中，单击“打开”按钮。

3）在“元件放置”操控板中选中（指定约束时，在单独的窗口中显示元件）按钮和（指定约束时，在组件窗口中显示元件）按钮。

4）在“元件放置”操控板的约束列表框中选择“配对”选项，分别选择如图 10-12 所示的一对匹配参照面（即匹配面 1 和匹配面 2）。

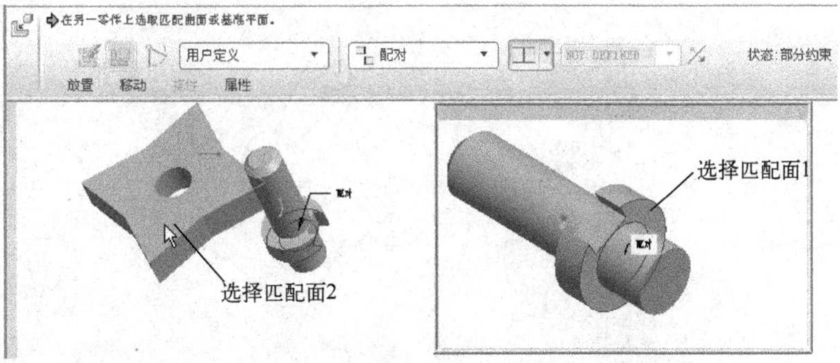

图 10-12 设置匹配参照面

5) 在"元件放置"操控板中打开"放置"面板，单击"新建约束"选项，然后在"约束类型"下拉列表框中选择"插入"选项，如图 10-13 所示。

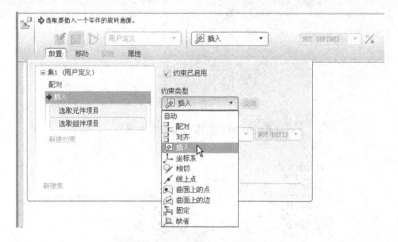

图 10-13　新建一个约束

在元件和组件中选择的插入参照如图 10-14 所示。

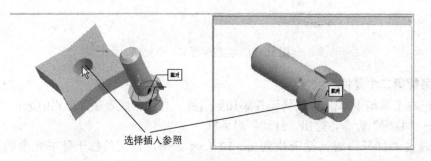

图 10-14　指定插入参照

6) 在允许假设的条件下，系统提示"状态：完全约束"。在"元件放置"操控板中单击 ☑（完成）按钮，完成第 2 个零件的装配，效果如图 10-15 所示。

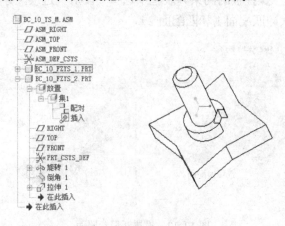

图 10-15　装配第 2 个零件

5. 装配第三个零件

1）在右工具箱中单击 （将元件添加到组件）按钮，或者在菜单栏中选择"插入"→"元件"→"装配"命令，弹出"打开"对话框。

2）通过"打开"对话框查找到 bc_10_fzys_3.prt，该文件位于随书光盘的 CH10 的 FZYS 文件夹中，单击"打开"按钮。

3）出现"元件放置"操控板。在约束列表框中选择"配对"选项，分别选择如图 10-16 所示的一对匹配参照面，其匹配偏移类型 ⊥（重合）。

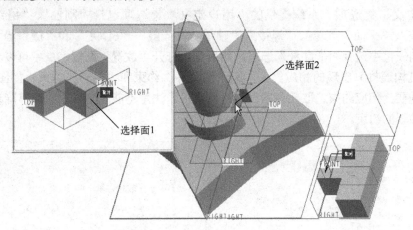

图 10-16 指定一对匹配参照面

4）在"元件放置"操控板中打开"放置"面板，接着在"放置"面板中单击"新建约束"选项，然后在"约束类型"下拉列表框中选择"对齐"选项，在 bc_10_fzys_3.prt 元件中选择 TOP 基准平面，接着在组件中单击如图 10-17 所示的实体面（鼠标光标所指）。该对齐约束的偏移类型为 ⊥ 重合。

5）在"放置"面板中单击"新建约束"选项，增加一个新约束，将该新约束设置为"对齐"，在 bc_10_fzys_3.prt 元件中选择 FRONT 基准平面，在组件中选择 ASM_FRONT 基准平面，该对齐约束的偏移类型为 ⊥ 重合。

6）系统提示"状态：完全约束"。在"元件放置"操控板中单击 ☑（完成）按钮，完成第 3 个零件的装配，效果如图 10-18 所示。

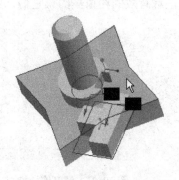

图 10-17 在组件中选择对齐面

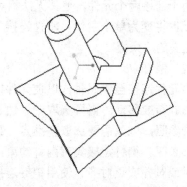

图 10-18 装配好第 3 个零件

10.2.3 使用预定义约束集（机构连接）

预定义约束集又被俗称为"机构连接"，用来定义元件在组件中的运动。预定义的约束集包含用于定义连接类型（有或无运动轴）的约束，连接定义特定类型的运动。使用预定义约束集放置的元件有意地未进行充分约束，以保留一个或多个自由度，从而可模拟机构运动情况。

在"元件放置"操控板的"用户定义"集列表框中，如图 10-19 所示，可以选择其中一个"用户定义"集选项。系统提供的"用户定义"集选项包括"刚性"、"销钉"、"滑动杆"、"圆柱"、"平面"、"球"、"焊接"、"轴承"、"一般"、"6DOF"和"槽"等。例如，从预定义集列表框中选择"滑动杆"选项，然后可以打开"放置"面板，从中可以看到该用户定义集（机构连接）出现的相应约束，即"轴对齐"约束和"旋转"约束，如图 10-20 所示。根据需要为相应约束选取元件项目和组件项目，注意不能删除、更改或移除这些约束，也不能添加新的约束。

图 10-19 打开"用户定义"集列表框

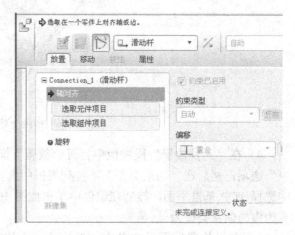

图 10-20 打开"放置"面板

1. 常见用户定义集的应用特点

下面列举几个常见用户定义集的应用特点及图解示例。

（1）刚性

用于连接两个元件，使其无法相对移动。可以使用任意有效的约束集约束它们，此类连接的元件将变为单个主体。刚性连接集约束类似于用户定义的约束集。

（2）销钉

将元件连接至参照轴，以使元件以一个自由度沿此轴旋转或移动。需要选取轴、边、曲线或曲面作为轴参照，以及需要选取基准点、顶点或曲面作为平移参照。销钉连接集有两种约束：轴对齐和平面配对或对齐或点对齐。使用销钉连接集的图解示例如图 10-21 所示。

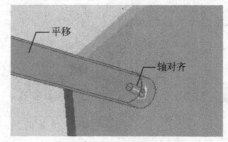

图 10-21 销钉连接集

（3）滑块

将元件连接至参照轴，以使元件以一个自由度沿此轴移动。"滑块"连接集有两种约束：轴对齐和平面配对/对齐以限制沿轴旋转。通常需要选取边或对齐轴作为对齐参照，选择曲面作为旋转参照。使用"滑块"连接集的图解示例如图10-22所示。

（4）圆柱

圆柱连接元件，以使其以两个自由度沿着指定轴移动并绕其旋转。"圆柱"连接集有轴对齐约束，需要选取轴、边或曲线作为轴对齐参照。使用"圆柱"连接集的图解示例如图10-23所示。

图10-22 "滑块"连接集   图10-23 "圆柱"连接集

（5）平面

平面连接元件，以使其在一个平面内彼此相对移动，在该平面内有两个自由度，围绕与其正交的轴有一个自由度。"平面"连接集具有单个平面配对或对齐约束，注意配对或对齐约束可被反转或偏移。该连接集需要选择选取"配对"或"对齐"曲面参照。使用"平面"连接集的图解示例如图10-24所示。

（6）球

球连接元件，使其可以3个自由度在任意方向上旋转（360°旋转）。"球"连接集具有一个点对点对齐约束。需要选取点、顶点或曲线端点作为对齐参照。使用"球"连接集的图解示例如图10-25所示。

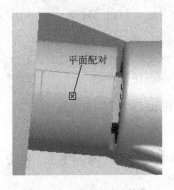

图10-24 "平面"连接集   图10-25 "球"连接集

（7）焊接

"焊接"连接将一个元件连接到另一个元件，使它们无法相对移动。通过将元件的坐标系与组件中的坐标系对齐而将元件放置在组件中，可以在组件中用开放的自由度调整元件。"焊接"连接有一个坐标系对齐约束连接。使用"焊接"连接集的图解示例如图 10-26 所示。

（8）轴承

"轴承"连接相当于"球"和"滑块"连接的组合，具有 4 个自由度，即具有 3 个自由度（360°旋转）和沿参照轴移动。对于第一个参照，在元件或组件上选择一点；对于第二个参照，在组件或元件上选择边、轴或曲线；点参照可以自由地绕边旋转并沿其长度移动。"轴承"连接有一个"边上的点"对齐约束。使用"轴承"连接集的图解示例如图 10-27 所示。

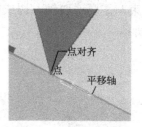

图 10-26 "焊接"连接集　　　　　　　图 10-27 "轴承"连接集

（9）6DOF

6DOF 不影响元件与组件相关的运动，因为未应用任何约束。元件的坐标系与组件中的坐标系对齐，X、Y 和 Z 组件轴是允许旋转和平移的运动轴。使用"6DOF"连接集的图解示例如图 10-28 所示。

（10）槽

"槽"连接的实际思路是应用非直轨迹上的点。此连接有 4 个自由度，其中点在 3 个方向上遵循轨迹。对于第一个参照，在元件或组件上选择一点。所参照的点遵循非直参照轨迹。轨迹具有在配置连接时所设置的端点。"槽"连接具有单个"点与多条边或曲线对齐"约束。使用"槽"连接集的图解示例如图 10-29 所示。

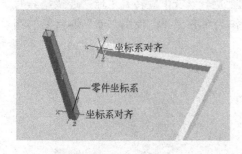
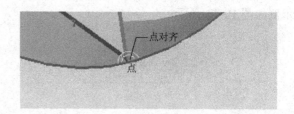

图 10-28 "6DOF"连接集　　　　　　　图 10-29 "槽"连接集

（11）一般

有一个或两个可配置约束，这些约束和用户定义集中的约束相同。注意：相切、"曲线上的点"和"非平面曲面上的点"不能用于"一般"连接。

2. 使用预定义约束集的操作实例

下面介绍一个使用预定义约束集（机构连接集）的操作实例，以让读者通过实例举一反三地掌握这方面的应用方法和步骤等。

（1）新建一个组件文件

1）单击□（新建）按钮，打开"新建"对话框。

2）在"类型"选项组中选择"组件"单选按钮，在"子类型"选项组中选择"设计"单选按钮，在"名称"文本框中输入组件名称为"bc_10_jl_m"，清除"使用缺省模板"复选框。然后单击"确定"按钮。

3）弹出"新文件选项"对话框。从"模板"选项组的列表框中选择 mmns_asm_design，单击"确定"按钮。

（2）增加组件模型树显示项目

1）在导航区的 品（模型树）选项卡中，单击位于模型树上方的 ⊺⁻（设置）按钮，打开其下拉菜单。

2）在该"设置"下拉菜单中选择"树过滤器"选项，弹出"模型树项目"对话框。接着在"显示"区域下增加选中"特征"复选框和"放置文件夹"复选框。

3）在"模型树项目"对话框中单击"确定"按钮。

（3）装配第1个零件

1）在右工具箱中单击 ⍜（将元件添加到组件）按钮，或者在菜单栏中选择"插入"→"元件"→"装配"命令，弹出"打开"对话框。

2）通过"打开"对话框查找到 BC_10_LJ_1.PRT，该文件位于随书光盘的 CH10 的 LJ 文件夹中，单击"打开"按钮。

3）出现"元件放置"操控板。在操控板的约束列表框中选择"缺省"选项。

4）系统提示"状态：完全约束"。在"元件放置"操控板中单击☑（完成）按钮，在默认位置装配元件，效果如图 10-30 所示，图中已经将元件内部的基准平面隐藏起来了。

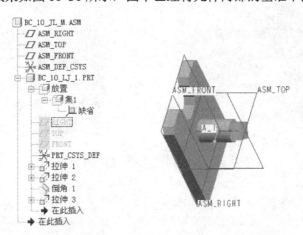

图 10-30　装配第一个零件

（4）以"销钉"连接方式装配第2个零件

1）在右工具箱中单击 ⍜（将元件添加到组件）按钮，或者在菜单栏中选择"插入"→"元件"→"装配"命令，弹出"打开"对话框。

2）通过"打开"对话框查找到 BC_10_LJ_2.PRT，该文件位于随书光盘的 CH10 的 LJ 文件夹中，单击"打开"按钮。

3）出现"元件放置"操控板，从预定义约束集列表框中选择"销钉"选项。

4）在"元件放置"操控板中单击"放置"选项标签，打开"放置"面板，如图 10-31 所示，可以看到需要定义"轴对齐"约束和"平移"约束。

图 10-31　选择"销钉"选项并打开"放置"面板

5）分别定义"轴对齐"约束和"平移"约束。

"轴对齐"约束：在 BC_10_LJ_2.PRT 元件中选择 A_1 轴，在组件中选择 BC_10_LJ_1.PRT 元件的 A_1 轴。

"平移"约束：在 BC_10_LJ_2.PRT 元件中选择如图 10-32 所示的面 1，在组件中选择相应的面 2，偏移类型选择为 偏移，然后输入偏移为 1，如图 10-33 所示。

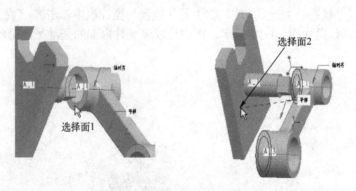

图 10-32　指定"平移"约束参照

图 10-33　定义"销钉"约束集

6）在"元件放置"操控板中单击☑（完成）按钮，以"销钉"连接方式装配第 2 个零件的组件效果如图 10-34 所示。

（5）以"刚性"连接方式装配第 3 个零件

1）在右工具箱中单击（将元件添加到组件）按钮，或者在菜单栏中选择"插入"→"元件"→"装配"命令，弹出"打开"对话框。

2）通过"打开"对话框查找到 BC_10_LJ_3.PRT，该文件位于随书光盘的 CH10 的 LJ 文件夹中，单击"打开"按钮。

图 10-34　以"销钉"连接方式装配第 2 个零件

3）出现"元件放置"操控板，从预定义约束集列表框中选择"刚性"选项，并打开"放置"面板。

4）选择第一个约束选项为"配对"，接着分别选择如图 10-35 所示的匹配参照面 1 和匹配参照面 2，匹配偏移类型为 ⊥（重合）。

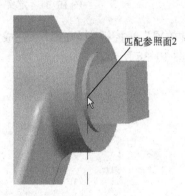

图 10-35　定义"匹配"参照面

5）在"放置"面板中单击"新建约束"选项，从而新建一个约束，并将该新约束类型设置为"配对"，然后分别选择如图 10-36 所示的匹配参照面 3 和匹配参照面 4，匹配偏移类型也设置为 ⊥（重合）。

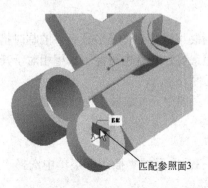
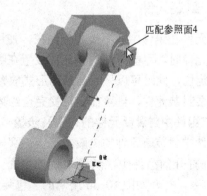

图 10-36　定义"匹配"参照面

6）在"放置"面板中单击"新建约束"选项，从而新建一个约束，并将该新约束类型设置为"对齐"，然后选择 BC_10_LJ_3.PRT 元件的 A_1 轴，选择组件中 BC_10_LJ_2.PRT 的 A_1 轴，如图 10-37 所示。

图 10-37　定义"对齐"约束

7）在"元件放置"操控板中单击✅（完成）按钮，以"刚性"连接方式装配第 3 个零件的组件效果如图 10-38 所示。

图 10-38　以"刚性"连接方式装配第 3 个零件

10.2.4　封装元件

封装元件在组件中并不被完全约束，使用封装可以被看作是放置元件的临时措施。当向组件添加元件时，可能不知道将元件放置在哪里最好，或者也可能不希望相对于其他元件的几何进行定位，此时可以采用封装的形式放置元件。

如果要封装元件，则可在元件受完全约束前关闭"元件放置"操控板。

1．在组件中封装新元件的方法及步骤

在组件中封装新元件的一般方法及步骤如下。

1）在打开的组件中，从菜单栏的如图 10-39 所示的"插入"菜单中选择"元件"→"封装"命令，打开如图 10-40 所示的"包装"菜单。

2）在"菜单管理器"的"包装"菜单中选择"添加"命令，出现如图 10-41 所示的"获得模型"菜单。该菜单的 3 个选项的功能含义如下。

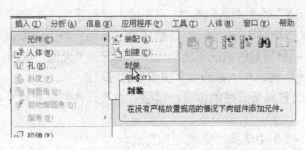

图 10-39 选择"插入"→"元件"→"封装"命令　　　　图 10-40 打开"包装"菜单

- "打开"：选择此选项，打开"文件打开"对话框，然后选取元件来打开。
- "选取模型"：选择此选项，则可以在当前活动图形窗口中选取组件中的任意元件，并将它的一个新事件添加到组件中。
- "选取最后"：选择此选项，添加装配或封装的最近一个元件。

3）选择所需选项并选取元件。系统弹出"移动"对话框，如图 10-42 所示。

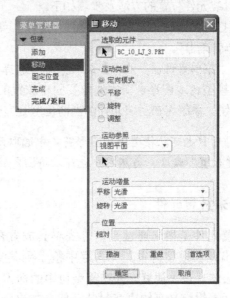

图 10-41 出现"获得模型"菜单　　　　图 10-42 弹出"移动"对话框

在"移动"对话框的"运动类型"选项组中，可以确定运动类型为"定向模式"、"平移"、"旋转"或"调整"。

- "定向模式"：参照特定几何定向元件。选取封装元件，然后在图形窗口中单击鼠标右键以访问"定向模式"快捷菜单。
- "平移"：通过平行于边、轴、平面或视图平面拖动，垂直于平面拖动，或拖动元件直到上面的某个面或轴与另一个面或轴重合为止等方式移动封装的元件。
- "旋转"：通过围绕边、轴或视图平面上的点旋转，或旋转元件直到上面的某个面或轴与另一个面或轴对齐为止等方式旋转封装的元件。
- "调整"：将封装元件与组件上的某个参照图元对齐。

在"运动参照"选项组中，选取方向参照选项及其相应参照。例如，选择运动参照选项为"视图平面"、"选取平面"、"图元/边"、"平面法向"、"2点"或"坐标系"。

在"运动增量"选项组中，选取"平移"或"旋转"，然后通过从其列表中选取值或输入一个值来设置增量。如果要在没有明显增量的情况下拖动元件，则选择"光滑"选项。

此外，注意"撤消"按钮、"重做"按钮和"首选项"按钮等的应用。

4）通过"移动"对话框来辅助调整封装元件的位置，调整好封装元件的位置后，单击"确定"按钮。

5）在"菜单管理器"的"包装"菜单中选择"完成/返回"选项。

值得注意的是，组件的第一个元件不能是封装的元件。但是，可以封装第一个元件的其他事件。

随着设计的进行，由于额外自由度的存在，封装元件子项的放置可能不能按原计划保留。此时，可以使用"固定"约束，将封装元件固定或全部约束在与其父项组件相关的当前位置。

2. 固定封装元件位置的方法及步骤

固定封装元件位置的方法及步骤如下。

1）在打开的组件中，从菜单栏的"插入"菜单中选择"元件"→"封装"命令，打开一个"菜单管理器"。

2）在"菜单管理器"的"包装"菜单中选择"固定位置"命令。

3）从模型树或图形窗口中选取要固定放置的封装元件，然后单击"选取"对话框中的"确定"按钮。系统将在封装元件的当前位置处完全约束它。

注意：用户也可从模型树或图形窗口中选取元件并右键单击，然后从出现的快捷菜单中选择"固定位置"命令。当然用户也可以将固定的封装元件取消其固定位置。

10.2.5 未放置元件

未放置元件是指未通过几何方式将其放置在组件中，这些元件不会出现在图形窗口中，但会出现在模型树中。在内存中检索到其父项组件时，未放置元件也会同时被检索到。用户应该认识未放置元件在模型树中的标识为 □。在模型树中选取未放置的元件，可以对其进行编辑定义来约束或封装它们。如果一旦约束或封装了元件，便无法使该元件还原为未放置状态。

在组件中，创建材料清单时可以包括未放置元件，也可以排除未放置元件；在质量属性计算时不考虑它们。但要注意，不能在未放置元件上创建特征。

可以按照以下方法及步骤创建未放置元件。

1）在打开的组件中，单击 □（在组件模式下创建元件）按钮，或者在菜单栏中选择"插入"→"元件"→"创建"命令，打开如图10-43所示的"元件创建"对话框。

2）在"类型"选项组中选择"零件"单选按钮，在"名称"文本框中输入名称，或保留默认名称，然后单击"确定"按钮。

3）弹出"创建选项"对话框，通过从现有元件复制或保留空元件来创建元件，并在"放置"选项组中选中"不放置元件"复选框，如图10-44所示。

4）单击"创建选项"对话框中的"确定"按钮，创建的该元件被添加到模型树中但不出现在图形窗口中。

要放置一个未放置元件，需要重定义该元件并建立位置约束。在模型树中右键单击未放置元件，然后从快捷菜单中选择"编辑定义"命令，将打开元件放置操控板，并且该元件出现在一个单独的窗口，此时可以以常规方式放置元件。

图 10-43 "元件创建"对话框

图 10-44 选中"不放置元件"复选框

10.3 操作元件

操作元件主要包括：以放置为目标移动元件，拖动已放置的元件，监测元件冲突。

10.3.1 以放置为目的移动元件

主要介绍使用下列方法之一来移动元件。

1．使用键盘快捷方式移动元件

1）在右工具箱中单击 (将元件添加到组件)按钮，或者在菜单栏中选择"插入"→"元件"→"装配"命令，弹出"打开"对话框。

2）通过"打开"对话框来选取要放置的元件，然后单击"打开"按钮，此时出现"元件放置"操控板。

3）使用以下任意一种鼠标和按键组合操作来移动元件。

● 按〈Ctrl+Alt〉+鼠标左键并移动指针以拖动元件。

● 按〈Ctrl+Alt〉+鼠标中键并移动指针以旋转元件。

● 按〈Ctrl+Alt〉+鼠标右键并移动指针以平移元件。

● 按〈Ctrl+Shift〉并单击鼠标中键，或单击 按钮。

2．使用"移动"面板

在"元件放置"操控板中打开"移动"面板，如图 10-45 所示，利用该面板可以很方便地调整组件中放置的元件的位置。

在"移动"面板的"运动类型"列表框中，可以根据需要选择"定向模式"、"平移"、"旋转"和"调整"选项之一。接着可以选择"在视图平面中相对"单选按钮，以相对于视图平面移动元件；或者选择"运动参照"单选按钮，以相对于元件或参照移动元件，此时激活"运动参照"收集器。结合鼠标操作可以实现元件的移动。

图 10-45 "元件放置"操控板的"移动"面板

10.3.2 拖动已放置的元件

在上工具箱中单击 🖑（拖动）按钮，打开如图 10-46 所示的"拖动"对话框。该对话框提供两个实用的拖动按钮，即 🖑（点拖动）按钮、🖑（主体拖动）按钮。

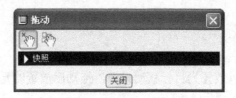

图 10-46 "拖动"对话框

在"拖动"对话框中单击 🖑（点拖动）按钮，接着在当前模型中的主体上选取要拖动的点，此时出现指示器 ◆。移动指针，选定的点跟随指针位置。可执行下列操作之一。

● 单击以接受当前主体位置并开始拖动其他主体。
● 单击鼠标中键结束当前拖动操作（主体返回初始位置）并开始新的拖动操作。
● 单击鼠标右键结束拖动操作（主体返回初始位置）。

在"拖动"对话框中单击 🖑（主体拖动）按钮，并在当前模型上选取主体。移动指针，选定的主体跟随指针位置。要完成此拖动操作，可执行下列操作之一。

● 单击以接受当前主体位置并开始拖动其他主体。
● 单击鼠标中键退出当前的拖动操作（主体返回初始位置）并开始新的拖动操作。
● 右键单击退出拖动操作（主体返回初始位置）。

拖动主体时，其在图形窗口中的位置会改变，但其方向将保持固定。

在"拖动"对话框中展开"快照"选项区域，如图 10-47 所示。在该选项区域具有两个选项卡，即"快照"选项卡和"约束"选项卡。

● 使用"快照"选项卡可以显示不同配置组件的已保存快照的列表。当将元件移至所需位置后，可以保存组件在不同位置和方向的快照。快照将捕捉现有的锁定主体、禁用的连接和几何约束。

图 10-47 展开"拖动"对话框的"快照"选项区域

● 使用"拖动"对话框中的"约束"选项卡应用或移除约束。应用约束后，它的名称会添加到约束列表中。通过选中或清除约束旁的复选框，可以打开和关闭约束。使用快捷菜单可以复制、剪切、粘贴或删除约束。

10.3.3 检测元件冲突

在组件中，可以设置检测元件冲突情况，即在组件处理和拖动操作过程中动态地进行冲突检测。通常的应用包括如下几种情况。

● 在放置元件时，可验证其移动是否不受已装配元件的影响。
● 在拖动操作中使用冲突检测可确保没有任何元件干涉选定元件的移动。
● 检测到冲突时停止移动，或者继续移动元件并连续查看冲突。

可以在组件和机械设计中进行冲突检测设置。冲突检测设置的典型方法及步骤如下。

1）在菜单栏中选择"工具"→"组件设置"→"碰撞检测设置"命令，如图 10-48 所示。弹出如图 10-49 所示的"碰撞检测设置"对话框。

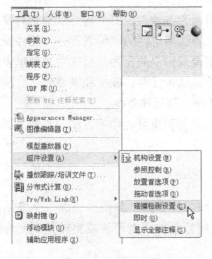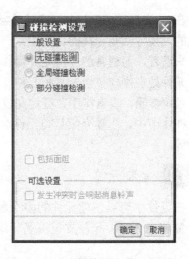

图 10-48 菜单操作　　　　　图 10-49 "碰撞检测设置"对话框

2）在"一般设置"选项组中选择所需的选项。注意以下单选按钮的功能含义。

● "无碰撞检测"：执行无冲突检测，即使发生冲突也允许平滑拖动。

● "全局碰撞检测"：检查整个组件中的各种冲突，并根据所选择的选项将其指出。

● "部分碰撞检测"：指定零件，在这些零件之间进行冲突检测。系统将提示您选取零件。按住〈Ctrl〉键选取多个零件。

3）可根据设计需要选中"包括面组"复选框，仅在全局或部分冲突检测过程中，将曲面作为冲突检测的一部分。

4）当选择"全局碰撞检测"单选按钮或"部分碰撞检测"单选按钮时，可在"可选设置"选项组中进行相关的设置。例如，在"可选设置"选项组中选中"发生冲突时会响起消息铃声"复选框，以设置在遇到冲突时可发出警告铃声。

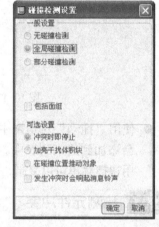

图 10-50　提供更多的可选设置

说明：如果将配置选项"enable_advance_collision"的值设置为"yes"，可启用高级选项，此后打开的"碰撞检测设置"对话框中，"可选设置"选项组包括更多的高级选项，如图 10-50 所示。需要用户注意的是，在具有许多主体的大组件中，高级冲突检测选项能够导致组件运动非常缓慢。这些附加可选设置单选按钮的功能含义如下。

● "冲突时即停止"：发生冲突时即停止移动。

● "加亮干扰体积块"：加亮干扰图元。配置选项设置为"no"时，该项为默认设置。

● "在碰撞位置推动对象"：显示冲突的影响。

5）在"碰撞检测设置"对话框中单击"确定"按钮。

10.4　处理与修改组件元件

在 Pro/ENGINEER 中，可以对组件中的元件进行处理与修改，其处理方式和它对零件中特征的处理方式是一样的。其中，一些元件操作可以通过菜单栏的"编辑"→"元件操作"命令来进行，而通常的一些元件操作则可以通过右击模型树中的元件然后在快捷菜单中来执行。元件处理操作可包括复制元件、归组、删除元件、隐含元件、冻结和恢复元件、镜像元件、重定参照、重新排序、重定义放置约束、定义挠性、阵列和替换。

在本节中，主要介绍复制元件、镜像元件、替换元件和重复元件的方法、步骤及其操作技巧等。

10.4.1　复制元件

在组件中可以创建元件的多个独立实例，但一次只能修改、替换或删除一个复制的元件。复制元件时，元件放置将基于组件的坐标系（坐标系被用做平移或旋转复制元件的参照）。

复制元件的示例如图 10-51 所示。

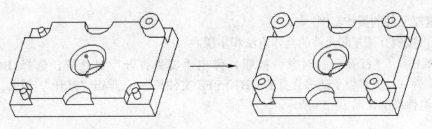

图10-51 复制元件的示例

1. 复制元件的方法及步骤

在介绍在组件中复制元件的实例之前，先概括性地介绍复制元件的一般方法及步骤。

1）在打开的组件中，在菜单栏的"编辑"菜单中选择"元件操作"命令，打开一个"菜单管理器"，如图10-52所示。

2）在"菜单管理器"的"元件"菜单中选择"复制"选项，出现如图10-53所示的"得到坐标系"菜单，然后在组件中创建或选取一个坐标系。

3）选择一个或多个要复制的元件，然后在"选取"对话框中单击"确定"按钮，此时在"菜单管理器"中激活"退出"菜单和"平移方向"菜单，如图10-54所示。

图10-52 菜单管理器 　　　图10-53 "得到坐标系"菜单 　　　图10-54 出现的菜单

4）在"菜单管理器"的"退出"菜单中使用"平移"选项或"旋转"选项来指定移动，以创建其他元件。可在阵列化形式下，沿不同的方向为移动指定任意的增量变化数。可以在每个方向上使用任意数量的指令，但最多只能定义3个方向。

● "平移"选项：沿指定轴的方向阵列化元件。

● "旋转"选项：绕指定轴阵列化元件。

5）在"菜单管理器"的"平移方向"菜单或"旋转方向"菜单中选择"X 轴"、"Y 轴"或"Z 轴"，根据系统提示输入平移距离或旋转角度。

6）每设置完一组移动后，从"菜单管理器"的"退出"菜单中选择"完成移动"选项。系统会提示用户输入希望创建的实例个数。在提示下，指定沿着当前方向的实例的个数。

7）重复步骤4）和步骤5）来定义下一个复制方向。继续该过程直到放置好所有复件。

8）从"菜单管理器"的"退出"菜单中选择"完成"选项来执行所有移动。

2. 复制元件的操作实例

下面以实例介绍复制元件的具体方法和步骤。

1）单击 📂（打开现有对象）按钮，弹出"文件打开"对话框，选择 BC_10_FZ_M.ASM 文件（该文件位于随书光盘的 CH10→FZ 文件夹中），单击"打开"按钮。该文件存在的原始组件模型如图 10-55 所示。

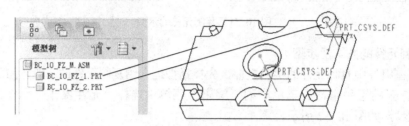

图 10-55　原始组件模型

2）在菜单栏中选择"编辑"菜单中的"元件操作"命令，打开一个"菜单管理器"。

3）在"菜单管理器"的"元件"菜单中选择"复制"命令，出现"得到坐标系"菜单。

4）在组件中选择 ASM_DEF_CSYS 坐标系，接着选择 BC_10_FZ_2.PRT 元件，单击"选取"对话框中的"确定"按钮。

5）在"菜单管理器"出现的"退出"菜单中选择"平移"选项，在"平移方向"菜单中选择"X 轴"选项。

6）输入在 X 轴方向上的平移距离为–64，如图 10-56 所示，单击✓（接受）按钮。

图 10-56　输入在 X 轴方向上的平移距离

7）在"菜单管理器"的"退出"菜单中选择"完成移动"选项，接着输入沿这个复合方向的实例数目为 2，如图 10-57 所示，单击✓（接受）按钮。

图 10-57　输入沿这个复合方向的实例数目

8）在"菜单管理器"的"退出"菜单中选择"平移"选项，在"平移方向"菜单中选择"Z 轴"选项，接着输入该方向上的平移距离为 40，如图 10-58 所示，单击✓（接受）按钮。

图 10-58　输入平移的距离（Z 方向）

9）在"菜单管理器"的"退出"菜单中选择"完成移动"选项，接着输入沿这个复合方向的实例数目为2，如图10-59所示，单击☑（接受）按钮。

输入沿这个复合方向的实例数目:

2

图 10-59　指定沿着当前方向的实例的个数

10）在"菜单管理器"的"退出"菜单中选择"完成"选项，然后在"菜单管理器"的"元件"菜单中选择"完成/返回"选项。完成元件复制操作的结果如图10-60所示。

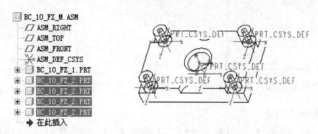

图 10-60　本例中元件复制的结果

10.4.2　镜像元件

在 Pro/ENGINEER 组件中，可以通过关于一个平面曲面而镜像元件，通过镜像元件而非创建重复的实例，可以在一定程度上省些时间。镜像元件的思路很简单，即首先选取源零件，然后选取镜像平面，最后得到一个新目标零件。

下面通过一个典型操作实例介绍如何镜像元件。

1）单击📂（打开现有对象）按钮，弹出"文件打开"对话框，选择 BC_10_JX_M.ASM 文件（该文件位于随书光盘的 CH10→JX 文件夹中），单击"打开"按钮。该文件存在的原始组件模型如图10-61所示。

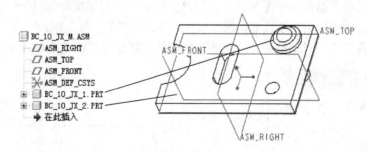

图 10-61　文件中的原始模型

2）单击🔲（在组件模式下创建元件）按钮，或者选择菜单栏中的"插入"→"元件"→"创建"命令，弹出"元件创建"对话框。

3）在"类型"选项组中选择"零件"单选按钮，在"子类型"选项组中选择"镜像"单选按钮，在"名称"文本框中输入"BC_10_JX_3"，如图 10-62 所示，然后单击"确定"按钮。

4）弹出如图 10-63 所示的"镜像零件"对话框。在该对话框中指定"镜像类型"和"从属关系控制"选项。在本例中选择"镜像类型"选项为"仅镜像几何"，而在"从属关系控制"选项区域中选中"几何从属"复选框和"放置从属"复选框。

图 10-62 "元件创建"对话框

图 10-63 "镜像零件"对话框

镜像类型包括以下 3 种。

- "仅镜像几何"：镜像不具有原始特征结构的几何，即仅对来自选定零件的几何创建镜像合并。
- "镜像具有特征的几何"：镜像具有原始特征结构的几何。目标元件的几何将不会从属于源元件的几何。
- "仅镜像放置"：放置位置被镜像到参照平面的选定元件。

镜像零件和子组件时，用户可以控制目标元件对源元件的从属关系。在源元件的几何上有以下两种从属关系。

- "几何从属"：使目标元件的几何从属于源元件几何。
- "放置从属"：使目标元件的放置从属于源元件的放置。

5）选择 BC_10_JX_2.PRT 元件作为零件参照。

6）在"镜像零件"对话框中单击"平面参照"收集器列表框，将其激活，然后选择 ASM_FRONT 基准平面作为平面参照，此时"镜像零件"对话框如图 10-64 所示。可以在"镜像零件"对话框中启用预览功能，即可以选中 👓（预览）复选框。

7）在"镜像零件"对话框中单击"确定"按钮，镜像元件的效果如图 10-65 所示。

图 10-64 "镜像零件"对话框

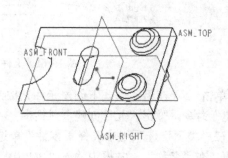

图 10-65 镜像元件

10.4.3 替换元件

在 Pro/ENGINEER 的"编辑"菜单中提供了"替换"命令，使用该命令可用另一元件替换现有元件或 UDF。从"编辑"菜单中选择"替换"命令，打开如图 10-66 所示的"替换"对话框。在"替换为"选项组中包含以下 6 个单选按钮，即提供 6 种替换方式。

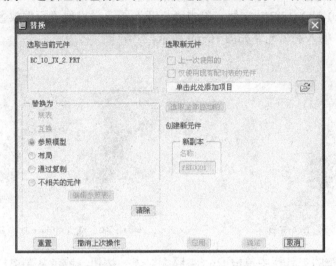

图 10-66 "替换"对话框

- "族表"：用族表实例替换元件模型。
- "互换"：用通过互换组件相关联的模型替换元件模型。
- "参照模型"：用包含元件模型外部参照的模型来替换元件模型。
- "布局"：用通过布局相关联的模型替换元件模型。
- "通过复制"：用新创建的模型副本来替换元件模型。
- "不相关的元件"：通过指定新模型的放置来替换元件模型。

在本节主要介绍以"互换"方式来在组件中进行元件互换。这需要理解互换组件的概念。互换组件用于为替换组件中其他元件的元件创建参照，其中功能互换元件可替换组件中的功能元件，而简化互换元件则可替代简化表示中的元件。下面介绍一个互换元件的操作实例。所需文件位于随书光盘的 CH10→HH 文件夹中。

1．建立互换组件

1）单击□（新建）按钮，打开"新建"对话框。

2）在"类型"选项组中选择"组件"单选按钮，在"子类型"选项组中选择"互换"单选按钮，在"名称"文本框中输入互换组件名称为"bc_10_ys_exchange"，如图 10-67 所示，然后单击"确定"按钮。

图 10-67 "新建"对话框

3）在组件中插入功能元件。单击 🔧（装配功能元件）按钮，或者从菜单栏中选择"插入"→"元件"→"装配"→"功能"命令。弹出"打开"对话框，选择位于随书光盘中的 BC_10_HH_2.PRT 文件，单击"打开"按钮。插入的元件如图 10-68 所示。

4）继续在组件中插入所需的功能元件。单击 🔧（装配功能元件）按钮，或者从菜单栏中选择"插入"→"元件"→"装配"→"功能"命令。弹出"打开"对话框，选择位于随书光盘中的 BC_10_HH_4.PRT 文件，单击"打开"按钮。出现"元件放置"操控板，单击 ✅（完成）按钮。插入的该元件如图 10-69 所示。

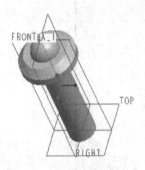

图 10-68　插入功能元件 1

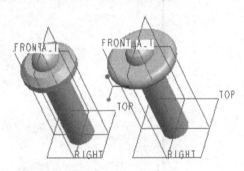

图 10-69　插入的两个功能元件

5）在右工具箱的工具栏中单击 ▦（参照配对表）按钮，或者从菜单栏的"插入"菜单中选择"参照配对表"命令，打开如图 10-70 所示的"参照配对表"对话框。

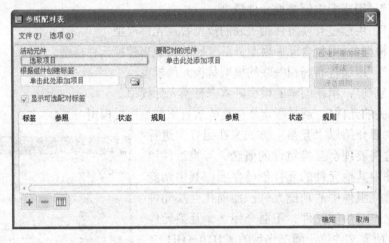

图 10-70　"参照配对表"对话框

选择 BC_10_HH_2.PRT 为活动元件，接着激活"要配对的元件"收集器，选择 BC_10_HH_4.PRT 作为要配对的元件。

在"参照配对表"对话框中单击 ⊞ 按钮，添加第一个标签，标签名称默认为 TAG_0，结合〈Ctrl〉键分别选择 BC_10_HH_2.PRT 零件和 BC_10_HH_4.PRT 零件的配对参照面，如图 10-71 所示。此时，该参照标签的信息也显示在"参照配对表"对话框中。

单击 ⊞ 按钮，添加第二个标签，标签默认名称为 TAG_1，结合〈Ctrl〉键选择 BC_10_HH_2.PRT 零件和 BC_10_HH_4.PRT 零件的参照配对曲面，如图 10-72 所示。

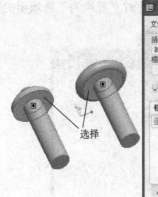

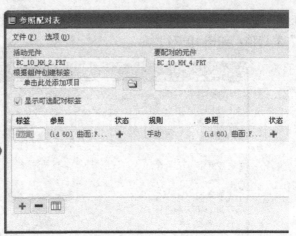

选择

图 10-71 定义参照配对 1

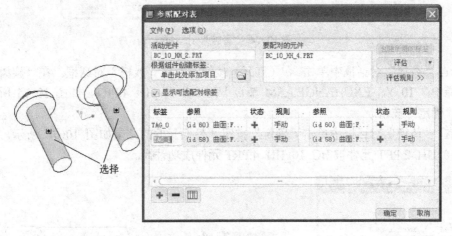

选择

图 10-72 定义参照配对 2

6) 在"参照配对表"对话框中单击"确定"按钮。

7) 保存文件。

2. 以互换方式替换零件

1) 单击 (打开现有对象) 按钮，弹出"文件打开"对话框，选择 BC_10_HH_M.ASM 文件，单击"打开"按钮。该文件存在的原始组件模型如图 10-73 所示。

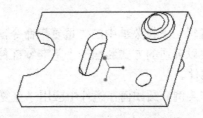

图 10-73 原始组件模型

2) 从菜单栏的"编辑"菜单中选择"替换"命令，打开"替换"对话框。

3）在组件中单击要替换的 BC_10_HH_2.PRT 元件，此时"替换为"选项组的默认选项为"互换"单选项，如图 10-74 所示。

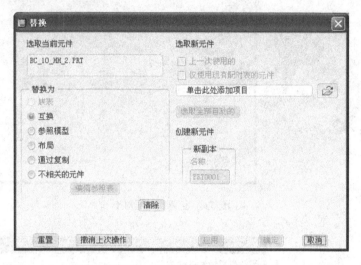

图 10-74　"替换"对话框

4）在"替换"对话框中单击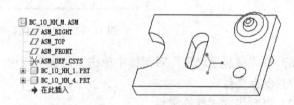（打开）按钮，弹出"族树"对话框。在"族树"对话框中选择 BC_10_YS_EXCHANGE.ASM 节点下的 BC_10_HH_4.PRT，如图 10-75 所示，然后单击"确定"按钮。

5）在"替换"对话框中单击"确定"按钮。替换元件的结果如图 10-76 所示，组件中的 BC_10_HH_2.PRT 元件被 BC_10_HH_4.PRT 元件成功替换。

图 10-75　"族树"对话框　　　　图 10-76　替换元件的结果

10.4.4　重复元件

在组件模式下，使用"编辑"下拉菜单中的"重复"命令，可以很灵活地而且效率较高地装配一些相同零件。首先要以合适的方式装配一个基准零部件，然后才能使用"重复"命令来快速地装配其他相同零部件。

下面通过一个简单的操作实例介绍如何在组件中应用"重复"命令来放置元件。

1. 装配基准元件

1）单击 （打开现有对象）按钮，弹出"文件打开"对话框，选择位于随书光盘 CH10→CFFZ 文件夹中的 BC_10_CFFZ_M.ASM 文件，单击"打开"按钮。该文件存在的原始组件模型如图 10-77 所示。

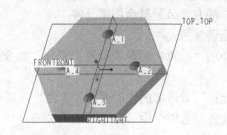

图 10-77　原始组件模型

2）在右工具箱中单击 （将元件添加到组件）按钮，或者在菜单栏中选择"插入"→"元件"→"装配"命令，弹出"打开"对话框。

3）通过"打开"对话框查找到 BC_10_CF_2.PRT，该文件位于随书光盘 CH10→CFFZ 文件夹中，单击"打开"按钮。出现"元件放置"操控板。

4）在"元件放置"操控板的约束列表框中选择"配对"选项，分别选择如图 10-78 所示的组件参照面和元件参照面，偏移类型为 （重合）。

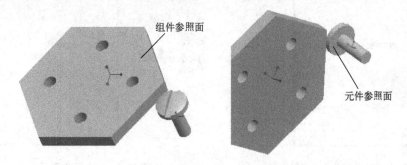

图 10-78　选择匹配参照面

5）在"元件放置"操控板中打开"放置"面板，单击"新建约束"选项，选择新约束类型为"对齐"，偏移类型为 （重合），然后选择组件中的 A_1 轴，选择该元件的 A_1，此时如图 10-79 所示。

图 10-79　安装基准元件

6）在"元件放置"操控板中单击☑（完成）按钮。

2. 以"重复"的方式装配其余相同元件

1）选中刚装配进来的元件。

2）在菜单栏中的"编辑"菜单中选择"重复"命令，打开如图 10-80 所示的"重复元件"对话框。

3）在"重复元件"对话框的"可变组件参照"选项组中选择"对齐"类型项目。

4）在"放置元件"选项组中单击"添加"按钮。

5）在组件中依次单击 A_2、A_3 和 A_4 轴，系统自动将元件装配到组件中，如图 10-81 所示。

图 10-80 "重复元件"对话框 　　　　　　　　　图 10-81 定义放置元件

6）在"重复元件"对话框中单击"确认"按钮，完成结果如图 10-82 所示。

图 10-82 重复元件的装配结果

10.5　管理组件视图

本节介绍管理组件视图。管理组件视图的典型操作包括分解组件视图、显示组件剖面、设置组件区域和设置组件显示样式等。

10.5.1 分解组件视图

组件的分解视图又常被称为组件爆炸视图,它将模型中每个元件与其他元件分开表示。分解视图仅影响组件外观,而设计意图以及装配元件之间的实际距离不会改变。可以创建默认的分解组件视图,此类视图通常要进行位置编辑处理,以获得合理定义所有元件的分解位置。可以为每个组件定义多个分解视图,然后可以根据需要随时使用任意一个已保存的视图。简单的组件分解视图示例如图 10-83 所示。

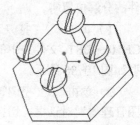

图 10-83 组件分解视图

在 Pro/ENGINEER 中,使用分解视图时要牢记下列规则(摘自 Pro/ENGINEER 官方帮助文件)。

- 如果在更高级组件范围内分解子组件,则子组件中的元件不会自动分解。可以为每个子组件指定要使用的分解状态。
- 关闭分解视图时,将保留与元件分解位置有关的信息。打开分解视图后,元件将返回至其上一分解位置。
- 所有组件均具有一个缺省分解视图,该视图是使用元件放置规范创建的。
- 在分解视图中多次出现的同一组件在更高级组件中可以具有不同的特性。

创建分解视图的方式主要有以下两种方法。

1. 使用"视图"→"分解"级联菜单

"视图"→"分解"级联菜单提供的命令如图 10-84 所示,使用其中的"分解视图"命令,可以创建组件的默认分解视图。

如果对系统默认的分解视图各元件的位置不满意,可以从"视图"→"分解"级联菜单中选择"编辑位置"命令,打开如图 10-85 所示的"编辑位置"操控板。利用该操控板,选择用于定位分解元件的运动类型("平移"、"旋转"、"视图平面"等),指定要移动的元件和运动参照(使用其"参照"面板),将要分解的元件拖动到新位置等。

图 10-84 "视图"→"分解"级联菜单

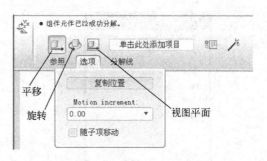

图 10-85 "编辑位置"操控板

另外,"编辑位置"操控板中的 (切换状态)按钮用于切换选定元件的分解状态, (分解偏移线)按钮则用于创建修饰偏移线以说明分解元件的运动。如果要对分解线进行更多的编辑操作,则可以使用"编辑位置"操控板的"分解线"面板。

2. 使用"视图管理器"的"分解"选项功能

使用"视图管理器"中的"分解"选项功能，也可以创建分解视图，并且可以很方便地将定制的分解视图保存起来，以备在需要时调用。

下面通过一个实例介绍如何使用"视图管理器"来创建和保存新的分解视图，并设置元件的分解位置等。

1）单击 📂（打开现有对象）按钮，弹出"文件打开"对话框，选择位于随书光盘 CH10→FJST 文件夹中的 BC_10_FJ_M.ASM 文件，单击"打开"按钮，该文件中的组件模型如图 10-86 所示。

2）单击 📷（视图管理器）按钮，或者选择"视图"→"视图管理器"命令，打开"视图管理器"对话框，切换到"分解"选项卡，如图 10-87 所示。

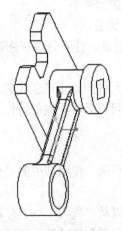

图 10-86　原始组件模型　　　　　图 10-87　"视图管理器"对话框的"分解"选项卡

3）在"分解"选项卡中单击"新建"按钮，在出现的文本框中输入新分解视图名称，如图 10-88 所示，按〈Enter〉键。

4）选中刚新建的分解视图名，单击 属性>> 按钮，此时"视图管理器"对话框如图 10-89 所示。

图 10-88　新建分解视图　　　　　　图 10-89　"视图管理器"对话框

5）在"视图管理器"中单击 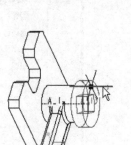（编辑位置）按钮，打开"编辑位置"操控板。在该操控板中单击 （平移）按钮，接着打开"参照"面板，激活"移动参照"收集器，选定合适的移动参照，例如选择坐标系或轴线等，再激活"参照"面板中的"要移动的元件"收集器，如图 10-90 所示。

6）在图形窗口中选择要移动位置的元件，在所选位置处出现一个控制移动的坐标轴系，使用鼠标左键按住该元件轴系中的所需控制轴，如图 10-91 所示，接着在该轴向上移动直到获得合适的放置位置时释放鼠标左键。

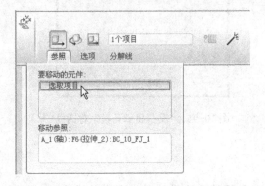

图 10-90 "编辑位置"操控板上的设置

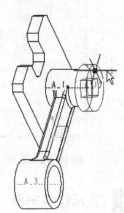

图 10-91 选择所需的轴

7）使用同样的方法调整其他元件的分解放置位置，然后单击操控板中的 （完成）按钮，得到的各元件的参考放置位置如图 10-92 所示。

8）此时，"视图管理器"对话框如图 10-93 所示。接着单击 按钮，然后单击对话框中的"编辑"按钮，从其菜单中选择"保存"命令，如图 10-94 所示。

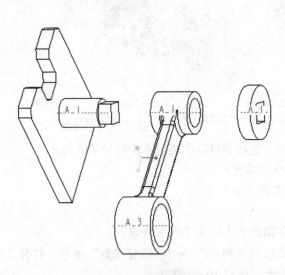

图 10-92 编辑分解位置

图 10-93 视图管理器

9）系统弹出如图 10-95 所示的"保存显示元素"对话框，单击"确定"按钮。然后在

"视图管理器"对话框中单击"关闭"按钮

图 10-94 选择"保存"选项

图 10-95 "保存显示元素"对话框

10.5.2 显示组件剖面

使用组件剖面有助于检查和改进组件各元件间的配合结构等。在组件模式下，可以创建一个与整个组件或仅与一个选定零件相交的剖面，各元件的剖面线分别确定。应用组件剖面的示例如图 10-96 所示。

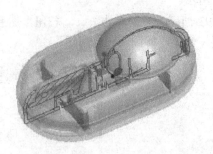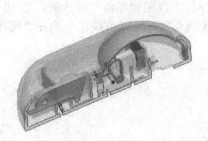

图 10-96 应用组件剖面的示例

使用"视图管理器"对话框的"X 截面"选项卡可以创建以下 3 种类型的剖面。

● 模型的平面剖面（画有剖面线或进行了填充）。

● 模型的偏移剖面（画有剖面线，但未进行填充）。

● 来自多面模型（.stl 文件）的剖面。

图 10-96 所示的组件剖面可以按照以下简述的方法和步骤来创建。

1）单击 （视图管理器）按钮，或者选择"视图"→"视图管理器"命令，打开"视图管理器"对话框，切换到"X 截面"选项卡，如图 10-97 所示。

2）在"X 截面"选项卡中单击"新建"按钮，在出现的文本框中输入新 X 截面的名称，按〈Enter〉键，系统弹出如图 10-98 所示的"剖截面选项"菜单。

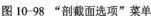

图 10-97　视图管理器的"X 截面"选项卡　　　　图 10-98　"剖截面选项"菜单

3）在"剖截面选项"菜单中选择"模型"→"平面"→"单一"→"完成"选项。

4）在组件的模型窗口中或模型树中选择所需的基准平面，即可完成该平面剖截面的创建。

10.5.3　设置组件区域

在设计中设置组件区域，有助于管理大型组件，并可辅助组织组件，例如控制视图修剪、为简化表示选取组件中的元件、创建元件显示状态和定义包络零件。

使用"视图管理器"对话框中的"X 截面"选项卡可以创建区域。组件区域可根据与坐标系、基准平面参照、封闭的组件特征曲面、2D 元素（如曲线）的偏移距离或通过指定距图元的距离来创建，其区域参照可以来自组件的任意级别。在创建区域时，可以定义坐标系、基准平面或曲面，也可以使用先前存在的坐标系、基准平面或曲面。

在"视图管理器"对话框的"X 截面"选项卡中单击"新建"按钮，接受默认的区域名称或者输入一个新名称，按〈Enter〉键，弹出"剖截面选项"菜单，从中选择"区域"选项，打开一个以区域名称标识的对话框，如图 10-99 所示。在"类型"列表框中可以选择"半空间"、"内侧-外侧"、"半径距离自"或"偏移坐标系"选项，如图 10-100 所示。例如在"类型"列表框中选择"半空间"选项，接着从图形窗口或模型树中选取一个基准平面。基准平面名称将出现在参照列表中，而在图形窗口中将出现 9 个箭头，指明基准的哪一侧用来定义区域；如果单击 ⟳ 按钮则可以改变方向。在该对话框中单击 60 按钮可预览最新创建的区域，然后单击 ✓ 关闭"区域"对话框。

图 10-99　以区域名称标识的对话框　　　　图 10-100　选择区域类型

10.5.4 设置显示样式

在 Pro/ENGINEER 中，可以为模型中的元件指定 5 种显示样式，即"线框"显示样式、"隐藏线"显示样式、"消隐"显示样式、"着色"和"透明"显示样式。这 5 种显示样式如下。

- "线框"：同等显示前面和后面的线。
- "隐藏线"：以模糊色调显示隐藏线。
- "消隐"：即无隐藏线，不显示前部曲面后的线。
- "着色"：将模型显示为着色实体。
- "透明"：为模型设置透明显示样式。

在实际设计工作中，适当地修改显示样式可以在组件变大时提高计算机性能。其中，应用最多的两种主要的显示样式分别为着色（实体）和线框。

创建显示样式的方法和步骤如下。

1）单击 🖼 （视图管理器）按钮，或者选择"视图"→"视图管理器"命令，打开"视图管理器"对话框，接着切换到"样式"选项卡，如图 10-101 所示。

2）单击"新建"按钮，出现一个样式表示的默认名称，接受默认的样式名称或者键入一个新名称，然后按〈Enter〉键。此时弹出如图 10-102 所示的"编辑样式"对话框。

图 10-101 "视图管理器"的"样式"选项卡

图 10-102 "编辑样式"对话框

3）选取元件，然后选择一种显示样式：

- 打开"遮蔽"选项卡，选取一个要遮蔽的元件。
- 单击"显示"选项卡，然后选择一种显示样式。
- 单击"按显示"选项卡，然后选取一个子组件。单击"显示"，然后为子组件选择一种显示样式。

4）单击对话框中的 ☑ （接受指定的改变并退出）按钮，然后在"视图管理器"对话框中单击"关闭"按钮。

改变元件的显示样式的方法很简单，即可以从图形窗口或模型树中选择希望其受到显示样式影响的元件，接着在菜单栏的如图 10-103 所示的"视图"→"显示样式"级联菜单中选择一种显示样式命令，元件的显示样式即会改变。

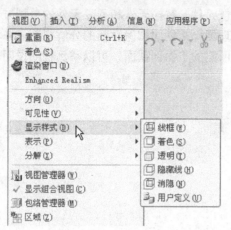

图 10-103 "视图"→"显示造型"级联菜单

10.6 本章小结

在 Pro/ENGINEER 中包含了一个专门进行装配设计的组件模式。在该模式中除了可以使用基本的装配工具之外，还可以通过使用诸如简化表示、互换组件等功能强大的工具以及自顶向下的设计程序，组件支持大型和复杂组件的设计和管理。

本章首先介绍的内容是组件模式概述，让读者掌握如何进入组件设计模式，了解组件设计界面，以及掌握如何设置组件模型树的显示项目等。

接着重点介绍的内容包括将元件添加到组件、操作元件、处理与修改组件元件等。在"将元件添加到组件"一节中，包含的内容有：关于元件放置操控板、约束放置、使用预定义约束集（机构连接）、封装元件和未放置元件。在"操作元件"一节中，主要介绍 3 个方面的内容：以放置为目标移动元件；拖动已放置的元件；检测元件冲突。而"处理与修改组件元件"的核心内容为复制元件、镜像元件、替换元件和重复元件。

在本章的最后介绍了管理组件视图的若干实用知识，如分解组件视图、显示组件剖面、设置组件区域和设置显示样式。注意体会本章小结和使用"思考与练习"题来检验本章所学知识。

10.7 思考与练习

1）如何新建一个组件文件？组件设计的界面主要由哪些部分组成？

2）用户可以设置在组件模型树中显示相关特征，以便于组件模型的细化设计。请问：如何设置在组件模型树中显示相关的特征？

3）约束放置的类型主要有哪些？总结在组件中进行约束放置的一般规则。

4）Pro/ENGINEER 系统提供了哪些预定义约束集？

5）什么是封装元件？简述在组件中封装新元件的一般方法及步骤。

6）在打开"元件放置"操控板的情况下，如何移动当前正在操作的元件？

7）总结复制元件、镜像元件、替换元件和重复元件的典型方法及其操作步骤。

8）如何使用"视图管理器"来创建和保存新的分解视图，并设置元件的分解位置？

9）如何在组件中创建所需的平面剖截面，可以举例辅助说明。

第 11 章　工程图设计

本章内容导读：

> Pro/ENGINEER 提供了专门用于工程图设计的模块，如"绘图"模块和"详细绘图"模块。在这些用于工程图设计的模块中，可以通过建立的三维模型来建立和处理相应的工程图。工程图设计是设计师需要重点掌握的一项基本技能。
>
> 在本章中，首先介绍工程图（绘图）模式、设置绘图环境，接着深入浅出地介绍插入绘图视图、处理绘图视图、工程图标注、使用层控制绘图详图、从绘图生成报告等内容，最后介绍一个工程图综合实例。

11.1　了解工程图模式

Pro/ENGINEER 具有在"绘图"模式或"详细绘图"模块下处理工程绘图的功能。其中，使用 Pro/ENGINEER "绘图"模式，可以创建所有 Pro/ENGINEER 模型的绘图，或从其他系统输入绘图文件。绘图中的所有工程视图都是相关的，如果改变一个视图中的驱动尺寸值，则系统会相应地更新其他绘图视图，同时相应的父项模型（如三维零件、钣金件或组件等）也会相应更新，即各模式具有关联性。

创建新的绘图（工程图）文件，需要指定所需的三维模型。下面介绍创建绘图（工程图）文件的一般方法和步骤。

1）在菜单栏中选择"文件"→"新建"命令，或者在工具栏中单击 □（新建）按钮，打开"新建"对话框。

2）在"新建"对话框的"类型"选项组中选择"绘图"单选按钮，接着在"名称"文本框中接受默认名称或输入新名称，清除"使用缺省模板"复选框，如图 11-1 所示，然后单击"确定"按钮。

3）弹出如图 11-2 所示的"新建绘图"对话框。在"缺省模型"选项组中，单击"浏览"按钮，可选择所需的模型并将其打开。

如果在新建绘图文件之前打开一个模型文件（如零件、组件），则系统自动将该当前模型设置为"缺省模型"。

4）在"指定模板"选项组中，选择"使用模板"单选按钮、"格式为空"单选按钮或"空"单选按钮。

如果选择"空"单选按钮，则可指定绘图尺寸或检索格式。例如，在"方向"选项中单击"纵向"按钮或"横向"按钮，然后从"大小"选项组的"标准大小"列表框中选择标准尺寸；如果在"方向"选项组中单击"可变"按钮，则可以定义高度和宽度尺寸，注意可选择"英寸"单选按钮或"毫米"单选按钮。

图 11-1 "新建"对话框

图 11-2 "新建绘图"对话框

如果选择"使用模板"单选按钮，则可以在"模板"选项组中选择所需的一个 Pro/ENGINEER 绘图模板，如图 11-3 所示。

如果选择"格式为空"单选按钮，如图 11-4 所示，在"格式"选项组中单击"浏览"按钮，可以指定要使用的格式而不使用模板。

图 11-3 使用模板

图 11-4 选择"格式为空"单选按钮

5）在"新建绘图"对话框中单击"确定"按钮，从而创建一个新的绘图文件。

11.2 设置绘图环境

在 Pro/ENGINEER 中，可以使用绘图设置文件选项、系统配置选项、模板和格式组合来定制自己的绘图环境和绘图行为，例如预先确定某些特性，包括某些高级命令调用、尺寸、几何公差标准、注释文本高度、文本方向、字体属性、绘制标准和箭头长度等。在本节主要介绍使用系统配置选项和绘图设置文件选项来设置绘图环境的方法。

11.2.1 使用系统配置选项

同其他 Pro/ENGINEER 配置选项一样，利用与"详细绘图"相关的配置选项可以定制绘图环境。具体的设置方法如下。

1）在菜单栏的"工具"菜单中选择"选项"命令，打开"选项"对话框。

2）利用"选项"对话框选择或输入要设置的与"详细绘图"相关的配置选项，然后在"值"列表框中添加或更改所需要的数值或选项值，如图 11-5 所示。每一个配置选项主题包括的信息有配置选项名称、描述配置选项的简单说明和注释、默认和可用的变量或值（所有默认值后均带有星号"*"）等。

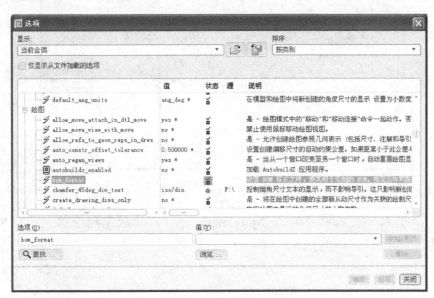

图 11-5 "选项"对话框

3）在"选项"对话框中单击"添加/更改"按钮，然后单击"确定"按钮或"应用"按钮。

11.2.2 使用绘图设置文件选项

通常使用绘图配置文件选项来控制各模块的设计环境，而 Pro/ENGINEER 系统提供的绘图设置文件选项会向细节设置环境添加附加控制，例如，控制诸如默认视图投影方向、尺寸特性、字体属性、绘制标准、箭头长度、注释文本高度和几何公差标准等。

用户可以从<载入点/text>目录中检索这些示例绘图设置文件：iso.dtl（国际标准组织）、jis.dtl（日本标准协会）和 din.dtl（德国标准协会）等。用户需要注意的是，Pro/ENGINEER 用每一单独的绘图文件保存这些绘图设置文件选项设置，设置的值保存在一个名为 <filename>.dtl 的设置文件中。该文件的位置由 pro_dtl_setup_dir 配置文件选项确定。用户可以指定到包含绘图设置文件目录的完整路径。

下面以绘图设置文件选项"projection_type"为例，辅助介绍如何使用绘图设置文本选项。"projection_type"用于确定创建投影视图的方法，其值有"third_angle"和"first_angle"，前者用于第Ⅲ象限视角投影法（适用于一些欧美国家的标准），后者则属于满足中国制图标准的第Ⅰ象限视角投影法。其中，"projection_type"的默认选项值为"third_angle*"。下面介绍将"projection_type"的选项值设置为"first_angle"。

1）在一个新建的或打开的绘图（工程图）文件中，从菜单栏的"文件"菜单中选择"绘图选项"命令，弹出如图 11-6 所示的"选项"对话框。

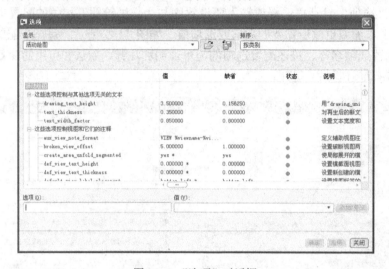

图 11-6　"选项"对话框

2）在"选项"文本框中输入"projection_type"，然后在相应的"值"框中选择"first_angle"，如图 11-7 所示。

图 11-7　设置选项值

3）在"选项"对话框中单击"添加/更改"按钮，然后单击"确定"按钮。

将"projection_type"的选项值设置为"first_angle"后，接下来在该绘图文件中插入的投影视图都将满足第Ⅰ象限角投影法。

如果在绘图文件的"文件"菜单中选择"公差标准"命令，则打开一个"菜单管理器"，该菜单管理器提供如图 11-8 所示的"公差设置"菜单。若在"公差设置"菜单中选择"标准"命令，则可以设置公差标准，如图 11-9 所示，可以根据设计要求选择"ANSI"标准和"ISO/DIN"标准；若在可用的情况下从"公差设置"菜单中选择"模型等级"命令，则出现如图 11-10 所示的菜单，以设置模型公差等级。若在可用的情况下从"公差设置"菜单中选择"公差表"命令，则"菜单管理器"出现如图 11-11 所示的菜单，以用来设置公差表。

图 11-8 "公差设置"菜单

图 11-9 设置公差标准

图 11-10 设置模型等级

图 11-11 设置公差表

11.3 插入绘图视图

可将指定模型的视图放置在页面上，可以设置在视图中显示模型的多少部分，确定对视图进行缩放的方式，然后可显示从三维模型传递过来的相关尺寸，或在必要时添加参照尺寸。插入绘图视图的主要知识点包括插入一般视图、插入投影视图、插入详细视图、插入辅助视图、插入旋转视图等。

在介绍插入绘图视图的具体知识之前，先让读者熟悉一下绘图模式的功能区。绘图模式的功能区按照功能类别被划分为几个选项卡，每个选项卡均集中了若干个面板，如图 11-12所示。而插入及处理绘图视图的工具命令基本上位于功能区的"布局"选项卡的"模型视图"面板中。

图 11-12 绘图模式的功能区

11.3.1 插入一般视图

一般视图通常为放置到页面上的第一个视图，用户可以根据设计要求对该视图进行适当缩放或旋转。

在一个新建的绘图文件中，在功能区的"布局"选项卡的"模型视图"面板中单击 （一般）按钮，接着在要放置一般视图的位置处单击，此时出现默认的一般视图和弹出如图 11-13 所示的"绘图视图"对话框。利用"绘图视图"对话框可为一般视图设置视图类型、可见区域、比例、截面、视图状态、视图显示和原点等内容。

下面结合一个典型的一般视图来介绍"绘图视图"对话框的相关设置，插入的该默认一般视图如图 11-14 所示，其相应的三维零件文件为 BC_11_1_A.PRT，该零件文件位于随书光盘的 CH11 文件夹中。

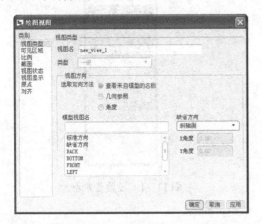

图 11-13 "绘图视图"对话框

图 11-14 插入的默认一般视图

在"绘图视图"对话框的"视图类型"类别选项中，从"模型视图名"列表框中选择 FRONT，然后单击"应用"按钮，效果如图 11-15 所示。

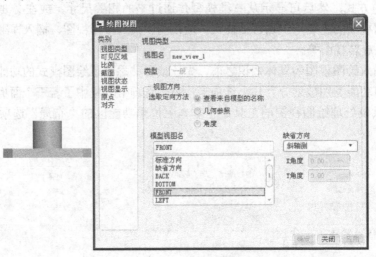

图 11-15 设置视图类型

知识点拨：如果要更改视图当前方向，则可以在"视图方向"选项组中选取下列定向方法之一。

- "查看来自模型的名称"单选按钮：使用来自模型的已保存视图进行定向。该单选按钮为默认选项。选择该单选按钮时，可从"模型视图名"列表框中选取相应的模型视图；必要时可通过选择所需的"缺省"方向定义 X 和 Y 方向，例如从"缺省方向"列表框中选择"斜轴测"、"等轴测"或"用户定义"选项，若选择"用户定义"选项，则必须制定定制角度值。
- "几何参照"单选按钮：使用来自绘图中预览模型的几何参照进行定向。
- "角度"单选按钮：使用选定参照的角度或定制角度定向。

切换到"视图显示"类别选项，从"显示样式"下拉列表框中选择"消隐"选项，从"相切边显示样式"下拉列表框中选择"无"选项，其他选项接受默认设置，然后单击"应用"按钮，设置视图显示选项的结果如图 11-16 所示。

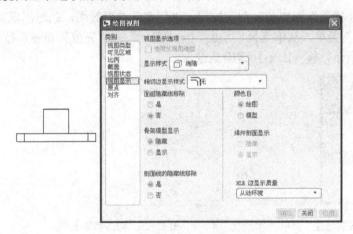

图 11-16 设置"视图显示选项"

切换到"比例"类别选项，选择"定制比例"单选按钮，接着在文本框中输入新比例值为"2"，如图 11-17 所示，然后单击"应用"按钮。

图 11-17 设置绘图视图比例

切换到"截面"类别选项,选择"2D 截面"单选按钮,如图 11-18 所示。

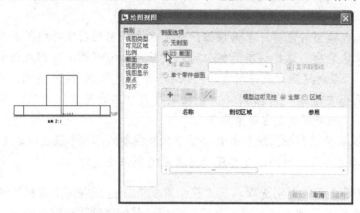

图 11-18 选择"2D 截面"单选按钮

单击 ➕ (将横截面添加到视图)按钮,以创建新的剖截面,此时出现如图 11-19 所示的"剖截面创建"菜单,从中选择"平面"→"单一"→"完成"命令,接着输入截面名为 A,如图 11-20 所示,按〈Enter〉键确认输入。

图 11-19 "剖截面创建"菜单   图 11-20 输入截面名称

此时,系统提示选取平曲面或基准平面。在模型树中选择 FRONT 基准平面,如图 11-21 所示。接着在"绘图视图"对话框中单击"应用"按钮,默认的"剖切区域"为"完全",如图 11-22 所示。

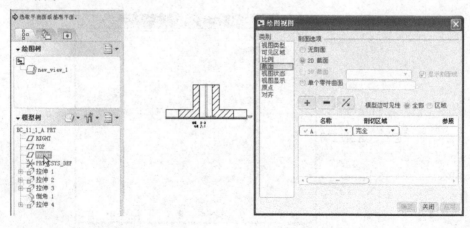

图 11-21 选择 FRONT 基准平面   图 11-22 设置全剖视图

如果要设置半剖视图，则从"剖切区域"的相应列表框中选择"一半"选项，如图 11-23 所示。接着在图面上选择 RIGHT 基准平面，并在要设置剖截面的一侧单击，然后在"绘图视图"对话框中单击"应用"按钮，创建的半剖视图如图 11-24 所示。

图 11-23 选择"一半"选项

在上工具箱中单击 ▱（基准平面显示开/关）复选按钮，以关闭基准平面显示，接着单击 ↻（当前页面）按钮来在活动页面中更新所有视图的显示，刷新后的半剖视图如图 11-25 所示。

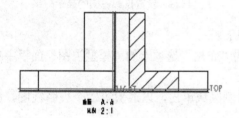

图 11-24 设置半剖视图

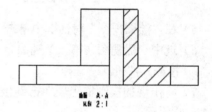

图 11-25 半剖视图

在本示例中，最后还是采用全剖视图来表达。设置好相关的绘图视图选项后，在"绘图视图"对话框中单击"关闭"按钮。

11.3.2 插入投影视图

投影视图是另一个视图几何沿水平或垂直方向的正交投影。投影视图位于投影通道当中，可以位于父视图上方、下方或位于其右边或左边。通常以一般视图作为父视图。在如图 11-26 所示的工程图中，包含了一般视图（中心处）和 3 个投影视图（采用第Ⅲ象限投影法）

下面介绍的操作实例是以第Ⅰ象限角投影法为投影基准的。

1）在功能区的"布局"选项卡的"模型视图"面板中单击 ⊡（投影）按钮。

2）如果未指定父视图则需要选取要在投影中显示的父视图。在父视图的投影通道

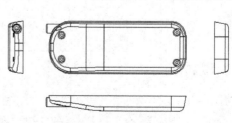

图 11-26 投影视图示例

方向上跟随鼠标显示的一个框代表投影。将此框垂直地或水平地拖到所需的位置单击，例如本例中在父视图下方的适当区域单击鼠标左键以放置该投影视图，如图 11-27 所示。

3）选择并右击该投影视图，接着从出现的快捷菜单中选择"属性"命令，打开"绘图视图"对话框。

4）切换到"视图显示"类别选项，从"显示样式"下拉列表框中选择"消隐"选项，从"相切边显示样式"下拉列表框中选择"无"选项，然后单击"应用"按钮。此时，效果如图 11-28 所示。

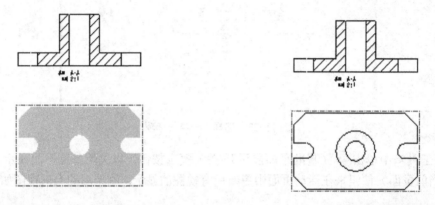

图 11-27　放置一个投影视图　　　　　图 11-28　设置投影视图的显示效果

5）在"绘图视图"对话框中单击"关闭"按钮。

6）选中一般视图（第一个视图），在功能区的"布局"选项卡的"模型视图"面板中单击 （投影）按钮。

7）将出现的投影框水平地拖到该父视图的右侧区域单击，以放置第二个投影视图，如图 11-29 所示。

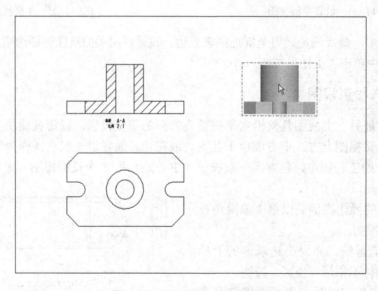

图 11-29　插入第二个投影视图

8）选择并右击该投影视图，从出现的快捷菜单中选择"属性"命令，打开"绘图视图"对话框。

9）切换到"视图显示"类别选项，从"显示样式"下拉列表框中选择"消隐"选项，从"相切边显示样式"下拉列表框中选择"无"选项，然后单击"应用"按钮。

10）在"绘图视图"对话框中单击"关闭"按钮。插入第二个投影视图后的效果如图 11-30 所示。

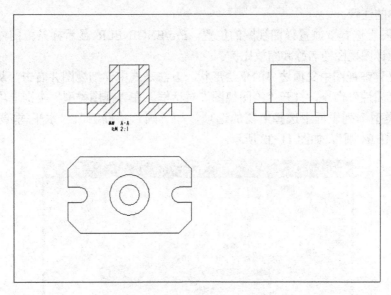

图 11-30　设置第二个投影视图的显示效果

11.3.3　插入详细视图

详细视图是指在另一个视图中放大显示的模型中的一小部分视图。其中，在父视图中包括一个参照注释和边界作为详细视图设置的一部分。详细视图的示例如图 11-31 所示。

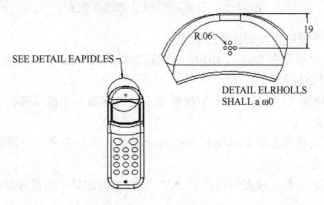

图 11-31　详细视图示例

插入详细视图的典型方法及步骤说明如下。

1）在功能区"布局"选项卡的"模型视图"面板中单击（详细）按钮，打开一个

"选取"对话框，此时系统提示：在一现有视图上选取要查看细节的中心点。

2）选择要在详细视图中放大的现有绘图视图中的点。绘图项目加亮，并且系统提示绕点草绘样条。

3）通过依次指定若干点来草绘环绕要详细显示区域的样条。注意不要使用功能区"草绘"选项卡中的草绘工具启动样条草绘，而是直接在绘图区域围绕点依次单击来开始草绘样条，系统会对样条进行自动更正。草绘完成后单击鼠标中键。样条通常显示为一个圆和一个详图视图名称的注释。

4）在绘图上选择要放置详图视图的位置。Pro/ENGINEER 显示样条范围内的父视图区域，并标注上详图视图的名称和缩放比例。

可以定义详细视图中父项边界的草绘形状。方法是选中详细视图并右击，从出现的快捷菜单中选择"属性"命令，打开"绘图视图"对话框，在"视图类型"类别选项的"父项视图上的边界类型"列表框中选择所需的选项，如"圆"、"椭圆"、"水平/垂直椭圆"、"样条"和"ASME 94 圆"，如图 11-32 所示。

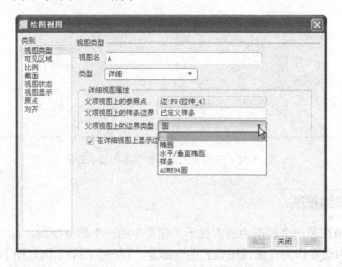

图 11-32　设置父项视图上的边界类型

- "圆"：在父视图中为详细视图绘制圆。
- "椭圆"：在父视图中为详细视图绘制椭圆与样条紧密配合，并提示在椭圆上选取一个视图注释的连接点。
- "水平/垂直椭圆"：绘制具有水平或垂直主轴的椭圆，并提示在椭圆上选取一个视图注释的连接点。
- "样条"：在父视图上显示详细视图的实际样条边界，并提示在样条上选取一个视图注释的连接点。
- "ASME94 圆"：在父视图中将符合 ASME 标准的圆显示为带有箭头和详细视图名称的圆弧。

11.3.4　插入辅助视图

辅助视图是一种特定类型的投影视图，在恰当角度上向选定曲面或轴进行投影。在父视图中选定曲面或平面等参照的方向确定投影通道，而在父视图中所选定的参照必须垂直于屏幕平面。

插入一般视图的典型方法和步骤说明如下。

1）在功能区的"布局"选项卡的"模型视图"面板中单击 （辅助）按钮，打开一个"选取"对话框，同时系统提示：在主视图上选取穿过前侧曲面的轴或作为基准曲面的前侧曲面的基准平面。

2）选择要从中创建辅助视图的边、轴、基准平面或曲面。在投影通道上出现一个带表辅助视图的框。

3）将此框拖到所需的位置处单击，以放置辅助视图。

插入辅助视图的示例如图 11-33 所示，图中小方框表示单击（选择）处。

选择新视图的中心点

选择要投影的平面

图 11-33　插入辅助视图的示例

11.3.5　插入旋转视图

旋转视图是现有视图的一个剖面，它绕切割平面投影旋转 90°。可将在 3D 模型中创建的剖面用做切割平面，或者在放置视图时即时创建一个剖面。和一般剖视图不同，旋转视图包括一条标记视图旋转轴的线。

插入旋转视图的典型方法和步骤说明如下。

1）在功能区的"布局"选项卡中展开"模型视图"面板，接着单击 （旋转）按钮，打开一个"选取"对话框，而系统提示选取旋转截面的父视图。

2）选取要剖切的视图，所选视图加亮显示。

3）在绘图上选取一个位置以显示旋转视图，近似地沿父视图中的切割平面投影。系统弹出"绘图视图"对话框，如果没有可用截面，还将出现"剖截面创建"菜单，如图 11-34 所示。注意可以修改视图名称，但不能更改视图类型。

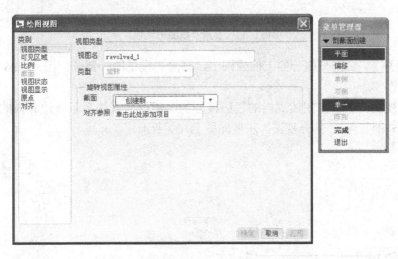

图 11-34　"绘图视图"对话框和相关菜单

4）在"绘图视图"对话框的"视图类型"类别选项中，通过从"旋转视图属性"选项组的"截面"列表框中选取一个现有剖面或创建一个新剖面来定义旋转视图的位置。

5）如果选取或创建了有效剖面，则会在绘图中显示旋转视图。如果要继续定义绘图视图的其他属性，单击"应用"按钮然后选择适当的类别来进行定义设置，完成并应用所有属性定义后关闭"绘图视图"对话框。

6）必要时，可以修改旋转视图的对称中心线。

11.4 处理绘图视图

处理绘图视图的很多操作也比较灵活。比如，利用"绘图视图"对话框的各类别选项便可以编辑定义绘图视图的相关方面，如确定视图的可见区域、定义视图原点和对齐视图等。另外，常见的绘图视图处理工作还包括修改视图剖面线、移动视图和删除视图等。

11.4.1 确定视图的可见区域

在工程图设计的很多情况下，需要对模型的某些部分进行细化表达，例如定义模型视图的可见区域，以能够合理显示或隐藏某些细节结构。可利用"绘图视图"对话框来定义视图的可见区域。对于现有视图，可以通过双击现有视图，或者选择并右击现有视图然后从出现的快捷菜单中选择"属性"命令，打开"绘图视图"对话框。

切换到"绘图视图"对话框的"可见区域"类别选项，从"视图可见性"下拉列表框中可以选择"全视图"、"半视图"、"局部视图"或"破断视图"选项，如图 11-35 所示。

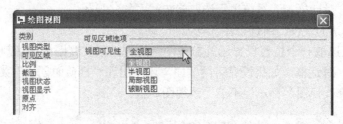

图 11-35 设置"视图可见性"

- 半视图：从切割平面一侧上的视图中，移除其模型的一部分。图 11-36 所示为"半视图"。
- 部分视图：显示封闭边界内的视图模型的一部分。系统显示该边界内的几何，而删除其外的几何。"部分视图"示例如图 11-37 所示。

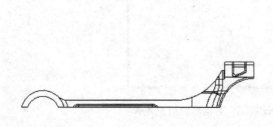

图 11-36 "半视图"示例

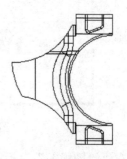

图 11-37 "部分视图"示例

● 破断视图：移除两选定点或多个选定点间的部分模型，并将剩余的两部分合拢在一个指定距离内。可以进行水平、垂直，或同时进行水平和垂直破断，并使用破断的各种图形边界样式。"破断视图"示例如图 11-38 所示。

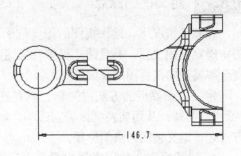

图 11-38 "破断视图"示例

11.4.2　修改视图剖面线

要修改详细视图及零件和组件剖视图中各单独成员的剖面线，可以在选定所要修改的剖面线时单击鼠标右键，并从出现的快捷菜单中选择"属性"命令，弹出如图 11-39 所示的"修改剖面线"菜单。也可以通过双击要修改的剖面线来打开"修改剖面线"菜单。利用"修改剖面线"菜单，进行修改视图剖面线的相关操作，如修改剖面线的间距、角度、偏距、线样式和颜色等。

例如，要将现有剖面线的间距增加一倍，则可以在"菜单管理器"的"修改剖面线"菜单中选择"X 元件"→"间距"命令，出现"修改模式"菜单，如图 11-40 所示；然后在"修改模式"菜单中选择"整体"→"加倍"选项；最后在"修改剖面线"菜单中选择"完成"命令。

另外，如图要更改现有剖面线的角度，可以在"菜单管理器"的"修改剖面线"菜单中选择"X 元件"→"角度"命令，如图 11-41 所示，出现"修改模式"菜单，从中选择所需要的一个角度值即可，或者从中选择"值"选项，然后输入剖面线的角度来确定。设置剖面线角度后，在"修改剖面线"菜单中选择"完成"命令。

图 11-39 "修改剖面线"菜单

图 11-40 修改剖面线间距

图 11-41 修改剖面线角度

11.4.3　定义视图原点

在默认情况下，绘图视图的原点位于其轮廓的中心。定义视图原点的用途主要在于在绘图中确定视图位置，并且防止模型几何更改时此视图位置发生变化。需要注意的是，不能改变全部展开的剖视图的视图原点。

定义视图原点的方法很简单，就是在选定视图并且打开"绘图视图"对话框时，选择"原点"类别，从而切换到该类别选项，如图 11-42 所示。在该类别选项中，可以按照以下方式之一定义视图原点的位置。

- 视图原点：使用模型定义原点。如果要使用模型中心（默认设置），则应确保选择"视图中心"单选按钮。如果要定制视图原点，则选择"在项目上"单选按钮，然后选择要用做视图原点的模型参照。
- 页面中的视图位置：使用绘图页面测量定义原点。

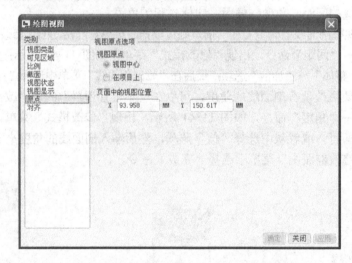

图 11-42　"绘图视图"对话框的"原点"类别选项卡

用户需要注意的是，如果绘图中参照的几何被隐含或删除，那么系统警告缺少模型几何。如果视图使用了隐含或删除的参照来定向，那么该视图将会返回到其默认位置。

11.4.4　对齐视图

在进行工程图设计的过程中，有时需要将某视图设置与其他视图对齐。例如，将详细视图与其父视图对齐以确保详图视图（在移动时）跟随父视图。

对齐视图的操作方法如下。

1）选定视图并打开"绘图视图"对话框，接着切换到"对齐"类别选项。

2）在"视图对齐选项"下选中"将此视图与其他视图对齐"复选框，如图 11-43 所示。系统提示选取要与之对齐的视图。

3）在绘图上选取相应视图，其视图名称将显示在对话框的参照收集器中。

4）选择"水平"单选按钮或"垂直"单选按钮来定义如何限制视图的运动。

- "水平"：视图和与之对齐的视图将位于同一水平线上。如果与此视图对齐的视图被

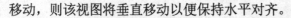

移动，则该视图将垂直移动以便保持水平对齐。

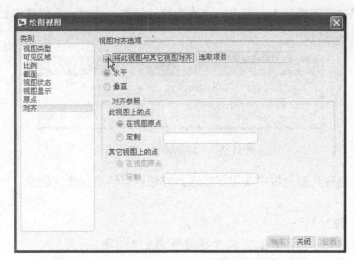

图 11-43 "绘图视图"对话框的"视图对齐选项"

● "垂直"：视图和与之对齐的视图将位于同一垂直线上。如果与此视图对齐的视图被移动，则该视图将水平移动以便保持竖直对齐。

5）在"绘图视图"对话框中单击"应用"按钮以查看视图对齐。如果对视图对齐不满意，则可以重复上述步骤。如果视图对齐正确无误，且不需要对其进行任何更改，则可选取下一个要定义的类别或单击"绘图视图"对话框中的"关闭"按钮。

说明：在默认情况下，"对齐参照"选项组中的"在视图原点"单选按钮处于被选中的状态，即 Pro/ENGINEER 将根据视图的视图原点对齐视图。通过定义对齐参照可以修改视图对齐的位置。用户可以在"对齐参照"选项组中选择"定制"单选按钮，并在其中一个视图上选择参照，如一条边，所选参照将显示在对话框内的收集器中，然后单击"应用"按钮以预览对齐效果。

如果根据特定设计要求取消视图对齐，那么需要清除"绘图视图"对话框中的"将此视图与其他视图对齐"复选框。

11.4.5 锁定视图与移动视图

在实际设计中，为了防止意外移动视图，系统默认将视图锁定在适当位置。要使用鼠标通过选取并拖动视图的方式移动绘图视图，则可以在绘图区单击鼠标右键，打开一个右键快捷菜单，接着单击该快捷菜单中的"锁定视图移动"复选命令以取消其选中状态，即取消锁定视图移动状态。解锁视图后，使用鼠标选择要移动的视图，该视图轮廓被加亮，接着通过拐角拖动句柄或中心点将该视图拖动到新位置。当拖动模式激活时，光标变为十字形。

用户也可使用精确的 X 和 Y 坐标移动视图（将视图移动到准确位置），其方法简述如下。

1）选取所要求的视图，所选的该视图轮廓被加亮。

2）在菜单栏的"编辑"菜单中选择"移动特殊"命令，系统出现"从选定的项目选取一点，执行特殊移动"的提示信息。

3）在要使用的选定项目上，单击一点作为移动原点。此时，系统弹出如图 11-44 所示的"移动特殊"对话框。

图 11-44 "移动特殊"对话框

4）在"移动特殊"对话框中使用图标选择方法以重新定位选定的点。注意以下 4 个按钮的作用。

　　：输入 X 和 Y 坐标。

　　：将对象移动到由相对于 X 和 Y 偏移所定义的位置。

　　：将对象捕捉到图元的指定参照点上。

　　：将对象捕捉到指定顶点。

5）在"移动特殊"对话框中单击"确定"按钮。

另外需要注意的是，如果移动其他视图自其进行投影的某一父视图，则投影视图也会随之移动以保持对齐。

11.4.6　删除视图

对于插入到绘图页面上的某个视图不满意，可以将其删除。删除选定视图的操作方法很简单，即先选定要删除的视图，接着按〈Delete〉键或者右击并从出现的快捷菜单中选择"删除"命令。也可以在选定要删除的视图后，从菜单栏的"编辑"菜单中选择"删除"→"删除"命令，则该视图被删除。

需要用户特别注意的是，如果选取的要删除的视图具有投影子视图，那么确认删除后，投影子视图会与该视图一起被删除。

11.5　工程图标注

设计工程图（绘图）有助于模型制造。工程图设计的一个重要环节是工程图标注，例如，显示驱动尺寸和插入从动尺寸等。工程图标注的注释内容比较多，本章侧重于介绍其中较为常用的一些实用标注知识，具体内容包括：显示模型注释，手动创建尺寸，使用纵坐标尺寸，整理尺寸和细节显示，设置尺寸公差，标注几何公差和插入注释等。

11.5.1　显示模型注释

在 Pro/ENGINEER 绘图模式下，显示和拭除是一个要重点理解的概念。在创建 3D 模型时，实际上储存了模型所需的尺寸、参照尺寸、符号、轴和一些几何公差等项目。在将 3 D 模型导入到 2D 绘图中时，3D 尺寸和存储的模型信息会与 3D 模型保持参数化相关性，但是在默认情况下，这些项目信息是不可见的。这就需要用户根据工程图设计要求而选择性地决定要在特定视图上显示哪些 3D 模型信息（在整个细化处理工程图的过程中，用户可以随时显示或拭除存储的 3D 模型信息），这便是显示和拭除的核心概念。

显示的项目是指使之可见的项目；而已拭除的项目是指使之不可见的项目。注意，已拭除的 3D 详图项目将仍然保留在 3D 文件数据库中，除非将其从 3D 模型中删除。

在绘图模式下，可以显示从 3D 模型传递到绘图中的尺寸。用户需要记住的是，对于每一个绘图文件而言，仅可以显示一个驱动尺寸实例；如果需要在其他页面上重复这些尺寸，则插入（从动）尺寸。在进行绘图（工程图）设计时，有时候需要将已显示的 3D 详图项目从一个视图移动到另一个视图，例如将尺寸从普通视图移动到更为适合它的详图视图。

切换至功能区的"注释"选项卡，如图 11-45 所示，接着在"插入"面板中单击 📷（显示模型注释）按钮，打开如图 11-46 所示的"显示模型注释"对话框。"显示模型注释"对话框具有 6 个基本选项卡，从左到右分别主要用于显示这些主要项目：🔲（尺寸）、🔳（几何公差）、🔳（注释）、🔳（表面粗糙度）、🔳（符号）和 🔳（基准）。在设置某些项目显示的过程中，可以根据实际情况设置其显示类型。例如，在设置显示尺寸项目的过程中，可以从"类型"下拉列表框中选择"全部"、"驱动尺寸注释元素"、"所有驱动尺寸"、"强驱动尺寸"、"从动尺寸"、"参照尺寸"或"纵坐标尺寸"。

图 11-45 功能区的"注释"选项卡

利用"显示模型注释"的相应选项卡设置好模型注释的显示项目及其具体类型后，可以使用鼠标并结合选择过滤器在视图中选择所需对象来读取模型视图的相关注释内容。这些注释内容出现在"显示模型注释"对话框的列表中，然后由用户决定这些注释内容的某些最终在绘图视图（工程图）中显示出来，如图 11-47 所示。

图 11-46 "显示模型注释"对话框

图 11-47 设置要显示哪些尺寸

根据三维模型建立工程图，并通过"显示模型注释"方法来显示选定特征的尺寸和轴线的典型示例如图 11-48 所示。

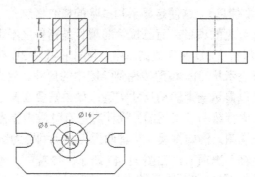

图 11-48　显示选定特征的尺寸和轴线

11.5.2　手动插入尺寸

在进行工程图设计的过程中，有时候需要采用手动插入尺寸的方式来获得所需的标准从动尺寸。此类型尺寸根据创建尺寸时所选的参照来记录值。由于该从动尺寸的值是从其参照位置衍生而来的，故不能修改该从动尺寸的值。从动尺寸与驱动尺寸不同，驱动尺寸能够将值传递回模型，而从动尺寸不能。

通常，可以创建如表 11-1 所示的多种常见类型的从动尺寸。

表 11-1　创建多种类型的从动尺寸

类　　型	功 能 含 义	附 加 说 明	创 建 工 具
新参照尺寸	根据一个或两个选定新参照来创建从动尺寸	依据所选参照而定，插入的尺寸结果可能是角度、线性、半径或直径尺寸	↦
公共参照	在一个公共基本对象和一个或多个对象间添加从动尺寸	使用公共参照创建尺寸	↤↦
纵坐标	从标识为基线的对象测量出的线性距离尺寸	创建纵坐标尺寸	—0 —12
自动纵坐标	在零件和钣金零件中自动创建纵坐标尺寸	—	—0 —12

下面详细介绍使用新参照创建从动尺寸的方法。而使用纵坐标尺寸的知识将在下一小节（11.5.3）里介绍。

切换到功能区的"注释"选项卡，在"插入"面板中单击 ↦（尺寸-新参照）按钮，打开如图 11-49 所示的"菜单管理器"。"菜单管理器"的"依附类型"菜单提供了以下依附类型选项，使用这些"依附类型"选项之一以根据实际需要来选择一条边、一条边和一个点、两个点等来创建新参照标准从动尺寸。

● "图元上"：根据创建常规尺寸的规则，将该尺寸附着在图元的拾取点处。

● "中点"：将尺寸附着到所选图元的中点。

● "中心"：将尺寸附着到圆边的中心。圆边包括圆几何（孔、倒圆角、曲线、曲面等）和圆形草绘图元。如果选择的是非圆形图元，则采用与选择"图元上"的操作相同的方式，将尺寸附着在该图元上。

● "求交"：将尺寸附着到所选两个图元的最近交点处。

● "做线"：参照当前模型视图方向的 X 和 Y 轴。

根据提示选取图元进行尺寸标注，单击鼠标中键完成一个尺寸标注。如果选取了两个弧或圆，则使用出现的如图 11-50 所示的"弧/点类型"菜单来进行相关操作。

图 11-49　菜单管理器　　　　　　　　图 11-50　"弧/点类型"菜单

● "中心"：创建弧、椭圆或圆中心之间的尺寸。
● "相切"：创建圆边、弧边或椭圆边之间的尺寸，注意在最靠近选择点的位置相切。
● "同心"：在两个同心圆或弧之间创建尺寸。

图 11-51 给出了使用新参照创建一个标准从动尺寸的典型示例，其依附类型选项为"图元上"。

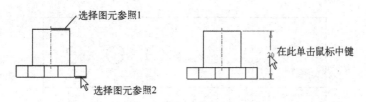

图 11-51　使用新参照创建标准从动尺寸

在功能区"注释"选项卡的"插入"面板中还有其他的尺寸创建工具，如 ⌐⌐⌐（参照尺寸-新参照）、⌐⌐⌐（参照尺寸-公共参照）、⌐⌐⌐¹²（纵坐标参照尺寸）、⌐⌐⌐（自动纵坐标参照尺寸）和 ⌐⌐（Z-半径尺寸）等，如图 11-52 所示。这些尺寸创建工具的使用方法都是比较简单的，其中一些的使用方法和草绘模式中相应标注方法类似，在这里不再一一介绍。

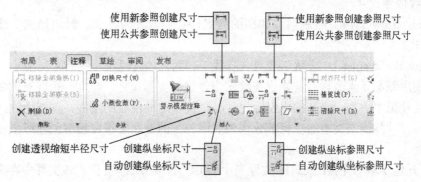

图 11-52　"插入"面板中的尺寸创建工具

知识点拨：关于坐标尺寸

有时候需要在绘图视图中创建坐标尺寸，即为标签和导引框分配一个现有的 X 坐标方向和 Y 坐标方向的尺寸。其典型方法和步骤是：在功能区的"注释"选项卡的"插入"面板中单击 （坐标尺寸）按钮，接着根据提示来选择要附着坐标尺寸的边、图元或轴，系统弹出一个"菜单管理器"（提供"获得点"菜单），可接受默认选项，然后单击要放置尺寸符号的位置，并从线性尺寸中选取相应的 X 和 Y 尺寸值以放置到符号中，则系统用这些值创建坐标尺寸。创建坐标尺寸的示例如图 11-53 所示。

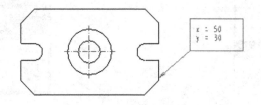

图 11-53　创建坐标尺寸

11.5.3　使用纵坐标尺寸

Pro/ENGINEER 中的纵坐标尺寸可使用不带引线的单一的尺寸界线，并与基线参照相关。所有参照相同基线的尺寸，必须共享一个公共平面或边。使用纵坐标尺寸的一个示例如图 11-54 所示。

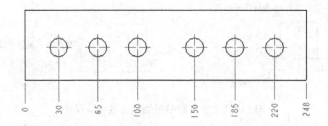

图 11-54　使用纵坐标尺寸的一个示例

高级用户需要了解到可使用以下绘图文件设置选项的组合控制纵坐标尺寸的显示格式。

● ord_dim_standard：设置标准。例如，std_jis 沿垂直于基准线并且以开放圆开始的连接线放置尺寸。

● draw_arrow_style：控制箭头和圆的样式，它们或者为开放、封闭形式，或者为填充形式。

● draw_dot_diameter：设置引线点（基线上的圆）的直径。

可以使用新起始点或现有起始点在绘图中创建纵坐标尺寸。当向一个现有的纵坐标尺寸或纵坐标尺寸组中添加一个新的纵坐标尺寸时，可以选取现有的基线、基线所连接的图元、现有纵坐标尺寸界线或文本的任何部分作为参照。下面是在工程视图中创建纵坐标的一个典型练习范例。

1）打开位于随书光盘的 CH11 文件夹中的 BC_11_2.DRW 文件，该文件中存在着一个还未显示或标注尺寸的一般视图，如图 11-55 所示。

图 11-55　原始的一般视图

2）切换到功能区的"注释"选项卡，从"插入"面板中单击^{二⁰⁄₁₂}（纵坐标尺寸）按钮，出现如图 11-56 所示的"依附类型"菜单和"选取"对话框。

3）选择如图 11-57 所示的轮廓投影线作为基线参照。

图 11-56　"依附类型"菜单等　　　　图 11-57　指定基线参照

4）在出现的"依附类型"菜单中选择"中心"选项，如图 11-58 所示，然后选择要标注的图元，如图 11-59 所示。

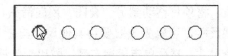

图 11-58　指定"依附类型"选项　　　　图 11-59　选择要标注的图元

5）在所需位置单击鼠标中键来放置纵坐标尺寸，如图 11-60 所示。

图 11-60　放置纵坐标尺寸

6）在"菜单管理器"的"依附类型"菜单中，"中心"选项还处于被选中的状态，此时选择第二个圆作为要标注的图元，如图 11-61 所示。然后在所需位置处单击鼠标中键来放置纵坐标尺寸，如图 11-62 所示。

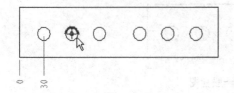

图 11-61　选择要标注的图元

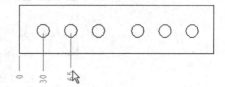

图 11-62　放置纵坐标尺寸

7）使用和上述步骤 6）同样的方法，为其他圆创建纵坐标尺寸，完成效果如图 11-63 所示。

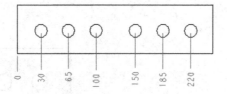

图 11-63　创建纵坐标尺寸

11.5.4　整理尺寸和细节显示

为了使工程图尺寸的放置符合工业标准，图幅页面整洁，并便于工程人员读取模型信息，通常需要整理绘图尺寸和细节显示。其中，调整尺寸位置的方法主要包括：在绘图页面上将尺寸手工移到所需位置；将选定尺寸与指定尺寸对齐；通过设置尺寸放置和修饰属性的控件（如反转箭头方向）自动安排选定尺寸的显示。还可以根据需要采用这些方式调整尺寸的显示：将尺寸移动到其他视图；切换文本引线样式；修改尺寸界线。

通常，使用右键快捷菜单来处理编辑尺寸等标注项目，包括拭除注释、删除注释、修剪尺寸界线、将项目移动到另一视图、反向箭头、编辑选定项目属性和对齐尺寸等。例如，要对齐某些尺寸，可以先选取要将其他尺寸与之对齐的尺寸，接着按住〈Ctrl〉键并选择要对齐的剩余尺寸，然后单击鼠标右键，弹出一个快捷菜单，如图 11-64 所示。从该快捷菜单中选择"对齐尺寸"命令，则尺寸与第一个选定尺寸对齐，效果如图 11-65 所示。

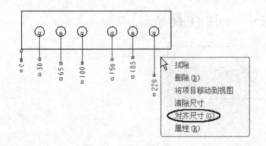

图 11-64　使用右键快捷菜单

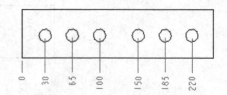

图 11-65　对齐尺寸的效果

11.5.5　设置尺寸公差

设置尺寸公差是工程图设计的一项基本要求。对于模型的某些重要配合尺寸，需要考虑合适的尺寸公差。

在 Pro/ENGINEER 中，绘图文件选项"tol_display"用于控制尺寸公差的显示，其默认值为"no*"，表示不显示尺寸公差。如果要显示尺寸公差，则需要将绘图文件选项"tol_display"的值设置为"yes"。

下面通过典型的操作实例来辅助介绍如何设置尺寸公差。

1）打开位于随书光盘的 CH11 文件夹中的 BC_11_3.DRW 文件，该绘图文件中存在着如图 11-66 所示的两个视图。

2）在菜单栏的"文件"菜单中选择"绘图选项（Drawing Options）"命令，如图 11-67 所示，则系统弹出"选项"对话框。

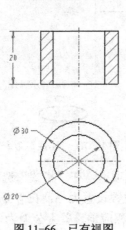

图 11-66　已有视图　　　　　　　图 11-67　"文件属性"菜单

3）在"选项"对话框的"选项"文本框中输入"tol_display"，在"值"列表框中选择 yes，如图 11-68 所示，然后单击"添加/更改"按钮。

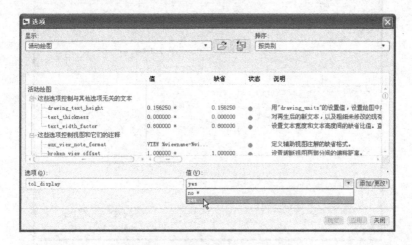

图 11-68　修改 tol_display 选项值

4）在"选项"对话框中单击"确定"按钮。

此时，刷新视图后，视图中的尺寸均以极限尺寸的形式显示，效果如图 11-69 所示。

5）通过修改选定尺寸的公差模式来获得所需的尺寸公差。注意一定要在功能区中单击"注释"选项标签，以切换到"注释"选项卡，这样系统才允许选择要设置属性的尺寸。

在本例中，选择内孔的直径尺寸，右击，接着从出现的如图 11-70 所示的快捷菜单中选择"属性"命令。

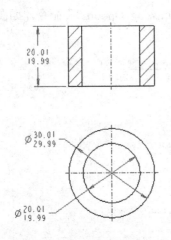

图 11-69　显示尺寸公差（极限尺寸）　　　　　图 11-70　"属性"命令

6）系统弹出"尺寸属性"对话框。切换到"属性"选项卡，在"格式"选项组中，选择"小数"单选按钮；在"值和显示"选项组中，将小数位数设置为 3；在"公差"选项组中，从"公差模式"下拉列表框中选择"加-减"选项，并相应地设置上公差为"+0.036"，下公差为"−0.010"，如图 11-71 所示。

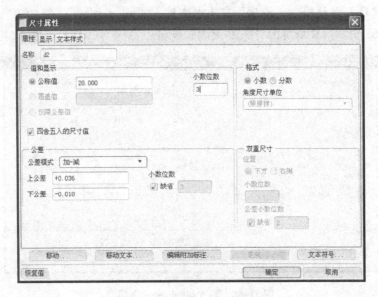

图 11-71　设置"尺寸属性"

说明：在"公差模式"下拉列表框中可供选择的选项有"公称"、"限制"、"加-减"、"+—对称"和"+—对称（上标）"，如图 11-72 所示。其中，选择"公称"选项时，只显示尺寸公称值。

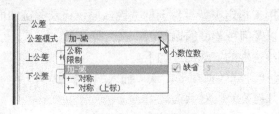

图 11-72　公差模式选项

7）在"尺寸属性"对话框中单击"确定"按钮。完成设置该处的尺寸公差如图 11-73 所示。

8）选择大圆直径尺寸，右击，并从出现的快捷菜单中选择"属性"命令，弹出"尺寸属性"对话框，在"属性"选项卡的"公差模式"下拉列表框中选择"公称"选项，然后单击"尺寸属性"对话框中的"确定"按钮，则该尺寸显示效果如图 11-74 所示。

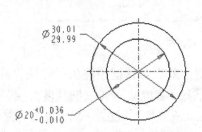

图 11-73　完成设置一处尺寸公差

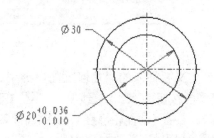

图 11-74　设置尺寸显示的效果

9）在另一个视图中选择表示模型高度的尺寸，右击，并从快捷菜单中选择"属性"命令，弹出"尺寸属性"对话框。切换到"属性"选项卡，在"值和显示"选项组中设置小数位数为 3；在"公差"选项组中，从"公差模式"下拉列表框中选择"+—对称"选项，在"公差"文本框中输入"0.500"，如图 11-75 所示。

在"尺寸属性"对话框中单击"确定"按钮，完成的效果如图 11-76 所示。

图 11-75　设置"尺寸属性"

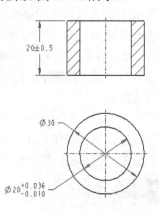

图 11-76　完成的效果

11.5.6 插入几何公差

几何公差在机械图样中的应用较为常见，它是与模型设计中指定的确切尺寸和形状之间的最大允许偏差，主要用于指定模型零件上的关键曲面，记录关键曲面之间的关系，提供有关如何正确检查零件，以及何种程度的偏差可以接受等信息。

将几何公差插入到绘图中的方法简述如下。

1）切换到功能区的"注释"选项卡，从"插入"面板中单击 (几何公差) 按钮，打开如图 11-77 所示的"几何公差"对话框。

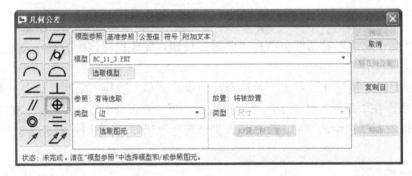

图 11-77 "几何公差"对话框

2）定义要插入的"几何公差"类型。在"几何公差"对话框中提供了这些"几何公差"类型的按钮：━━（直线度）、▱（平面度）、○（圆度）、⌀（圆柱度）、⌒（线轮廓度）、◠（曲面轮廓度）、∠（倾斜度）、⊥（垂直度）、∥（平行度）、⊕（位置）、◎（同轴度）、═（对称）、↗（径向跳动）和 ↗（总跳动）。

3）根据设计要求，灵活使用"几何公差"对话框中的"模型参照"选项卡、"基准参照"选项卡、"公差值"选项卡、"符号"选项卡和"附加文本"选项卡，以定义和设置"几何公差"的下列相关参数与选项。

● 指定要在其中添加几何公差的模型和参照图元，以及在绘图中放置几何公差。
● 指定几何公差的参照基准和材料状态，以及复合公差的值和参照基准。
● 指定公差值和材料状态。
● 指定几何公差符号和修改者以及突出公差带。
● 指定创建或编辑"几何公差"时要与其相关联的附加文本。

4）完成定义几何公差，便可以返回"模型参照"选项卡，单击"放置几何公差"按钮，将几何公差插入绘图中，然后单击"确定"按钮，接受"几何公差"设置并退出"几何公差"对话框。

值得注意的是，创建一个几何公差后，在"几何公差"对话框中单击"新几何公差"按钮，则可以创建新（附加）几何公差。如果单击"复制自"按钮，则将现有几何公差的参数和选项设置复制到正在创建或编辑的几何公差。

11.5.7 插入注释

注释包括工程图中的绘图标签、说明文字、技术要求、尺寸注释和表格文本等。注释可以带有引线，也可以不带引线。

切换到功能区的"注释"选项卡，在"插入"面板中单击 （创建注释）按钮，打开如图 11-78 所示的"注解类型"菜单。利用该菜单来可以很方便地在绘图中插入注释信息。

例如，要添加不带引线的注释，则在"注解类型"菜单中选择"无引线"选项，并选择其他命令选项（如选择"输入"→"水平"→"标准"→"缺省"选项），接着选择"进行注解"选项，弹出如图 11-79 所示的"获得点"菜单，结合"获得点"方式选项，为该注释选取位置。在出现的如图 11-80 所示的文本框中输入注释文本，需要时可以在弹出的如图 11-81 所示的"文本符号"对话框中选择所需的文本符号。输入所需的注释文本后，单击 （接受）按钮。系统再次出现要求"输入注释"的提示信息，如果不想再输入一行新的文本，则直接按〈Enter〉键直到出现"注解类型"菜单，在"注释类型"菜单中选择"完成/返回"选项。

图 11-78 "注解类型"菜单

图 11-79 "获得点"菜单

图 11-81 "文本符号"对话框

图 11-80 输入注释

　　如果要在绘图中添加带引线的注释，则需要在"注解类型"菜单中选择"带引线"选项或"ISO 引线"选项等，并选择任何其他有效命令选项，包括引线类型（"标准"、"法向引线"或"切向引线"），然后选择"进行注解"选项。出现如图 11-82 所示的"依附类型"菜单，从中设置箭头形式与引线依附类型，之后拾取要附加引线的图元，确认选取图元后为该注释指定位置，最后根据提示输入注释文本等即可。

　　图 11-83 所示的工程视图中创建了一个带引线的注释。

图 11-82　"依附类型"菜单

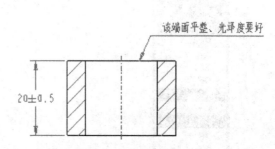

图 11-83　带引线的注释

11.5.8 创建表面粗糙度符号

　　要创建表面粗糙度符号（首次创建），则可以按照如下方法和步骤进行。

　　1）在功能区打开"注释"选项卡，单击"插入"面板中的 $\sqrt{}^{32}$（表面粗糙度）按钮，系统弹出一个"菜单管理器"。该"菜单管理器"提供"得到符号"菜单，如图 11-84 所示。

　　"得到符号"菜单中 3 个功能选项的功能含义如下。

- "名称"：从菜单中选取已经检索到的一个符号名称。
- "选出实体"：从绘图中选取可见的符号实例。
- "检索"：从磁盘检索符号。首次创建表面粗糙度符号时，需要检索符号。

　　2）在"得到符号"菜单中选择"检索"选项，弹出"打开"对话框，系统自动指向位于安装目录下的"prowildfire 5.0\sybols\surffins"文件夹内，在该文件夹内默认提供 3 大类

图 11-84　"得到符号"菜单

的表面粗糙度符号，即"generic"、"machined"和"unmachined"。打开相应的类别，例如打开"machined"类别，从中选择"📄standard1.sym"子符号，可以对它进行预览，如图 11-85 所示，然后单击对话框中的"打开"按钮。

　　3）"菜单管理器"出现"实例依附"菜单，如图 11-86 所示。在该菜单中指定依附选项，接着依据相应的操作要求和提示来进行操作，比如在绘图视图中选定依附参照/放置位置，输入表面粗糙度参数值（如图 11-87 所示，注意有些符号不需要输入参数值，这是根据所选实例符号而定的）等。

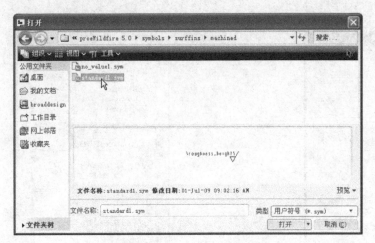

图 11-85　选择所需的表面粗糙度符号　　　　图 11-86　"实例依附"菜单

图 11-87　输入表面粗糙度参数值

4）可以继续创建其他同类的表面粗糙度符号。

11.6　使用层控制绘图详图

在实际设计工作中，使用层来控制绘图详图是很有用的。通常，根据需要隐藏或显示某些层。可以为特定层指定多个注释，而在出图前将其隐藏。

将绘图项目放置到层上主要有如下两种方式。

1. 手工放置

手工放置是在将项目添加到绘图中后将其放置到层上。可以单独地选取要添加的项目，或者可使用区域选取。手工将绘图项目放置到层上的方法简述如下。

1）在模型树中，单击 （显示）按钮，从其下拉菜单中选中"层树"命令，则列出全部现有层。

2）如果要创建新层，则单击 （层）按钮，从其下拉菜单中选择"新建层"命令，打开"层属性"对话框。

如果要将项目放置到一个现有层上，则右击该层，然后从快捷菜单中选择"层属性"命令，打开"层属性"对话框。

3）在"层属性"对话框中指定层名称，在"内容"选项卡中选中"包括"按钮，接着从图形窗口或模型树中选择所需的项目，其所包括的项目名称后边将出现一个" "图标，如图 11-88 所示。

4）在"层属性"对话框中单击"确定"按钮。

若是创建新层，这新层便出现在层树中，如图 11-89 所示的 BC_A 层。

图 11-88 "层属性"对话框

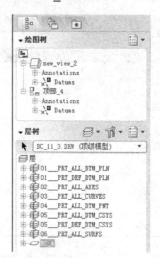

图 11-89 新建具有手工放置项目的层

2. 使用缺省层

定义在创建完成后自动将其放置到层上的特定项目。

通过设置"def_layer"配置选项创建一个缺省层。通过把层设置为活动，可以更方便地控制项目所在的层。可以在活动层上放置的绘图项目有：绘制图元（包括绘制基准、组和轴），注释和参数化注释，几何公差及其基准，尺寸（模型、绘图、参照），基准目标，符号和表面粗糙度符号，表和捕捉线等。用户也可以将注释、从动尺寸、参照尺寸、几何公差、符号和表面粗糙度符号等这些三维详图项目自动添加到缺省层。

11.7 了解从绘图生成报告

在 Pro/ENGINEER 绘图模式下，可以创建动态、自定义的报表，即可以从绘图生成特定的报告。在绘图模式下，利用"表"菜单中的相关命令来创建和定制所需的表格，并通过在表单元格之间定义重复区域，可以向报告中添加模型数据。该报告会根据需要自动添加或减去行或列，以便在模型变化时进行更新。另外，用户也可以使用下列技术处理报表中出现的数据（摘自 Pro/ENGINEER 官方帮助文件）。

- 添加过滤器以去除报表、绘图表或布局表中出现的特定数据类型。
- 搜索递归或顶级组件数据以进行显示。
- 单独或作为一个组列出报表、绘图表或布局表中重复出现的模型数据。
- 在对组件进行修改时，可直接将组件的元件球标同定制的 BOM 连接起来，并自动更新。

本节只介绍从绘图生成报告的基本概念，具体的内容请仔细研习 Pro/ENGINEER 帮助文件或其他相关的学习或参考资料。读者在学习及实际工作中，需要结合实际应用而慢慢地了解乃至掌握从绘图生成报告的这些知识：在报告中使用重复区域，在报告中使用参数值，格式化报告表，在报告中使用过滤器，在重复区域中排序，为重复区域编制索引，使用注释单元，在报告中使用带参数的破折号，为报告编写关系，以及定制材料清单等。

在 Pro/ENGINEER 绘图模式下，利用报告功能可以生成诸如族表、相关表及图形线列表等多种类型的输出。图 11-90 所示为一个常见的报表示例。该工程图提供了定制的材料清单（BOM）。

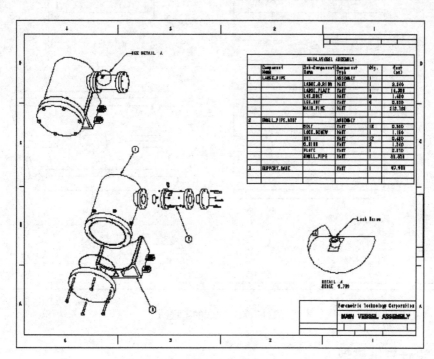

图 11-90 具有组件视图的报表

11.8 工程图综合实例

本节介绍一个工程图综合实例。该综合实例的目的是让读者掌握工程图的基本设计思路以及相关的操作方法与技巧。

该工程图综合实例的设计思路包含以下两个设计环节。

1）在零件模式下建造该零件的三维模型，如图 11-91 所示。

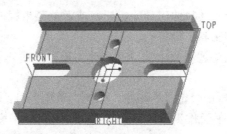

图 11-91 建立的三维模型

2）在工程图（绘图）模式下建立工程图，最后完成的工程图如图 11-92 所示。

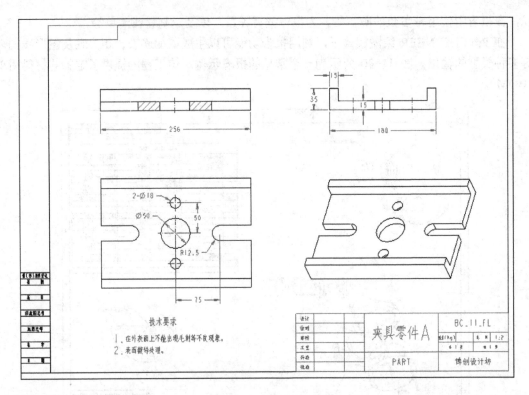

图 11-92　完成的工程图

11.8.1　设计三维模型

1．新建一个零件文件

1）单击□（新建）按钮，弹出"新建"对话框。

2）在"类型"选项组中选择"零件"单选按钮，在"子类型"选项组中选择"实体"单选按钮，在"名称"文本框中输入"bc_11_fl"，清除"使用缺省模板"复选框，单击"确定"按钮。

3）系统弹出"新文件选项"对话框，选择 mmns_part_solid 模板，然后单击"确定"按钮，进入零件设计模式。

2．创建拉伸实体特征

1）在右工具箱中单击□（拉伸工具）按钮，或者从菜单栏的"插入"菜单中选择"拉伸"命令，系统出现"拉伸工具"操控板。

2）默认时，"拉伸工具"操控板中的□（创建实体）按钮处于被选中的状态，打开"放置"面板。

3）在"放置"面板中单击"定义"按钮，弹出"草绘"对话框。

4）选择 RIGHT 基准平面作为草绘平面，以 TOP 基准平面为"左"方向参照，单击"草绘"按钮，进入草绘模式。

5）绘制如图 11-93 所示的剖面，单击✔（完成）按钮。

6）在"拉伸工具"操控板的侧 1 深度选项列表框中选择□（对称），然后设置"拉伸深度（长度）"为 256。

7）在"拉伸工具"操控板中单击☑（完成）按钮，创建的第一个拉伸实体特征如图 11-94 所示。

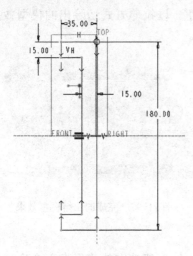

图 11-93　绘制剖面

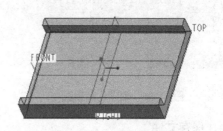

图 11-94　创建的拉伸实体特征

3. 以拉伸的方式切除材料

1）在右工具箱中单击▱（拉伸工具）按钮，或者从菜单栏的"插入"菜单中选择"拉伸"命令，系统出现"拉伸工具"操控板。

2）默认时，"拉伸工具"操控板中的▱（创建实体）按钮处于被选中的状态。在"拉伸工具"操控板中单击▱（去除材料）按钮。

3）打开"放置"面板，接着单击"定义"按钮，弹出"草绘"对话框。

4）选择 TOP 基准平面作为草绘平面，以 RIGHT 基准平面为"右"方向参照，单击"草绘"按钮，进入草绘模式。

5）绘制如图 11-95 所示的剖面，单击✔（完成）按钮。

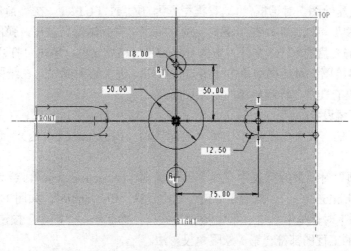

图 11-95　绘制剖面

6）单击 （将拉伸的深度方向更改为草绘的另一侧，简称深度方向）按钮，并从"深度"选项列表框中选择 （穿透），此时按〈Ctrl+D〉键以默认的标准方向视角显示模型，效果如图 11-96 所示。

7）单击"拉伸工具"操控板中的 （完成）按钮。以拉伸方式切除出的模型效果如图 11-97 所示。

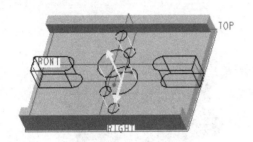
图 11-96　动态几何预览

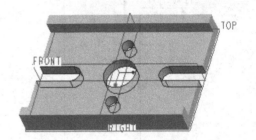
图 11-97　完成的三维模型效果

4．保存文件

1）单击 （保存活动对象）按钮，或者选择"文件"菜单中的"保存"命令，打开"保存对象"对话框。

2）指定存储地址，单击"保存对象"对话框中的"确定"按钮。Pro/ENGINEER 系统提示：BC_11_FL 已存盘。

11.8.2　设计工程图

1．新建一个绘图文件

1）在菜单栏中选择"文件"→"新建"命令，或者在工具栏中单击 （新建）按钮，打开"新建"对话框。

2）在"新建"对话框的"类型"选项组中选择"绘图"单选按钮，在"名称"文本框中输入新名称为"bc_11_fl_d"，清除"使用缺省模板"复选框，然后单击"确定"按钮。

3）弹出"新建绘图"对话框，"缺省模型"为 BC_11_FL.PRT，在"指定模板"选项组中选择"格式为空"单选按钮，在"格式"选项组中单击"浏览"按钮，弹出"打开"对话框，选择位于随书光盘的 CH11 文件夹中的 tsm_a3.frm 格式文件，单击"打开"按钮。

4）在"新建绘图"对话框中单击"确定"按钮，进入绘图模式。在绘图窗口中出现如图 11-98 所示的具有图框、标题栏等的制图页面。

2．工程图环境设置

1）在菜单栏的"文件"菜单中选择"绘图选项（Drawing Options）"命令，系统打开"选项"对话框。

2）在"选项"对话框的列表中查找到绘图选项"projection_type"，或者在"选项"文本框中输入"projection_type"，然后在"值"框中选择"first_angle"，如图 11-99 所示。

3）在"选项"对话框中单击"添加/更改"按钮，然后单击"确定"按钮。

接下去制作的工程图都符合第 I 象限角投影法。

另外，可以设置其他一些绘图选项以更好地控制绘图视图和注释等，例如将

"view_scale_denominator" 的值设置为 2 或 0，将 "view_scale_format" 的选项值设置为 "ratio_colon"。

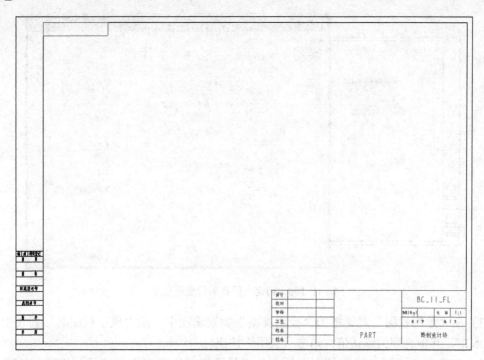

图 11-98　图框页面

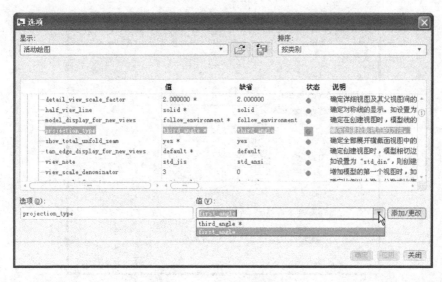

图 11-99　设置绘图选项

3. 插入一般视图

1）在功能区中打开"布局"选项卡，接着在"布局"选项卡的"模型视图"面板中单击 （一般）按钮。

2）在图框内的合适位置处单击以指定视图的放置位置，并弹出"绘图视图"对话框，如图 11-100 所示。

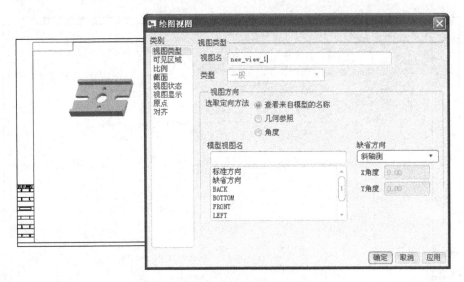

图 11-100　指定一般视图的放置位置

3）在"绘图视图"对话框的"视图类型"类别选项中，从"模型视图名"列表中选择"FRONT"，其他选项为默认值，单击"应用"按钮。

4）切换到"视图显示"类别选项，从"显示样式"列表框中选择"消隐"选项，从"相切边显示样式"列表框中选择"无"选项，如图 11-101 所示，然后单击"应用"按钮。

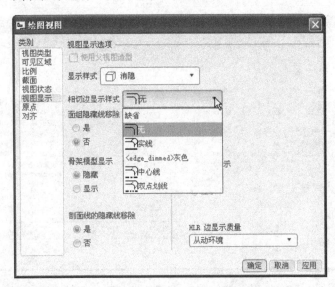

图 11-101　设置"视图显示选项"

5）切换到"截面"类别选项，选择"2D 截面"单选按钮，接着单击 ➕ （将横截面添加到视图）按钮，默认要新建一个剖截面，此时系统弹出如图 11-102 所示的"剖截面创建"菜单。从该菜单中选择"平面"→"单一"→"完成"命令，输入截面名为"A"，按

〈Enter〉键确认输入。

在模型树中选择如图 11-103 所示的 FRONT 基准平面来定义平面剖截面。

图 11-102 "剖截面创建"菜单

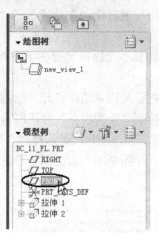

图 11-103 定义平面剖截面

在"绘图视图"对话框中单击"应用"按钮。创建的全剖视图如图 11-104 所示。

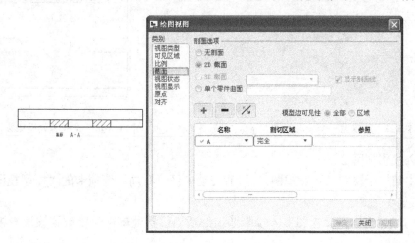

图 11-104 创建全剖视图

6）在"绘图视图"对话框中单击"关闭"按钮。

4. 设置绘图比例

1）在绘图窗口左下角处双击比例标签，如图 11-105 所示。

2）在如图 11-106 所示的文本框中输入"1/2"，单击 ✓（接受）按钮。

图 11-105 双击比例标签

图 11-106 输入比例的值

知识点拨：绘图刻度即为绘图比例，也可以输入绘图比例为"0.5"。

5．插入投影视图 1

1）选中一般视图，在功能区的"布局"选项卡的"模型视图"面板中单击 ⬚⬚（投影）按钮。

2）移动鼠标光标在父视图下方投影通道的适当位置处单击，以放置该投影视图，如图 11-107 所示。

3）双击该投影视图，打开"绘图视图"对话框。

4）切换到"绘图视图"对话框的"视图显示"类别选项，从"显示样式"列表框中选择"消隐"选项，从"相切边显示样式"列表框中选择"无"选项，然后单击"应用"按钮。

5）在"绘图视图"对话框中单击"关闭"按钮。此时，插入的投影视图 1 如图 11-108 所示。

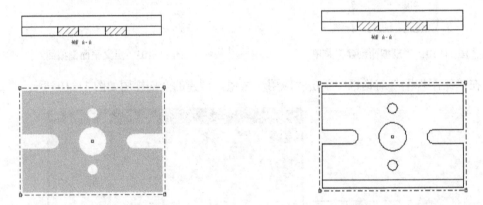

图 11-107　放置第一个投影视图　　　　图 11-108　完成插入投影视图 1

6．插入投影视图 2

1）选中第一个视图（一般视图），接着在功能区"布局"选项卡的"模型视图"面板中单击 ⬚⬚（投影）按钮。

2）移动鼠标光标在父视图右方投影通道的适当位置处单击，以放置该投影视图，如图 11-109 所示。

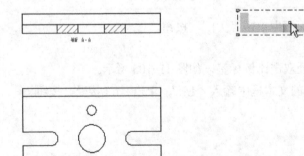

图 11-109　指定投影视图 2 的放置位置

3）双击该投影视图，打开"绘图视图"对话框。

4）切换到"绘图视图"对话框的"视图显示"类别选项，从"显示样式"列表框中选择"消隐"选项，从"相切边显示样式"列表框中选择"无"选项，然后单击"应用"按钮。

5）在"绘图视图"对话框中单击"关闭"按钮。此时，投影视图2如图11-110中右图所示。

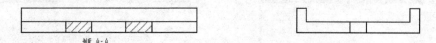

图 11-110　插入投影视图 2

7. 微调各视图位置

1）在绘图区域中单击鼠标右键，接着从出现的快捷菜单中选择"锁定视图移动"命令，以取消该命令的选中状态。

2）使用鼠标拖动的方式对各视图在图框内的放置位置进行微调，从而使整个图幅页面显得较为协调与美观，参考效果如图11-111所示。

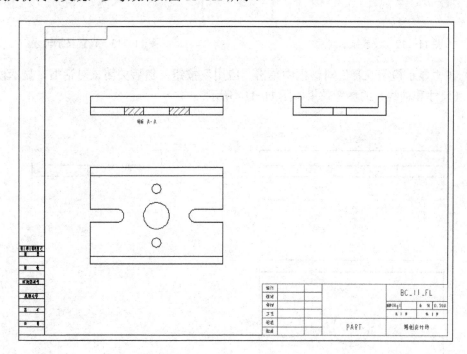

图 11-111　移动视图微调

3）调整好位置后，单击鼠标右键，接着从快捷菜单中选择"锁定视图移动"命令以选中该命令，从而将视图位置锁定。

8. 显示尺寸和轴线，并将一些尺寸移动到表达效果更好的视图

1）切换至功能区的"注释"选项卡，接着在"插入"面板中单击![按钮]（显示模型注释）按钮，打开"显示模型注释"对话框。

2）在"显示模型注释"对话框中，切换到 (尺寸) 选项卡，设置类型选项为"全部"，接着在模型树中单击零件名称，然后在对话框中单击 (全选) 按钮以设置全部显示所有尺寸，如图 11-112 所示。

3）切换到 (基准) 选项卡，单击 (全选) 按钮以确定全部显示所有基准轴，如图 11-113 所示。

图 11-112　设置显示尺寸

图 11-113　设置显示轴线

4）在"显示模型注释"对话框中单击"应用"按钮，然后关闭该对话框。显示模型指定注释（尺寸和轴线）的参考效果如图 11-114 所示。

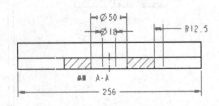

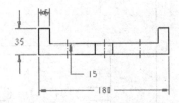

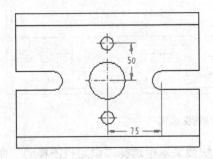

图 11-114　设置显示注释的参考效果

5）将一些尺寸移动到更适合的视图，其方法是先选择要移动的尺寸，接着单击鼠标右键，打开一个快捷菜单。从该快捷菜单中选择"将项目移动到视图"命令，然后根据提示来选择合适的模型视图即可。完成将部分尺寸项目从一个视图移动到另一个更适合视图的效果如图 11-115 所示。

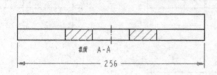
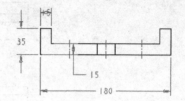

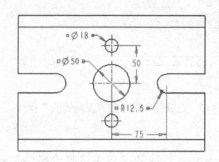

图 11-115 设置显示项目的结果

9. 拭除不需要显示的注释信息

1）在第一个视图（一般视图）下方选择"截面 A-A"的注释文本。

2）右击，接着从出现的如图 11-116 所示的快捷菜单中选择"拭除"命令。

10. 调整各尺寸的放置位置，并对指定箭头进行反向处理

使用鼠标拖动的方式调整相关尺寸的放置位置，然后需要对视图中 3 个尺寸进行"反向箭头"操作。下面以其中一个尺寸为例说明如何进行"反向箭头"操作。

选中要编辑的一个尺寸，右击，如图 11-117 所示，接着从快捷菜单中选择"反向箭头"命令。"反向箭头"处理后的该尺寸显示效果如图 11-118 所示。

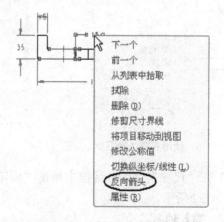

图 11-116 使用右键快捷菜单   图 11-117 "反向箭头"处理

使用同样的方法，对其他两处需要反向箭头的尺寸进行处理。进行"反向箭头"操作

后，可以调整其放置位置，得到的效果如图 11-119 所示。

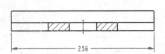

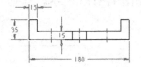

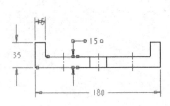

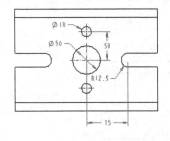

图 11-118　反向箭头效果 1　　　　　图 11-119　完成几个尺寸的"反向箭头"操作

11．为指定尺寸添加前缀

1）选择直径值为 18 的尺寸，右击，接着从该右键快捷菜单中选择"属性"命令，如图 11-120 所示。

2）系统弹出"尺寸属性"对话框，切换到"显示"选项卡，在"前缀"文本框中输入"2-"，如图 11-121 所示。

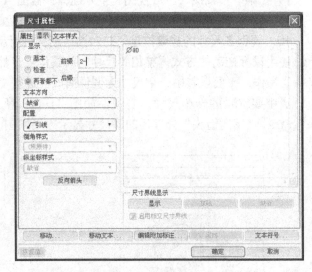

图 11-120　使用右键快捷菜单　　　　　图 11-121　输入前缀

3）在"尺寸属性"对话框中单击"确定"按钮。为该选定的尺寸添加前缀的标注效果如图 11-122 所示。

12．插入轴测图

1）在功能区中打开"布局"选项卡，接着在"布局"选项卡的"模型视图"面板中单击 ![按钮] （一般）按钮。

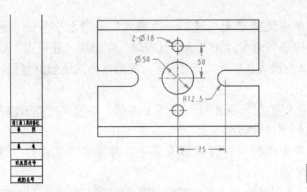

图 11-122　为尺寸添加前缀

2）在图框内的标题栏上方的合适区域单击，以确定视图的放置位置，此时系统弹出"绘图视图"对话框。

3）在"绘图视图"对话框的"视图类型"类别选项中，在"模型视图名"列表框中选择"标准方向"，单击"应用"按钮。

4）切换到"绘图视图"对话框的"视图显示"类别选项，从"显示线型"列表框中选择"消隐"选项，然后单击"应用"按钮。

5）单击"绘图视图"对话框中的"关闭"按钮。完成插入的轴测图如图 11-123 所示。

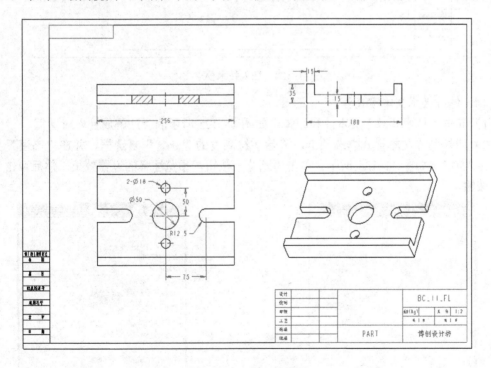

图 11-123　插入轴测图

13. 标注技术要求

1）切换到功能区的"注释"选项卡，接着在"插入"面板中单击 （注解）按钮，打开"注解类型"菜单。

2）在"注解类型"菜单中选择"无引线"→"输入"→"水平"→"标准"→"缺省"命令，接着选择"进行注解"命令，在"菜单管理器"中出现"获得点"菜单。

3）接受"获得点"菜单的默认选项为"选出点"，在图框内的适当位置处（如标题栏的左侧空白区域）单击。

4）输入注释文本为"技术要求"，单击☑（接受）按钮。系统再次提示输入注释，直接单击☑（接受）按钮。返回到"注解类型"菜单。

5）在"注解类型"菜单中选择"进行注解"命令，并接受"获得点"菜单的默认选项，在图框内的适当位置处单击。

6）输入第一行文本为"1.在外表面上不能出现毛刺等不良现象。"单击☑（接受）按钮。

7）输入第二行文本为"2.表面镀锌处理。"单击☑（接受）按钮。

8）系统再次提示输入注释，直接单击☑（接受）按钮。返回到"注解类型"菜单。在"注解类型"菜单中选择"完成/返回"命令。

插入的技术要求文本如图 11-124 所示。

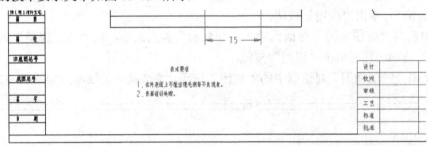

图 11-124　插入技术要求文本

14．修改技术文本字高等

1）双击"技术要求"文本注释，弹出如图 11-125 所示的"注解属性"对话框。

2）切换到"文本样式"选项卡，清除字符高度的"缺省"复选框，并在"高度"文本框中输入 0.3，如图 11-126 所示。单击"预览"按钮，预览注释的设置效果。然后单击"确定"按钮。

图 11-125　"注释属性"对话框

图 11-126　设置字符高度

3）使用同样的方法，将两行技术要求文本内容的字高设置为 0.25。

15. 补充填写标题栏

通过双击单元格的方式，填写标题栏。例如在一个单元格内填写该零件的名称为"夹具零件 A"，并可将其字高设置大一些，效果如图 11-127 所示。

图 11-127　补充填写标题栏

最后完成的工程图如图 11-128 所示。

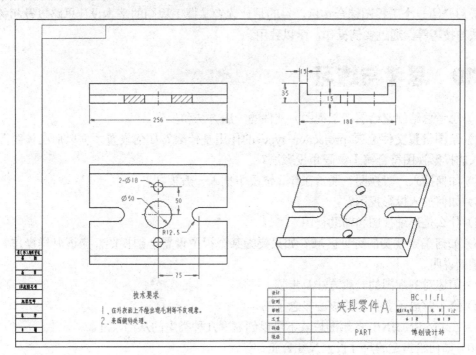

图 11-128　完成的工程图

16. 保存文件

1）单击 （保存活动对象）按钮，或者选择"文件"菜单中的"保存"命令，打开"保存对象"对话框。

2）指定存储地址，单击"保存对象"对话框中的"确定"按钮。Pro/ENGINEER 系统提示：BC_11_FL_D 已存盘。

11.9　本章小结

在 Pro/ENGINEER 中包含有专门用于工程图设计的功能模块，允许通过建立的三维模型来创建和处理相应的工程图。绘图中的所有工程视图都是相关的，如果改变一个视图中的驱动尺寸值，则系统会相应地更新其他绘图视图，同时相应的父项模型（如三维零件、钣金件或组件等）也会相应更新，即各模式具有关联性。如果对其父项模型进行修改，则其工程图也会相应地更改，从而保证了设计的一致性，便于设计更改和获得高的设计效率。

本章首先让读者初步了解工程图（绘图）模式，接着介绍设置绘图环境。设置绘图环境的两种主要方法为使用系统配置选项和使用绘图设置文件选项。

然后重点介绍：插入绘图视图，包括一般视图、投影视图、详细视图、辅助视图和旋转视图；处理绘图视图，包括确定视图的可见区域、修改视图剖面线、定义视图原点、对齐视图、锁定视图与移动视图、删除视图；工程图标注，包括显示与拭除、手动插入尺寸、使用纵坐标尺寸、整理尺寸和细节显示、设置尺寸公差、插入几何公差、插入注释等；使用层控制绘图详图；从绘图生成报告。其中，从绘图生成报告只要求读者了解。

最后介绍一个工程图综合实例，目的是让读者掌握工程图的基本设计思路以及相关的操作方法与技巧等。通过实例操作，学以致用。

11.10　思考与练习

1）思考总结创建绘图（工程图）文件的一般方法和步骤。

2）绘图设置文件选项 projection_type 的作用是什么？如何设置才使以后在该绘图文件中插入的投影视图符合第Ⅰ象限角投影法？

3）如何插入一般视图？通常在什么情况下插入一般视图？

4）如何插入投影视图？

5）什么是详细视图和辅助视图？

6）如何确定视图的可见区域？如果要为某个视图设置全剖视图，应该怎样操作？可以举例辅助说明。

7）简述对齐视图的一般方法及步骤。

8）您了解显示和拭除的核心概念了吗？

9）在 Pro/ENGINEER 绘图模式下可以创建哪几种类型的从动尺寸。

10）如何给指定的尺寸设置尺寸公差？

11）什么是几何公差？并简述插入几何公差的一般步骤。

12）总结为零件模型创建工程图的设计思路。

13）如何对指定尺寸进行"反向箭头"操作？

14）如何插入带有 ISO 引线的注释信息？可举例进行辅助说明。

15）上机练习：创建如图 11-129 所示的实体零件，具体尺寸由读者参考模型效果自行确定，然后为该实体零件建立相应的工程图。

图 11-129　实体零件

第 12 章　综合设计范例

本章内容导读：

　　本章介绍若干综合设计范例。这些设计范例包括旋钮零件、小型塑料面板零件和桌面音箱外形（产品造型）。

　　通过学习这些综合设计范例，读者的 Pro/ENGINEER 设计的实战水平将得到一定程度的提升。

12.1　设计范例 1——旋钮零件

　　本设计范例要完成的旋钮零件如图 12-1 所示。在该设计范例中主要应用到拉伸工具、旋转工具、壳工具、拔模工具、倒圆角工具和倒角工具等。

图 12-1　旋钮零件

具体的操作步骤如下。

1．新建实体零件文件

1）单击 □（新建）按钮，弹出"新建"对话框。

2）在"类型"选项组中选择"零件"单选按钮，在"子类型"选项组中选择"实体"单选按钮，在"名称"文本框中输入"bc_12_1"，清除"使用缺省模板"复选框，单击"确定"按钮。

3）系统弹出"新文件选项"对话框，选择 mmns_part_solid 模板，然后单击"确定"按钮，进入零件设计模式。

2．创建旋转特征

1）在右工具箱中单击 ⊕（旋转工具）按钮，或者在菜单栏的"插入"菜单中选择"旋转"命令，系统打开"旋转工具"操控板。默认时，"旋转工具"操控板中的 □（创建实体）按钮处于被选中的状态。

2）打开"放置"面板，接着单击"定义"按钮，弹出"草绘"对话框。

3）选择 FRONT 基准平面作为草绘平面，以 RIGHT 基准平面为"右"方向参照，单击

"草绘"对话框中的"草绘"按钮，进入草绘模式。

4）绘制如图 12-2 所示的旋转剖面和旋转轴，单击✔（完成）按钮。

5）接受默认的旋转角度为 360°，单击"旋转工具"操控板中的☑（完成）按钮，创建的旋转实体特征如图 12-3 所示。

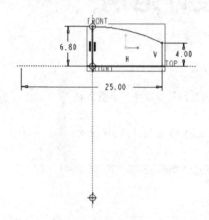

图 12-2 绘制旋转剖面和旋转轴

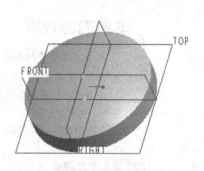

图 12-3 创建旋转实体特征

3．创建拉伸实体特征

1）在右工具箱中单击▱（拉伸工具）按钮，或者从菜单栏的"插入"菜单中选择"拉伸"命令，系统出现"拉伸工具"操控板。

2）默认时，"拉伸工具"操控板中的▱（创建实体）按钮处于被选中的状态，打开"放置"面板。

3）在"放置"面板中单击"定义"按钮，弹出"草绘"对话框。

4）选择 TOP 基准平面作为草绘平面，以 RIGHT 基准平面为"右"方向参照，单击"草绘"按钮，进入草绘模式。

5）绘制如图 12-4 所示的拉伸剖面，单击✔（完成）按钮。

6）在"拉伸工具"操控板中输入指定方向的拉伸深度为18。

7）单击"拉伸工具"操控板中的☑（完成）按钮，创建的拉伸实体特征如图12-5所示。

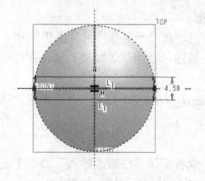

图 12-4 绘制拉伸剖面

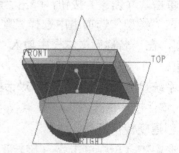

图 12-5 创建的拉伸实体特征

4．以拉伸的方式切除材料

1）在右工具箱中单击▱（拉伸工具）按钮，或者从菜单栏的"插入"菜单中选择"拉伸"命令,系统出现"拉伸工具"操控板。

2)默认时,"拉伸工具"操控板中的□(创建实体)按钮处于被选中的状态。在"拉伸工具"操控板中单击◢(去除材料)按钮。

3)打开"放置"面板,接着单击"定义"按钮,弹出"草绘"对话框。

4)选择 FRONT 基准平面作为草绘平面,以 RIGHT 基准平面为"右"方向参照,单击"草绘"对话框中的"草绘"按钮,进入草绘模式。

5)绘制如图 12-6 所示的剖面,单击✔(完成)按钮。

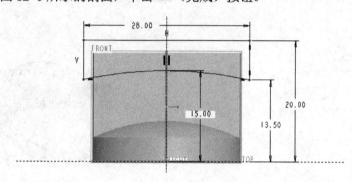

图 12-6　绘制剖面

6)在"拉伸工具"操控板中打开"选项"面板,将第 1 侧(侧 1)和第 2 侧(侧 2)的深度选项均设置"⇥⇤穿透",如图 12-7 所示。

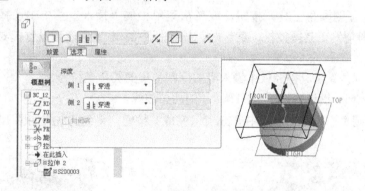

图 12-7　设置两侧的深度选项

7)单击"拉伸工具"操控板中的☑(完成)按钮,完成的拉伸切除效果如图 12-8 所示。

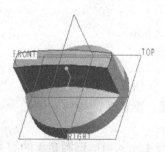

图 12-8　完成的拉伸切除效果

5. 创建拔模特征

1）在右工具箱的工具栏中单击 （拔模工具）按钮，或者在菜单栏的"插入"菜单中选择"斜度"命令，打开"拔模工具"操控板。

2）选择如图 12-9 所示的实体面定义拔模曲面。

3）在"拔模工具"操控板中单击 （拔模枢轴）收集器，将其激活，然后选择 TOP 基准平面。

4）输入拔模角度为"-2"。此时特征动态预览如图 12-10 所示。

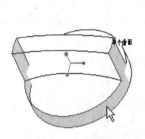

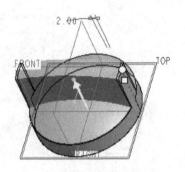

图 12-9 指定拔模曲面   图 12-10 设置拔模角度

5）在"拔模工具"操控板中单击 （完成）按钮。

6. 倒圆角 1

1）单击 （倒圆角工具）按钮，或者从菜单栏的"插入"菜单中选择"倒圆角"命令，打开"倒圆角"工具操控板。默认时，操控板中的 （切换到设置模式）按钮处于被选中的状态。

2）在"倒圆角"工具操控板中输入当前倒圆角集的圆角半径为 3。

3）结合〈Ctrl〉键选择如图 12-11 所示的两条边线。

4）在"倒圆角"工具操控板中单击 （完成）按钮，得到的效果如图 12-12 所示。

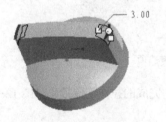

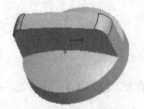

图 12-11 选择要倒圆角的边参照   图 12-12 倒圆角 1 操作的效果

7. 倒圆角 2

1）单击 （倒圆角工具）按钮，或者从菜单栏的"插入"菜单中选择"倒圆角"命令，打开"倒圆角"工具操控板。默认时，操控板中的 （切换到设置模式）按钮处于被选中的状态。

2）在"倒圆角"工具操控板中输入当前倒圆角集的圆角半径为 1。

3）结合〈Ctrl〉键选择如图 12-13 所示的边线。

4）在"倒圆角"工具操控板中单击☑（完成）按钮，得到的倒圆角效果如图12-14所示。

图 12-13　选择倒圆角 2 的边参照　　　　　图 12-14　倒圆角 2 操作的效果

8. 创建壳特征

1）在模型树中将"➡在此插入"拖到拔模特征之前，如图12-15所示。

2）在工具栏中单击▣（壳工具）按钮，或者从菜单栏的"插入"菜单中选择"壳"命令，打开"壳"工具操控板。

4）在"壳"工具操控板的"厚度"框中输入厚度为1.68。

5）在"壳"工具操控板中打开"参照"面板。"移除的曲面"收集器处于活动状态，选择如图12-16所示的实体下表面作为要移除的曲面。

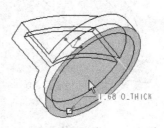

图 12-15　指定特征插入点　　　　　图 12-16　指定要移除的曲面（开口面）

6）在"壳"工具操控板中单击☑（完成）按钮，抽壳效果如图12-17所示。

7）在模型树中将"➡在此插入"拖到所有特征的最后（末端），如图12-18所示。

图 12-17　抽壳效果　　　　　图 12-18　指定特征插入点

9．创建拔模特征

1）在右工具箱的工具栏中单击 （拔模工具）按钮，或者在菜单栏的"插入"菜单中选择"斜度"命令，打开"拔模"工具操控板。

2）结合〈Ctrl〉键选择如图 12-19 所示的 3 块实体面定义拔模曲面。

3）在"拔模"工具操控板中单击 （拔模枢轴）收集器，将其激活，然后选择 TOP 基准平面定义拔模枢轴。

4）在"拔模"工具操控板中输入拔模角度为"2"。

5）在"拔模"工具操控板中单击 （完成）按钮。

10．创建加厚拉伸的实体特征

1）在右工具箱中单击 （拉伸工具）按钮，或者从菜单栏的"插入"菜单中选择"拉伸"命令，系统出现"拉伸"工具操控板。

2）默认时，"拉伸"工具操控板中的 （创建实体）按钮处于被选中的状态，单击 （加厚草绘）按钮。

3）打开"放置"面板，在"放置"面板中单击"定义"按钮，弹出"草绘"对话框。

4）选择 TOP 基准平面作为草绘平面，以 RIGHT 基准平面为"右"方向参照，单击"草绘"按钮，进入草绘模式。

5）绘制如图 12-20 所示的拉伸剖面，单击 （完成）按钮。

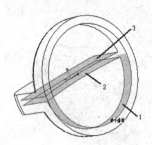

图 12-19　指定拔模曲面

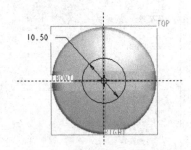

图 12-20　绘制拉伸剖面

6）在"拉伸"工具操控板中输入加厚的厚度为 2。

7）打开"拉伸"工具操控板的"选项"面板，从"侧 1"深度选项列表框中选择 到下一个，从"侧 2"深度选项列表框中选择 盲孔，并输入其深度为 13.2，如图 12-21 所示。

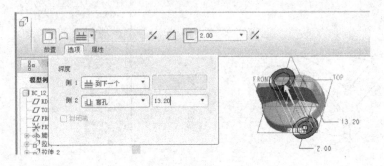

图 12-21　设置"深度"选项及参数

8）在"拉伸"工具操控板中单击☑（完成）按钮，完成创建的该拉伸加厚特征如图 12-22 所示。

11．创建倒角特征

1）单击 ✎（倒角工具）按钮，或者选择"插入"→"倒角"→"边倒角"命令，打开"边倒角"工具操控板。

2）在"边倒角"工具操控板的列表框中选择标注形式选项为"45 x D"，输入 D 值为 1。

3）选择要倒角的边参照，如图 12-23 所示。

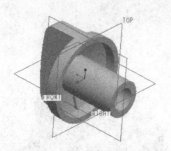

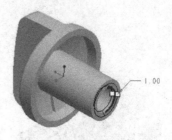

图 12-22　创建的拉伸加厚特征　　　　图 12-23　选择要倒角的边参照

4）在"边倒角"工具操控板中单击☑（完成）按钮。

12．以拉伸的方式切除材料

1）在右工具箱中单击 ⬚（拉伸工具）按钮，或者从菜单栏的"插入"菜单中选择"拉伸"命令，系统出现"拉伸"工具操控板。

2）默认时，"拉伸"工具操控板中的 ▢（创建实体）按钮处于被选中的状态。在"拉伸"工具操控板中单击 ▱（去除材料）按钮。

3）打开"放置"面板，接着单击"定义"按钮，弹出"草绘"对话框。

4）选择如图 12-24 所示的圆环面作为草绘平面，以 RIGHT 基准平面为"顶"方向参照，单击"草绘"按钮，进入草绘模式。

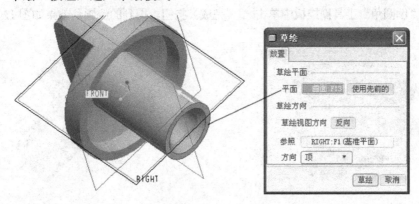

图 12-24　指定草绘平面

5）绘制如图 12-25 所示的剖面，单击 ✔（完成）按钮。

6）深度方向指向实体，输入深度值为 8.5，此时特征几何预览如图 12-26 所示。

7）单击"拉伸"工具操控板中的☑（完成）按钮，得到的模型效果如图 12-27 所示。

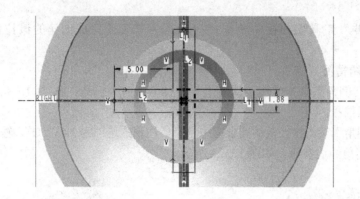

图 12-25　绘制剖面

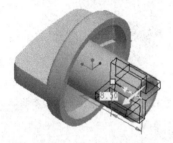

图 12-26　特征几何预览

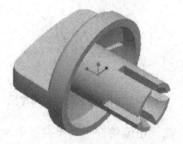

图 12-27　拉伸切除的效果

13．倒圆角 3

1）单击 （倒圆角工具）按钮，或者从菜单栏的"插入"菜单中选择"倒圆角"命令，打开"倒圆角"工具操控板。默认时，操控板中的 （切换到设置模式）按钮处于被选中的状态。

2）在"倒圆角"工具操控板中输入当前倒圆角集的圆角半径为 0.8。

3）结合〈Ctrl〉键选择如图 12-28 所示的边线。

4）在"倒圆角"工具操控板中单击 （完成）按钮，得到的倒圆角效果如图 12-29 所示。

图 12-28　指定边参照

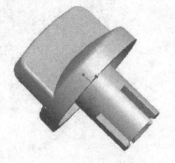

图 12-29　倒圆角后的效果

14．创建旋转特征

1）在右工具箱中单击 （旋转工具）按钮，或者在菜单栏的"插入"菜单中选择"旋转"命令，系统打开"旋转"工具操控板。默认时，"旋转"工具操控板中的 （创建实体）按钮处于被选中的状态。

2）打开"放置"面板，接着单击"定义"按钮，弹出"草绘"对话框。

3）选择 FRONT 基准平面作为草绘平面，以 RIGHT 基准平面为"右"方向参照，单击"草绘"对话框中的"草绘"按钮，进入草绘模式。

4）绘制如图 12-30 所示的旋转剖面和旋转轴，单击 ✔（完成）按钮。

5）接受默认的旋转角度为 360°，单击"旋转"工具操控板中的 ☑（完成）按钮，创建的旋转实体特征如图 12-31 所示。

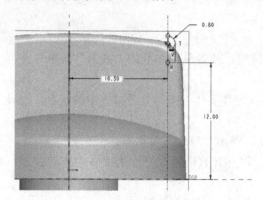

图 12-30　绘制旋转剖面及旋转中心线

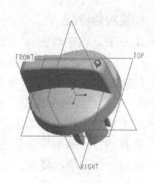

图 12-31　创建的旋转实体特征

15. 保存文件

1）单击 🖫（保存活动对象）按钮，或者选择"文件"菜单中的"保存"命令，打开"保存对象"对话框。

2）指定存储地址，单击"保存对象"对话框中的"确定"按钮。Pro/ENGINEER 系统提示：BC_12_1 已存盘。

12.2　设计范例 2——小型塑料面板零件

本设计范例要完成的小型塑料面板零件如图 12-32 所示。该零件为某工控计算机的面板零件。在该设计范例中，主要使用拉伸工具、镜像工具、倒圆角工具、倒角工具和基准平面工具进行综合设计，其中拉伸工具应用最多。在学习本设计范例时，需要特别注意在创建某特征的过程中创建所需要的内部基准平面。

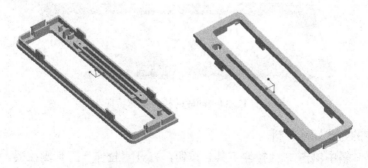

图 12-32　小型塑料面板零件

具体的操作步骤如下。

1. 新建实体零件文件

1）单击□（新建）按钮，弹出"新建"对话框。

2）在"类型"选项组中选择"零件"单选按钮，在"子类型"选项组中选择"实体"单选按钮，在"名称"文本框中输入"bc_12_2"，清除"使用缺省模板"复选框，单击"确定"按钮。

3）系统弹出"新文件选项"对话框，选择 mmns_part_solid 模板，然后单击"确定"按钮，进入零件设计模式。

2. 创建拉伸特征

1）在右工具箱中单击□（拉伸工具）按钮，或者从菜单栏的"插入"菜单中选择"拉伸"命令，打开"拉伸"工具操控板。

2）默认时，"拉伸"工具操控板中的□（创建实体）按钮处于被选中的状态。选择"放置"选项，打开"放置"面板。

3）在"放置"面板中单击"定义"按钮，弹出"草绘"对话框。

4）选择 TOP 基准平面作为草绘平面，以 RIGHT 基准平面为"右"方向参照，单击"草绘"按钮，进入草绘模式。

5）绘制如图 12-33 所示的拉伸剖面，单击✔（完成）按钮。

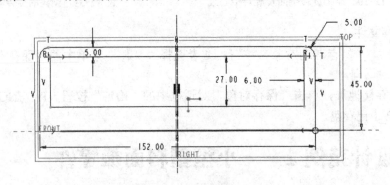

图 12-33　绘制拉伸剖面

6）在"拉伸"工具操控板中输入指定方向的拉伸深度为 3。

7）单击"拉伸"工具操控板中的☑（完成）按钮，创建的拉伸实体特征如图 12-34 所示。

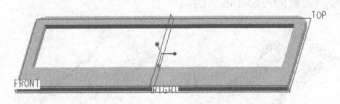

图 12-34　创建的拉伸实体特征

3. 以拉伸的方式切除材料

1）在右工具箱中单击□（拉伸工具）按钮，打开"拉伸"工具操控板。

2）默认时，"拉伸"工具操控板中的□（创建实体）按钮处于被选中的状态。在"拉伸"工具操控板中单击 (去除材料)按钮。

3）在"拉伸"工具操控板中打开"放置"面板，接着单击"定义"按钮，弹出"草绘"对话框。

4）在"草绘"对话框中单击"使用先前的"按钮，进入草绘模式。

5）绘制如图12-35所示的剖面，单击 ✔（完成）按钮。

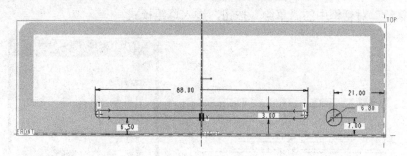

图 12-35 绘制剖面

6）单击 （深度方向）按钮，并从深度选项列表框中选择 （穿透）。

7）单击"拉伸"工具操控板中的 ☑（完成）按钮。以拉伸方式切除出的模型效果如图 12-36 所示。

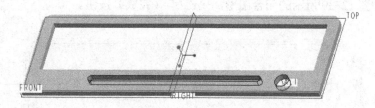

图 12-36 切除效果

4. 进行倒圆角操作

1）单击 （倒圆角工具）按钮，打开"倒圆角"工具操控板。默认时，操控板中的 （切换到设置模式）按钮处于被选中的状态。

2）在"倒圆角"工具操控板中输入当前倒圆角集的圆角半径为3。

3）结合〈Ctrl〉键选择如图12-37所示的4条边线。

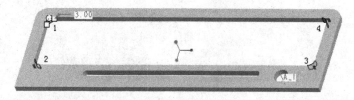

图 12-37 选择4条边线

4）在"倒圆角"工具操控板中单击 ☑（完成）按钮。

5. 加厚拉伸

1）单击 （拉伸工具）按钮，打开"拉伸"工具操控板。

2）默认时，"拉伸"工具操控板中的□（创建实体）按钮处于被选中的状态。在"拉伸"工具操控板中单击□（加厚草绘）按钮，并设置加厚厚度为1.5。

3）在"拉伸"工具操控板中打开"放置"面板，接着单击"定义"按钮，弹出"草绘"对话框。

4）选择如图 12-38 所示的实体面作为草绘平面，以 RIGHT 基准平面为"右"方向参照，单击"草绘"对话框中的"草绘"按钮，进入草绘模式。

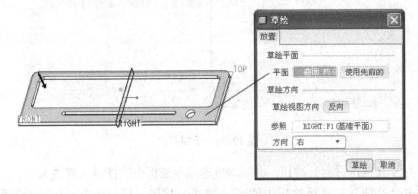

图 12-38　指定草绘平面

5）绘制如图 12-39 所示的闭合图形，单击✔（完成）按钮。

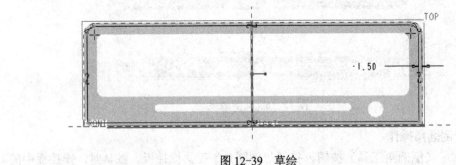

图 12-39　草绘

6）向内侧加厚，输入拉伸深度为5。

7）单击操控板中的☑（完成）按钮，完成该拉伸特征的效果如图 12-40 所示。

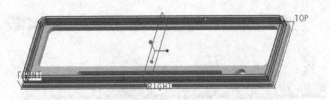

图 12-40　创建拉伸加厚特征

6. 以拉伸的方式切除材料

1）单击⚃（拉伸工具）按钮，打开"拉伸"工具操控板。

2）默认时，"拉伸"工具操控板中的□（创建实体）按钮处于被选中的状态。在"拉伸"工具操控板中单击☑（去除材料）按钮。

3）打开"放置"面板，接着单击"定义"按钮，弹出"草绘"对话框。

4）在"草绘"对话框中单击"使用先前的"按钮，进入草绘模式。

5）绘制如图 12-41 所示的剖面，单击✔（完成）按钮。

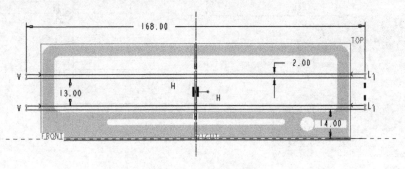

图 12-41 绘制剖面

6）单击✗（深度方向）按钮，并从深度选项列表框中选择▋▋（穿透），此时模型如图 12-42 所示。

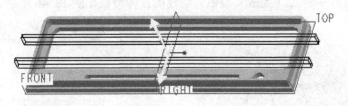

图 12-42 模型预览

7）单击操控板中的☑（完成）按钮。

7. 创建拉伸特征

1）单击☑（拉伸工具）按钮，打开"拉伸"工具操控板。

2）进入"拉伸"工具操控板的"放置"面板，单击"定义"按钮，打开"草绘"对话框。

3）指定草绘平面及草绘方向，如图 12-43 所示，单击"草绘"按钮，进入草绘模式。

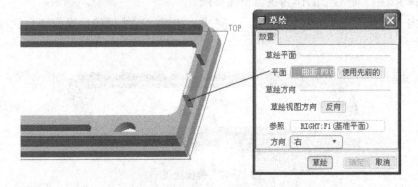

图 12-43 指定草绘平面及草绘方向

4）定义绘图参照，绘制如图 12-44 所示的闭合图形（要注意相关的约束关系），单击

✔（完成）按钮。

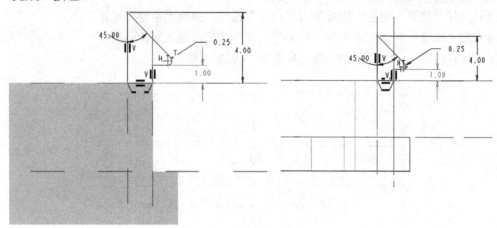

图 12-44　草绘

5）在操控板的深度选项列表框中选择 ⯬（到选定项），在模型中选择如图 12-45 所示的实体面。

6）单击操控板中的 ☑（完成）按钮。创建的拉伸特征如图 12-46 所示。

图 12-45　选择要拉伸到的面

图 12-46　创建的拉伸实体特征

8．镜像操作

1）刚创建的拉伸特征处于被选中的状态，此时单击 ⼳（镜像工具）按钮，打开"镜像"工具操控板。

2）选择 RIGHT 基准平面作为镜像平面参照。

3）单击"镜像"工具操控板中的 ☑（完成）按钮，完成该镜像操作得到的模型结果如图 12-47 所示。

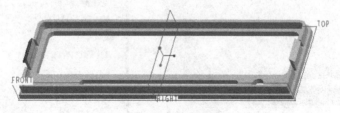

图 12-47　镜像结果

9．创建拉伸特征

1）单击 ⬄（拉伸工具）按钮，打开"拉伸"工具操控板。

2）进入"拉伸"工具操控板的"放置"面板，单击"定义"按钮，打开"草绘"对话框。

3）指定草绘平面及草绘方向，如图 12-48 所示，单击"草绘"对话框中的"草绘"按钮，进入草绘模式。

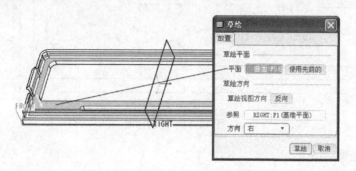

图 12-48　指定草绘平面及草绘方向

4）草绘如图 12-49 所示的剖面，单击 ✔（完成）按钮。

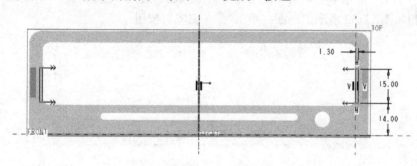

图 12-49　草绘

5）在"拉伸"工具操控板中输入拉伸深度为 5。

6）在"拉伸"工具操控板中单击 ☑（完成）按钮，得到的模型效果如图 12-50 所示。

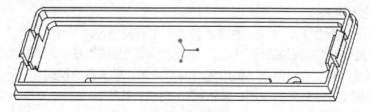

图 12-50　模型效果

10. 创建拉伸特征

1）单击 （拉伸工具）按钮，打开"拉伸"工具操控板。

2）进入"拉伸"工具操控板的"放置"面板，单击"定义"按钮，打开"草绘"对话框。

3）在"草绘"对话框中单击"使用先前的"按钮，进入草绘模式。

4）绘制如图 12-51 所示的剖面，单击 ✔（完成）按钮。

5）输入拉伸深度为 4。

6）在"拉伸"工具操控板中单击 ☑（完成）按钮。

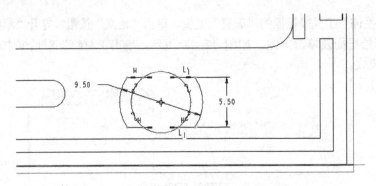

图 12-51 绘制剖面

11．创建拉伸特征

1）单击 （拉伸工具）按钮，打开"拉伸"工具操控板。

2）进入"拉伸"工具操控板的"放置"面板，单击"定义"按钮，打开"草绘"对话框。

3）在"草绘"对话框中单击"使用先前的"按钮，进入草绘模式。

4）绘制如图 12-52 所示的剖面，单击 （完成）按钮。

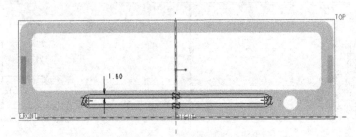

图 12-52 绘制剖面

5）输入拉伸深度为 2。

6）在"拉伸"工具操控板中单击 （完成）按钮。

12．创建拉伸特征

1）单击 （拉伸工具）按钮，打开"拉伸"工具操控板。

2）进入"拉伸"工具操控板的"放置"面板，单击"定义"按钮，打开"草绘"对话框。

3）在"草绘"对话框中单击"使用先前的"按钮，进入草绘模式。

4）绘制如图 12-53 所示的剖面，单击 （完成）按钮。

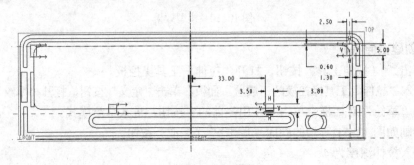

图 12-53 绘制剖面

5）输入拉伸深度为2。

6）在"拉伸"工具操控板中单击☑（完成）按钮。此时，模型效果如图 12-54 所示。

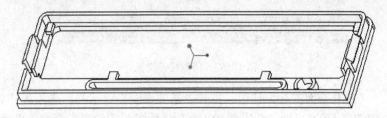

图 12-54　模型效果

13．创建拉伸特征

1）单击▱（拉伸工具）按钮，打开"拉伸"工具操控板。

2）进入"拉伸"工具操控板的"放置"面板，单击"定义"按钮，打开"草绘"对话框。

3）指定草绘平面及草绘方向，如图 12-55 所示，然后在"草绘"对话框中单击"草绘"按钮，进入草绘模式。

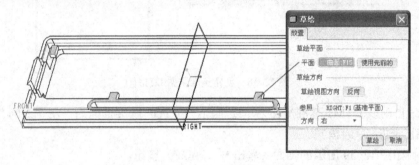

图 12-55　指定草绘平面及草绘方向

4）绘制如图 12-56 所示的剖面，单击✔（完成）按钮。

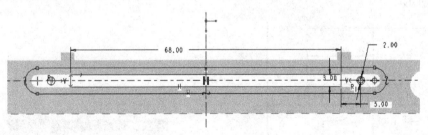

图 12-56　绘制剖面

5）输入拉伸深度为1.5。

6）在"拉伸"工具操控板中单击☑（完成）按钮。完成创建的该拉伸特征如图 12-57 所示。

14．创建拉伸特征

1）单击▱（拉伸工具）按钮，打开"拉伸"工具操控板。

2）进入"拉伸"工具操控板的"放置"面板，单击"定义"按钮，打开"草绘"对话框。

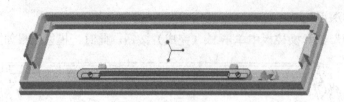

图 12-57　创建拉伸特征

3）单击 □（基准平面工具）按钮，打开"基准平面"对话框。选择 A_1 特征轴，按住〈Ctrl〉键选择 RIGHT 基准平面，并设置 RIGHT 平面参照的约束类型为"平行"。然后单击"确定"按钮，创建默认名为 DTM1 的基准平面如图 12-58 所示。

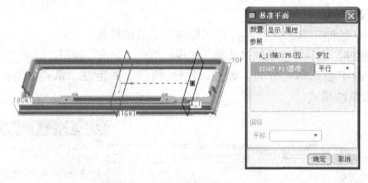

图 12-58　创建基准平面 DTM1

4）系统自动以 DTM1 基准平面为草绘平面，以 TOP 基准平面为"左"方向参照，单击"草绘"按钮，进入草绘模式。

5）绘制如图 12-59 所示的剖面，单击 ✔（完成）按钮。

6）设置深度选项为 ⬚（对称），并设置拉伸深度为 2.5。

7）在"拉伸"工具操控板中单击 ☑（完成）按钮。以"拉伸"方式创建的卡扣结构如图 12-60 所示。

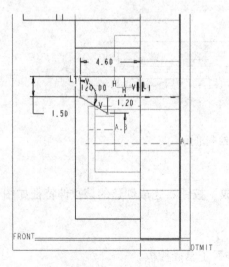

图 12-59　绘制剖面

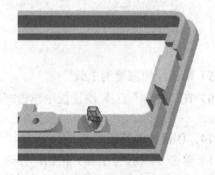

图 12-60　创建的卡扣结构

15. 创建拉伸特征

1）单击 （拉伸工具）按钮，打开"拉伸"工具操控板。

2）进入"拉伸"工具操控板的"放置"面板，单击"定义"按钮，打开"草绘"对话框。

3）选择 TOP 基准平面作为草绘平面，以 RIGHT 基准平面为"右"方向参照，单击"草绘"对话框中的"草绘"按钮，进入草绘模式。

4）绘制如图 12-61 所示的剖面，该剖面由 4 段边组成。单击 （完成）按钮，完成草绘并退出草绘模式。

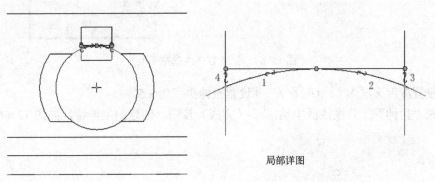

图 12-61 绘制开放的剖面

5）设置深度选项为 （到下一个），注意指定有效的深度方向，如图 12-62 所示。

6）在"拉伸"工具操控板中单击 （完成）按钮。完成该步骤后，卡扣的结构工艺便合理了，效果如图 12-63 所示。

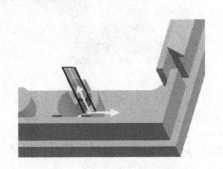

图 12-62 特征几何预览

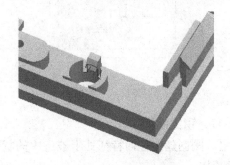

图 12-63 完成卡扣结构

16. 创建拉伸特征

1）单击 （拉伸工具）按钮，打开"拉伸"工具操控板。

2）进入"拉伸"工具操控板的"放置"面板，单击"定义"按钮，打开"草绘"对话框。

3）单击 （基准平面工具）按钮，打开"基准平面"对话框。选择 RIGHT 基准平面，其约束类型为"偏移"，设置其偏距平移值为 63.5，如图 12-64 所示。然后单击"确定"按钮，创建默认名为 DTM2 的基准平面。

4）系统自动以 DTM2 基准平面为草绘平面，以 TOP 基准平面为"左"方向参照，单击"草绘"对话框中的"草绘"按钮，进入草绘模式。

5）绘制如图 12-65 所示的剖面，单击 （完成）按钮。

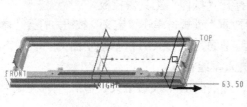

图 12-64 创建 DTM2 基准平面

6）设置深度选项为 ⊟（对称），并设置拉伸深度为 1.5。

7）在"拉伸"工具操控板中单击 ☑（完成）按钮，创建的拉伸特征如图 12-66 所示。

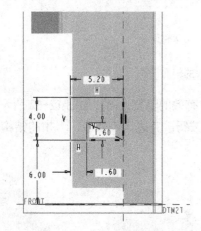

图 12-65 草绘剖面

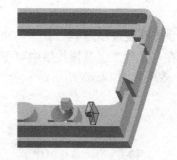

图 12-66 创建的拉伸特征

17．镜像操作

1）刚创建的拉伸特征处于被选中的状态，单击 ⊃⊂（镜像工具）按钮，打开"镜像"工具操控板。

2）选择 RIGHT 基准平面作为镜像平面参照。

3）单击"镜像"工具操控板中的 ☑（完成）按钮，完成该镜像操作，得到的模型结果如图 12-67 所示。

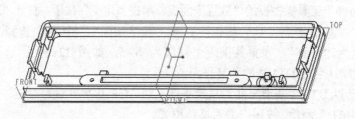

图 12-67 镜像结果

18. 创建拉伸特征

1）单击 ⬚（拉伸工具）按钮，打开"拉伸"工具操控板。

2）进入"拉伸"工具操控板的"放置"面板，单击"定义"按钮，打开"草绘"对话框。

3）选择 TOP 基准平面作为草绘平面，以 RIGHT 基准平面为"右"方向参照，单击"草绘"对话框中的"草绘"按钮，进入草绘模式。

4）绘制如图 12-68 所示的剖面，单击 ✔（完成）按钮。

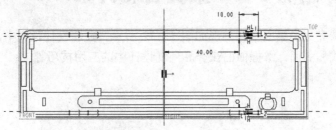

图 12-68　绘制剖面

5）设置指定方向的拉伸深度为 12。

6）在"拉伸"工具操控板中单击 ☑（完成）按钮，完成该拉伸特征的模型效果如图 12-69 所示。

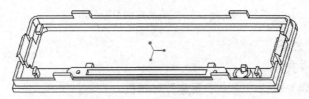

图 12-69　完成该拉伸特征

19. 创建倒角特征

1）单击 ➘（倒角工具）按钮，打开"边倒角"工具操控板。

2）在"边倒角"工具操控板的下拉列表框中选择标注形式选项为"45 x D"，接着输入 D 值为 1。

3）选择要倒角的边参照，如图 12-70 所示。

4）在"边倒角"工具操控板中单击 ☑（完成）按钮。完成该倒角的模型效果如图 12-71 所示。

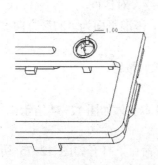

图 12-70　选择要倒角的边参照

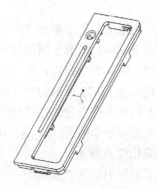

图 12-71　完成倒角特征

20. 保存文件

1）单击 ▣（保存活动对象）按钮，或者选择"文件"菜单中的"保存"命令，打开"保存对象"对话框。

2）指定存储地址，单击"保存对象"对话框中的"确定"按钮。

12.3　设计范例 3——桌面音箱外形

本设计范例要完成的桌面音箱外形如图 12-72 所示。在该设计范例中，主要学习如何创建所需的基准曲线和曲面，掌握曲面在产品外观设计中的应用技巧等。

图 12-72　完成的桌面音箱外形

具体的操作步骤如下。

1. 新建实体零件文件

1）单击 ▢（新建）按钮，弹出"新建"对话框。

2）在"类型"选项组中选择"零件"单选按钮，在"子类型"选项组中选择"实体"单选按钮，在"名称"文本框中输入"bc_12_3"，清除"使用缺省模板"复选框，单击"确定"按钮。

3）系统弹出"新文件选项"对话框，选择 mmns_part_solid 模板，然后单击"确定"按钮，进入零件设计模式。

2. 创建拉伸特征

1）单击 ☞（拉伸工具）按钮，打开"拉伸"工具操控板。

2）默认时，"拉伸"工具操控板中的 ▢（创建实体）按钮处于被选中的状态，打开"放置"面板。

3）在"放置"面板中单击"定义"按钮，弹出"草绘"对话框。

4）选择 FRONT 基准平面作为草绘平面，以 RIGHT 基准平面为"右"方向参照，单击"草绘"按钮，进入草绘模式。

5）绘制如图 12-73 所示的拉伸剖面，单击 ✔（完成）按钮。

6）输入默认深度方向的拉伸深度值为 120。

7）单击操控板中的 ☑（完成）按钮，创建的拉伸基本实体如图 12-74 所示。

3. 创建扫描曲面 1

1）在菜单栏中选择"插入"→"扫描"→"曲面"命令，打开如图 12-75 所示的"曲面：扫描"对话框和"扫描轨迹"菜单。

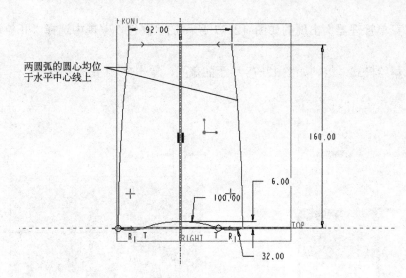

图 12-73　绘制拉伸剖面

两圆弧的圆心均位于水平中心线上

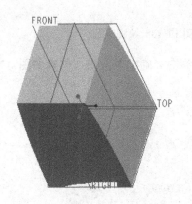

图 12-74　创建的拉伸基本实体

图 12-75　"曲面：扫描"对话框和"扫描轨迹"菜单

2）在"扫描轨迹"菜单中选择"草绘轨迹"命令。

3）选择 RIGHT 基准平面作为草绘平面，接着在"菜单管理器"出现的菜单中选择"确定（正向）"→"缺省"选项，进入草绘模式。

4）绘制如图 12-76 所示的轨迹，单击 ✔ （完成）按钮。

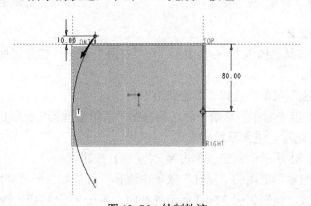

图 12-76　绘制轨迹

5）在"菜单管理器"出现的如图 12-77 所示的"属性"菜单中选择"开放端"→"完成"选项。

6）进入草绘模式，绘制如图 12-78 所示的截面，单击✔（完成）按钮。

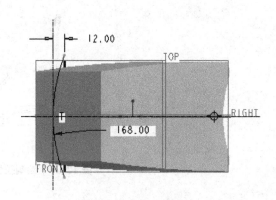

图 12-77　出现"属性"菜单　　　　　　图 12-78　绘制截面

7）在如图 12-79 所示的"曲面：扫描"对话框中单击"确定"按钮，创建如图 12-80 所示的扫描曲面。

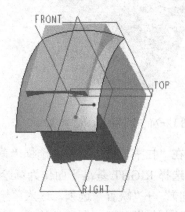

图 12-79　"曲面：扫描"对话框　　　　　图 12-80　创建扫描曲面

4．创建扫描曲面 2

1）在菜单栏中选择"插入"→"扫描"→"曲面"命令，打开"曲面：扫描"对话框和"扫描轨迹"菜单。

2）在"扫描轨迹"菜单中选择"草绘轨迹"命令。

3）选择 TOP 基准平面作为草绘平面，接着在"菜单管理器"出现的菜单中选择"确定（正向）"→"缺省"选项，进入草绘模式。

4）绘制如图 12-81 所示的轨迹，单击✔（完成）按钮。

5）在"菜单管理器"出现的"属性"菜单中选择"开放端"→"完成"选项。

6）进入草绘模式，绘制如图 12-82 所示的截面，单击✔（完成）按钮。

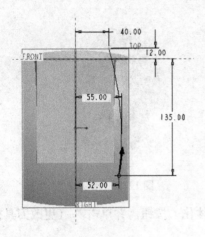

图 12-81　绘制轨迹

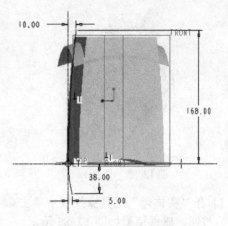

图 12-82　绘制扫描截面

7）在"曲面：扫描"对话框中单击"确定"按钮，创建如图 12-83 所示的扫描曲面。

5. 镜像曲面

1）选中刚创建的扫描曲面 2，单击 （镜像工具）按钮，打开"镜像"工具操控板。

2）选择 RIGHT 基准平面作为镜像平面参照。

3）单击操控板中的 （完成）按钮，镜像结果如图 12-84 所示。

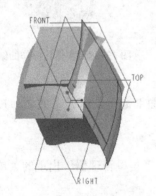

图 12-83　创建扫描曲面 2

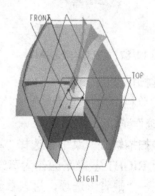

图 12-84　镜像结果

6. 合并面组

1）选择扫描曲面 2，按住〈Ctrl〉键选择扫描曲面 1。

2）单击 （合并工具）按钮，打开"合并"工具操控板。此时，要保留的面组侧如图 12-85 所示。

3）单击操控板中的 （完成）按钮。

4）按住〈Ctrl〉键选择镜像操作得到的曲面，单击 （合并工具）按钮。确保要保留的面组侧如图 12-86 所示。

5）单击操控板中的 （完成）按钮。

7. 实体化操作

1）确保选中刚合并而成的面组（合并 2），从菜单栏的"编辑"菜单中选择"实体化"命令，打开"实体化"工具操控板。

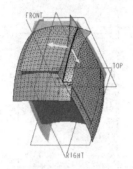

图 12-85　合并 1

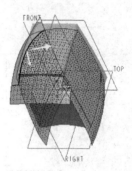

图 12-86　合并 2

2）在"实体化"工具操控板中单击 （切口实体化）按钮，并单击 （更改刀具操作方向）按钮，确保模型如图 12-87 所示。

3）单击操控板中的 （完成）按钮，得到的实体模型如图 12-88 所示。

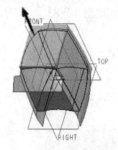

图 12-87　切口实体化操作

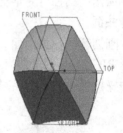

图 12-88　实体化操作的结果

8. 创建扫描曲面 3

1）在菜单栏中选择"插入"→"扫描"→"曲面"命令，打开"曲面：扫描"对话框和"扫描轨迹"菜单。

2）在"扫描轨迹"菜单中选择"草绘轨迹"命令。

3）选择 RIGHT 基准平面作为草绘平面，接着在"菜单管理器"出现的菜单中选择"确定（正向）"→"缺省"选项，进入草绘模式。

4）绘制如图 12-89 所示的轨迹，单击 （完成）按钮。

5）在"菜单管理器"出现的"属性"菜单中选择"开放端"→"完成"选项。

6）进入草绘模式，绘制如图 12-90 所示的截面，单击 （完成）按钮。

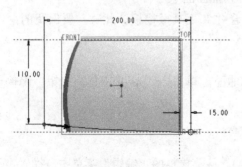

图 12-89　绘制轨迹

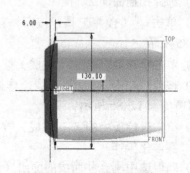

图 12-90　绘制扫描截面

7）在"曲面：扫描"对话框中单击"确定"按钮，创建如图 12-91 所示的扫描曲面。

9. 实体化操作

1）选中刚创建的扫描曲面 3，从菜单栏的"编辑"菜单中选择"实体化"命令，打开"实体化"工具操控板。

2）在"实体化"工具操控板中单击 （切口实体化）按钮，并单击 （更改刀具操作方向）按钮使箭头方向如图 12-92 所示。

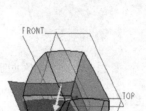

图 12-91　创建扫描曲面 3

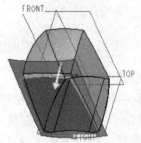

图 12-92　切口实体化操作

3）单击操控板中的 （完成）按钮。

10. 创建投影曲线

1）在菜单栏的"编辑"菜单中选择"投影"命令，打开"投影"工具操控板。

2）在"投影"工具操控板中选择"参照"选项，打开"参照"面板，如图 12-93 所示，从列表框中选择"投影草绘"选项，然后单击"定义"按钮，弹出"草绘"对话框。

3）选择 FRONT 基准平面作为草绘平面，以 RIGHT 基准平面为"右"方向参照，单击"草绘"对话框中的"草绘"按钮，进入草绘模式。

4）绘制如图 12-94 所示的图形，单击 （完成）按钮。

图 12-93　在"参照"面板中设置选项

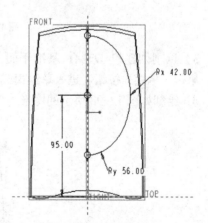

图 12-94　绘制图形

5）选择如图 12-95 所示的实体曲面。设置投影方向选项为"沿方向"，激活"方向参照"收集器，然后选择 FRONT 基准平面。

6）在"投影"工具操控板中单击 （完成）按钮，创建的投影曲线如图 12-96 所示。

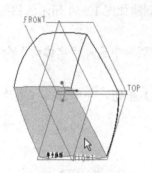

图 12-95　指定实体曲面

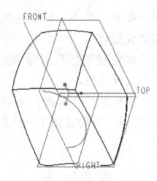

图 12-96　创建的投影曲线

11. 创建"草绘 1"特征

1）单击 ▨（草绘工具）按钮，弹出"草绘"对话框。

2）单击 ▱（基准平面工具）按钮，打开"基准平面"对话框。选择 FRONT 基准平面作为偏移参照，偏距平移值为 112，如图 12-97 所示。单击"确定"按钮，创建基准平面 DTM1。

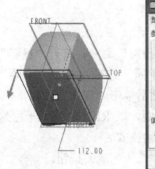

图 12-97　创建基准平面

3）以刚创建的 DTM1 基准平面作为草绘平面，以 RIGHT 基准平面为"右"方向参照，单击"草绘"按钮，进入草绘模式。

4）绘制如图 12-98 所示的图形，单击 ✔（完成）按钮。

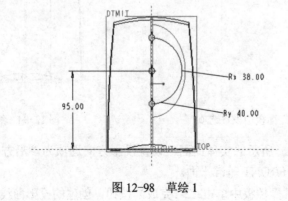

图 12-98　草绘 1

12. 创建基准点

1）单击 ×ˣ（基准点工具）按钮，打开"基准点"对话框。

2）分别在曲线的端点处创建基准点，如图 12-99 所示。

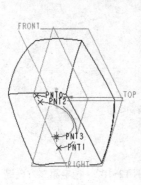

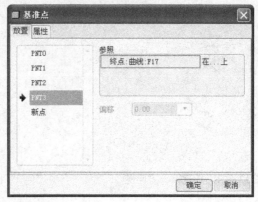

图 12-99 创建基准点

3）单击"基准点"对话框中的"确定"按钮。

13. 创建"草绘 2"特征

1）单击 （草绘工具）按钮，弹出"草绘"对话框。

2）选择 RIGHT 基准平面作为草绘平面，以 TOP 基准平面为"左"方向参照，单击对话框中的"草绘"按钮，进入草绘模式。

3）绘制如图 12-100 所示的圆弧，注意圆弧的相关端点与相应的基准点重合约束。

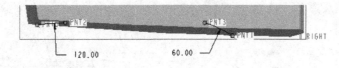

图 12-100 绘制两段圆弧

4）单击 ✔（完成）按钮。

14. 创建边界混合曲面 1

1）单击 （边界混合工具）按钮，打开"边界混合"工具操控板。

2）结合〈Ctrl〉键选择如图 12-101 所示的曲线 1 和曲线 2 作为第一方向链。

3）在"边界混合"工具操控板中单击 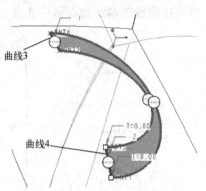（第二方向链收集器）的框，将其激活，然后结合〈Ctrl〉键选择如图 12-102 所示的曲线 3 和曲线 4 作为第二方向链曲线。

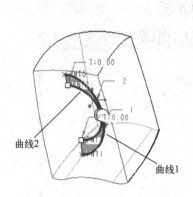

图 12-101 指定第一方向链

图 12-102 指定第二方向链

4）在"边界混合"工具操控板中打开"约束"面板，分别将"方向 2-第一条链"和"方向 2-最后一条链"的边界条件设置为"垂直"，垂直的曲面参照均默认为 RIGHT 基准平面，如图 12-103 所示。

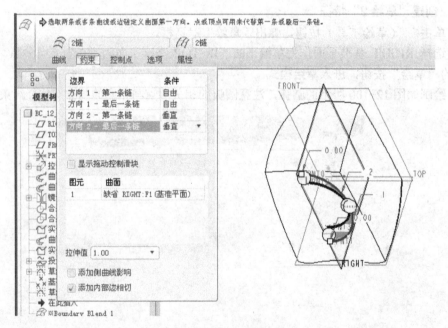

图 12-103 设置边界约束条件

5）单击 ☑（完成）按钮。

15. 镜像操作

1）确保刚创建的边界混合曲面处于被选中的状态，单击 ◫◫（镜像工具）按钮，打开"镜像"工具操控板。

2）选择 RIGHT 基准平面作为镜像平面参照。

3）单击 ☑（完成）按钮。

16. 合并面组

1) 选择镜像操作得到的曲面，按住〈Ctrl〉键的同时选择边界混合曲面 1。

2) 单击 （合并工具）按钮，打开"合并"工具操控板。

3) 在"合并"工具操控板中打开"选项"面板，从中选择"连接"单选按钮，如图 12-104 所示。

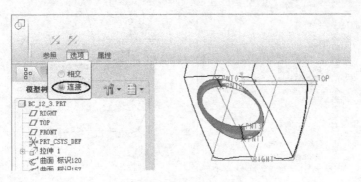

图 12-104　"连接"合并

4) 单击 （完成）按钮。

17. 创建"草绘 3"特征

1) 单击 （草绘工具）按钮，弹出"草绘"对话框。

2) 选择 RIGHT 基准平面作为草绘平面，以 TOP 基准平面为"左"方向参照，单击 "草绘"对话框中的"草绘"按钮，进入草绘模式。

3) 绘制如图 12-105 所示的圆弧。该圆弧的端点分别与 PNT2 和 PNT3 基准点重合。

4) 单击 （完成）按钮。

18. 再创建一个边界混合曲面

1) 单击 （边界混合工具）按钮，打开"边界混合"工具操控板。

2) 结合〈Ctrl〉键选择两条边线作为第一方向链，如图 12-106 所示。

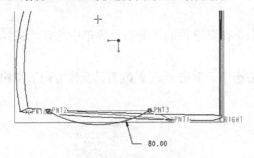

图 12-105　绘制圆弧

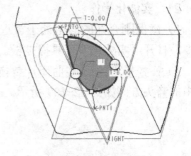

图 12-106　指定第一方向链

3) 打开操控板的"约束"面板，将"方向 1-第一条链"的边界条件设置为"垂直"，其曲面参照为 RIGHT 基准平面，如图 12-107 所示。

4) 单击 （完成）按钮。

19. 镜像操作

1) 确保刚创建的单向边界混合曲面处于被选中的状态，单击 （镜像工具）按钮，打开"镜像"工具操控板。

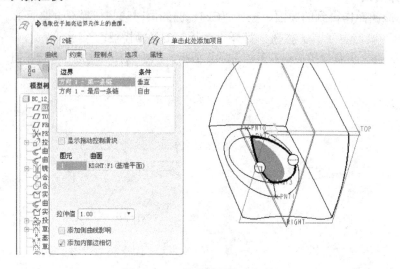

图 12-107　设置边界约束条件

2）选择 RIGHT 基准平面作为镜像平面参照。

3）单击☑（完成）按钮。

20. 合并曲面操作

1）选择刚镜像操作得到的曲面（F27），在按住〈Ctrl〉键的同时选择单向边界混合曲面（F25）。

2）单击 （合并工具）按钮，打开"合并"工具操控板。

3）在"合并"工具操控板中打开"选项"面板，从中选择"连接"选项。

4）单击☑（完成）按钮。

5）按住〈Ctrl〉键选择"合并 3"面组，单击 （合并工具）按钮，接着在操控板的"选项"面板中选择"连接"单选按钮，此时如图 12-108 所示，然后单击☑（完成）按钮。

21. 实体化操作

1）确保刚合并的面组处于被选中的状态，在菜单栏的"编辑"菜单中选择"实体化"命令，打开"实体化"工具操控板。

2）操控板中的 （曲面片替换）按钮被选中，单击 （更改刀具操作方向）按钮使模型中的箭头方向如图 12-109 所示。

图 12-108　"连接"合并

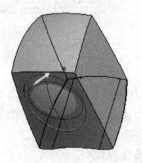

图 12-109　模型几何特征预览

3）单击☑（完成）按钮。

22．以拉伸的方式切除材料

1）单击 （拉伸工具）按钮，打开"拉伸"工具操控板。

2）默认时，"拉伸"工具操控板中的□（创建实体）按钮处于被选中的状态。在"拉伸"工具操控板中单击 （去除材料）按钮。

3）打开"放置"面板，接着单击"定义"按钮，弹出"草绘"对话框。

4）单击 （基准平面工具）按钮，打开"基准平面"对话框。选择 FRONT 基准平面作为偏移参照，输入偏距平移值为115，如图 12-110 所示，然后单击"确定"按钮。

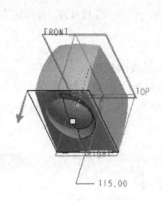

图 12-110　创建基准平面

5）以刚创建的内部基准平面作为草绘平面，以 RIGHT 基准平面为"右"方向参照，单击"草绘"按钮，进入草绘模式。

6）绘制如图 12-111 所示的剖面，单击✔（完成）按钮。

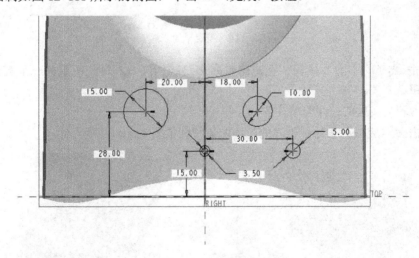

图 12-111　绘制剖面

7）从深度选项列表框中选择 （穿透）选项，并设置深度方向如图 12-112 所示。

8）单击☑（完成）按钮，得到的拉伸切除效果如图 12-113 所示。

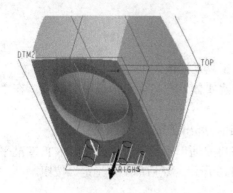

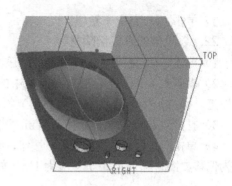

图 12-112　设置深度选项及深度方向　　　　　图 12-113　拉伸切除的效果

23. 创建拉伸特征

1）单击 (拉伸工具) 按钮，打开"拉伸"工具操控板。

2）进入"拉伸"工具操控板的"放置"面板，单击"定义"按钮，打开"草绘"对话框。

3）选择如图 12-114 所示的实体面作为草绘平面，以 RIGHT 基准平面为"右"方向参照，单击"草绘"按钮，进入草绘模式。

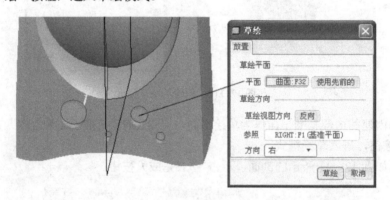

图 12-114　指定草绘平面

4）单击 (同心圆) 按钮，选定圆参照来绘制如图 12-115 所示的一个圆。单击 (完成) 按钮。

5）输入背向实体的拉伸深度为 8。

6）单击 (完成) 按钮，创建的拉伸实体特征如图 12-116 所示。

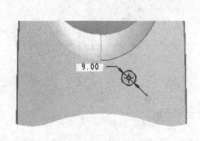

图 12-115　绘制圆　　　　　　　　　图 12-116　创建的拉伸实体特征

24．倒圆角

1）单击 ⟋（倒圆角工具）按钮，打开"倒圆角"工具操控板。

2）设置圆角半径为1。

3）选择如图12-117所示的边线。

4）单击 ☑（完成）按钮。

25．创建拉伸特征

1）单击 ⟋（拉伸工具）按钮，打开"拉伸"工具操控板。

2）进入"拉伸"工具操控板的"放置"面板，单击"定义"按钮，打开"草绘"对话框。

3）在"草绘"对话框中单击"使用先前的"按钮，进入草绘模式。

4）单击 ◎（同心圆）按钮，选定圆参照来绘制如图 12-118 所示的一个圆。单击 ✔（完成）按钮。

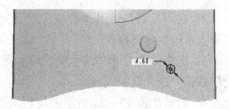

图 12-117　选择要倒圆角的边参照　　　　图 12-118　绘制同心圆

5）设置指定方向的拉伸深度为7。

6）单击 ☑（完成）按钮，创建的拉伸实体特征如图12-119所示。

26．倒圆角

1）单击 ⟋（倒圆角工具）按钮，打开"倒圆角"工具操控板。

2）设置圆角半径为2.3。

3）选择如图12-120所示的边线。

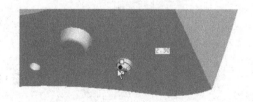

图 12-119　创建的拉伸实体特征　　　　图 12-120　选择要倒圆角的边参照

4）单击 ☑（完成）按钮。

27．创建基准平面 DTM3

1）单击 ⟋（基准平面工具）按钮，打开"基准平面"对话框。

2）选择所需的特征轴，在按住〈Ctrl〉键的同时选择 RIGHT 基准平面，并设置该平面参照的约束类型选项为"平行"，如图12-121所示。

3）单击"基准平面"对话框中的"确定"按钮，创建默认名为DTM3的基准平面。

28．创建旋转特征

1）单击 ⟋（旋转工具）按钮，打开"旋转"工具操控板。默认选中 ▢（实体）按钮。

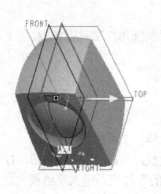

图 12-121　创建基准平面 DTM3

2）在"旋转"工具操控板中打开"放置"面板，接着单击该面板中的"定义"按钮，打开"草绘"对话框。

3）选择 DTM3 基准平面作为草绘平面，以 TOP 基准平面为"左"方向参照，单击"草绘"按钮，进入草绘模式。

4）绘制如图 12-122 所示的旋转剖面及旋转中心线，单击✔（完成）按钮。

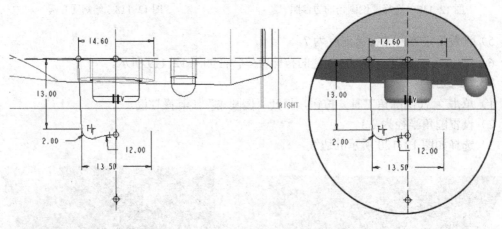

图 12-122　草绘

5）接受默认的旋转角度为 360°，单击✅（完成）按钮。

29．以旋转的方式切除材料

1）单击 （旋转工具）按钮，打开"旋转"工具操控板。默认选中 （实体）按钮，并在操控板中单击 （去除材料）按钮。

2）在"旋转"工具操控板中打开"放置"面板，接着在该面板中单击"定义"按钮，打开"草绘"对话框。

3）在"草绘"对话框中单击"使用先前的"按钮，进入草绘模式。或者选择 DTM3 基准平面作为草绘平面，以 TOP 基准平面为"左"方向参照，然后单击"草绘"按钮，进入草绘模式。

4）绘制如图 12-123 所示的旋转剖面及旋转中心线，单击✔（完成）按钮。

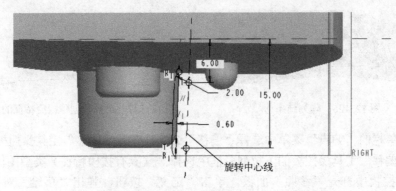

图 12-123 绘制旋转剖面及旋转中心线

5）接受默认的旋转角度为 360°，单击☑（完成）按钮。以旋转的方式切除材料得到的该操作结果如图 12-124 所示。

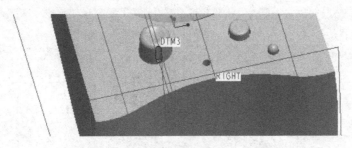

图 12-124 以旋转的方式切除材料

30．阵列

1）选中刚创建的旋转切口，单击▦（阵列工具）按钮，打开"阵列"工具操控板。

2）设置"阵列"类型选项为"轴"，选择大旋钮的特征轴。

3）在操控板中单击⚘（设置阵列的角度范围）按钮，设置"阵列"的角度范围为 360°，输入第一方向的阵列成员数为 9，如图 12-125 所示。

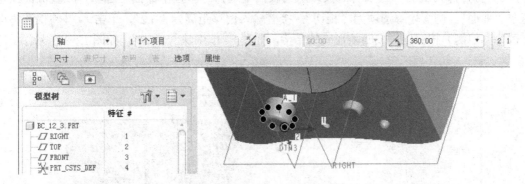

图 12-125 创建"轴"阵列

4）在"阵列"工具操控板中单击☑（完成）按钮，得到的阵列结果如图 12-126 所示。

31．创建偏距特征

1）选中如图 12-127 所示的实体端面。

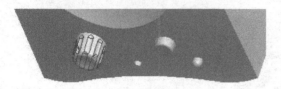 

图 12-126　阵列结果　　　　　图 12-127　选择要创建偏距特征的实体端面

2）在菜单栏的"编辑"菜单中选择"偏移"命令，打开"偏移"工具操控板。

3）在"偏移"工具操控板的下拉列表框中选择 (具有拔模特征) 类型图标。

4）在操控板中打开"参照"面板，单击"定义"按钮，弹出"草绘"对话框。选择 FRONT 基准平面作为草绘平面，以 RIGHT 基准平面为"右"方向参照，单击"草绘"按钮，进入草绘模式。

5）绘制如图 12-128 所示的偏移剖面，单击 ✔ （完成）按钮。

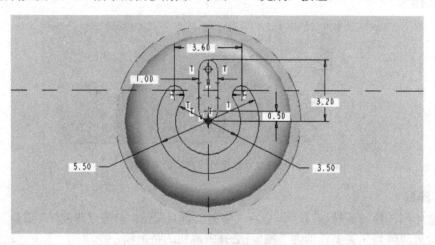

图 12-128　绘制偏移剖面

6）打开操控板的"选项"面板，从列表框中选择"垂直于曲面"选项，设置侧曲面垂直于"曲面"，侧面轮廓选项为"相切"，接着输入偏移距离为"0.2"，单击 （将偏移方向更改为其他侧）按钮以形成凹陷形式的结构，并在 框中输入"30"，如图 12-129 所示。

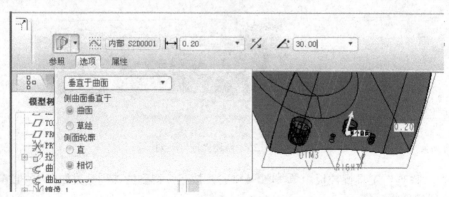

图 12-129　设置偏移选项及参数等

7）在"偏移"工具操控板中单击☑（完成）按钮，在指定按钮端面上创建的偏距特征如图 12-130 所示，其中右图为局部详图。

图 12-130 创建的偏距特征

32．创建倒角特征

1）单击 ⬎（倒角工具）按钮，打开"倒角"工具操控板。

2）设置边倒角标注形式为"O×O"，并设置 O 值为 0.5。

3）选择如图 12-131 所示的边线。

图 12-131 边倒角

4）单击☑（完成）按钮。

33．倒圆角 3

1）单击 ⬎（倒圆角工具）按钮，打开"倒圆角"工具操控板。

2）设置当前倒圆角集的圆角半径为 10。

3）结合〈Ctrl〉键选择如图 12-132 所示的边线。

4）单击☑（完成）按钮，完成该倒圆角操作的模型效果如图 12-133 所示。

图 12-132 选择要倒圆角的边参照   图 12-133 倒圆角 3 的效果

34．倒圆角 4

1）单击 ⬎（倒圆角工具）按钮，打开"倒圆角"工具操控板。

2）设置当前倒圆角集的圆角半径为 5。

3）结合〈Ctrl〉键选择如图 12-134 所示的边线。

4）单击✓（完成）按钮。

35．倒圆角 5

1）单击🔘（倒圆角工具）按钮，打开"倒圆角"工具操控板。

2）设置当前倒圆角集的圆角半径为 5。

3）选择如图 12-135 所示的边线。

图 12-134　选择边参照

图 12-135　选择边参照

4）单击✓（完成）按钮。

36．创建层来管理曲线和曲面

1）选中 🗂（设置层、层项目和显示状态）按钮，打开层树模式。

2）在层树上方单击 🗂▾（层）按钮，从其下拉菜单中选择"新建层"命令，打开"层属性"对话框。

3）在"层属性"对话框的"名称"文本框中输入"CV-CF"。

4）结合设置选择过滤器选项来在模型窗口中选择所有曲线和曲面面组，所选对象包括在层内容中，此时"层属性"对话框如图 12-136 所示。

5）在"层属性"对话框中单击"确定"按钮。所创建的"CV-CF"层出现在层树中。

6）在层树中右击"CV-CF"层，从出现的快捷菜单中选择"隐藏"命令。

7）再次右击"CV-CF"层，从出现的快捷菜单中选择"保存状态"命令。

此时，"CV-CF"层在层树中的显示如图 12-137 所示。

图 12-136　"层属性"对话框

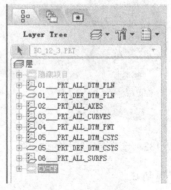

图 12-137　层树

8）再次单击 🗇（设置层、层项目和显示状态）按钮，关闭层树显示。

37. 保存模型

1）单击 🖫（保存活动对象）按钮，或者选择"文件"菜单中的"保存"命令，打开"保存对象"对话框。

2）指定存储地址，单击"保存对象"对话框中的"确定"按钮。

至此，完成的该桌面音箱外形效果如图 12-138 所示。有兴趣的读者可以给该模型的外曲面设置相应的颜色和外观，以获得逼真形象的显示效果。

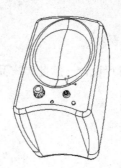

图 12-138 完成的桌面音箱外型效果

12.4 本章小结

本章介绍了 3 个典型的综合设计范例，包括旋钮零件、小型塑料面板零件和桌面音箱外形。在这 3 个综合设计范例中，重点学习各种工具或命令的综合应用方法与技巧等，尤其在第三个设计范例（桌面音箱外形实例）中，要认真学习曲线和曲面的合理应用，体会曲面在模型设计中的重要地位。

通过本章的学习，读者的模型综合设计能力将上升到一定的高度。只要持之以恒地思考与学习，辅以一定数量的上机练习，实战能力便在不知不觉中得到提升。

12.5 思考与练习

1）如何在零件模型的指定曲面上创建可以表示商标信息或操作标识的偏移特征？

2）在创建旋转特征时，如果在旋转剖面中需要绘制多条中心线，那么如何指定哪条中心线作为旋转轴？

3）上机练习：按照如图 12-139 给出的螺栓效果（M12X80），由读者建立其三维模型，注意总结外螺纹的创建方法与技巧。

4）上机练习：创建如图 12-140 所示的实体模型，具体的尺寸由读者根据效果图自行思考确定。

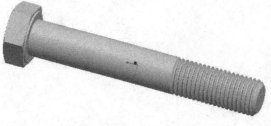

图 12-139 螺栓效果

图 12-140　练习模型

5）上机练习：参照本章桌面音箱外形实例，自行设计一款此类产品的外形效果。